鄂尔多斯盆地东南部延长组沉积特征与成藏规律研究

张 锐 邓南涛 陈义国 著

西南交通大学出版社
·成 都·

图书在版编目（CIP）数据

鄂尔多斯盆地东南部延长组沉积特征与成藏规律研究/张锐，邓南涛，陈义国著. —成都：西南交通大学出版社，2022.12
ISBN 978-7-5643-9059-4

Ⅰ.①鄂… Ⅱ.①张… ②邓… ③陈… Ⅲ.①鄂尔多斯盆地－三叠纪－沉积特征②鄂尔多斯盆地－三叠纪－成藏模式 Ⅳ.①P548.226②P618.130.2

中国版本图书馆 CIP 数据核字（2022）第 239271 号

E'erduosi Pendi Dongnanbu Yanchangzu Chenji Tezheng yu Chengzang Guilü Yanjiu

鄂尔多斯盆地东南部延长组沉积特征与成藏规律研究

张 锐 邓南涛 陈义国 著

责 任 编 辑	陈 斌
封 面 设 计	何东琳设计工作室
出 版 发 行	西南交通大学出版社 （四川省成都市金牛区二环路北一段 111 号 西南交通大学创新大厦 21 楼）
发行部电话	028-87600564　028-87600533
邮 政 编 码	610031
网　　　址	http://www.xnjdcbs.com
印　　　刷	成都勤德印务有限公司
成 品 尺 寸	185 mm×240 mm
印　　　张	17
字　　　数	340 千
版　　　次	2022 年 12 月第 1 版
印　　　次	2022 年 12 月第 1 次
书　　　号	ISBN 978-7-5643-9059-4
定　　　价	85.00 元

图书如有印装质量问题　本社负责退换
版权所有　盗版必究　举报电话：028-87600562

前言

鄂尔多斯盆地是一个大型中生代内陆坳陷型盆地，石油资源丰富，是我国重要的石油富集区和石油生产基地，三叠系延长组是盆地主力含油层系之一。40多年的石油勘探历程形成的一系列成藏理论和地质认识，有力地指导了盆地的石油勘探工作，也发现了多个储量规模超 10×10^8 t 的含油富集区，助推建成了年产量超 $5\,000 \times 10^4$ t 的大油田。近年来，各油田主力区块勘探程度逐渐升高，资源形势严峻，急需寻找资源接替领域。

鄂尔多斯盆地东南部地区是一个勘探程度比较低的区块。近几年来，在该区块上三叠统延长组中见到了较好的石油显示，然而由于对该地区的沉积演化、烃源岩特征、储层特征等尚未进行过全面系统的研究，导致后续勘探选区难度较大，制约了该区域的增储上产。

鉴于此，本书综合利用岩心观察、铸体薄片鉴定、衍射分析、阴极发光、扫描电镜、压汞测试等多种测试分析手段，对鄂尔多斯盆地东南部上三叠统延长组各油层组储层的岩石学特征、微观孔隙结构特征、成岩作用、物性特征等方面进行了综合研究，建立了研究区的沉积演化模式，明确了有效烃源岩的分布规律，分析了不同区域不同层位的石油成藏模式，为下一步勘探工作指明了方向。

本书由张锐提出总体思路和编写框架，在集体讨论的基础上共同编写完成。全书共分为6章，其中第3章（3.2~3.5节）由邓南涛撰写完成，共计约12万字。第5章和第6章由陈义国撰写完成，共计约11.3万字。张锐执笔完成了第1章、第2章、第3章（3.1节）和第4章，共计约10.7万字，并负责全书的统稿和审定工作。

本书相关研究工作得到了榆林学院高层次人才科研启动基金（项目编号：22GK09）和陕西高校青年创新团队项目（陕北非常规油气富集及精细描述创新团队）的支持。限于作者水平和认识，书中难免有不足之处，恳请广大读者批评指正，并提出宝贵意见。

作 者
2022年8月

目 录

第1章 绪 论 ·· 001
 1.1 研究背景与存在的问题 ·· 001
 1.2 主要研究内容 ··· 001
 1.3 创新性成果与认识 ··· 002

第2章 区域地质背景 ·· 005
 2.1 构造特征 ··· 006
 2.2 地层特征 ··· 006
 2.3 区域沉积背景 ··· 009

第3章 有效烃源岩地化特征及分布规律 ·· 011
 3.1 烃源岩分布特征及生烃潜力 ·· 011
 3.2 烃源岩生物标志物特征及其类型划分 ······························ 039
 3.3 原油地球化学特征及油源分析 ······································· 055
 3.4 有效烃源岩地球化学特征及分布规律 ······························ 085
 3.5 有效烃源岩质量评价 ·· 124

第4章 层序地层划分与沉积演化特征 ··· 131
 4.1 基于古环境恢复的层序地层划分 ···································· 131
 4.2 岩相类型及沉积相平面展布特征 ···································· 139

第 5 章 油藏富集规律及主控因素 ··· 175
　5.1 油藏类型 ··· 175
　5.2 石油分布规律 ··· 182
　5.3 石油富集主控因素 ··· 198
　5.4 石油成藏模式 ··· 224

第 6 章 低渗-致密油层测井识别与评价方法研究 ··························· 237
　6.1 低渗-致密油层测井解释难点与对策 ·· 237
　6.2 低渗-致密油层测井解释方法 ·· 240

参考文献 ··· 262

第 1 章　绪　论

1.1　研究背景与存在的问题

研究区位于鄂尔多斯盆地东南部，北起志丹县、富县，南至黄陵县，西起红河县，东至宜君县，位于三叠纪延长期大型凹陷型盆地的中心部位。区内深湖相沉积发育，主力烃源岩厚度大、分布广、油源供给充足。长 6、长 8 油层组三角洲分流河道等砂体发育，长 7 油层组也发育较多三角洲前缘砂体和重力流砂体，长 6 油层组上覆于长 7 油层组之上，长 7 油层组砂体分布于优质油页岩之间，长 8 油层组上覆于长 7 优质烃源岩，下伏长 9 优质烃源岩，储盖组合较好，成藏条件优越。与盆地西南、东北部相比，东南部勘探未取得大的突破，各油层组尤其是长 6~长 10 油藏的勘探成功率较低，在后续的勘探中，多口井钻探失利，严重影响了勘探进程。究其原因，主要在于研究区延长组沉积物源来自多个方向，储层特征复杂，砂体具有单层薄、横向变化大、储层物性差、非均质性强的特点，导致石油聚集成藏和分布受多种因素的控制，成藏规律和成藏模式研究还不够深入。为了加快研究区的石油勘探进程，在勘探过程中亟待解决以下地质问题：

（1）东南部地区延长组主力层位的沉积演化特征。
（2）东南部地区延长组有效烃源岩分布特征与质量评价。
（3）东南部地区延长组石油成藏过程、富集规律和控制因素。

因此，有必要系统开展岩相、沉积相类型识别与沉积演化特征研究，分析储层微观特征和成岩作用，明确有效烃源岩的地球化学特征与分布规律，构建延长组石油成藏模式，以指导解决勘探中所遇到的难题。

1.2　主要研究内容

1. 层序地层格架下沉积特征研究

充分利用前人的研究成果，结合实验分析数据，恢复长 7、长 8 油层组沉积微环境，建立层序地层格架；识别不同类型的沉积相，分析高精度层序地层格架下的沉积演化规律，建立沉积微相发育模式。

2. 有效烃源岩地化特征及分布规律

在大量地球化学实验的基础上，系统分析烃源岩的生烃潜力、成熟度及生物标志物特征，开展精细油源对比，总结有效烃源岩的地球化学特征及形成环境，同时结合烃源岩测井响应特征建立研究区有效烃源岩的生物标志化物参数—常规地化评价参数—测井电性参数三方面的识别标志，揭示研究区中生界延长组有效烃源岩的空间分布规律。

3. 石油富集规律与成藏模式研究

结合已发现油藏特征分析成果，分析延长组石油成藏规律，建立典型油藏的成藏模式，总结控制延长组石油成藏的主要地质因素，指出有利的勘探方向和目标区。

4. 低渗-致密油层测井识别与评价

针对研究区典型油藏类型，综合利用岩心、测井及试油试采数据，确定低渗-致密储层有效厚度下限标准；并利用岩心数据约束测井数据，建立孔隙度、渗透率及饱和度参数评价模型。以此指导、提高鄂尔多斯盆地东南部低渗-致密油层测井识别与评价精度。

1.3 创新性成果与认识

（1）参照烃源岩的划分标准，将鄂尔多斯盆地东南部中生界延长组原油分为Ⅰ、Ⅱ、Ⅲ三种类型。精细油源对比结果表明，Ⅰ、Ⅱ、Ⅲ类原油分别与A1、A2、A3类烃源岩有很好的相关性，而与A4、B类烃源岩存在明显的差别。长7油层组的油页岩是鄂尔多斯盆地南部的主力烃源岩，研究区各油层组的原油主要是由其提供的油源。

在烃源岩生烃潜力和油源特征综合研究的基础上，提出了有效烃源岩的识别标志：岩性包括油页岩和暗色泥岩，显微组分以壳质组和矿物沥青组分为主，占全岩组分的70%以上，TOC值大于1.6%，生烃潜量"S1+S2"值大于4 mg/g，单位有机质丰度的产油潜率（S1+S2）/TOC值大于200 mg/g，氢指数HI值大于170 mg/g；有机质类型以Ⅰ和Ⅱ$_1$型为主，Ro大于0.6%；稳定碳同位素整体偏轻，$\delta^{13}C$沥青"A"小于−31‰，$\delta^{13}C$饱和烃小于−32‰；正构烷烃碳数分布特征呈近似正态型或单峰态前峰型，Pr/Ph值小于2，不含β-胡萝卜烷，伽马蜡烷含量也很低，$\alpha\alpha\alpha20RC27$甾烷大于或等于$\alpha\alpha\alpha20RC29$甾烷，8β（H）

-升补身烷/8β（H）-补身烷值小于 2；测井电性参数自然伽马值大于 120API，声波时差值大于 260 μs/m，电阻率测井值大于 15 Ω·m，中子测井值大于 25%。

通过建立的有效烃源岩识别标志，可以利用研究区大量的测井资料进行有效烃源岩的识别和解释评价。结果表明，长 7 烃源岩是主力烃源岩，但其他层段也有可能在局部存在具有油源贡献的烃源岩，尤以彬长地区延长组长 4+5 和长 6 烃源岩和富县地区长 9 烃源岩最具可能性。彬长、旬宜地区长 7 有效烃源岩质量较好，长 7 油层组全井段皆有优质烃源岩分布；镇泾地区次之，优质烃源岩主要分布在长 7 油层组底部；富县地区最差，因沉积环境的变化较大，导致有效烃源岩厚度变化趋势较大，仅局部存在较好的优质烃源岩。

彬长地区、旬宜地区北部及富县地区西南部长 7 优质烃源岩（油页岩）相对最为发育，厚度可达 30 m，品质较好，为非常规石油资源（油页岩、页岩油、页岩气）勘探的重点区域，而距离其较近的岩性圈闭内的分流河道形成的相对高孔、高渗带与低幅度构造/断层/裂缝较发育的叠加区是研究区常规石油勘探的重点区域。

（2）运用地球化学元素分析法，建立了研究区精细地层格架，长 7、长 8 油层组划分为一个三级层序，7 个准层序组。研究区长 7-长 8 油层组沉积岩的岩相类型可划分为 8 种，即中-低有机质块状粉砂岩、高有机质块状粉砂岩、中-低有机质变形层理粉砂岩、高有机质变形层理粉砂岩、中-低有机质纹层状细粉砂岩、高有机质纹层状细粉砂岩、中-低有机质纹层状黏土岩、高有机质纹层状黏土岩。细砂岩包括风暴沉积、风暴诱导的浊流沉积、地震沉积 3 种类型。风暴细砂岩主要分布于相对水深较低的低位体系域和高位体系域，而风暴浊积细砂岩分布于相对水深较高的湖侵体系域，震积细砂岩分布不受水深控制，在研究区低位体系域和湖侵体系域末期分别有一期震积细砂岩。以有机质含量 2% 和 4% 为界线，将研究区细粒沉积岩区分为低有机质、中有机质、高有机质，其中中-低有机质细粒沉积岩分布于半深湖，而高有机质细粒沉积岩分布于深湖。

（3）将研究区延长组石油成藏模式划分为三明治式、上生下储、下生上储、透镜体和破坏调整五种类型。有效烃源岩和砂体物性是控制长 8 石油成藏的关键因素；旬邑地区以及富县东部和黄陵东北部地区长 2+3、长 6、长 7 油藏遭受早白垩世晚期至第三纪构造抬升作用的破坏而发生调整，封盖条件是该地区长 2+3、长 6、长 7 油层组油藏富集的关键；砂体发育程度和物性是影响王庄台、槐树庄-黄陵西北部长 6、长 7 油层组石油成藏的主控因素。早期（侏罗纪末期）烃类充注对长 6~长 8 油层组晚期石油运移和成藏有着重要的影响。

（4）针对研究区典型油藏类型，综合利用岩心、测井及试油试采数据，确定了低渗致密储层有效厚度的下限标准；并利用岩心数据约束测井数据，建立了孔隙度、渗透率及饱和度参数评价模型。

第 2 章　区域地质背景

鄂尔多斯盆地地域广阔，横跨陕、甘、宁、内蒙古、晋五省（区），东起吕梁山、太行山，北至阴山南麓，南抵秦岭，西至桌子山-贺兰山-六盘山一线，面积约为 $37 \times 10^4 \, \mathrm{km}^2$，构造上位于中国华北隆台之上，东、西构造区域过渡带之间，是一个构造简单、坳陷迁移、稳定沉降的大型克拉通内陆坳陷盆地（图 2.1）。其沉积盖层为元古代至新生代的沉积岩系，总厚度为 5 000～10 000 m。主要产油层系为三叠系、侏罗系以及奥陶系上古生界和下古生界，产气层系为石炭-二叠系和奥陶系。

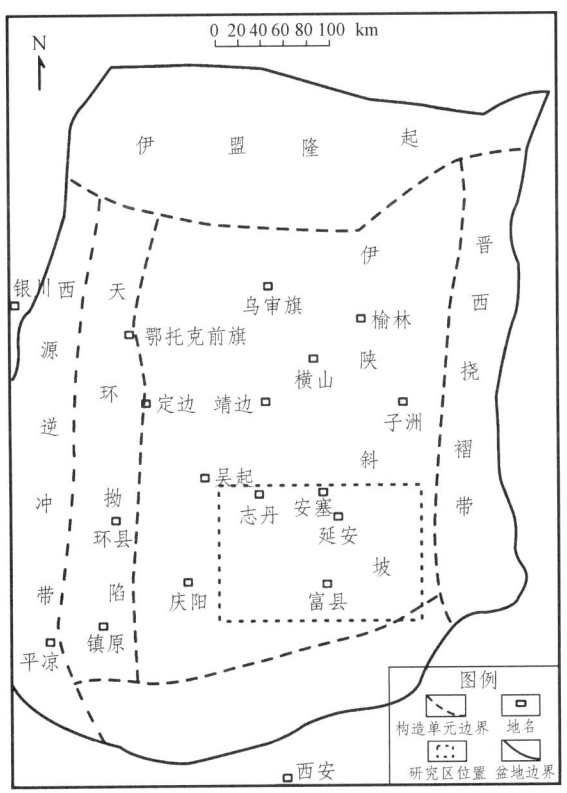

图 2.1　鄂尔多斯盆地构造单元划分及研究区位置

2.1　构造特征

鄂尔多斯盆地构造演化先后经历了 5 个阶段。中生代鄂尔多斯盆地的演化和发展具有明显的阶段性和旋回性。鄂尔多斯盆地主要经历了两次构造运动，即印支运动和燕山运动，其中印支运动为中生代鄂尔多斯盆地形态及构造格局奠定了基础。燕山运动是盆地格局形成的另一个重要构造因素，在燕山运动的初始阶段，伴随着盆地西部逆冲构造活动的频繁发生，前陆盆地形成了雏形；晚侏罗世燕山运动中期西缘逆冲带运动逐渐增强，在鄂尔多斯盆地西部形成了长约 600 km 的逆冲断裂带，此时还伴随着大规模的火山运动，研究区的延长组进入大量生油、排油的关键时期；到白垩纪，燕山运动活动逐渐减弱，鄂尔多斯盆地在受到晚期构造运动的影响下，逐渐被抬升，盆地也开始出现"东高西低、南陡北缓"的古构造形态；到早白垩世末期，鄂尔多斯盆地"东高西低"的古构造格局基本形成并持续至今。

在中元古代沉积时期，鄂尔多斯盆地才刚刚开始形成雏形，被称为"早坳拉谷扩张期"。盆地南、北部均以发育裂谷为特征，在频繁的构造活动作用下，坳拉谷逐渐形成。到了中元古代沉积晚期，鄂尔多斯盆地发生了另一决定性的构造运动，即"蓟县运动"。在"蓟县运动"的作用下，鄂尔多斯盆地与其东临的克拉通盆地逐渐被抬升到同一海拔，位于两大盆地之间的秦祁贺裂谷则由于沉积物的不断补给、厚度不断增大进而最终封闭，此时三个沉积体整体构成了发育一致的大型地台。鄂尔多斯盆地到早古生代在秦岭造山带构造运动的频繁影响下，再次被抬升，并且在盆地四周广泛发育了凹陷构造。鄂尔多斯盆地初期沉积以浅海碳酸盐岩为主，地势较为平缓，到中奥陶纪时期，盆地受到了加里东构造活动的影响，逐渐抬升并开始发育陆相碎屑沉积。到石炭纪中期，受到强烈海西构造活动的作用，鄂尔多斯盆地逐渐下陷，进入了构造演化的新阶段（即由海到陆的演化阶段）。到二叠纪早期，鄂尔多斯盆地开始了太原组地层的沉积，该套沉积地层为海相碳酸盐岩沉积，其沉积范围广、沉积厚度大，大量发育生物化石及植物根茎叶化石。在随后的沉积过程中，鄂尔多斯盆地由以海相沉积为主逐渐演化为以陆相碎屑沉积为特征，盆地也开始形成差异性沉积相带及"东高西低、南陡北缓"的格局形态。

2.2　地层特征

鄂尔多斯盆地东南部延安组大部分地层剥蚀，只在镇泾地区附近存在较为完整的延安组,中生界石油勘探的主要目的层是延长组。

延长组为一套以河湖相沉积为主的、厚约 1 300 m 的陆源碎屑岩系,下部为一套以河流相中-粗砂岩沉积为主的地层,中部以河流-三角洲及湖泊相沉积为主,上部除陕北地区发育煤系外,其他地区的地层以河流相砂泥岩沉积为主,岩性总体上为一套灰绿色砂岩与灰黑色、灰色泥岩的互层,自下而上由 3 个粗-细正旋回组成,根据岩性特征分为五段,即 T_3y^1、T_3y^2、T_3y^3、T_3y^4 和 T_3y^5,再根据其岩性、电性及含油性,将五段对应划分为 10 个油层组(长 1~长 10),各段与油层组的对应关系及岩性特征如表 2.1 所示。

表 2.1 三叠系延长组地层简表

系	组	段	厚度/m	油层组	岩 性
三叠系	延长组	第五段(T_3y^5)	100~200	长 1	为一套深灰绿色粉砂质泥岩与泥质粉砂岩、细砂岩互层,局部夹薄煤层
		第四段(T_3y^4)	100~250	长 2	为一套灰绿色中-细粒砂岩夹灰黑色粉砂质泥岩,是盆地内延长组重要的储油层之一
				长 3	
		第三段(T_3y^3)	120~400	长 4+5	为一套砂泥岩互层。长 7 在盆地南部发育"张家滩"页岩,是盆地内主要的生油层;长 4+5 以泥页岩为主,既是生油层,也是较好的区域盖层
				长 6	
				长 7	
		第二段(T_3y^2)	100~200	长 8	以湖相沉积为主的砂、泥岩沉积。长 8 相对较粗,是重要的储油层;长 9 以泥页岩为主,习称"李家畔页岩",是延长组重要的生油岩之一
				长 9	
		第一段(T_3y^1)	100~300	长 10	为灰绿色、浅红色长石砂岩夹暗紫色泥岩及粉砂岩。砂岩为沸石胶结,呈麻斑结构

1. 延长组第一段(T_3y^1)

延长组第一段即长 10 油层组。以河流、三角洲以及部分浅湖相沉积为主,发育厚层、块状细粒至粗粒长石砂岩为主,地层南厚北薄(直至缺失),粒度南细北粗。本段砂岩富含长石,沸石胶结,普遍见麻斑状结构。本段岩性、岩矿、电性特征明显,是井下地层对比的重要标志层之一。北部厚度不足百米,南部厚 300 m 左右。

2. 延长组第二段(T_3y^2)

延长组第二段包括长 9、长 8 油层组,T_3y^2 与 T_3y^1 段相比,沉积范围大幅度扩展,总的特点是北东粗、薄（以至尖灭），西南细厚，是一套以湖相为主的黑色页岩沉积。盆地东部下部还出现紫色层，除盆地边缘外，在盆地南部广泛发育着黑色页岩及油页岩。这些黑色页岩以及油页岩井段，恰恰在电性上表现为高阻层，在盆地东部佳县河以北到窟野河地区，这段油页岩分布稳定，习称"李家畔页岩"。盆地北部以及南部周边地区，黑色页岩或油页岩为砂质页岩、泥质粉砂岩所替代，电性高阻层消失。北部厚度 100 m 左右，南部厚度 200 m 左右。

3. 延长组第三段（T_3y^3）

延长组第三段包括长 7、长 6、长 4+5 油层组。除盆地西南部地区局部剥蚀外，其余广大地区均有分布。盆地南部顶底均以厚层黑灰色泥岩为主，底部尤其发育，习称"张家滩页岩"（长 7 油层组），是区域地层对比的重要标志层。西南部为黄绿、灰绿色砂岩，崆峒山一带为紫红、灰紫色砾岩夹紫红色砂岩条带，习称"崆峒山砂岩"；东部为灰绿色细砂岩、灰黑色泥页岩互层，砂岩向上厚度增大。电性上表现为视电阻率曲线呈梳状，底部油页岩呈薄-厚层状高阻段，自然电位曲线形态平直，砂岩部分呈倒三角形偏负特征。盆地北部厚 120 m，往南厚度渐增为 300~350 m。

4. 延长组第四段（T_3y^4）

延长组第四段包括长 3、长 2 油层组。除盆地南部及西南部被剥蚀外，其余地区均有分布。岩性单一，主要为浅灰、灰绿色中-细粒砂岩夹灰黑色、蓝灰色粉砂质泥岩，砂岩呈巨厚块状，泥质、灰质胶结，具微细层理。电性特征明显，视电阻率呈细齿状，自然电位呈箱状或指状，厚度 100~250 m。

5. 延长组第五段（T_3y^5）

延长组第五段（T_3y^5）即长 1 油层组。马坊—姬原—庆阳—正宁—马栏一线以西全部剥蚀，庆阳—华池一带仅分布在"残丘"上。盆地东部大理河一带保存最全，下部为含煤的砂、泥岩构成的韵律层，植物化石丰富；中部为浅灰色中-厚层粉细砂岩与深灰色粉砂质泥页岩互层，夹薄煤层及泥灰岩，泥岩中含多种动物化石；上部为浅灰色块状硬砂质长石砂岩与含可采煤层的黑灰-灰绿色粉砂质泥岩、泥质粉砂岩；顶部为油页岩，含特有的水生节肢动物化石。从电性特征来看，视电阻率呈幅度不大的锯齿状，自然电位为负偏形态，厚层段呈箱状，薄层段呈梳状。由于上覆的区域不整合发育，剥蚀作用较强，地层厚度变化较大，在 0~120 m 之间。

2.3 区域沉积背景

鄂尔多斯盆地统延长组在长10期开始发育；在长9期进入快速下沉阶段；在长8期，湖盆的规模和水深均有加大；在长7期湖盆达到最大深度；在长6期，湖盆开始收缩；在长4+5~长1期，湖盆萎缩直至衰亡，经历了湖盆由发生、发展到消亡的整个沉积演化阶段，沉积了一套完整的进积—垂向加积—退积的沉积序列组成的砂泥岩地层，具有面积大、水域广、深度浅、地形平坦和分割性较弱的特点。

长10~长7期为湖盆形成到发展的湖进期，表现为地层纵向上的正旋回沉积和平面上逐步向外扩张各期岸线的特征。其中湖盆在长9~长8期表现为东岸平缓、西岸较陡。这一时期的突出特征为：西岸发育规模最大的镇北辫状河三角洲；北岸发育盐池-定边三角洲；东北部发育榆林-横山三角洲平原；东部发育子长-吴起三角洲；东南缘的黄陵三角洲已现雏形。长7沉积时期，由于盆地受不均衡强烈拉张作用而下陷，湖盆最大扩张，湖盆面积达到最大，在盆地南部深度达30~50 m，广阔水域形成浅湖-半深湖相的大型生油坳陷，湖盆进入全盛时期，形成了较完整的三角洲进积序列，此时湖盆沉积环境非常稳定，这对于有机质的保存非常有利，因此沉积了范围达$10 \times 10^4 \text{ km}^2$、厚数百米的暗色生油岩系，湖盆的西岸以浊积岩和三角洲沉积为主。北部的盐池-定边三角洲大范围缩小；榆林-横山三角洲前缘沉积有所扩大；子长-吴起三角洲演变为安塞三角洲；黄陵三角洲的前缘部分出现浊积扇。

长6~长4+5期周缘碎屑物大量进积式地充填，湖盆面积逐渐缩小，湖盆基底逐渐转变为抬升回返，三角洲沉积体系的伸展范围越来越大，由于盆地抬升得不均衡，北东岸地区平稳快速抬升，基底开阔平坦，浅水三角洲沉积非常发育；而西南岸地区基底缓慢地回返，湖盆水体相对较深，仍有一定的浊流沉积形成，盐池-定边三角洲与东北部的三角洲前缘经过吴起到达华池-悦乐地区；东北部的榆林-横山地区的三角洲前缘演变为平原河流相。另一个特征表现为：富县三角洲向西穿过太白和葫芦河地区，到达固城川，成为固城川冲积扇的主要物源。

长3~长1期湖盆同生构造活动越来越弱，逐渐进入了消亡期，表现为纵向上呈反旋回沉积、平面上各期湖岸线向湖心收敛的特征，湖水迅速变浅退缩，湖盆下降速度明显小于沉积物沉积速度，盆地发生全面沼泽化，长2期发育储层，分流河道砂体广泛分布，长1期广泛发育薄的煤线或煤层，泛滥沼泽及残留湖泊洼地碳质及暗色泥岩广泛分布。

盆地在延长组沉积后全面抬升，因为河流的下切作用造成地貌景观高低起伏，下侏罗统延安组的河流-湖沼相沉积在此背景下发育，延安组河道砂体由于河流对下伏地层的切割覆盖在烃源层之上成为有利的储集体，上覆湖沼相泥岩的遮挡形成了良好的生储盖组合。但是盆地东部支流岔沟不发育，抬升比西部要缓，河流下切能量也比较有限，使延长组生油岩与延安组砂体接触很少，石油成藏条件因此也变得相对较差。中侏罗世盆地再次接受沉积，沉积特点表现为正旋回，下部直罗组向上砂岩减少，泥岩增多，逐渐变细，为河流相沉积，到安定期演变为湖沼相沉积，至此形成了一套覆盖全盆地的区域性盖层。

第3章 有效烃源岩地化特征及分布规律

3.1 烃源岩分布特征及生烃潜力

3.1.1 烃源岩分布特征

1. 暗色泥岩厚度预测的方法及原理

鄂尔多斯盆地中生界上三叠统延长组为砂泥岩组合，深湖、半深湖环境中泥岩发育并且连续厚度往往比较大，砂岩相对较少，滨浅湖环境中以砂岩沉积为主，泥岩相对不发育。因此在钻井取心有限的情况下，可以通过测井曲线中的自然伽马值计算泥质含量的方法预测暗色泥岩的厚度，通常采用相对值法来确定地层中的泥质含量。

为了保证 SH 研究的合理性，在鄂尔多斯盆地南部的镇泾、彬长、旬宜、富县等四个矿权区选取了红河60、红河90、泾河3、泾河4、洛河6、渭北4、建1、洛河3八口典型井（图3.1），通过这些井不同岩性的岩心对应 SH 值确定砂泥岩的 SH 界限值。在八口井的单井剖面柱状图的不同取心井段选取了 1 567 个数据点，其中包括泥岩（暗色泥岩、油页岩、碳质泥岩）数据点 709 个、非泥岩（细砂岩、泥质粉砂岩、砂质泥岩、粉砂质泥岩）数据点 858 个。

从泥岩与非泥岩散点图（图3.2）和频率分布直方图（图3.3）中可以看出，在所统计的数据中，绝大多数泥岩的 SH 值都大于 65%，小于 65% 的频率为 11.25%；而非泥岩的 SH 值一般都小于 65%，大于 65% 的频率也仅为 9.59%。因此，本书把区分泥岩与非泥岩的 SH 界限值定为 65%，SH 值大于 65% 是泥岩，根据此界限值对延长组长 7 泥岩厚度进行计算，并在此基础上编制了泥岩厚度等值线图。

为了验证 SH 测井数据计算泥岩厚度的可行性，在镇泾、彬长、旬宜、富县四个地区共选取了四口井来进行验证，它们分别是红河81、洛河2、泾河1和红河75井，通过将每口井的岩心录井数据与用 SH 测井数据计算的泥岩厚度进行对比，取得了较好的效果（图3.4）。

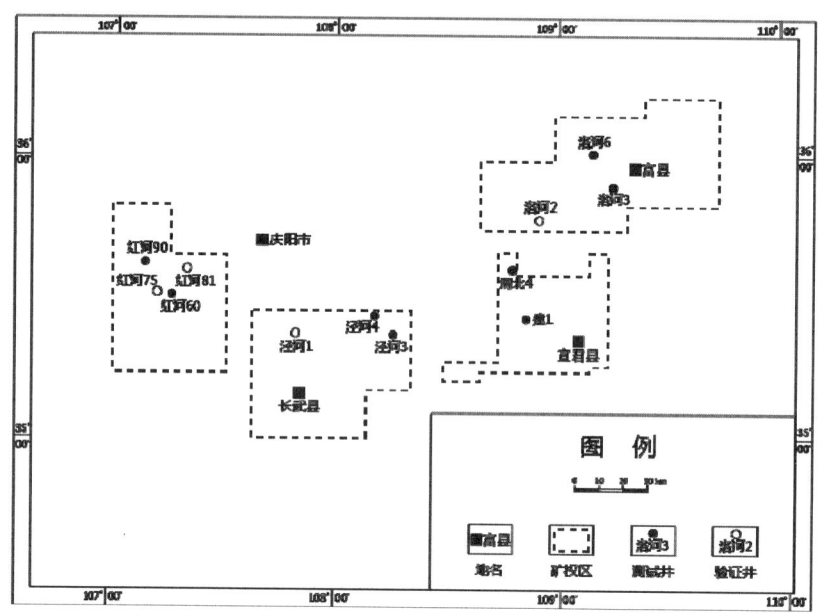

图 3.1　选取典型井分布图

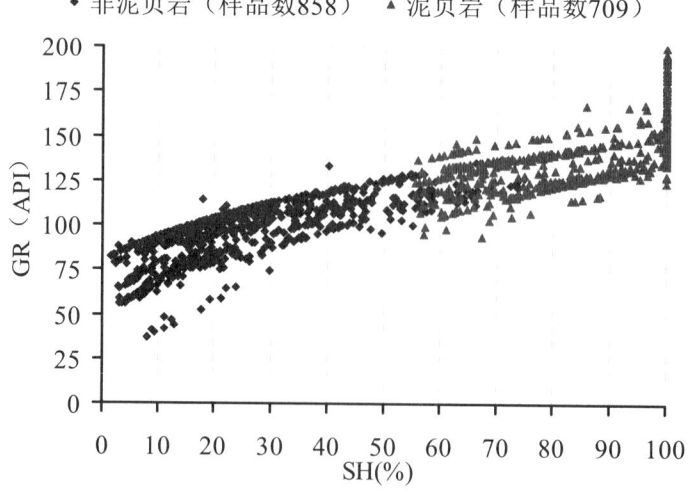

图 3.2　八口典型井的泥页岩与非泥页岩 SH~GR 散点图

第 3 章 有效烃源岩地化特征及分布规律　　013

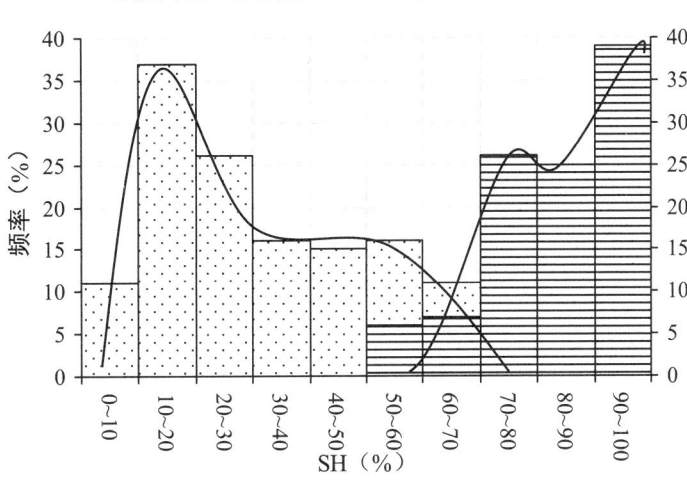

图 3.3　八口典型井的泥页岩与非泥页岩频率分布直方图

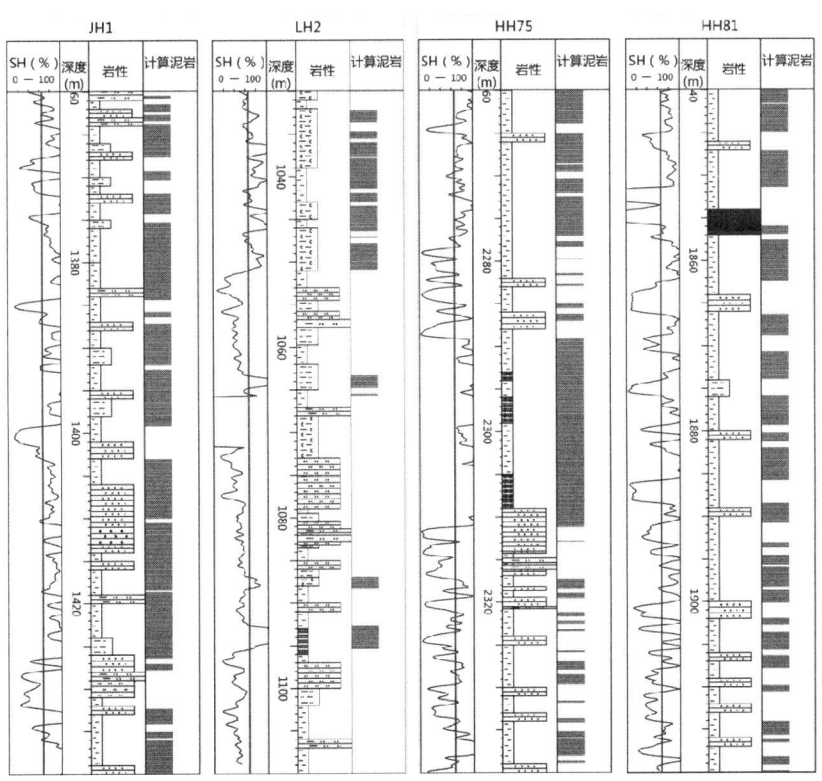

图 3.4　验证井录井数据与用 SH 测井数据计算的泥岩厚度对比图

2. 暗色泥岩分布特征

本次研究中，根据研究 230 口井的 SH 测井数据，同时结合录井数据，以 SH>65% 为标准统计得到各井长 7 泥页岩厚度数值，结合长 7 沉积特征，编制出鄂尔多斯盆地长 7 泥页岩厚度分布图（图 3.5）。

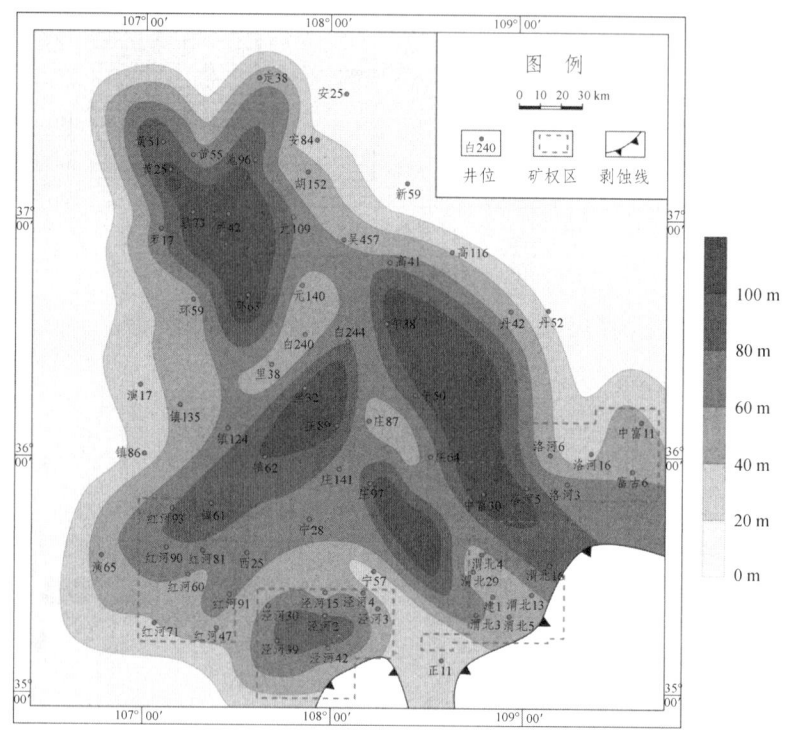

图 3.5　鄂尔多斯盆地延长组长 7 泥页岩厚度分布

长 7 泥页岩总体上分布于研究区偏北方向的深湖-半深湖沉积范围内，由湖盆中心向四周厚度递减，连续性很好，整体连片分布，以 SH>65% 为标准计算出的泥岩平均厚度为 52.7 m，最厚点位于镇泾地区东北方向的镇 62 井至里 32 井一带，以及富县地区西北方向上中富 30 井至午 38 井一带，最厚处达到 100 m 以上（中富 28 井）。

镇泾地区长 7 泥页岩平均厚度为 53.4 m，泥岩连续性较好，呈条带状由东北向西南方向展布，镇泾东北部泥岩最厚约 100 m，厚度整体向西南方向逐渐减薄至 20 m。彬长地区内，长 7 泥页岩平均厚度为 45.9 m，泥岩主要集中于研究区中部，连续性较好，彬长地区中部泾河 60 井至泾河 32 井区泥岩最厚约 60～80 m，厚度整体向四周减薄至 20 m 左右，东南部部分长 7 地层遭受剥蚀。旬宜地区长 7 泥页岩平均厚度较大，为 62.50 m，泥岩主要集中于研究区东北部，与富县西部的泥岩处于同一洼陷带，连续性较好，渭北 33 井至渭北 6 井区泥岩最厚约 80～100 m，厚度整体向西减薄至 30 m 左右，东南部部分长 7 地层遭受剥蚀。富县地区长 7 泥页岩平均厚度为 50.28 m，泥岩连续性较好，富县西北部紧邻盆地深坳带，泥岩厚度大，最厚达 100 m 以上，厚度整体由西向东方向逐渐减薄至 20 m，洛河 9 井区厚度最小约 10 m。

由于研究区内大部分井没有钻穿长 9 油层组，因此主要参考长庆地区的测井数据，据 SH>0.65 的标准统计了长 9 油层组的泥页岩厚度，得到长 9 泥页岩的厚度数据有 105 个，结合已收集的沉积相资料，编制得到长 9 泥页岩厚度分布图，从图中可以看出长 9 泥页岩总体呈北西-南东向展布（图 3.6），其分布状况明显受沉积相带的控制。泥岩厚度较大的地区主要分布在位于深湖-半深湖的吴起—志丹—甘泉一带，为长 9 沉积时期的湖盆沉积中心，分布范围较局限，泥页岩平均厚度超过 40 m，泥岩厚度最大值位于高 116 井区附近；盆地的定边、延安、富县等地，泥页岩厚度为 30～40 m；厚度为 10～30 m 的泥页岩主要分布于庆阳、靖边、洛川等地；其他地区长 9 油层组的泥页岩厚度小于 5 m。

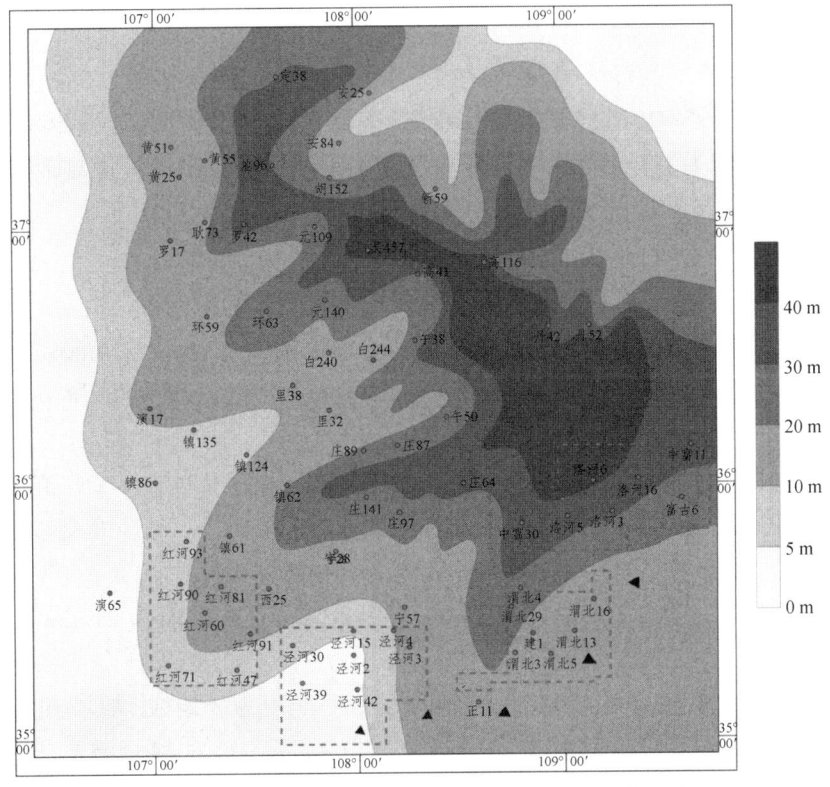

图 3.6　鄂尔多斯盆地延长组长 9 泥页岩厚度分布

3.1.2 烃源岩有机质丰度

有机质丰度是评价烃源岩生烃潜力的重要参数。目前常用的有机质丰度指标主要有有机碳含量（TOC）、岩石热解生烃潜量（S_1+S_2）、氯仿沥青"A"和总烃含量（HC）等。本书采用"中国陆相烃源岩有机质丰度评价标准"（表3.1）进行分类。

表3.1 我国陆相烃源岩有机质丰度评价标准

烃源岩类别	有机地球化学指标					有机岩石学指标	
	有机碳TOC/%	氯仿沥青"A"/%	总烃HC/ppm	生烃潜量/(mg/g)	HC/C/(mg/g)	全岩显微组分总含量/%	"壳质组+腐泥组"/%
好的烃源岩	>1.0	>0.1	>500	>6.0	>80	>40	>2.5
较好烃源岩	0.6~1.0	0.05~0.1	200~500	2.0~6.0	30~80	30~40	2.5~1.0
较差烃源岩	0.4~0.6	0.01~0.05	100~200	0.5~2.0	10~30	20~30	1.0~0.5
差的烃源岩	<0.4	<0.01	<100	<0.5	<10	<20	<0.5

1. 不同层位烃源岩有机质丰度特征对比

本次主要根据185个岩心样品（包括长4+5油层组22个、长6油层组47个、长7油层组74个、长8油层组37个、长9油层组5个）的地球化学分析成果（表3.2），对研究区不同层段烃源岩的有机质丰度及其分布特征进行了系统的分析。

长4+5烃源岩中TOC值为0.20%~6.30%，平均值为1.08%，TOC值大于1.00%的样品有5个，占所分析22个样品的22.72%（图3.7、表3.2）；生烃潜量"S_1+S_2"值在0.10~48.08 mg/g之间，平均值为4.10 mg/g（表3.2）；氯仿沥青"A"含量在0.02%~0.73%之间，平均值为0.23%（表3.2）；总烃为4.84~4 148.85 ppm，平均值为1 111.36 ppm（表3.2），综合评价为较好的烃源岩。

长6烃源岩中TOC值在0.35%~10.27%之间，平均值为1.71%，TOC值大于1.00%的样品有18个，占所分析47个样品的38.29%（图3.7、表3.2）；生烃潜量"S_1+S_2"值在0.19~76.83 mg/g之间，平均值为7.66 mg/g（表3.2）；氯仿沥青"A"含量在0.04%~0.11%之间，平均值为0.08%（表3.2）；总烃为24.00~598.81 ppm，平均值为211.32 ppm（表3.2），综合评价为较好-好的烃源岩。

长7烃源岩中TOC值在0.45%~13.38%之间，平均值为3.24%，TOC值大于1.00%的样品有52个，占所分析74个样品的70.27%（图3.7、表3.2）；生烃潜量"S_1+S_2"值在0.10~95.85 mg/g之间，平均值为15.45 mg/g（表3.2）；氯仿沥青"A"含量在0.04%~1.03%

之间，平均值为 0.58%（表 3.2）；总烃为 65.31 ~ 4 915.51 ppm，平均值为 2 463.54 ppm（表 3.2），综合评价为好的烃源岩。

表 3.2　鄂尔多斯盆地南部延长组不同层段烃源岩有机质丰度特征表

层位	TOC/%		S_1+S_2/(mg/g)		氯仿沥青"A"/%		总烃/ppm		丰度评价
	分布特征	级别	分布特征	级别	分布特征	级别	分布特征	级别	
长 4+5	0.20 ~ 6.30 / 1.08（22）	较好	0.10 ~ 48.08 / 4.10（22）	较好	0.02 ~ 0.73 / 0.23（4）	好	4.84 ~ 4 148.85 / 1 111.36（4）	好	较好
长 6	0.35 ~ 10.27 / 1.71（47）	好	0.19 ~ 76.83 / 7.66（47）	好	0.04 ~ 0.11 / 0.08（5）	较好	24.00 ~ 598.81 / 211.32（5）	较好	较好-好
长 7	0.45 ~ 13.38 / 3.24（74）	好	0.10 ~ 95.85 / 15.45（74）	好	0.04 ~ 1.03 / 0.58（20）	好	65.31 ~ 4 915.51 / 2 463.54（20）	好	好
长 8	0.28 ~ 8.55 / 2.01（37）	好	0.10 ~ 37.84 / 5.47（37）	较好	0.03 ~ 0.50 / 0.21（7）	好	35.42 ~ 3 831.58 / 1 068.85（7）	好	较好-好
长 9	1.08 ~ 3.56 / 1.85（5）	好	0.85 ~ 6.72 / 3.11（5）	较好	0.07 ~ 0.47 / 0.21（4）	好	105.01 ~ 2 557.89 / 887.53（4）	好	较好-好

注：表中分子为值分布范围，分母为平均值，括号内为样品个数。

长 8 烃源岩中 TOC 值在 0.28% ~ 8.55%之间，平均值为 2.01%，TOC 值大于 1.00%的样品有 24 个，占所分析 37 个样品的 64.87%（图 3.7、表 3.2）；生烃潜量"S_1+S_2"值在 0.10 ~ 37.84 mg/g 之间，平均值为 5.47 mg/g（表 3.2）；氯仿沥青"A"含量在 0.03% ~ 0.50%之间，平均值为 0.21%（表 3.2）；总烃为 35.42 ~ 3 831.58 ppm，平均值为 1 068.85 ppm（表 3.2），综合评价为较好-好的烃源岩。

长 9 烃源岩中 TOC 值在 1.08% ~ 3.56%之间，平均值为 1.85%（表 3.2）；生烃潜量"S_1+S_2"值在 0.85 ~ 6.72 mg/g 之间，平均值为 3.11 mg/g（表 3.2）；氯仿沥青"A"含量在 0.07% ~ 0.47%之间，平均值为 0.21%（表 3.2）；总烃为 105.01 ~ 2 557.89 ppm，平均值为 887.53 ppm（表 3.2），综合评价为较好-好的烃源岩，但由于研究区中钻穿长 9 油层组井较少，能取到岩样的井也更少，所以该样品分析结果不一定具有代表性。

从采集样品的 TOC 值的分析结果来看，长 4+5 和长 6 烃源岩中评价为好的烃源岩样品所占比例较低（图 3.7），可见这 2 个层位好的烃源发育规模较为有限，总体上以较好烃源岩为主，岩性主要为泥岩；长 7 烃源岩中评价为好的烃源岩样品所占比例很高，为主力生油岩，岩性包括暗色泥岩和油页岩；长 8 和长 9 烃源岩中评价为好的烃源岩样品占有一定比例，为次要生油岩，岩性主要为泥岩，图 3.8 也明显反映出长 7 烃源岩为主力烃源岩。

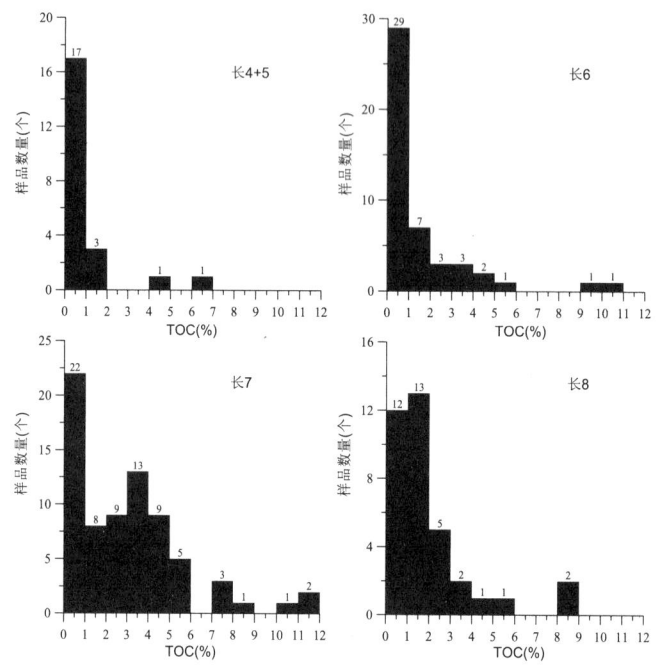

图 3.7 鄂尔多斯盆地南部延长组烃源岩 TOC 分布特征图

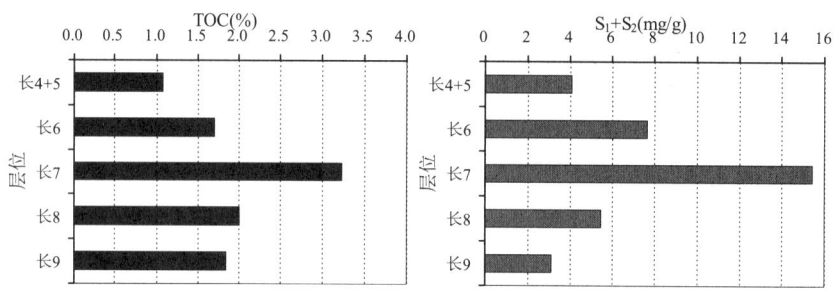

图 3.8 鄂尔多斯盆地南部延长组烃源岩有机质丰度对比图

2. 不同地区烃源岩有机质丰度分布特征对比

鄂尔多斯盆地南部镇泾、彬长、旬宜、富县地区不同层位烃源岩的 TOC 值和生烃潜量"S_1+S_2"值的分布特征差异较大（图 3.9），这与各个地区所处的具体沉积环境有关。

彬长地区长 4+5、长 6 烃源岩 TOC 平均值为 3.1%，生烃潜量"S_1+S_2"值平均值为 20.1 mg/g，是四个地区长 4+5、长 6 烃源岩中最高的（图 3.9），说明鄂尔多斯盆地南部长 4+5、长 6 烃源岩在彬长地区较为发育；长 7 烃源岩有机碳含量在各个地区都很高，平均值都超过 2%，各地区之间烃源岩 TOC 值相差不大，但长 7 烃源岩生烃潜量"S_1+S_2"值有一定差别，其中彬长地区最大，镇泾地区次之，旬宜和富县地区较低（图3.9），说明长7烃源岩在鄂尔多斯盆地南部广泛发育，其中彬长地区长7烃源岩有机质丰度最高，究其本质是油页岩在彬长最为发育，含油率高，但限于客观原因，旬宜地区长7烃源岩取样较少，所以还需通过后续研究客观判断其有机质丰度分布特征。旬宜地区长8烃源岩TOC平均值为4.0%，生烃潜量"S_1+S_2"平均值为13.1 mg/g，是四个地区长8烃源岩中最高的；富县地区次之，烃源岩TOC平均值为3.3%，生烃潜量"S_1+S_2"平均值为9.5 mg/g（图3.9），说明长8烃源岩在鄂尔多斯盆地南部旬宜及富县地区较为发育。长9烃源岩也因取样较少，这里不宜通过岩心对比分析判定其有机质丰度分布特征。

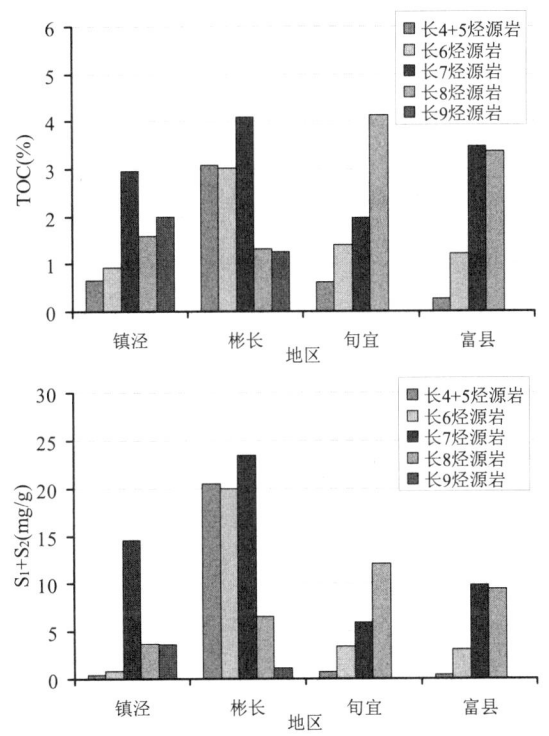

图3.9 鄂尔多斯盆地南部延长组烃源岩有机质丰度对比图

3. 烃源岩有机质丰度分布特征

（1）$\Delta \log R$ 法计算烃源岩有机碳含量（TOC）。

在烃源岩地球化学评价中，一般都是对所取烃源岩样品进行分析测试，通过得到的各种实验数据判断烃源岩性质。然而由于烃源岩具有强烈的非均质性，探井取心成本高，岩心样品有限，尤其泥岩段甚少，且分析测试费用昂贵而耗时，而岩屑采样具有较高的不确定性和不稳定性等实际问题,不可能获得整段烃源岩连续的 TOC 实验室测定值,通常是根据间隔一定距离的 TOC 测定值的几何平均值来评价整段烃源岩的生烃潜力。平均值掩盖了有机质丰度高(或低)层段的贡献或影响,这给烃源岩的评价造成很大的困难,利用测井资料评价烃源岩成为解决此类问题的关键。

针对研究区烃源岩的基本特征,本次研究选用目前应用最为广泛的 $\Delta \log R$ 法进行烃源岩 TOC 的测井计算,该方法为 Exxon 和 Esso 公司于 1979 年开发,原理如下:将声波时差曲线和电阻率曲线进行叠合,电阻率曲线采用算术对数坐标,声波时差采用算术坐标,两条曲线在一定深度范围内一致或完全重叠时即为基线,确定基线之后,用两条曲线之间的间距来识别富含有机质的层段,两条曲线间的间距记为 $\Delta \log R$(图 3.10),利用有限的取心分析得到一定深度段内 TOC 值,将 TOC 值和常规测井资料得到的 $\Delta \log R$,建立两者的统计关系,由此即可连续计算不同层段的 TOC 值。

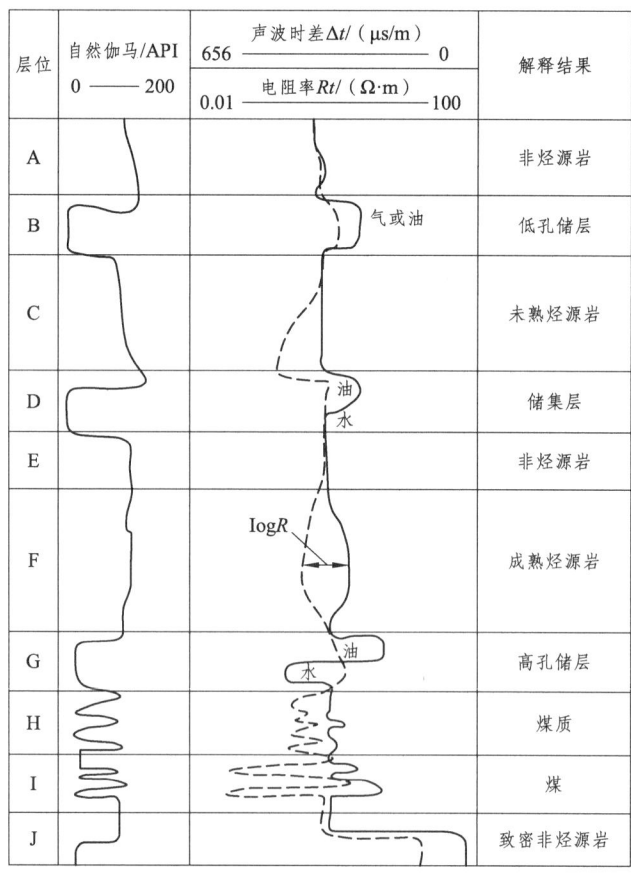

图 3.10　有机碳测井解释原理

第3章 有效烃源岩地化特征及分布规律

根据声波-电阻率叠加计算$\Delta \log R$的方程为：

$$\Delta \log R = \lg(Rt/Rt_{基线}) + 0.006\,1(\Delta t - \Delta t_{基线}) \tag{3.1}$$

式中 $\Delta \log R$——实测曲线间距在对数电阻率坐标上的读数；

Rt——测井仪实测的电阻率，$\Omega \cdot m$；

Δt——实测的声波时差，$\mu s/m$；

$Rt_{基线}$——基线对应的电阻率，$\Omega \cdot m$；

$\Delta t_{基线}$——基线对应的传播时间，$\mu s/m$。

由于$\Delta \log R$与TOC呈线性关系，并且是成熟度的函数，因此利用$\Delta \log R$计算TOC的关系式为：

$$TOC = \Delta \log R \times 10^{(2.297-0.168\,8R_o)} \tag{3.2}$$

由于要获得单井烃源岩的R_o需要分析大量的样品，不仅需要耗费大量的分析费用，而且过程也很复杂，因此为了简化该过程，朱光有等（2003）将该公式修改为：

$$TOC = a \times \lg R + b \times \Delta t + c \tag{3.3}$$

由于烃源岩具有高声波时差、高电阻率和低密度的特点，因此需要去除密度对有机碳含量的影响，进行密度校正，公式可进一步修正为：

$$TOC = (a \times \lg R + b \times \Delta t + c)/d \tag{3.4}$$

其中a、b、c系数可通过对研究区样品分析测试，采用多元回归分析拟合获得，d为密度测井值。

研究区大部分探井都有声波时差、电阻率测井曲线，前人已开展了大量烃源岩样品的分析，并且本次研究也进行了大量样品的地球化学分析，拥有比较丰富的TOC分析数据，这些资料为本次计算提供了保障。

考虑到物源、沉积环境和构造等条件的差异，同时考虑到旬宜和富县地区所钻井资料较少，因此将鄂尔多斯盆地南部划分为镇泾、彬长、旬宜和富县三个地区，分别进行烃源岩TOC计算。

镇泾探区选取了红河5井、红河6井、红河22、红河25、红河28、红河51、红河66、红河69、红河28井，共9口井34个实测TOC数据，对延长组全井段进行拟合，根据公

式(3.4),得出经验公式:

$$\text{TOC}_{\text{计算}} = (10.12 \times \lg R + 0.08 \times \Delta t - 28.2)/d \quad (3.5)$$

彬长探区选取了泾河2井、泾河9井、泾河12井、泾河13井、正2井,共5口井20个实测TOC数据,对延长组全井段进行拟合,根据公式(3.4),得出经验公式:

$$\text{TOC}_{\text{计算}} = (41.91 \times \lg R + 0.11 \times \Delta t - 67.26)/d \quad (3.6)$$

旬宜、富县探区选取了渭北4、洛河3、洛河5、洛河6、洛河10、洛河11井,共6口井42个实测TOC数据,对延长组全井段进行拟合,得出经验公式:

$$\text{TOC}_{\text{计算}} = (10.57 \times \lg R + 0.05 \times \Delta t - 23.10)/d \quad (3.7)$$

为了验证上述测井资料评价烃源岩方法的有效性,分别选用四个探区的其他取心井来验证应用公式的合理性,对镇泾探区红河9井、红河70井的测井资料应用上述公式(3.5)计算的TOC值,对彬长探区泾河8井的测井资料应用上述公式(3.6)计算的TOC值,对旬宜、富县探区建1井、洛河2井的测井资料应用上述公式(3.7)计算的TOC值,然后分别与各自对应的实测TOC值结果对比,可见二者吻合度较高(图3.11~图3.14),这说明本次测井资料评价烃源岩的方法能较准确预测鄂尔多斯盆地南部延长组烃源岩的TOC值。

(2)烃源岩中有机质丰度纵向分布特征。

镇泾地区长4+5和长6暗色泥岩有机质丰度较低,TOC值小于1%;长7暗色泥岩有机质丰度明显增大,TOC平均值为2.1%,油页岩TOC平均值为9.5%;长8暗色泥岩有机质丰度又变低,TOC平均值为1.3%(图3.11)。彬长探区长4+5和长6暗色泥岩有机质丰度明显高于其他几个地区(图3.9),TOC平均值为3.1%;长7暗色泥岩有机质丰度也明显高于其他地区长7暗色泥岩,TOC平均值为4.2%,油页岩段TOC值很高,平均值为13.4%;长8、长9泥岩有机质丰度跟长7暗色泥岩相比较,相对较差,TOC平均值为1.5%(图3.12)。旬宜地区长7暗色泥岩有机质丰度较不高,暗色泥岩TOC平均值为1.9%,油页岩有机质丰度比较高,油页岩TOC平均值为10.9%;长4+5和长6暗色泥岩有机质丰度相对较低,TOC平均值为1.1%;长8油层组暗色泥岩有机质丰度较高,TOC值大于3%,但样品数量较少(图3.13)。富县地区长4+5和长6暗色泥岩有机质丰度相对较低,TOC值小于1%;长7油层组发育暗色泥岩,油页岩并不发育,暗色泥岩TOC平均值为3.4%;长8暗色泥岩有机质丰度较低,TOC平均值为3.1%(图3.14)。

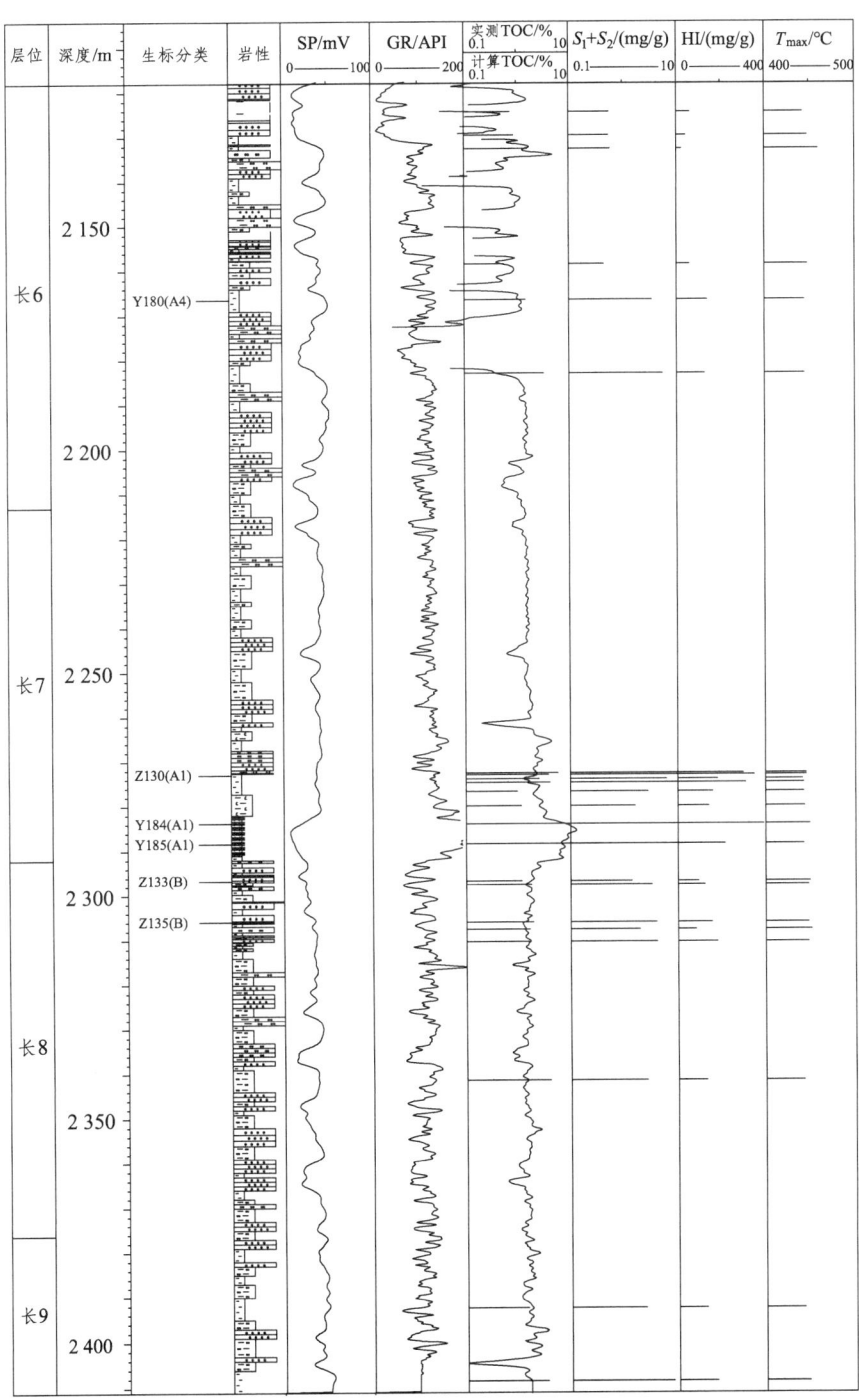

图 3.11 镇泾地区红河 70 井地球化学剖面图

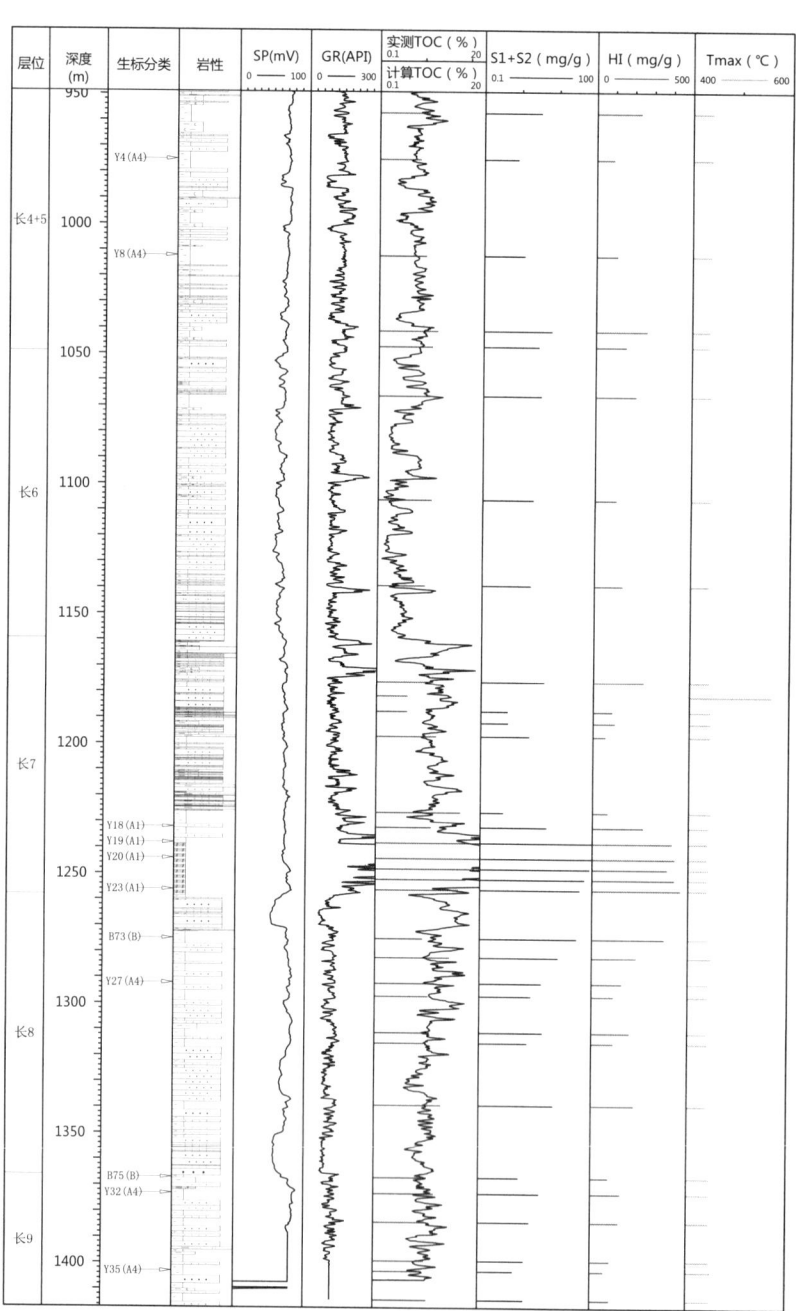

图 3.12 彬长地区泾河 8 井地球化学剖面图

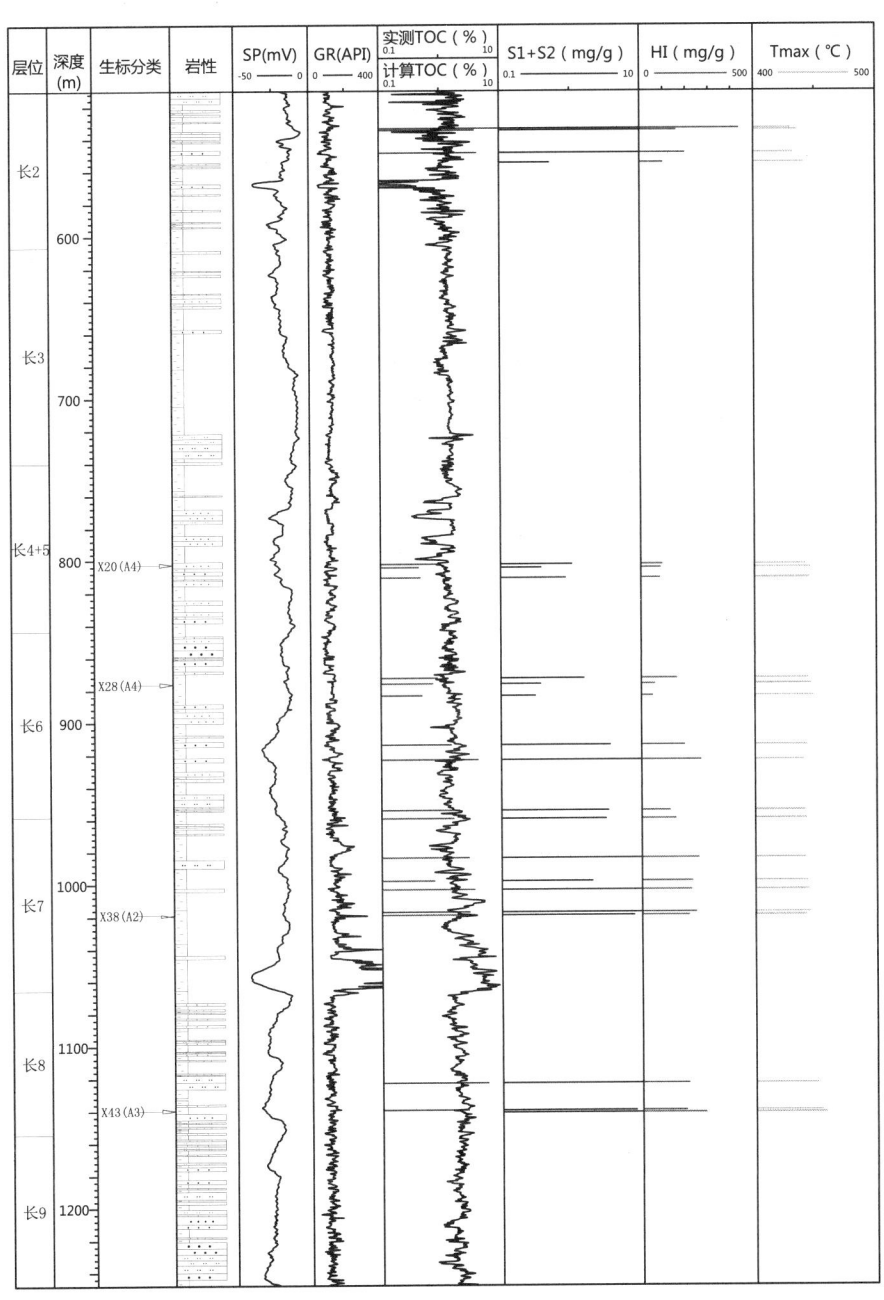

图 3.13 旬宜地区建 1 井地球化学剖面图

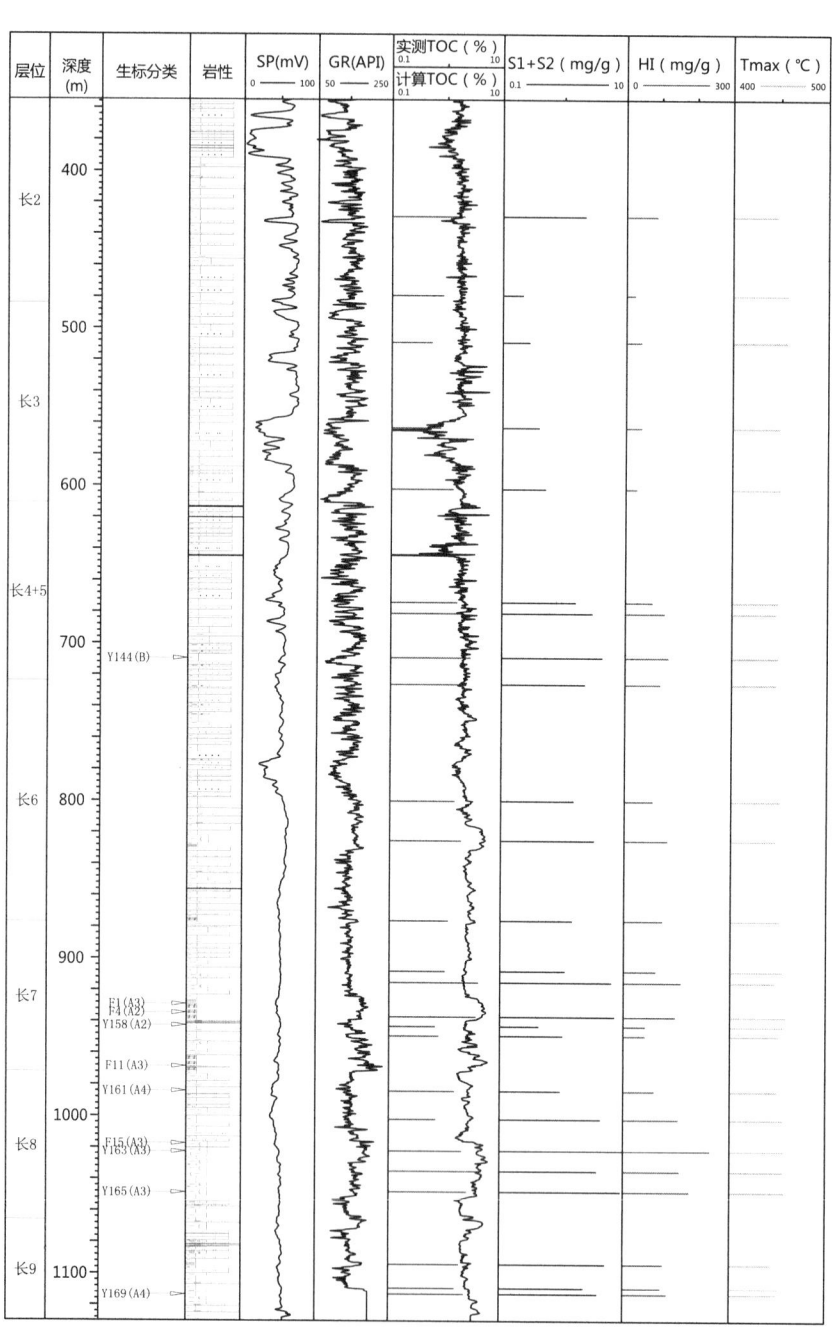

图 3.14 富县地区洛河 2 井地球化学剖面图

第3章 有效烃源岩地化特征及分布规律

（3）烃源岩中有机质丰度平面分布特征。

根据样品的分析资料，结合沉积相和测井解释成果，分析研究区长7、长9烃源岩有机质丰度的分布特征，由于研究区长9烃源岩样品较少，本书参考了中石油长庆地区相关数据。

长7泥页岩有机碳含量的平面分布（图3.15）与长7暗色泥岩厚度分布（图3.5）具有较好的一致性。从全盆地来看，TOC值有从盆地中央的深湖-半深湖相带向湖盆边缘的三角洲前缘-三角洲平原相带逐渐变小的趋势。本书研究的四个地区处于鄂尔多斯盆地南部边缘，泥页岩发育程度相对较低，镇泾探区东北部、彬长探区东北部、旬宜探区西北部及富县探区西部分别为各地区局部的TOC高值区，TOC值主要介于2%~7%之间。长9泥页岩有机碳含量平面分布趋势（图3.16）与长9泥页岩厚度的分布（图3.6）也具有较好的一致性。处于深湖-半深湖沉积相带的甘泉-志丹地区泥页岩发育，其中长9泥页岩的TOC的高值区，可达到9%左右，TOC值有从甘泉-志丹地区向盆地西南逐渐变小的趋势。本书研究的四个地区中富县地区处于深湖-半深湖沉积相带，TOC值相对较高，TOC值主要介于4%~7%之间；其他三个地区主要处于三角洲前缘沉积相带，泥页岩发育程度相对较低，TOC值相对较低，TOC值主要介于1%~3%之间。

由此可见，烃源岩有机质丰度的高低与分布受沉积环境的影响较大，靠近盆地中央的深湖-半深湖相的泥页岩发育、有机质丰度较高，盆地的边缘相带泥页岩发育程度低、有机质丰度低。

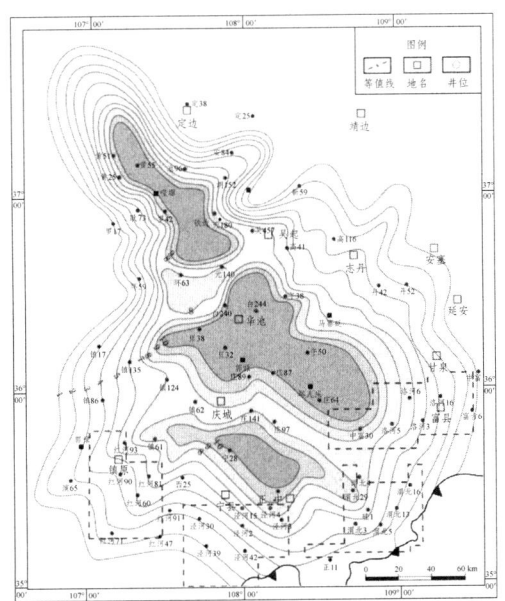

图3.15 鄂尔多斯盆地延长组长7暗色泥岩TOC分布图

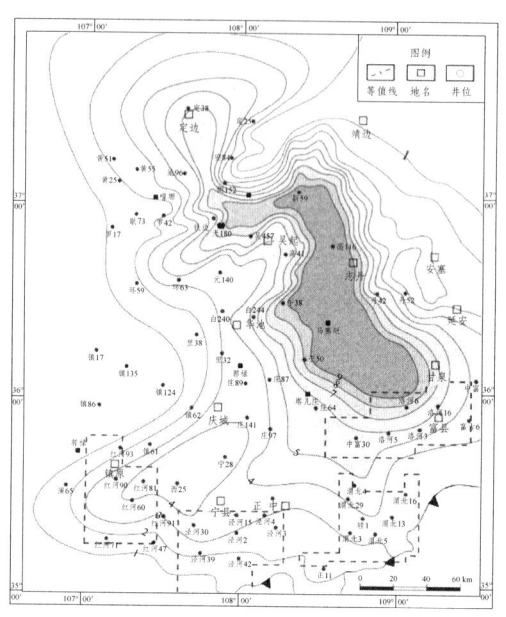

图 3.16　鄂尔多斯盆地延长组长 9 暗色泥岩 TOC 分布图

3.1.3　烃源岩有机质显微组分特征和有机质类型

1. 烃源岩有机显微组分特征

研究区上三叠统延长组烃源岩有机显微组分以壳质组、镜质组、惰质组和矿物沥青基质为主，次生组分和动物碎屑含量很低（表 3.3）。壳质组和矿物沥青基质是一种无机矿物和有机物的混合体，具有重要的生烃意义。

表 3.3　烃源岩显微组分分类

显微组分组	显微组分	泥岩中赋存丰度
镜质组 V	结构镜质体 T	未出现
	均质镜质体 C1	常见
	基质镜质体 C2	个别样品大量出现
	团块镜质体 C3	少量出现
	胶质镜质体 C4	未出现
	碎屑镜质体 Vd	常见，含量高
	丝质体 F	偶见
	半丝质体 Sf	偶见

续表

显微组分组	显微组分	泥岩中赋存丰度
惰质组 I	粗粒体 Ma	偶见
	碎屑惰性体 Id	少量出现
	菌类体 Scl	未出现
	孢子体 Sp	常见，含量高
	角质体 Cu	个别样品大量出现
	树脂体 Re	常见
壳质组 E	藻类体 Alg	少量出现
	荧光体 Fl	个别样品极少量出现
	树皮体 Ba	未出现
	木栓质体 Bt	未出现
	渗出沥青体 Ex	未出现
	微料体 Mi	未出现
次生组分	次生沥青 B	未出现
	有机包裹体	个别样品极少量出现，定量忽略
动物碎屑	动物壳壁体	个别样品极少量出现，定量忽略
矿物沥青基质 Mb	壳质	以壳质为主
	藻质	少量藻质
	混质	少量混质

矿物沥青基质中以壳质体为主，含少量藻质体；壳质组中孢子体、藻类体常见且含量高，角质体少量出现，个别样品出现少量的荧光体；镜质组以灰色脉状、条状镜质体为主，且含量高，个别样品基质镜质体大量出现。该区主要生烃组分为藻类体、矿物沥青基质及壳屑体等。不同层位烃源岩中有机显微组分相对含量存在一定的差别（表3.4）。

表 3.4　鄂尔多斯盆地南部延长组烃源岩有机显微组分相对含量特征

层位	镜质组/%	惰质组/%	壳质组/%	矿物沥青基质/%
长 4+5	24.1~52.6 36.9（4）	0.0~13.3 9.0（4）	26.5~36.1 31.4（4）	7.6~40.1 22.7（4）
长 6	6.6~50.1 23.5（6）	0.0~49.0 16.2（6）	25.0~46.3 33.2（6）	0.0~53.2 27.1（6）
长 7	4.3~69.3 18.3（15）	0.0~29.2 4.7（15）	12.0~81.5 43.7（15）	7.4~72.7 33.3（15）
长 8	7.6~62.1 32.5（11）	0.0~34.8 12.9（11）	10.9~60.7 28.9（11）	7.3~49.5 25.7（11）
长 9	20.6~27.7 23.8（4）	0.0~16.8 7.5（4）	18.1~51.2 40.8（4）	14.7~54.2 27.9（4）

注：表中分子为值分布范围，分母为平均值，括号内为样品个数。

长 4+5 烃源岩中有机显微组分以镜质组为主，在总有机显微组分中相对含量变化范围为 24.1%~52.6%，平均值为 36.9%；含有一定量的矿物沥青基质（富氢组分，反映有生烃过程）和壳质组，壳质组在总有机显微组分中所占比例的分布范围为 26.5%~36.1%，平均值为 31.4%；矿物沥青基质在总有机显微组分中含量的分布范围为 7.6%~40.1%，平均值分别为 22.7%；惰质组含量较低，在总有机显微组分中含量的分布范围为 0%~13.3%，平均值为 9.0%。

长 6 烃源岩的有机显微组分中壳质组为主要成分，含量为 25.0%~46.3%，平均值为 33.2%；其次为矿物沥青基质和镜质组，矿物沥青基质含量为 0%~53.2%，平均值为 27.1%；镜质组含量为 6.6%~50.1%，平均值为 23.5%；惰质组含量较低，为 0%~49.0%，平均值为 16.2%。

长 7 烃源岩富含壳质组，在总有机显微组分中含量的分布范围为 12.0%~81.5%，平均值为 43.7%；矿物沥青基质在总有机显微组分中所占比例的分布范围为 7.4%~72.7%，平均值为 33.3%；镜质组和惰质组含量低，镜质组在总有机显微组分中相对含量变化范围为 4.3%~69.3%，平均值为 18.3%；惰质组在总有机显微组分中含量的分布范围为 0%~29.2%，平均值为 4.7%。

长 8 烃源岩中矿物沥青基质在总有机显微组分中含量的分布范围为 7.3%~49.5%，平均值为 25.7%；壳质组在总有机显微组分中所占比例的分布范围为 10.9%~60.7%，平均值较高，为 28.9%；镜质组在总有机显微组分中相对含量变化范围为 7.6%~62.1%，平均值为 32.5%；惰质组在总有机显微组分中含量的分布范围为 0%~34.8%，平均值为 12.9%。

长9烃源岩也富含壳质组,在总有机显微组分中含量的分布范围为18.1%~51.2%,平均值为40.8%;其次为矿物沥青基质,在总有机显微组分中所占比例的分布范围为14.7%~54.2%,平均值为27.9%;镜质组和惰质组含量低,镜质组在全岩中变化范围为20.6%~27.7%,平均值为23.8%;惰质组在总有机显微组分中含量的分布范围为0%~16.8%,平均值为7.5%。长9烃源岩因富氢组分含量高,生烃潜力也较大。

如图3.17所示,长7烃源岩显微组分中壳质组和矿物沥青基质相对含量较高,富氢组分多,生烃潜力大;其次是长9;长4+5、长6、长8壳质组和矿物沥青基质相对含量较低,镜质组和惰质组较高,富氢组分相对较少,生烃潜力相对也较小。

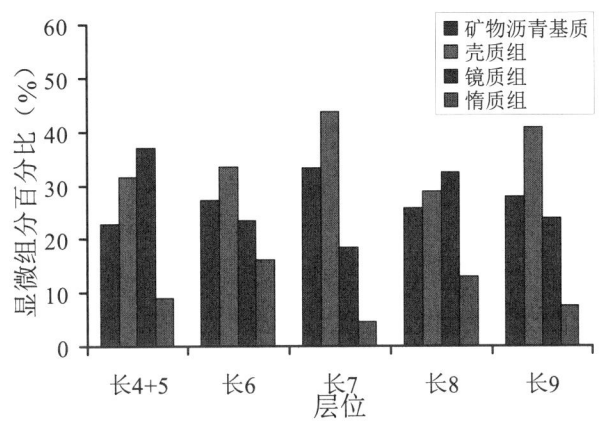

图3.17 鄂尔多斯盆地南部延长组不同层段烃源岩有机显微组分含量分布特征

2. 烃源岩有机质类型划分

有机质类型是反映有机质来源和化学组成的主要标志,也是划分有机相的关键。对于有机质类型的评价,应着眼于生烃能力和有机质富氢组分的多少。

(1) 显微组分法。

干酪根显微组分镜质组(V)、惰性组(I)和壳质组(E),其中镜质组(V)和惰性组(I)为典型的Ⅲ型有机质,壳质组(E)为典型的Ⅱ型有机质,而低等水生生物生源的藻类体和无定形物质为Ⅰ型有机质。因此,可以根据各类组分的相对含量来划分有机质类型:

$$TI = (腐泥组 \times 100 + 壳质组 \times 50 - 镜质组 \times 75 - 惰性组 \times 100)/100$$

根据这个公式,可对有机质(干酪根)类型进行综合评价:当$TI>80$时为Ⅰ型,$0<TI<80$为Ⅱ型,$TI<0$时为Ⅲ型(表3.5)。

表 3.5 干酪根类型指数（TI）划分标准

干酪根类型	划分标准
Ⅰ 型	$TI>80$
Ⅱ$_1$ 型	$40<TI<80$
Ⅱ$_2$ 型	$0<TI<40$
Ⅲ 型	$TI<0$

根据鄂尔多斯盆地南部不同层位的岩心样品的干酪根类型指数统计结果表明，该区烃源岩样品有机质类型为Ⅱ型-Ⅲ型，其中长4+5、长6和长9烃源岩有机质类型为Ⅱ$_2$型；长7烃源岩有机质类型为Ⅱ$_1$型；长8烃源岩有机质类型为Ⅲ型（表3.6）。

表 3.6 鄂尔多斯盆地南部延长组烃源岩有机质类型指数表

层位	最大值	最小值	平均值	样品数	类型
长 4+5	45.98	-31.90	14.41	4	Ⅱ$_2$ 型
长 6	56.83	-52.88	9.37	4	Ⅱ$_2$ 型
长 7	70.18	5.75	44.14	13	Ⅱ$_1$ 型
长 8	24.88	-37.83	-6.97	7	Ⅲ 型
长 9	26.95	4.28	15.61	2	Ⅱ$_2$ 型

图3.18反映了鄂尔多斯盆地南部延长组不同层段烃源岩的有机显微组分相对含量分布特征，从图中可以看出，不同层段烃源岩的惰质组相对含量均较低，长7烃源岩有机显微组分以壳质组与矿物沥青基质含量最高，其次为长9烃源岩，这表明长7、长9烃源岩的显微组分以富氢组分为主，有机质类型好，烃源岩生油能力强；长6与长8烃源岩除部分样品镜质组相对含量较高外，有机显微组分仍以壳质组+矿物沥青基质为主，有机质类型较好；长4+5烃源岩样品有机显微组分的镜质组含量较高，高于壳质组+矿物沥青基质的相对含量，有机质类型在鄂尔多斯盆地南部整体上较差，但也存在以壳质组和矿物沥青基质为主、有机质类型相对较好的烃源岩，如彬长地区长4+5烃源岩样品的有机质类型就较好。

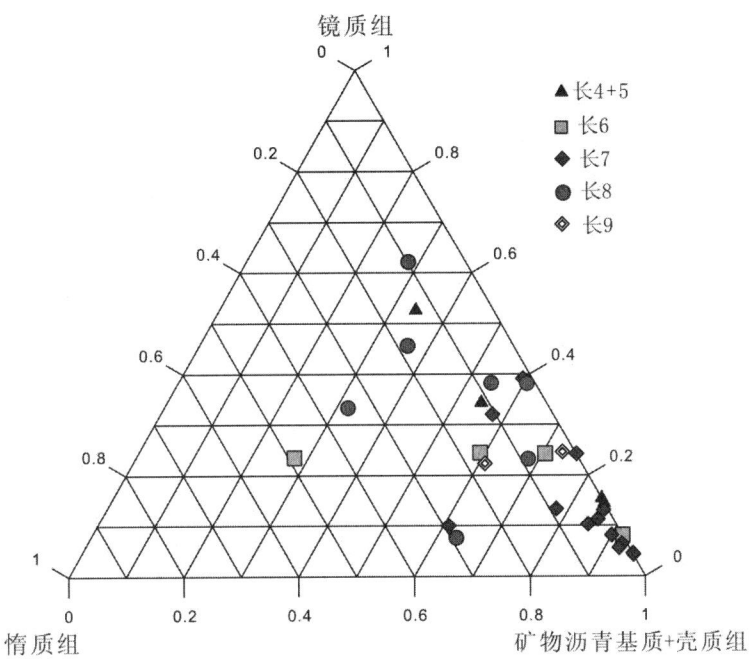

图 3.18 鄂尔多斯盆地南部延长组烃源岩中有机显微组分三角图

（2）岩石热解法。

通过热解数据得到 T_{max}—HI 有机质类型图（图 3.19），从图中可以看出，四种有机质类型在鄂尔多斯盆地南部都存在，长 4+5、长 6 烃源岩有机质类型除在彬长地区部分为 I 型和 II$_1$ 型外，大部分有机质类型为 II$_2$-III 型，有机质类型一般，生油潜力较小；长 7 烃源岩有机质类型以 I-II$_1$ 型为主，其中长 7 油页岩有机质类型为 I 型，有机质类型最好，具有很大的生油潜力，长 7 泥岩有机质类型以 II$_1$ 型为主（图 3.20），但也有少部分为 II$_2$ 型，有机质类型也不错，生油潜力次之；长 8 烃源岩有机质类型为 II$_2$-III 型，有机质类型较差，生油潜力小；长 9 烃源岩在镇泾地区有机质类型为 II$_1$ 型，有机质类型比较好，生油潜力中等，在彬长地区有机质类型为 II$_2$ 型，有机质类型一般，生油潜力较小。

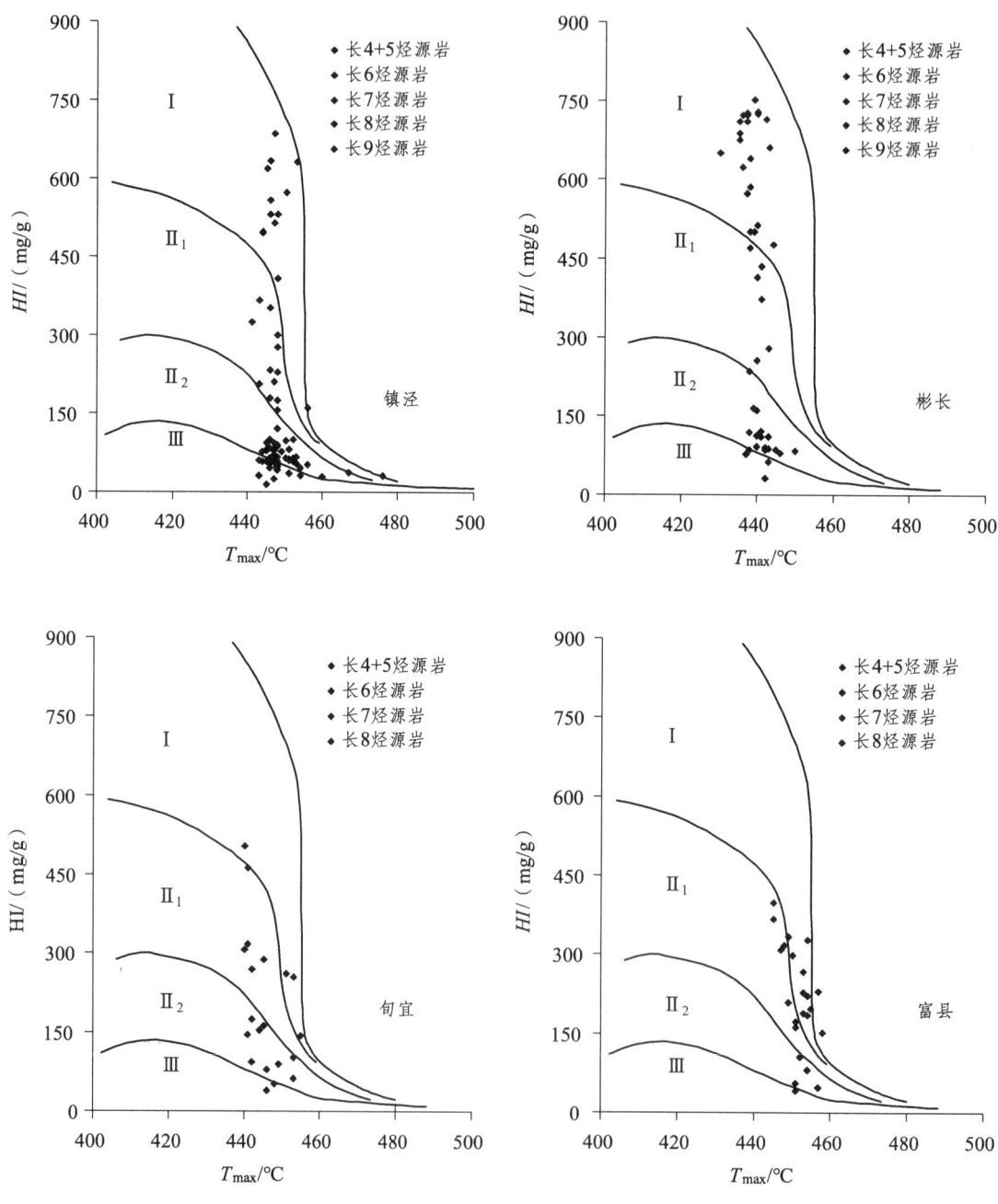

图 3.19 鄂尔多斯盆地南部延长组烃源岩 HI 和 T_{max} 关系图

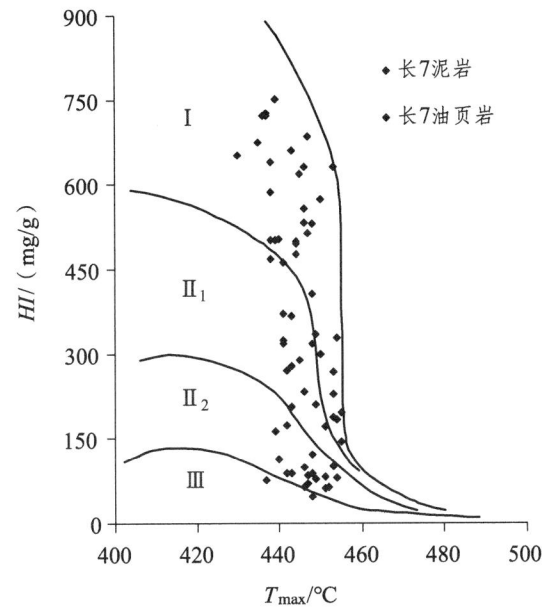

图 3.20 鄂尔多斯盆地延长组长 7 油层组不同岩性烃源岩 HI 和 T_{max} 关系图

3.1.4 烃源岩成熟度分布特征

鄂尔多斯盆地三叠系延长组经历了三叠纪末期、早侏罗世末、中侏罗世末、早白垩世末四期构造演化,使得各个生油层系的热演化特征发生变化。本次研究主要以三叠系延长组长 4+5～长 9 为目的层位,讨论烃源岩成熟度演化特征,主要根据所取样品的实验分析结果,同时结合前人研究成果对目的层位进行分析。

1. 烃源岩镜质体反射率(R_o)演化特征

(1) 不同层段烃源岩镜质体反射率分布特征。

有机质演化的光学标志是在显微组分鉴定的基础上,测定能反映有机质化学结构和化学成分变化的光性特征。其中镜质组反射率(R_o)是反映有机质热演化程度的最主要的光性标志之一,可以按照镜质组反射率(R_o)对有机质的演化及烃类形成阶段划分为未成熟阶段、成熟阶段和过成熟阶段,各阶段所对应的 R_o 值分布范围为:R_o 值小于 0.5%属于未成熟阶段;R_o 值等于 0.5%～2.0%属于成熟阶段(其中 0.5%～0.7%属于低成熟阶段;0.7%～1.3%属于成熟阶段;1.3%～2.0%属于高成熟阶段);R_o 值大于 2.0%属于过成熟阶段。

由表 3.7 和图 3.21 可以看出，延长组不同层段烃源岩的成熟度存在差异。长 4+5 烃源岩 R_o 为 0.53%~0.88%，平均值为 0.65%，处于低熟-成熟阶段；长 6 烃源岩 R_o 为 0.56%~0.89%，平均值为 0.71%，处于低熟-成熟阶段；长 7 烃源岩 R_o 为 0.60%~0.93%，平均值为 0.72%，处于低熟-成熟阶段；长 8 烃源岩 R_o 为 0.79%~1.02%，平均值为 0.86%，处于成熟阶段；长 9 烃源岩 R_o 为 0.76%~0.93%，平均值为 0.85%，处于成熟阶段。长 4+5 烃源岩至长 9 烃源岩，由于埋藏深度逐渐变大，烃源岩镜质体反射率值总体呈现出变大的趋势。

表 3.7　鄂尔多斯盆地南部延长组烃源岩 R_o 统计表

层位	最大值/%	最小值/%	平均值/%	样品数	成熟度评价
长 4+5	0.88	0.53	0.65	3	低熟-成熟
长 6	0.89	0.56	0.71	3	低熟-成熟
长 7	0.93	0.60	0.72	10	低熟-成熟
长 8	1.02	0.79	0.86	6	成熟
长 9	0.93	0.76	0.85	2	成熟

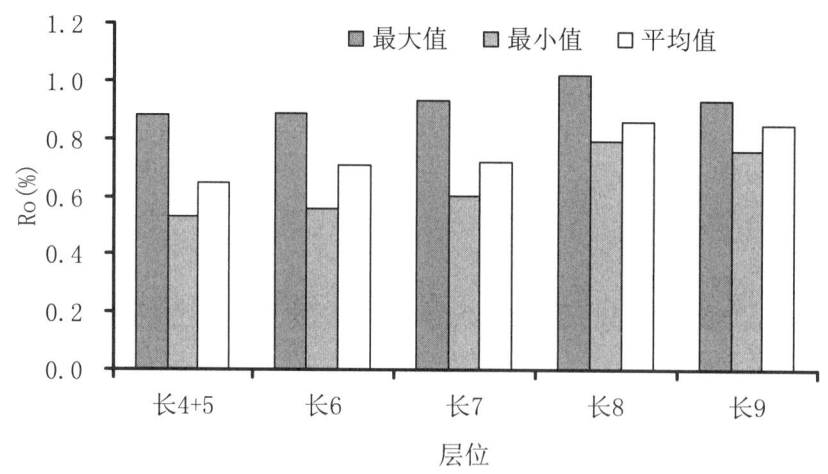

图 3.21　鄂尔多斯盆地南部延长组烃源岩镜质体反射率分布特征

（2）不同深度烃源岩镜质体反射率演化特征。

从研究区烃源岩 R_o 值与深度关系图（图 3.22）可以看出，不同地区 R_o 随地层埋深增加而增大的速率存在一定的差别，总的来说 R_o 随着深度的增加有增大的趋势，烃源岩处于低熟-成熟阶段。

镇泾探区在 1 500 m 进入生油门限，生油阶段在 1 500~2 400 m，埋深大于 2 400 m 进入高成熟阶段；彬长探区生油门限深度为 900 m，生油阶段在 900~1 500 m，埋深大于 1 500 m 进入高成熟阶段；旬宜探区生油门限深度为 700 m，生油阶段在 700~1 300 m，埋深大于 1 300 m 进入高成熟阶段；富县探区生油门限深度为 600 m，生油阶段在 600~1 200 m，埋深大于 1 200 m 进入高成熟阶段。

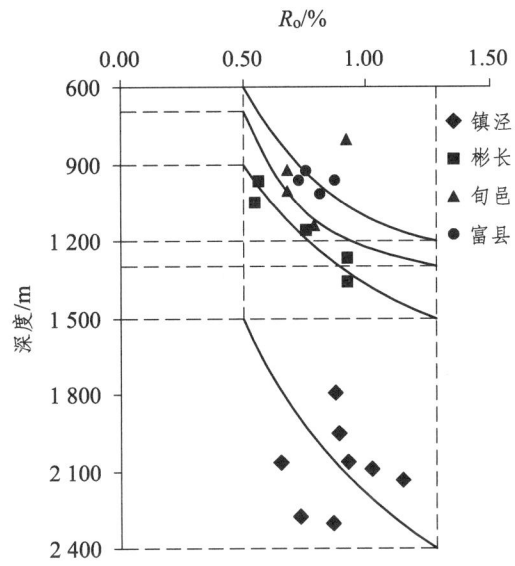

图 3.22 鄂尔多斯盆地南部延长组烃源岩镜质体反射率与深度关系图

2. 烃源岩最高热解峰温分布特征

T_{max} 是烃源岩热解时的最高热解温度，常用作有机质成熟演化程度指标，在正常情况下，高成熟生油岩有机质的最高热解峰温（T_{max} 值）也高，热解实验分析测试成本较低，大量烃源岩样品的 T_{max} 数据可以有效弥补 R_o 数据的不足，使烃源岩成熟度研究更加客观、全面。统计可知研究区烃源岩镜质体反射率 R_o 与最大热解峰温之间存在着较好的相关性，当 R_o 为 0.6% 时，T_{max} 为 435 ℃；当 R_o 为 1% 时，T_{max} 为 460 ℃；当 R_o 为 1.3% 时，T_{max} 为 470 ℃。

研究区延长组不同层段烃源岩 T_{max} 随深度变化如图 3.23 所示，可以看出，不同地区 T_{max} 随地层埋深增加而增大的速率存在一定的差别，镇泾探区在 1 500 m 进入生油门限，生油阶段在 1 500~2 400 m，埋深大于 2 400 m 进入高成熟阶段；彬长探区生油门限深度为 800 m，生油阶段在 900～1 450 m，埋深大于 1 450 m 进入高成熟阶段；旬宜探区生油门限深度为 800 m，生油阶段在 800～1 200 m，埋深大于 1 200 m 进入高成熟阶段；富县探区生油门限深度为 600 m，生油阶段在 600～1 200 m，埋深大于 1 200 m 进入高成熟阶段，这与 R_o 评价结果基本一致。另外，由图可以看出，T_{max} 随着深度的增加有增大的趋势。彬长探区热演化程度相对其他几个地区要低，烃源岩总体上处于低熟-成熟阶段。

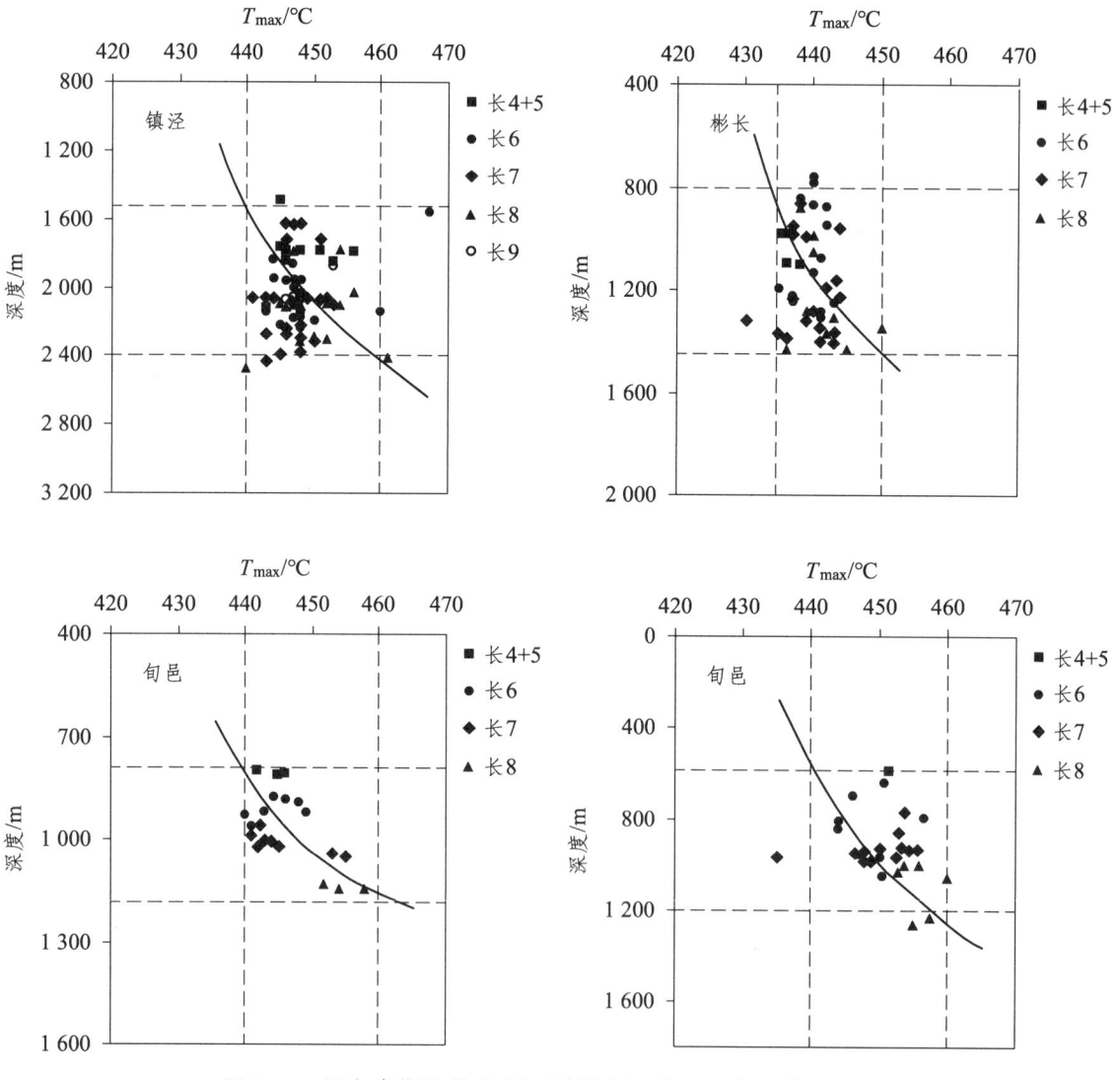

图 3.23　鄂尔多斯盆地南部延长组烃源岩 T_{max} 与深度关系图

3.2 烃源岩生物标志物特征及其类型划分

烃源岩生物标志物组成特征十分复杂，涉及的化合物非常多，其中饱和烃生物标志物在研究烃源岩或原油地球化学特征和类型划分中最为常见。前人在鄂尔多斯盆地长庆地区做了大量关于烃源岩生物标志物特征方面的研究工作，主要是根据 C_{30} 重排藿烷相对含量区分不同类型烃源岩。本书研究发现，除了 C_{30} 重排藿烷含量，姥植比和 $8\beta(H)$-补身烷相对含量对鄂尔多斯盆地南部延长组烃源岩分类具有较好的适用性，它们与反映烃源岩中有机质丰度、类型的参数（如 TOC、S_1+S_2、HI）具有良好相关性，据此划分的不同类型烃源岩的生烃潜力差别明显（表 3.8）。究其本质是这三个参数具有反映由于沉积相带的不同所引起的烃源岩岩石组构和氧化还原环境变化的地质意义，低姥植比、低 C_{30} 重排藿烷、高 $8\beta(H)$-补身烷相对含量指示了有利烃源岩发育的缺氧深水的深湖相沉积环境；高姥植比、高 C_{30} 重排藿烷、低 $8\beta(H)$-补身烷相对含量则指示了不太有利烃源岩发育的亚氧化较浅水的半深湖-浅湖相沉积环境。

因此，本次研究首先根据 Pr/Ph 的分布特征，将鄂尔多斯盆地南部三叠系延长组烃源岩划分为 A、B 两大类，其中 A 类烃源岩 Pr/Ph > 2.0，B 类烃源岩 Pr/Ph < 2.0，再根据 C_{30} 重排藿烷和 $8\beta(H)$-补身烷的分布特征及其他一些反映烃源岩中有机质的生源输入、沉积环境（氧化-还原环境及水体盐度）及成熟度的烷烃、甾萜类及芳烃的生物标志物组合特征，将 A 大类烃源岩细分为 A1、A2、A3、A4 四亚类（图 3.24 ~ 图 3.26），各类烃源岩的生物标志物的组合特征详见下文。

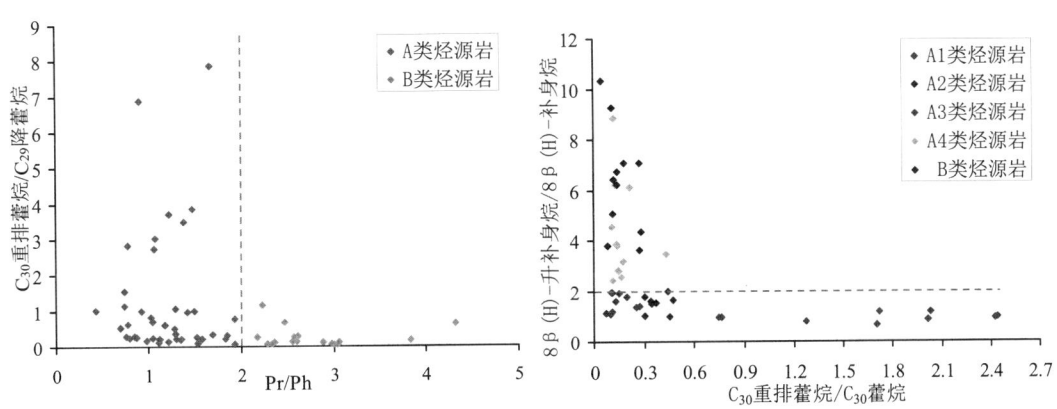

图 3.24 鄂尔多斯盆地南部延长组各类烃源岩部分生物标志物参数分布图

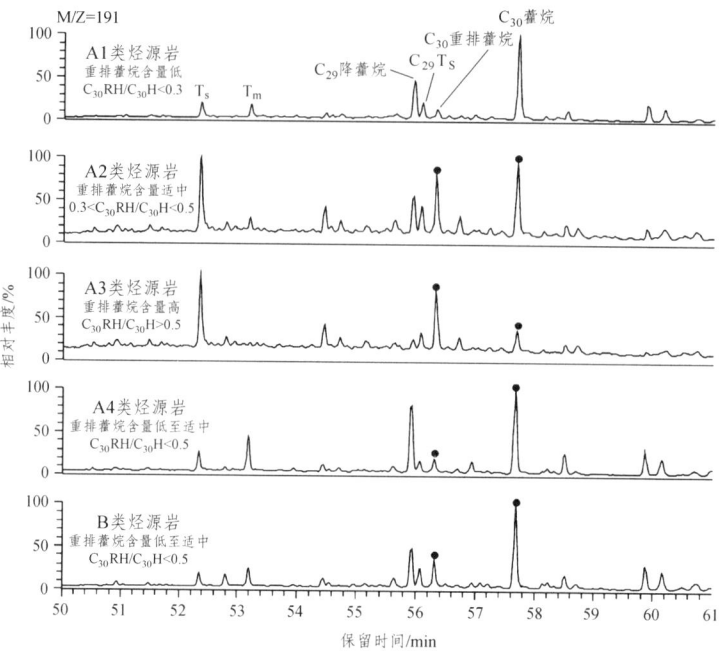

图 3.25　鄂尔多斯盆地南部延长组不同类型烃源岩 C_{30} 重排藿烷分布特征

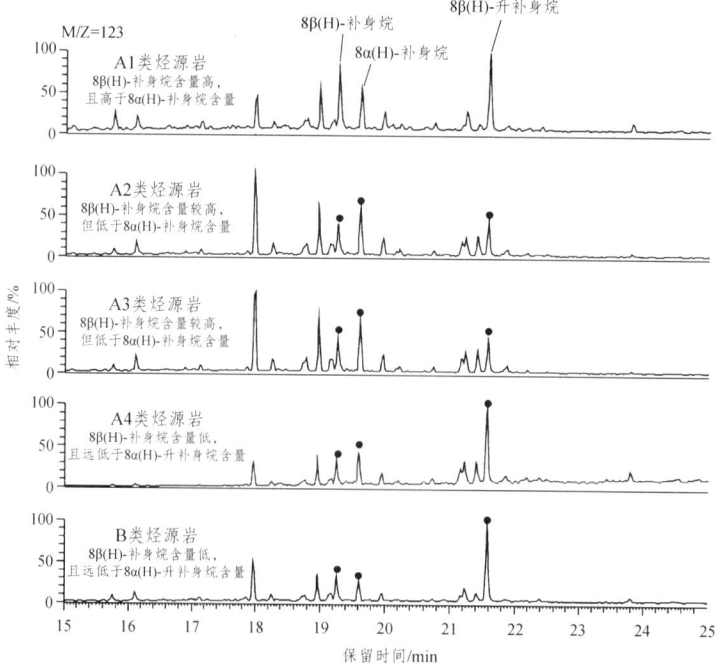

图 3.26　鄂尔多斯盆地南部延长组不同类型烃源岩 $8\beta(H)$-补身烷分布特征

表 3.8 鄂尔多斯盆地南部延长组不同类型烃源岩生标及地化参数特征表

类型	主要生标特征	有效性	TOC/%	S_1+S_2/(mg/g)	HI/(mg/g)	岩性
A1	Pr/Ph<2，重排藿烷含量低，$C_{30}RH/C_{30}H<0.3$，8β(H)-补身烷含量高，且高于8α(H)-补身烷含量，8β(H)-升补身烷/8β(H)-补身烷<2	优	12.9	76.1	590	油页岩
A2	Pr/Ph<2，重排藿烷含量中，$3<C_{30}RH/C_{30}H<0.5$，8β(H)-补身烷含量较高，但低于8α(H)-补身烷含量，8β(H)-升补身烷/8β(H)-补身烷<2	好	3.8	15.7	341	泥岩
A3	Pr/Ph<2，重排藿烷含量高，$C_{30}RH/C_{30}H>0.5$，8β(H)-补身烷含量较高，但低于8α(H)-补身烷含量，8β(H)-升补身烷/8β(H)-补身烷<2	好	3.3	10.1	255	泥岩
A4	Pr/Ph<2，重排藿烷含量低，$C_{30}RH/C_{30}H<0.3$，8β(H)-补身烷含量低，且低于8α(H)-补身烷含量，8β(H)-升补身烷/8β(H)-补身烷>2	差	1.2	1.7	109	泥岩
B	Pr/Ph>2，8β(H)-补身烷含量低，且高于8α(H)-补身烷含量，8β(H)-升补身烷/8β(H)-补身烷>2	差	3.4	8.9	168	碳质泥岩为主

3.2.1 不同类型烃源岩的饱和烃生物标志物组成特征

1. 不同烃源岩的饱和烃生物标志物组成特征

（1）A1类烃源岩。

A1类烃源岩生物标志物具有如下特征（图3.27）：正构烷烃碳数分布特征呈单峰态前峰型，Pr/Ph值介于0.79～1.29之间，平均值为1.06，表明该类烃源岩形成于强还原到弱氧化的环境中；含有β胡萝卜烷；$ααα20RC_{27}$、$ααα20RC_{28}$、$ααα20RC_{29}$甾烷相对含量主要呈近"V"型或"L"型分布，其中$ααα20RC_{27}$甾烷高于$ααα20RC_{29}$甾烷，表明其生源输入中藻类等水生生物的贡献较大，重排甾烷/规则甾烷介于0.05～0.14之间；五环三萜烷烃类化合物中C_{30}藿烷丰度最高，C_{30}重排藿烷含量很低，C_{29}降藿烷含量中等—较高；8β(H)

-补身烷含量高,且高于 8α(H)-补身烷含量(图 3.26),8β(H)-升补身烷/8β(H)-补身烷<2 且介于 1.09~1.95 之间,平均值为 1.63;Ts 含量低于 Tm 或略高于 Tm,伽马蜡烷含量较低;C_{30} 重排藿烷/C_{30} 藿烷值介于 0.07~0.29 之间,C_{30} 重排藿烷/C_{29} 降藿烷值介于 0.13~0.82 之间,C_{30} 重排藿烷/C_{29}Ts 介于 0.51~0.82 之间。成熟度参数 Ts/(Ts+Tm)值介于 0.44~0.79 之间,C_{31} 升藿烷 22S/(22S+22R)值介于 0.54~0.58 之间,C_{29} 甾烷 ααα20S/(20S+20R)值介于 0.42~0.47 之间,C_{29} 甾烷 ββ/(ββ+αα)值介于 0.45~0.59 之间,表明烃源岩处于低熟-成熟阶段。该类烃源岩在四个地区的延长组长 7 油层组都有分布,岩性为油页岩,所分析的岩心样品与岩屑样品之间也不存在明显的差别(图 3.28)。

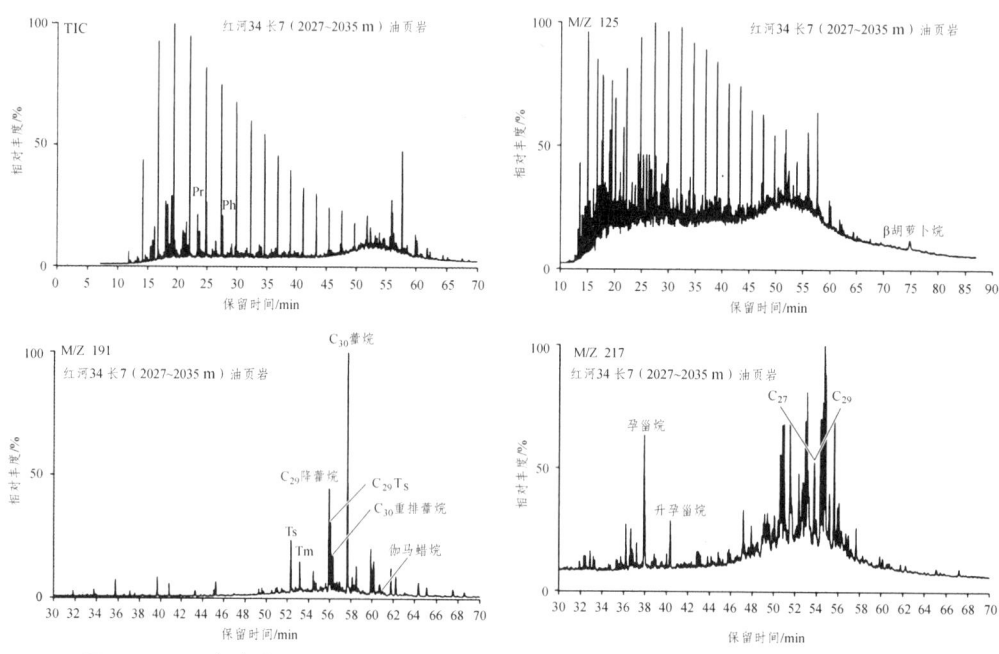

图 3.27 鄂尔多斯盆地南部延长组 A1 类烃源岩部分生物标志物质量色谱图

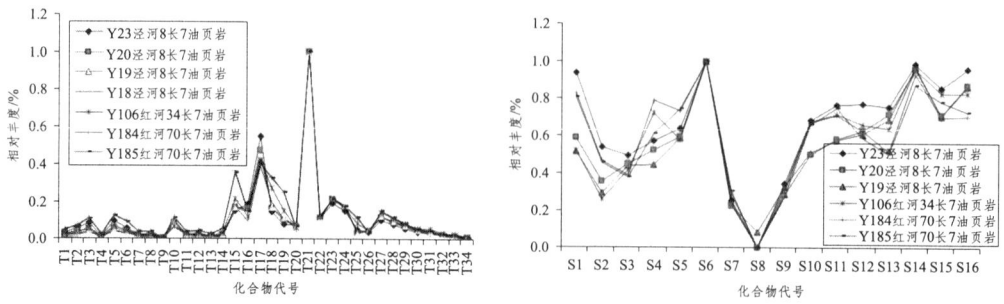

图 3.28 镇泾与彬长地区长 7 油页岩甾萜烷系列化合物指纹对比图

(2) A2 类烃源岩。

A2 类烃源岩生物标志物具有如下特征（图 3.29）：正构烷烃碳数分布呈单峰态前峰型，Pr/Ph 值介于 0.43~1.49 之间，表明该类烃源岩主要形成于强还原到弱还原的沉积环境；未检测到 β 胡萝卜烷；$\alpha\alpha\alpha20RC_{27}$、$\alpha\alpha\alpha20RC_{28}$、$\alpha\alpha\alpha20RC_{29}$ 甾烷相对含量主要呈近 "V" 型或 "L" 型分布，其中 $\alpha\alpha\alpha20RC_{27}$ 甾烷高于 $\alpha\alpha\alpha20RC_{29}$ 甾烷，表明其生源输入主要为水生生物，重排甾烷/规则甾烷介于 0.05~0.22 之间；五环三萜烷烃类化合物中 C_{30} 重排藿烷含量中等，与 C_{29} 降藿烷含量相近，Ts 含量明显高于 Tm，C_{30} 重排藿烷/C_{30} 藿烷值大致介于 0.30~0.47 之间，C_{30} 重排藿烷/C_{29} 降藿烷值介于 0.70~1.13 之间，C_{30} 重排藿烷/C_{29}Ts 介于 0.76~1.95 之间；含一定量伽马蜡烷；$8\beta(H)$-补身烷含量较高，但低于 $8\alpha(H)$-补身烷含量（图 3.26），$8\beta(H)$-升补身烷/$8\beta(H)$-补身烷 <2 且介于 0.89~1.99 之间，平均值为 1.51。成熟度参数 Ts/(Ts+Tm) 值介于 0.69~0.88 之间，C_{31} 升藿烷 22S/(22S+22R) 值介于 0.48~0.55 之间，C_{29} 甾烷 $\alpha\alpha\alpha$20S/(20S+20R) 值介于 0.39~0.44 之间，C_{29} 甾烷 $\beta\beta/(\beta\beta+\alpha\alpha)$ 值介于 0.49~0.60 之间，表明烃源岩处于低熟-成熟阶段。

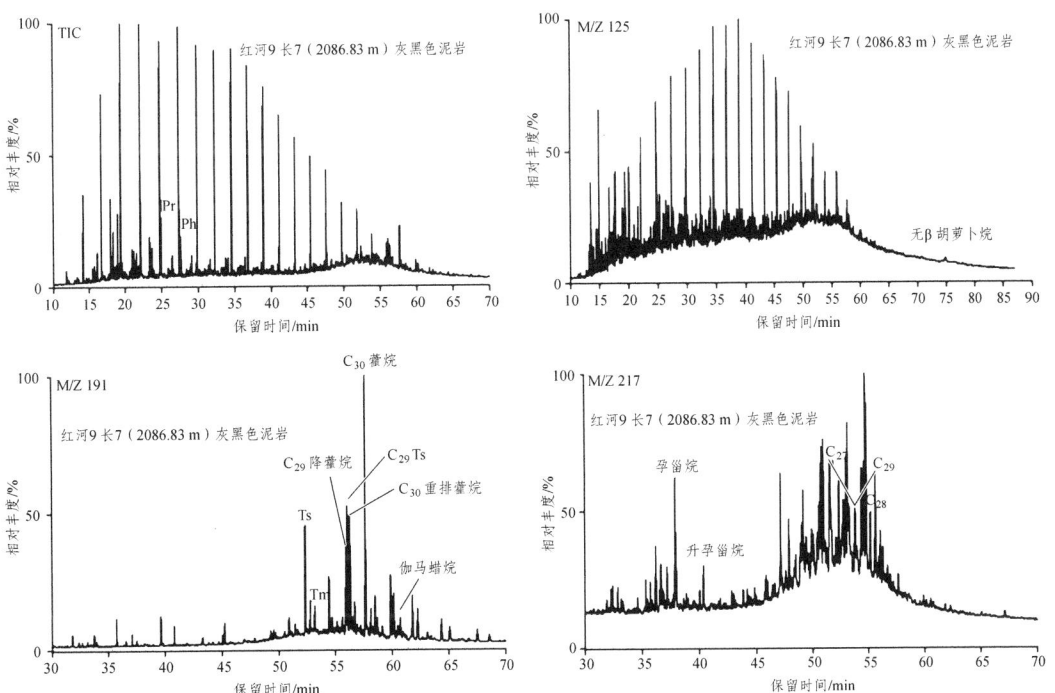

图 3.29 鄂尔多斯盆地南部延长组 A2 类烃源岩部分生物标志物质量色谱图

该类烃源岩主要为长 7 暗色泥岩，在旬宜地区长 6 油层组底部有一个 A2 类烃源岩样品，但生标差异并不明显。

(3) A3类烃源岩。

A3类烃源岩生物标志物具有如下特征（图3.30）：正构烷烃碳数分布特征呈单峰态前峰型，Pr/Ph介于0.75~1.66之间，表明该类烃源岩主要形成于还原-弱还原的沉积环境中；几乎不含β胡萝卜烷；$\alpha\alpha\alpha 20RC_{27}$、$\alpha\alpha\alpha 20RC_{28}$、$\alpha\alpha\alpha 20RC_{29}$甾烷相对含量呈近"V"型或"L"型分布，其中$\alpha\alpha\alpha 20RC_{27}$甾烷高于$\alpha\alpha\alpha 20RC_{29}$甾烷，表明其生源输入主要为水生生物，重排甾烷/规则甾烷介于0.13~0.33之间；五环三萜烷烃类化合物中C_{30}重排藿烷相对含量高于藿烷或接近于藿烷，C_{29}降藿烷含量很低，Ts含量异常高，不含或含少量Tm，C_{30}重排藿烷/C_{30}藿烷值大致介于0.75~2.44之间，C_{30}重排藿烷/C_{29}降藿烷值介于1.55~7.86之间，C_{30}重排藿烷/C_{29}Ts介于2.06~7.29之间；8β（H）-补身烷含量较高，但低于8α（H）-补身烷含量（图3.26），8β（H）-升补身烷/8β（H）-补身烷<2且介于0.65~1.16之间，平均值为0.95；含一定量的伽马蜡烷，说明烃源岩主要形成于微咸水环境。成熟度参数Ts/（Ts+Tm）值介于0.80~0.95之间，C_{29}甾烷$\alpha\alpha\alpha 20S$/（20S+20R）值介于0.34~0.47之间，C_{29}甾烷$\beta\beta$/（$\beta\beta+\alpha\alpha$）值介于0.53~0.62之间。

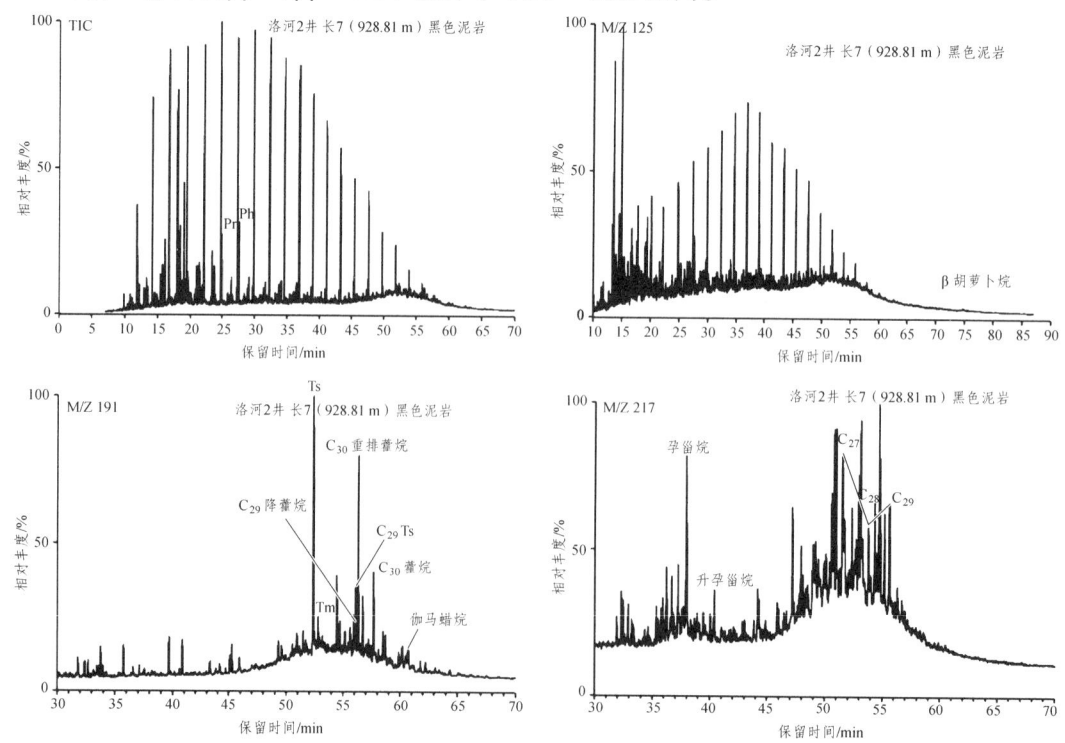

图3.30 鄂尔多斯盆地南部延长组A3类烃源岩部分生物标志物质量色谱图

目前发现的此类烃源岩主要为富县的部分长7暗色泥岩和长8暗色泥岩，旬宜地区的部分长8暗色泥岩,后文经油源对比表明原油的生物标志物特征与长7暗色泥岩更为接近。

（4）A4类烃源岩。

A4类烃源岩生物标志物具有如下特征（图3.31）：正构烷烃碳数分布特征呈单峰态前峰型,Pr/Ph介于0.71~1.93之间,表明该类烃源岩主要形成于还原-弱还原的沉积环境中；几乎不含β胡萝卜烷；$\alpha\alpha\alpha20RC_{27}$、$\alpha\alpha\alpha20RC_{28}$、$\alpha\alpha\alpha20RC_{29}$甾烷相对含量呈近"V"型或反"L"型分布,表明其生源输入主要为陆源高等植物,重排甾烷/规则甾烷介于0.05~0.21之间；五环三萜烷烃类化合物中C_{30}重排藿烷相对含量低于藿烷,C_{29}降藿烷含量低,Tm含量异常高,不含或含少量Ts。其中C_{30}重排藿烷/C_{30}藿烷值介于0.06~0.43之间,C_{30}重排藿烷/C_{29}降藿烷值介于0.08~0.76之间,C_{30}重排藿烷/C_{29}Ts介于0.52~1.86之间；8β(H)-补身烷含量低,且低于8α(H)-补身烷含量（图3.26）,8β(H)-升补身烷/8β(H)-补身烷>2且介于2.12~15.85之间,平均值为5.34；含一定量的伽马蜡烷,说明烃源岩主要形成于微咸水环境。成熟度参数Ts/(Ts+Tm)值介于0.2~0.7之间,C_{29}甾烷$\alpha\alpha\alpha20S/(20S+20R)$值介于0.39~0.46之间,$C_{29}$甾烷$\beta\beta/(\beta\beta+\alpha\alpha)$值介于0.38~0.54之间。

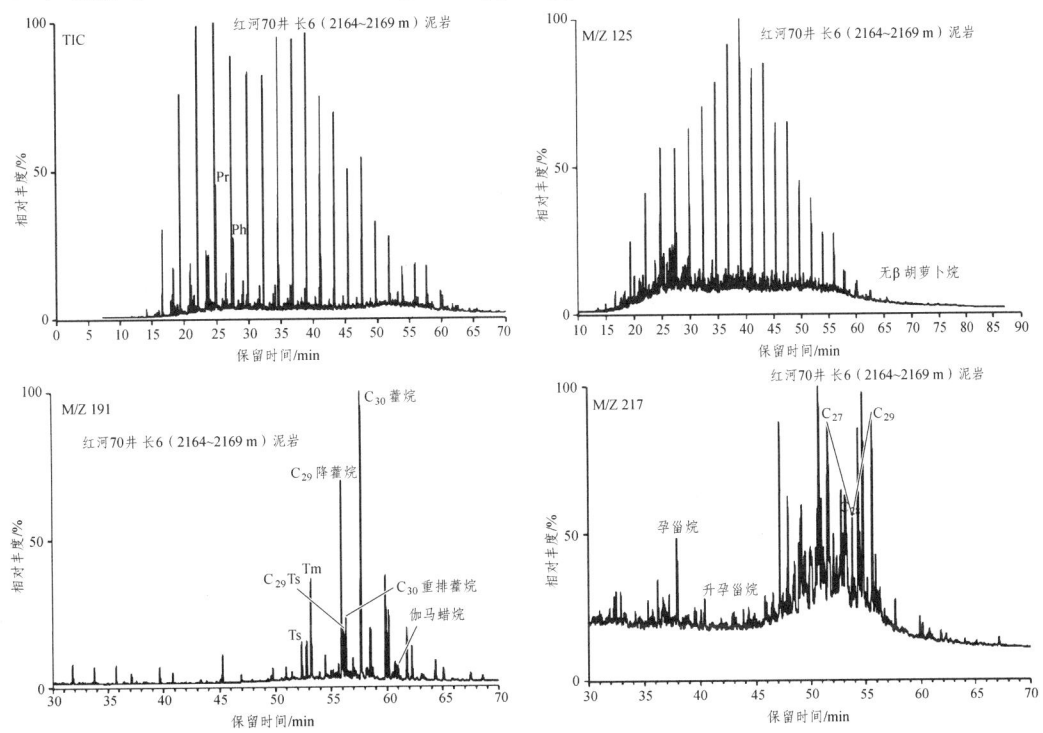

图3.31　鄂尔多斯盆地南部延长组A4类烃源岩部分生物标志物质量色谱图

(5) B 类烃源岩。

B 类烃源岩样品中 Pr/Ph 值均大于 2.0，这类烃源岩中不含有 C_{30} 重排藿烷含量很高的样品。这类烃源岩形成于强氧化的沉积环境中，以碳质泥岩为主。B 类烃源岩生物标志物具有如下特征（图 3.32）：正构烷烃碳数呈近正态分布，Pr/Ph 值介于 2.17～4.32 之间，表明该类烃源岩形成于氧化环境；未检出 β 胡萝卜烷；$\alpha\alpha\alpha20RC_{27}$、$\alpha\alpha\alpha20RC_{28}$、$\alpha\alpha\alpha20RC_{29}$ 甾烷相对含量主要呈反"L"型分布，表明生源中高等植物贡献较大，重排甾烷/规则甾烷分布大致介于 0.07～0.35 之间；五环三萜烷烃类化合物中 C_{30} 重排藿烷较低，C_{30} 重排藿烷/C_{30} 藿烷值大致分布在 0.05～0.46 之间，C_{30} 重排藿烷/C_{29} 降藿烷值主要介于 0.05～1.16 之间，C_{30} 重排藿烷/C_{29}Ts 介于 0.81～2.67 之间；C_{29} 降藿烷含量很高，Tm 含量较高，明显高于 Ts；8β(H)-补身烷含量低，且高于 8α(H)-补身烷含量（图 3.26），8β(H)-升补身烷/8β(H)-补身烷>2 且介于 2.18～27.54 之间，平均值为 8.78；含有少量的伽马蜡烷。成熟度参数 C_{31} 升藿烷 22S/(22S+22R) 值介于 0.57～0.59 之间，C_{29} 甾烷 $\alpha\alpha20S/(20S+20R)$ 值介于 0.33～0.47 之间，C_{29} 甾烷 $\beta\beta/(\beta\beta+\alpha\alpha)$ 值介于 0.34～0.58 之间，表明烃源岩处于低熟-成熟阶段。

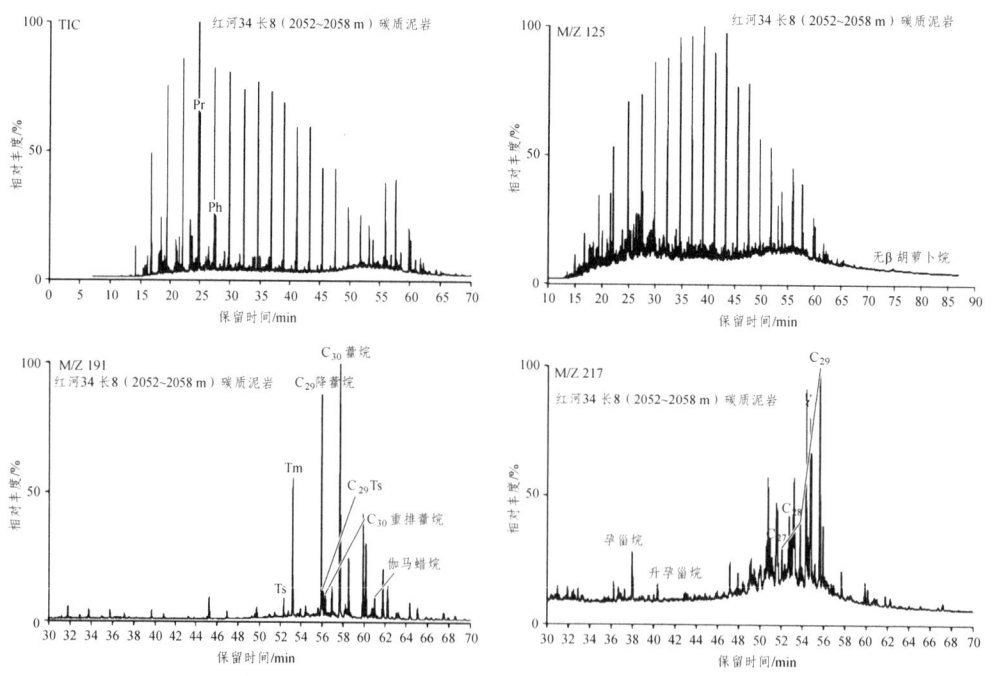

图 3.32 鄂尔多斯盆地南部延长组 B 类烃源岩部分生物标志物质量色谱图

目前发现的 A4 类和 B 类烃源岩主要为延长组各油层组的暗色泥岩或碳质泥岩，后文经油源对比表明这两类烃源岩没有油源贡献。

2. 不同类型烃源岩的饱和烃生物标志物参数分布

各类烃源岩生物标志物参数分布如图 3.33 所示，A 类烃源岩 Pr/Ph 相对较低，B 类烃源岩 Pr/Ph 较高。A 类烃源岩中 A1、A2、A3 亚类烃源岩的 C_{30} 重排藿烷/C_{29} 降藿烷、C_{30} 重排藿烷/C_{30} 藿烷、Ts/(Ts + Tm) 以及伽马蜡烷/C_{30} 藿烷参数值依次增高，A4 亚类和 B 类烃源岩对应各参数值大小比较接近，和前三亚类差异较为明显，反映各类烃源岩的生标特征及形成环境略有不同。

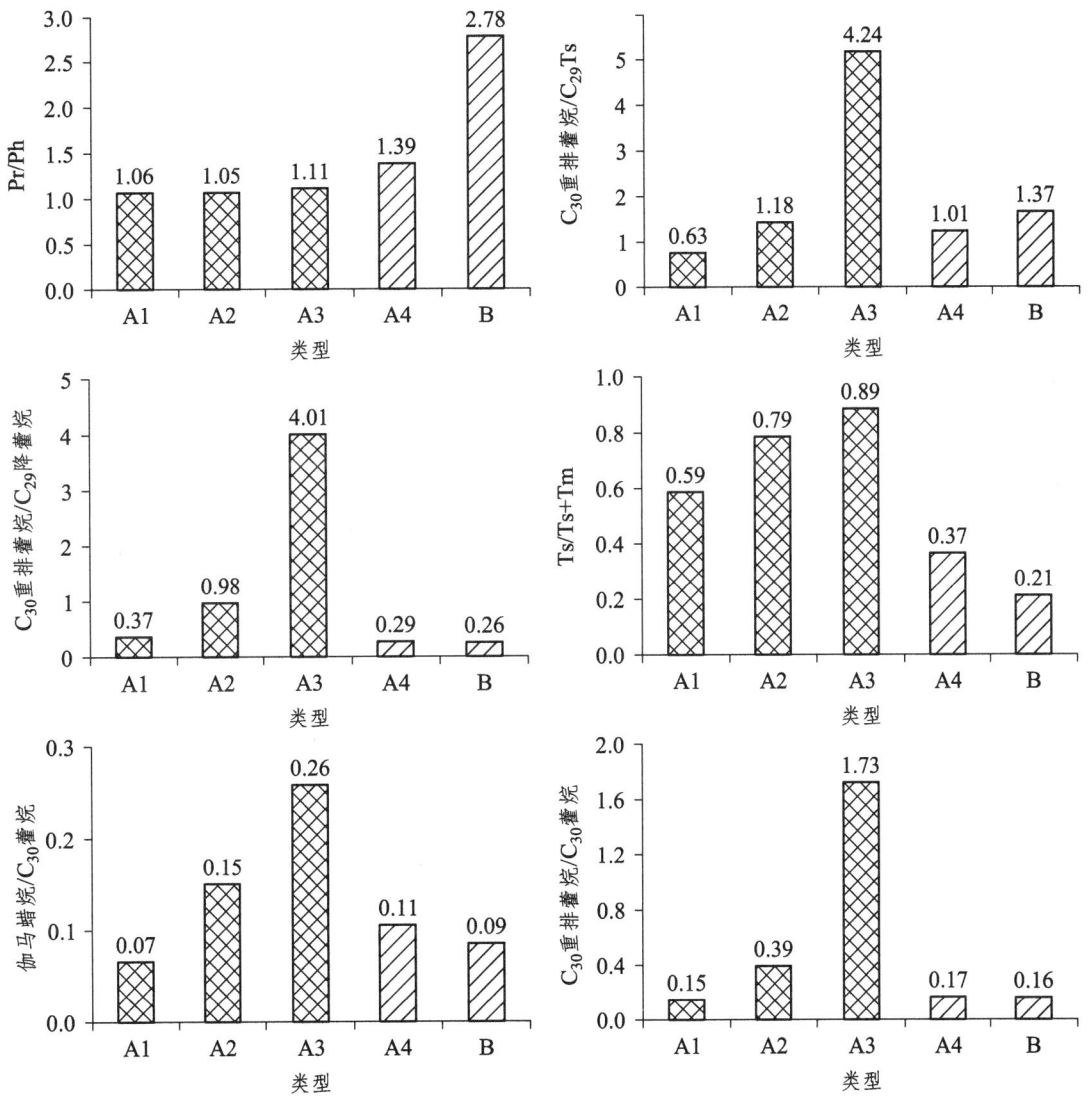

图 3.33 鄂尔多斯盆地南部延长组各类烃源岩部分生物标志物参数分布

3.2.2 不同类型烃源岩的芳烃生物标志物组成特征

1. 不同类型烃源岩的多环芳烃组成特征

（1）A1类烃源岩。

A1类烃源岩芳烃化合物以菲系列化合物为主，其次为芘系列（图3.34），含有少量的二苯并噻吩和二苯并呋喃，二者丰度相当。

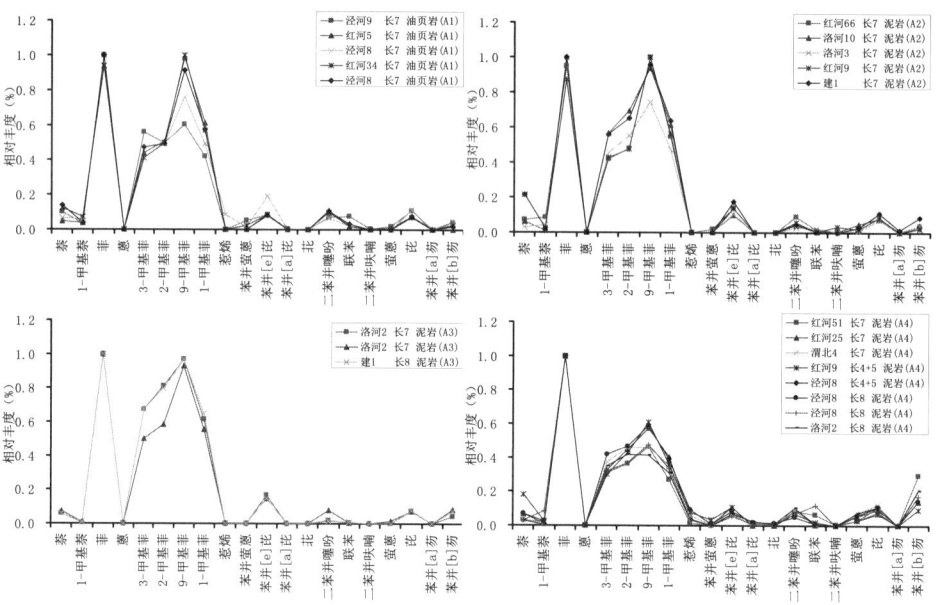

图3.34　鄂尔多斯盆地南部延长组A类烃源岩中典型多环芳烃化合物相对分布特征图

甲基取代的菲（P）系列化合物在各类沉积有机质中广泛分布，由于处在β位的3-甲基菲和2-甲基菲较α取代的9-甲基菲和1-甲基菲稳定，因此，随着热演化程度的增加，在菲及其衍生物的内组成中，β位的甲基菲所占的比例增大，而在更高成熟度时，取代甲基菲可能会向更为稳定的菲转化。基于此，Radke（1981）提出了衡量有机质成熟度的甲基菲（MPI）：

$$MPI_1 = 1.5 \times (2\text{-}MP + 3\text{-}MP) / (P + 1\text{-}MP + 9\text{-}MP)$$

$$MPI_2 = 3 \times (2\text{-}MP) / (P + 1\text{-}MP + 9\text{-}MP)$$

$$MPI_3 = (2\text{-}MP + 3\text{-}MP) / (1\text{-}MP + 9\text{-}MP)$$

A1类烃源岩菲系列化合物中菲和9-甲基菲丰度较高，3-甲基菲和2-甲基菲丰度中等，MPI_1平均为0.61，表明这类烃源岩（长7油页岩）处于成熟阶段。

（2）A2类烃源岩。

A2类烃源岩多环芳烃分布特征与A1类烃源岩十分接近，以菲系列化合物为主，其次为芘系列（图3.34），含有少量二苯并噻吩和二苯并呋喃，且二者丰度相当。MPI_1平均值为0.64，表明这类烃源岩也基本上处于成熟阶段。

（3）A3类烃源岩。

A3类烃源岩芳烃化合物以菲系列化合物为主，其次为芘系列以及氧芴和硫芴含量都很低（图3.34）。此类烃源岩菲系列化合物中3-甲基菲和2-甲基菲丰度明显高于A1和A2类烃源岩，说明其成熟度明显高于A1和A2类烃源岩。A3类中长7暗色泥岩MPI_1平均值为0.85，长8暗色泥岩MPI_1平均值为0.67，说明这类烃源岩处于相对较高的成熟阶段。

（4）A4类烃源岩。

A4类烃源岩芳烃化合物以菲系列化合物为主，其次为芘系列以及氧芴和硫芴含量都很低（图3.34）。此类烃源岩菲系列化合物中9-甲基菲丰度明显低于A1和A2类烃源岩，说明其成熟度明显低于A1和A2类烃源岩。A4类中长4+5暗色泥岩MPI_1平均值为0.67，长7暗色泥岩MPI_1平均值为0.60，长8暗色泥岩MPI_1平均值为0.57，说明这类烃源岩也基本上处于成熟阶段。

（5）B类烃源岩。

B类烃源岩芳烃化合物以菲系列化合物为主，其次为氧芴系列，含有一定丰度的芘系列、联苯和硫芴（图3.35）。甲基取代的菲与A类中A1、A2、A3烃源岩相比丰度很低，与A4丰度相当，联苯以及氧芴的含量明显高于A类烃源岩，MPI_1平均值为0.59，处于成熟阶段。

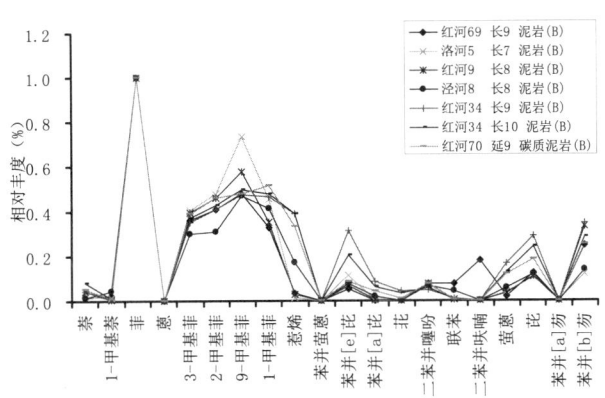

图3.35　鄂尔多斯盆地南部延长组A类烃源岩中典型多环芳烃化合物相对分布特征

2. 不同类型烃源岩三芳甾烷化合物组成特征

A1 类烃源岩三芳甾烷和甲基三芳甾烷丰度较高，检测出的三芳甾烷有 C_{20}、C_{21}、C_{26}~C_{28}（图 3.36a），甲基三芳甾烷有 C_{21}、C_{22}、C_{27}~C_{29}，C_{26}-三芳甾烷的丰度较低，C_{28}-三芳甾烷的丰度较高，C_{26}-三芳甾烷（20S）/C_{28}-三芳甾烷（20S）平均值为 0.28，表明 A1 类烃源岩形成于淡水-微咸水的沉积环境。

A2 类烃源岩三芳甾烷和甲基三芳甾烷丰度低于 A1 类烃源岩，检测出的三芳甾烷有 C_{20}、C_{21}、C_{26}~C_{28}（图 3.36b）。甲基三芳甾烷有 C_{21}、C_{22}、C_{27}~C_{29}，C_{26}-三芳甾烷（20S）/C_{28}-三芳甾烷（20S）平均值为 0.34，表明 A2 类烃源岩形成于微咸水的沉积环境。

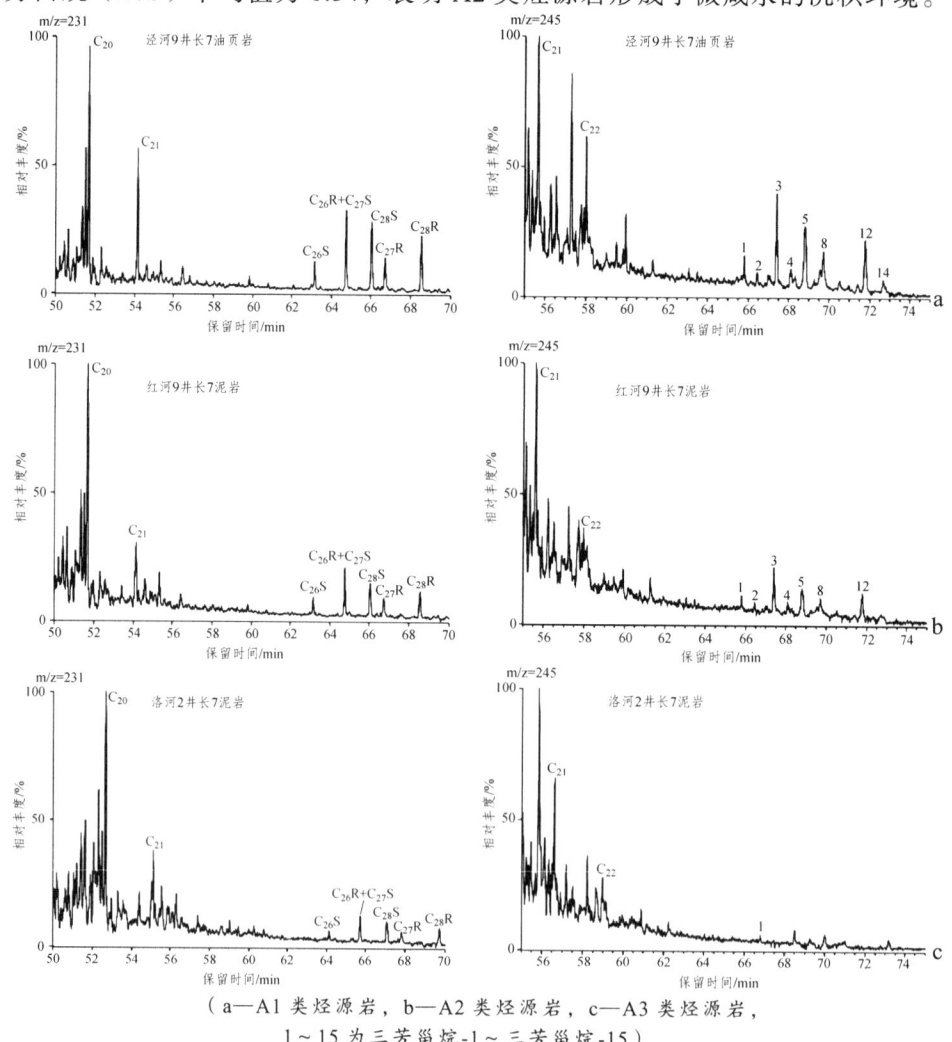

（a—A1 类烃源岩，b—A2 类烃源岩，c—A3 类烃源岩，
1~15 为三芳甾烷-1~三芳甾烷-15）

图 3.36 鄂尔多斯盆地南部延长组 A 类烃源岩三芳甾烷和甲基三芳甾烷分布特征

A3 类烃源岩三芳甾烷和甲基三芳甾烷丰度更低，检测出的三芳甾烷有 C_{20}、C_{21}、C_{26} ~ C_{28}（图 3.36 c），甲基三芳甾烷除了 C_{21} 和 C_{22}，其他化合物含量都很低，分布特征不清楚。C_{26}-三芳甾烷（20S）/C_{28}-三芳甾烷（20S）平均值为 0.42。

A4 类和 B 类烃源岩三芳甾烷和甲基三芳甾烷丰度都很低（图 3.37），分布特征不易辨认。

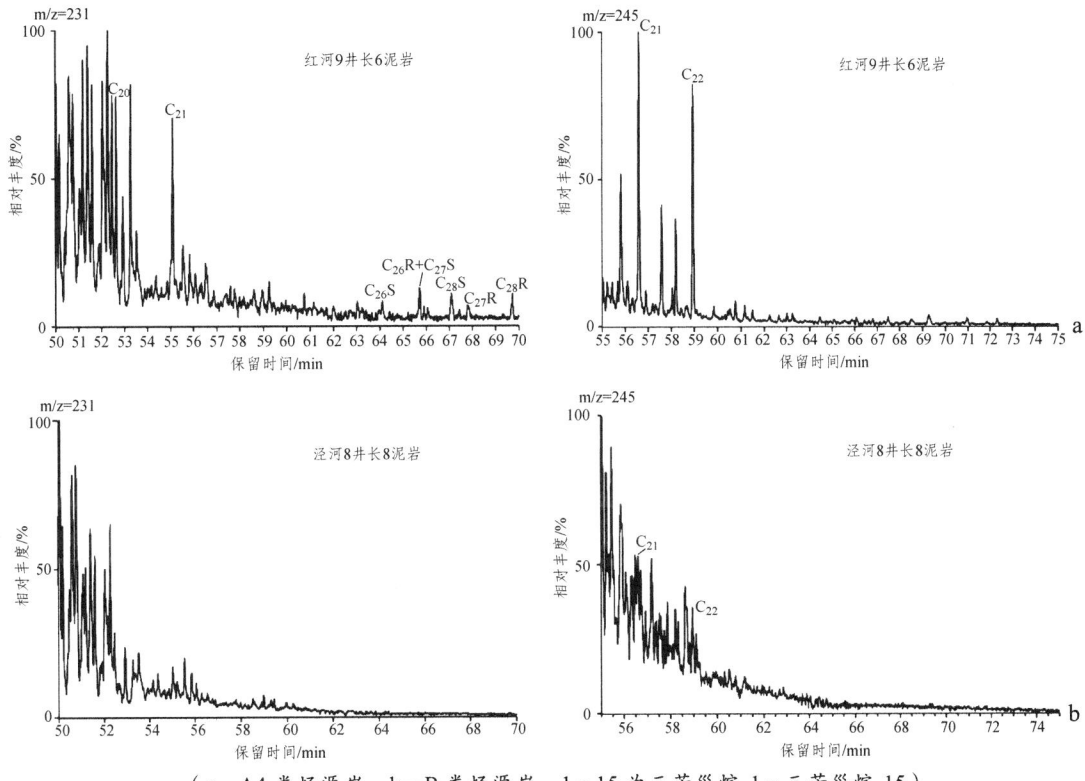

（a—A4 类烃源岩，b—B 类烃源岩，1~15 为三芳甾烷-1~三芳甾烷-15）

图 3.37 鄂尔多斯盆地南部延长组 A4 和 B 类烃源岩三芳甾烷和甲基三芳甾烷分布特征

3. 不同类型烃源岩三芴系列化合物组成特征

通常情况下，盐度偏高的强还原环境中形成的烃源岩芳烃馏分中常富含硫芴系列；而在还原程度低、偏酸性的成煤沼泽环境中形成的烃源岩芳烃馏分中则富含氧芴系列；介于两者之间的淡水湖泊环境中沉积的烃源岩芳烃馏分则常常富集芴。不同类型烃源岩三芴系列分布特征如图 3.38 所示，鄂尔多斯盆地南部延长组大部分烃源岩芴含量较高，其中 A 类尤其是 A1 亚类烃源岩硫芴含量相对较高，氧芴含量相对较低，而 B 类烃源岩则氧芴含量相对较高，硫芴含量相对较低，说明 A 类尤其是 A1 亚类烃源岩多形成于盐度较低的还原-弱还原沉积环境，而 B 类烃源岩则形成于盐度较高的弱氧化-氧化沉积环境。

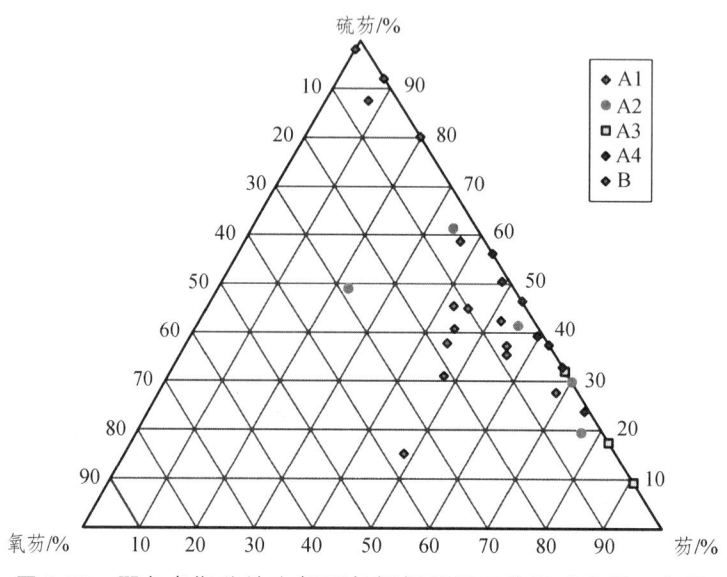

图 3.38　鄂尔多斯盆地南部延长组烃源岩三芴相对含量三角图

3.2.3　不同类型烃源岩的分布特征

1. 不同类型烃源岩的分布特点

A1 类烃源岩在研究区分布最为广泛，主要分布在各个地区的长 7 油层组。A2 和 A3 类烃源岩分布比较有限，A2 类烃源岩主要分布在镇泾、旬宜和富县地区的长 7 油层组以及旬宜地区的长 6 油层组（1 个样品）。A3 类烃源岩主要发育在旬宜和富县地区的长 8 油层组，以及富县地区的长 7 油层组。长 9 油层组烃源岩因客观原因取样较少，没有发现 A1、A2、A3 这三类烃源岩，但参考中石油长庆油田及仕望河剖面资料，旬宜、富县地区也应有这类烃源岩。A4 和 B 类烃源岩分布较为广泛，在延长组的各油层组都有分布（表 3.9）。

表 3.9　不同类型烃源岩样品不同层位个数分布

地区	类型		延安组	长 4+5	长 6	长 7	长 8	长 9	长 10
镇泾	优质	A1				5			
	有效	A2				4			
		A3							
	潜在	A4		1	2	2		1	
		B	2			4	8	1	3
彬长	优质	A1				6			
	有效	A2							
		A3							
	潜在	A4		2			1	2	
		B		2				1	1
旬宜	优质	A1							
	有效	A2			1	2			
		A3					1		
	潜在	A4		1	1	1			
		B							
富县	优质	A1							
	有效	A2				4			
		A3				3	3		
	潜在	A4					2		
		B			1	1			

2. 不同类型烃源岩的层间差别

A1 类烃源岩只分布在长 7 油层组,岩性皆为油页岩,长 9 油层组目前没有发现该类型烃源岩。以彬长地区 A1 类烃源岩为例,不同层位间的主要区别在于:A 类长 7 油页岩的 8β(H)补身烷含量明显高于其他层段的暗色泥岩,长 7 油页岩和长 9 暗色泥岩的 4,4,8,9,9-五甲基+氢化萘含量低于其他层段(图 3.39)。

A2 烃源岩除一个样品分布在长 6 底部的长 6_3 层位外,其他样品都分布在长 7。长 6 与长 7 样品的生标差异主要体现在长 7 暗色泥岩 ααα20RC$_{27}$、ααα20RC$_{28}$、ααα20RC$_{29}$ 甾烷相对含量呈"L"型分布,而长 6 暗色泥岩呈"V"型分布,其他生标差异不明显(图 3.40)。

A3 类烃源岩包括长 7 暗色泥岩、长 8 暗色泥岩,不同层位之间的主要区别在于:长 7 暗色泥岩重排藿烷/C$_{29}$T 参数值整体大于长 8 暗色泥岩,同时长 7 暗色泥岩 Pr/Ph 参数值整体小于长 8 暗色泥岩,说明长 7 比长 8 暗色泥岩的沉积环境更适合烃源岩发育,后经油源对比证实 A3 类长 7 暗色泥岩为有效烃源岩（图 3.41）。

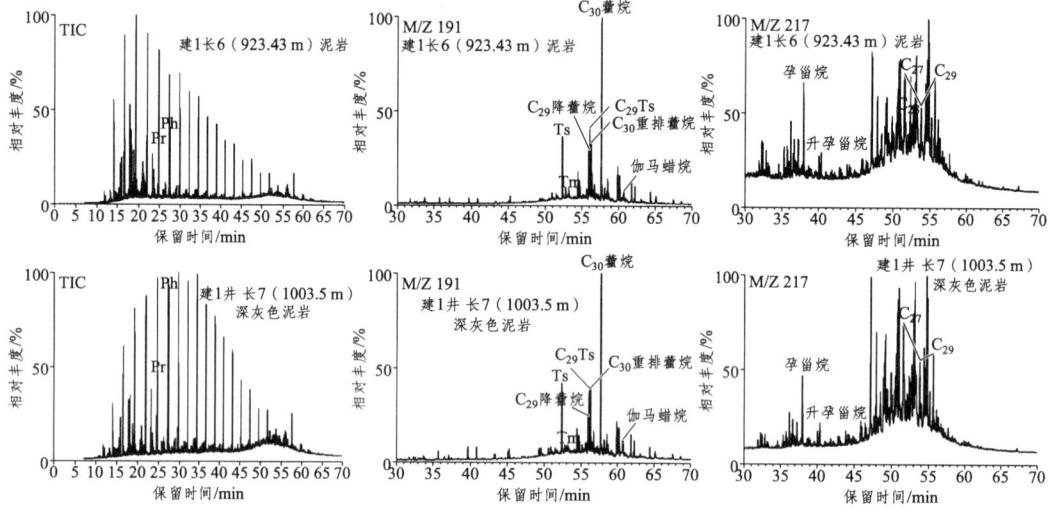

图 3.39　鄂尔多斯盆地南部延长组 A2 类烃源岩部分生物标志物分布特征

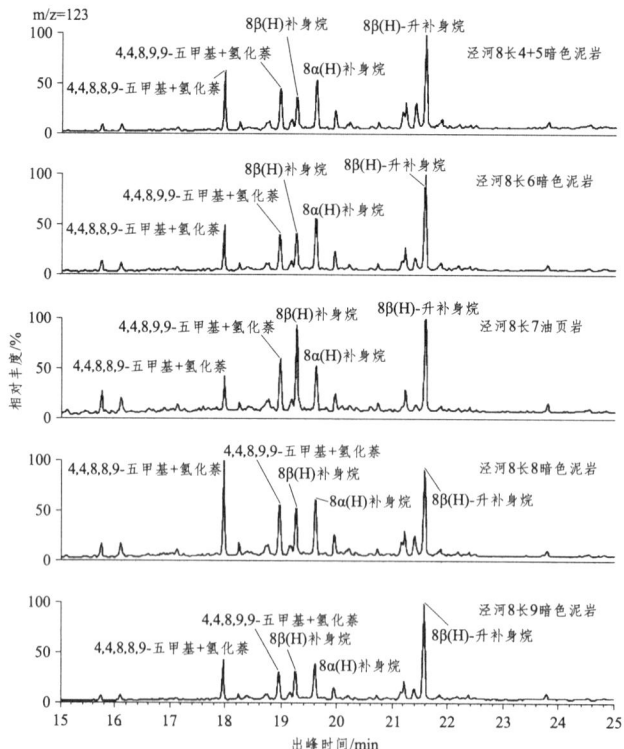

图 3.40　鄂尔多斯盆地南部延长组烃源岩部分双环倍半萜系列化合物的分布特征

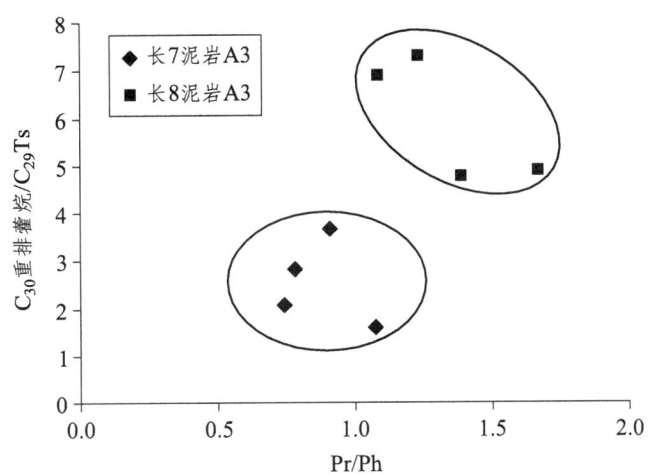

图 3.41　鄂尔多斯盆地南部 A3 类不同层位烃源岩部分生物标志化合物分布特征

3.3　原油地球化学特征及油源分析

3.3.1　原油地球化学特征及成因类型划分

鄂尔多斯盆地南部中生界石油分布广泛，纵向上从侏罗系延安组到三叠系延长组长 10 油层组的不同深度、不同层位都见到了石油显示。截止到 2012 年 9 月，鄂尔多斯盆地南部的四个地区内共有工业油流井 79 口，其中镇泾地区 38 口，彬长地区 9 口，旬宜地区 9 口，富县地区 23 口。油层主要分布在延安组的延 9、延 10 油层组以及延长组的长 4+5、长 6、长 8 及深层长 9 油层组（图 3.42）。本次研究共采集原油样品 33 个，油砂样品 34 个，基本兼顾了各个层位。

参照烃源岩分类标准，主要根据饱和烃生物标志物组成中的 C_{30} 重排藿烷和 8β（H）-补身烷及部分其他反映生源与沉积环境的地球化学参数（如伽马蜡烷指数、三环萜烷与藿烷的相对含量、规则甾烷/藿烷、升藿烷指数、降藿烷/降莫烷等生物标志物参数）将鄂尔多斯盆地南部中生界原油划分为三类（图 3.43），下面将详细介绍各类原油的地球化学特征。

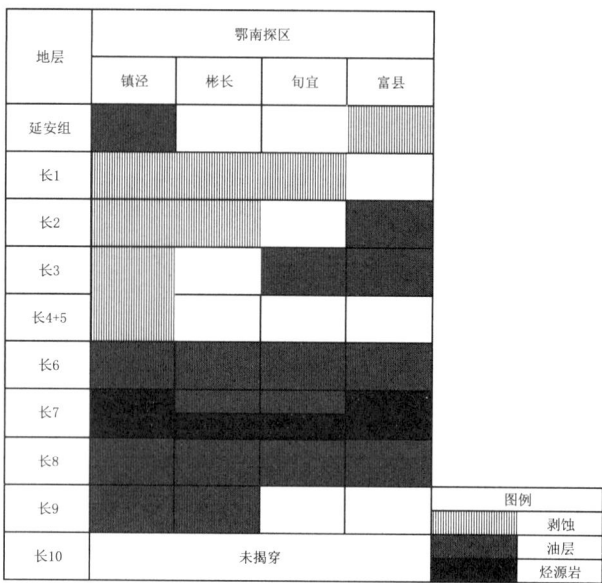

图 3.42 鄂尔多斯盆地南部延长组油层分布

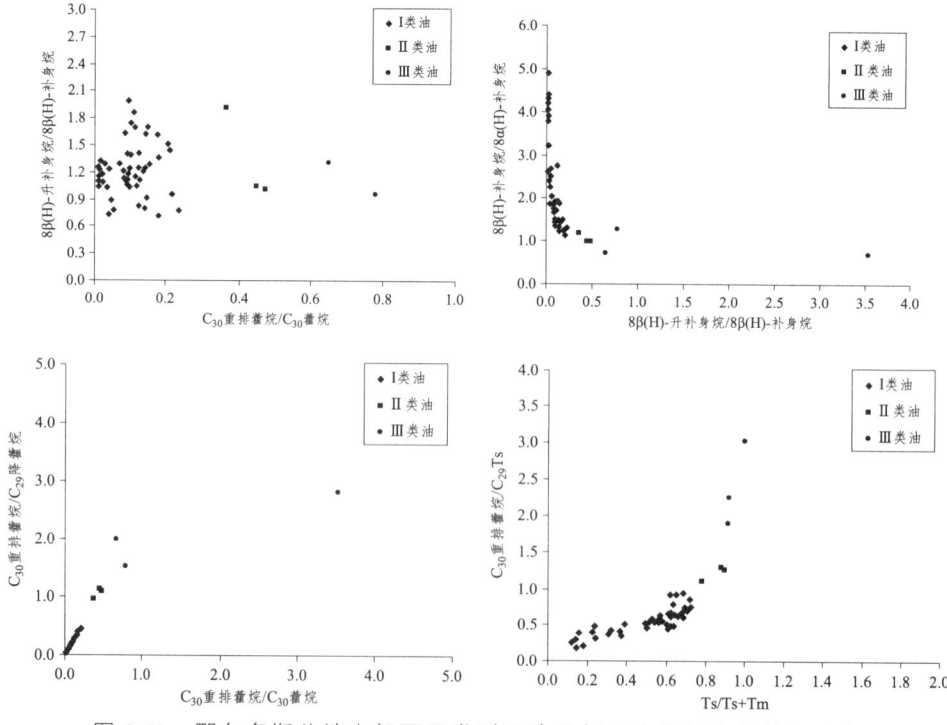

图 3.43 鄂尔多斯盆地南部不同类型原油的部分生物标志物特征分布

1. 不同类型原油的饱和烃生物标志物组成特征

（1）第一类（Ⅰ类）原油。

这类原油生物标志物特征为（图3.44）：正构烷烃呈单峰态前峰型，Pr/Ph 值介于 0.41～1.88 之间，表明该类原油形成于强还原到弱氧化的沉积环境；略显奇偶优势，CPI 介于 1.03～1.13 之间，OEP 介于 1.04～1.19 之间；含少量β胡萝卜烷；$\alpha\alpha\alpha20RC_{27}$、$\alpha\alpha\alpha20RC_{28}$、$\alpha\alpha\alpha20RC_{29}$甾烷相对含量呈近"V"型分布，重排甾烷/规则甾烷大致分布在 0.03～0.25 之间，ββ构型甾烷丰度相对较高；五环三萜烷烃类化合物中 C_{30} 重排藿烷含量较低（图3.45），C_{30} 重排藿烷/C_{30} 藿烷值介于 0.01～0.36 之间，C_{30} 重排藿烷/C_{29} 降藿烷值介于 0.02～0.98 之间，C_{30} 重排藿烷/C_{29}Ts 介于 0.17～0.98 之间；Ts 含量接近于或略高于 Tm，几乎不含伽马蜡烷；8β(H)-补身烷含量高，且高于 8α(H)-补身烷含量（图3.46），8β(H)-升补身烷/8β(H)-补身烷<2 且介于 0.71～1.98 之间，平均值为 1.23。成熟度参数 C_{31} 藿烷 22S/(22S+22R) 值介于 0.46～0.58 之间，C_{29} 甾烷 $\alpha\alpha\alpha$20S/(20S+20R) 值介于 0.41～0.48 之间，C_{29} 甾烷 ββ/(ββ+αα) 值介于 0.29～0.61 之间，表明生成此类原油的烃源岩处于低熟-成熟阶段。该类原油在鄂尔多斯盆地南部各个地区分布最为广泛，从延安至长 10 油层组都有分布。

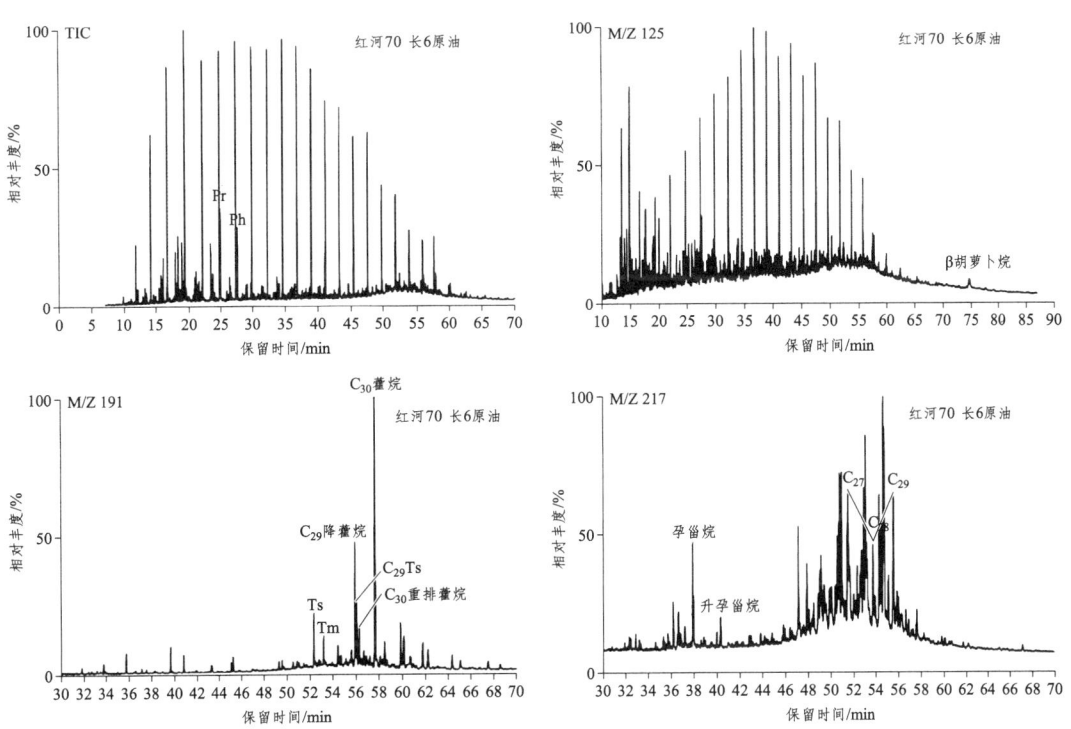

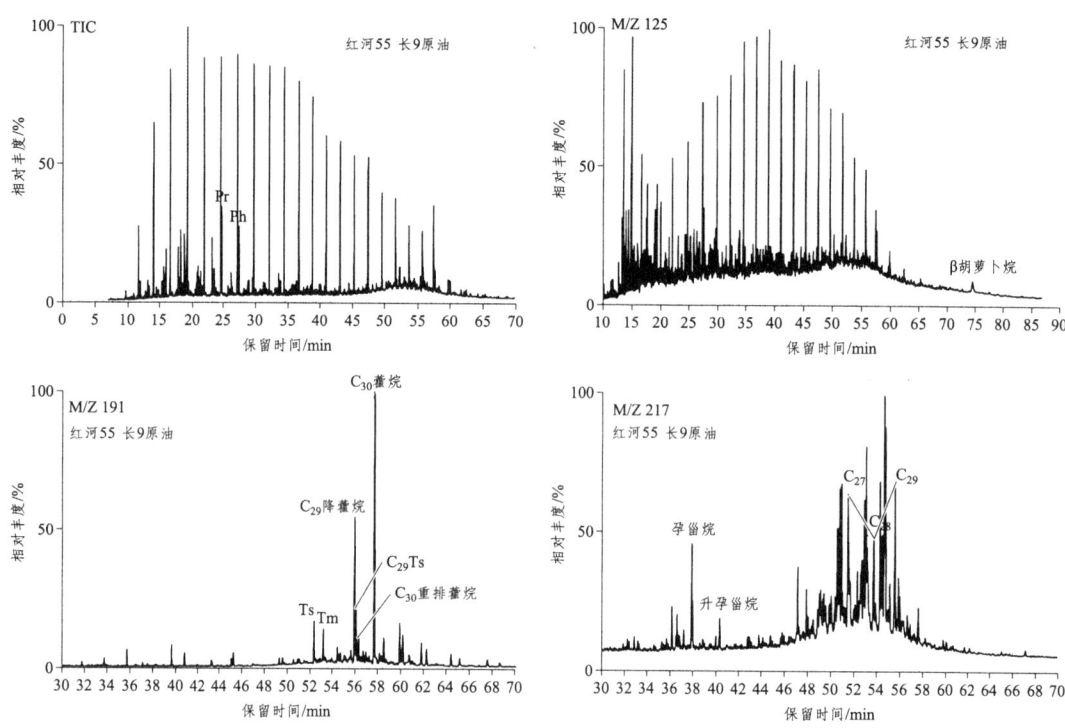

图 3.44　鄂尔多斯盆地南部中生界 Ⅰ 类原油部分生物标志物质量色谱图

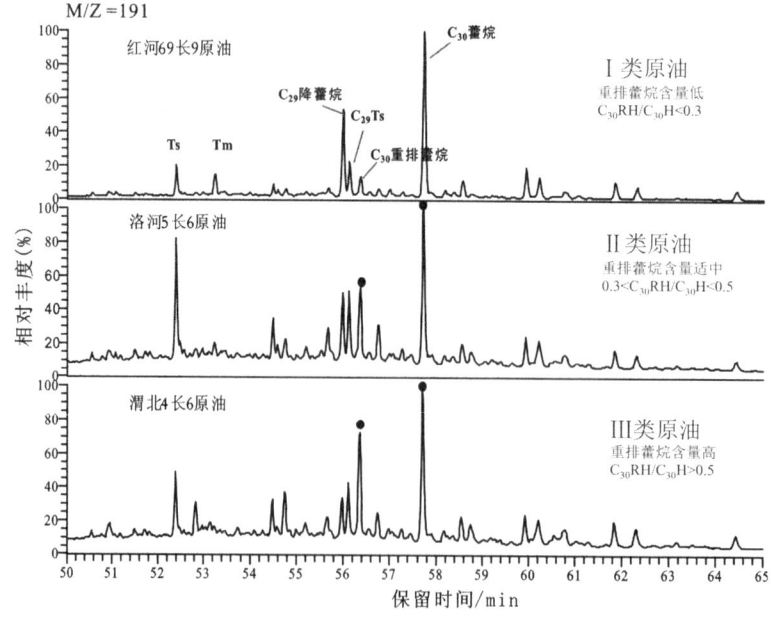

图 3.45　鄂尔多斯盆地南部延长组不同类型原油 C_{30} 重排藿烷分布特征

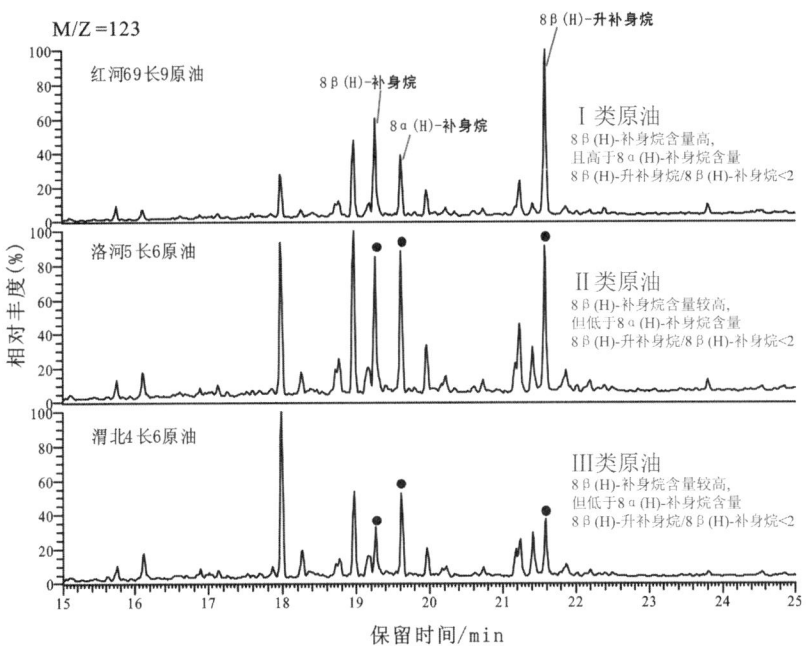

图 3.46　鄂尔多斯盆地南部延长组不同类型原油 8β（H）-补身烷分布特征

（2）第二类（Ⅱ类）原油。

这类原油生物标志物特征为（图 3.47）：正构烷烃呈正态分布，Pr/Ph 值介于 0.89～1.88 之间，表明该类原油形成于还原-弱氧化的环境；略显奇偶优势，CPI 介于 1.02～1.11 之间，OEP 介于 1.03～1.04 之间；几乎不含β胡萝卜烷；$\alpha\alpha\alpha20RC_{27}$、$\alpha\alpha\alpha20RC_{28}$、$\alpha\alpha\alpha20RC_{29}$ 规则甾烷呈近"V"形分布，重排甾烷/规则甾烷介于 0.15～0.25 之间，ββ构型甾烷丰度相对较高；五环三萜烷烃类化合物中 C_{30} 重排藿烷含量中等（图 3.45），与 C_{29} 降藿烷含量相近，C_{30} 重排藿烷/C_{30} 藿烷值介于 0.36～0.48 之间，C_{30} 重排藿烷/C_{29} 降藿烷值介于 1.36～4.05 之间，C_{30} 重排藿烷/C_{29}Ts 介于 0.98～1.16 之间；Ts 含量明显高于 Tm，伽马蜡烷含量相对较低；8β（H）-补身烷含量较高，但低于 8α（H）-补身烷含量，8β（H）-升补身烷/8β（H）-补身烷 < 2 且介于 1.02～1.35 之间，平均值为 1.14（图 3.46）。成熟度参数 C_{31} 藿烷 22S/（22S+22R）值介于 0.43～0.55 之间，C_{29} 甾烷 aaa20S/（20S+20R）值分布在 0.37～0.39 之间，C_{29} 甾烷 ββ/（ββ+aa）值介于 0.56～0.59 之间，表明生成该类原油的烃源岩处于低成熟阶段。这类原油主要分布在镇泾地区的长 8 油层组及富县地区的长 6 油层组，根据目前的资料，在彬长及旬宜地区没有发现这类油。

（3）第三类（Ⅲ类）原油。

这类原油生物标志物特征为（图 3.48）：正构烷烃呈近正态分布，Pr/Ph 值介于 0.58～

0.96 之间，表明该类原油形成于还原-弱还原的环境；略显奇偶优势，CPI 介于 1.02～1.05 之间，OEP 介于 1.02～1.04 之间；不含或含少量β胡萝卜烷；ααα20RC$_{27}$、ααα20RC$_{28}$、ααα20RC$_{29}$ 甾烷相对含量呈近"V"形分布，其中ααα20R 甾烷 C$_{27}$ 高于 C$_{29}$，表明其生源是以藻类为主的混源输入，重排甾烷/规则甾烷介于 0.11～0.25 之间，ββ构型甾烷丰度相对较高；五环三萜烷烃类化合物中 C$_{30}$ 重排藿烷很高（图 3.45），其中 C$_{30}$ 重排藿烷/C$_{30}$ 藿烷值介于 0.64～3.53 之间，C$_{30}$ 重排藿烷/C$_{29}$ 降藿烷值介于 1.56～2.87 之间，C$_{30}$ 重排藿烷/C$_{29}$Ts 介于 1.89～3.01 之间；Ts 含量明显高于 Tm，含一定量的伽马蜡烷；8β（H）-补身烷含量较高，但低于 8α（H）-补身烷含量，8β（H）-升补身烷/8β（H）-补身烷 < 2 且介于 0.92～1.31 之间，平均值为 1.06（图 3.46）。成熟度参数 Ts/（Ts + Tm）值介于 0.91～0.98 之间，C$_{31}$ 藿烷 22S/（22S + 22R）值介于 0.31～0.44 之间，C$_{29}$ 甾烷 ααα20S/（20S + 20R）值分布在 0.35～0.44 之间，C$_{29}$ 甾烷 ββ/（ββ + αα）值介于 0.57～0.58 之间，表明生成该类原油的烃源岩处于成熟阶段。这类原油分布在旬宜地区的长 6、长 7 油层组，以及富县地区的长 9 油层组，目前在彬长地区未发现这类原油。

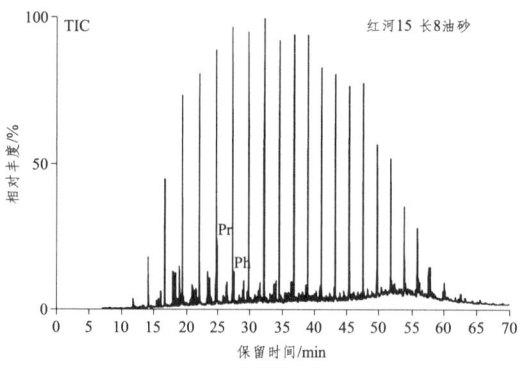

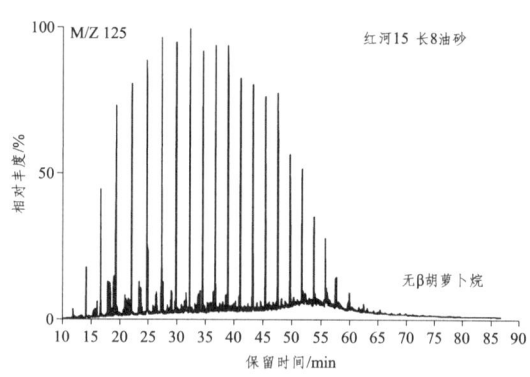

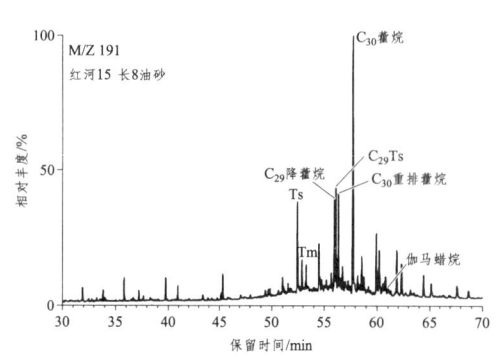

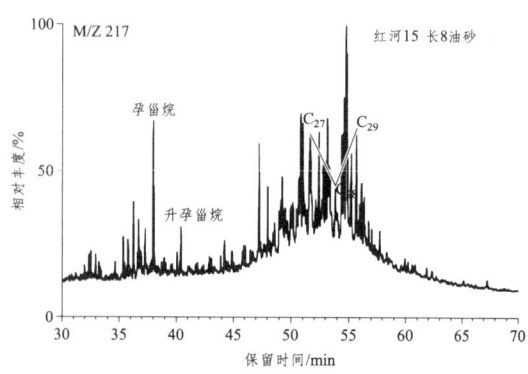

第 3 章 有效烃源岩地化特征及分布规律

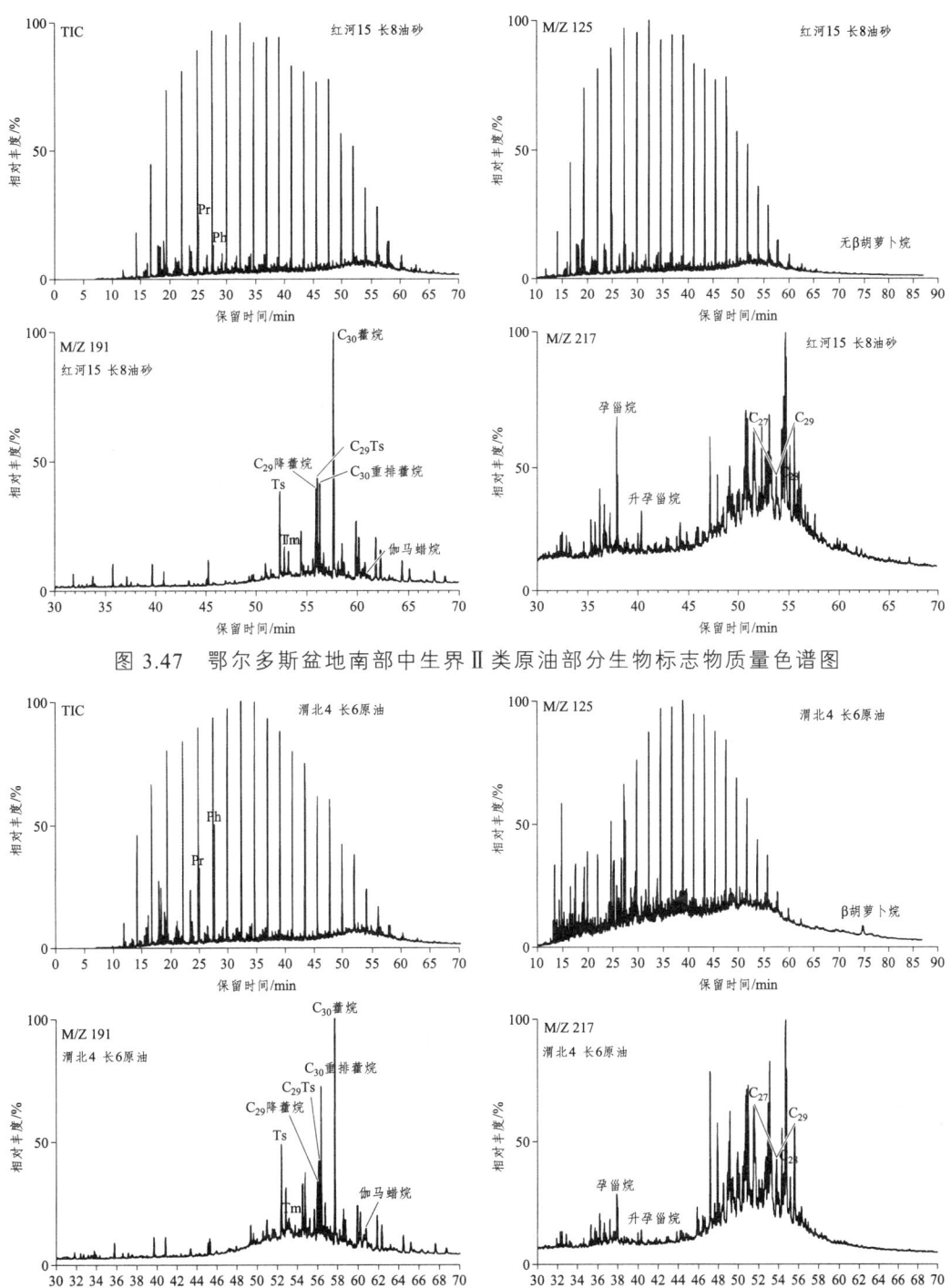

图 3.47 鄂尔多斯盆地南部中生界Ⅱ类原油部分生物标志物质量色谱图

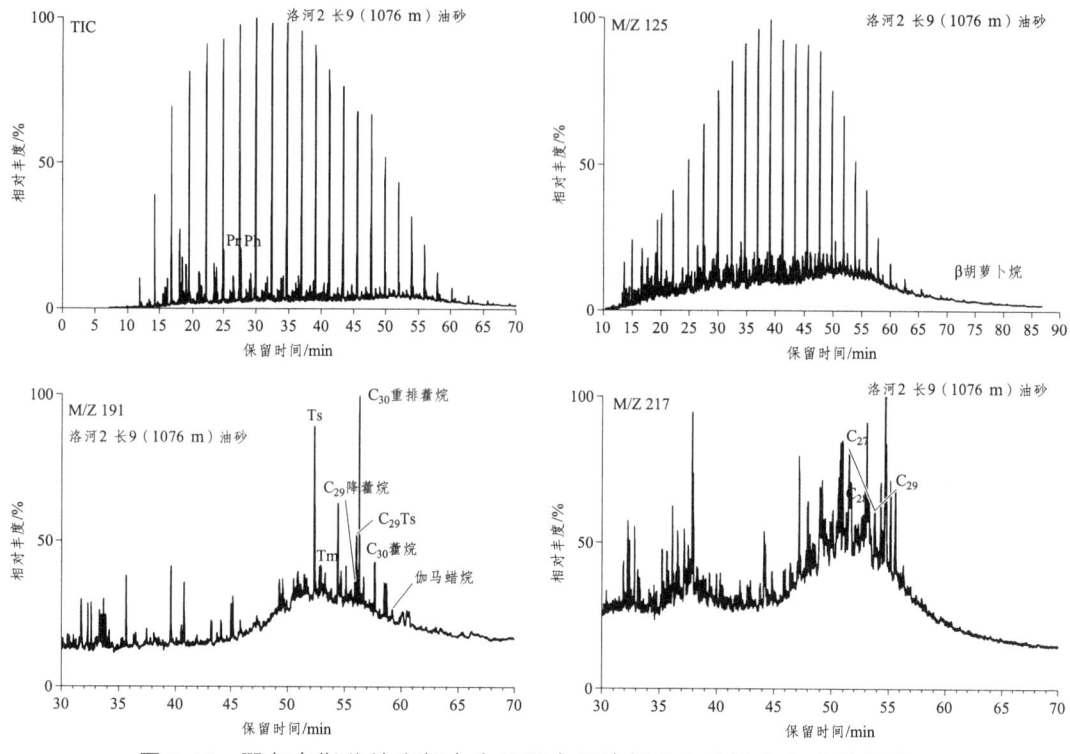

图 3.48　鄂尔多斯盆地南部中生界Ⅲ类原油部分生物标志物质量色谱图

2. 不同类型原油的饱和烃生物标志物参数分布

各类原油生物标志物参数分布如图 3.49 所示，这三类原油 Pr/Ph 值都在 1.0 左右，差别较小，说明鄂尔多斯盆地南部地区中生界原油为形成于还原-弱还原的沉积环境的烃源岩所生。从图上可以看出，从Ⅰ类到Ⅲ类原油 C_{30} 重排藿烷/C_{29}Ts、C_{30} 重排藿烷/C_{30} 藿烷、C_{30} 重排藿烷/C_{29} 降藿烷丰度依次升高，8β（H）-升补身烷/8β（H）-补身烷依次降低。

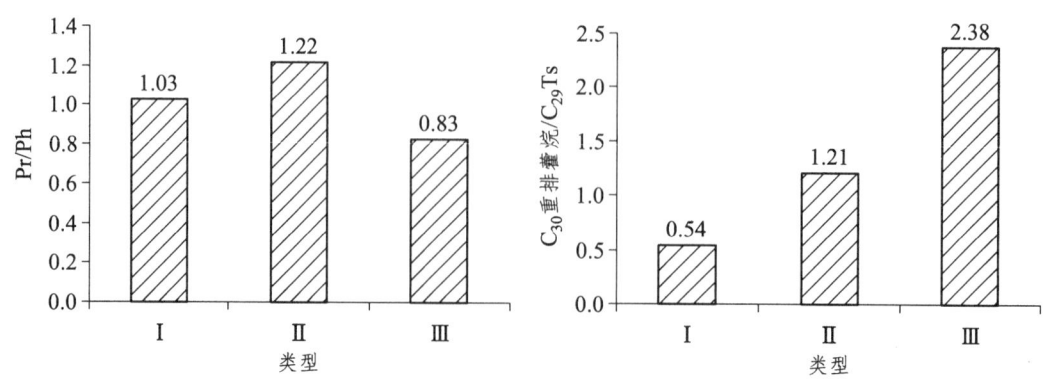

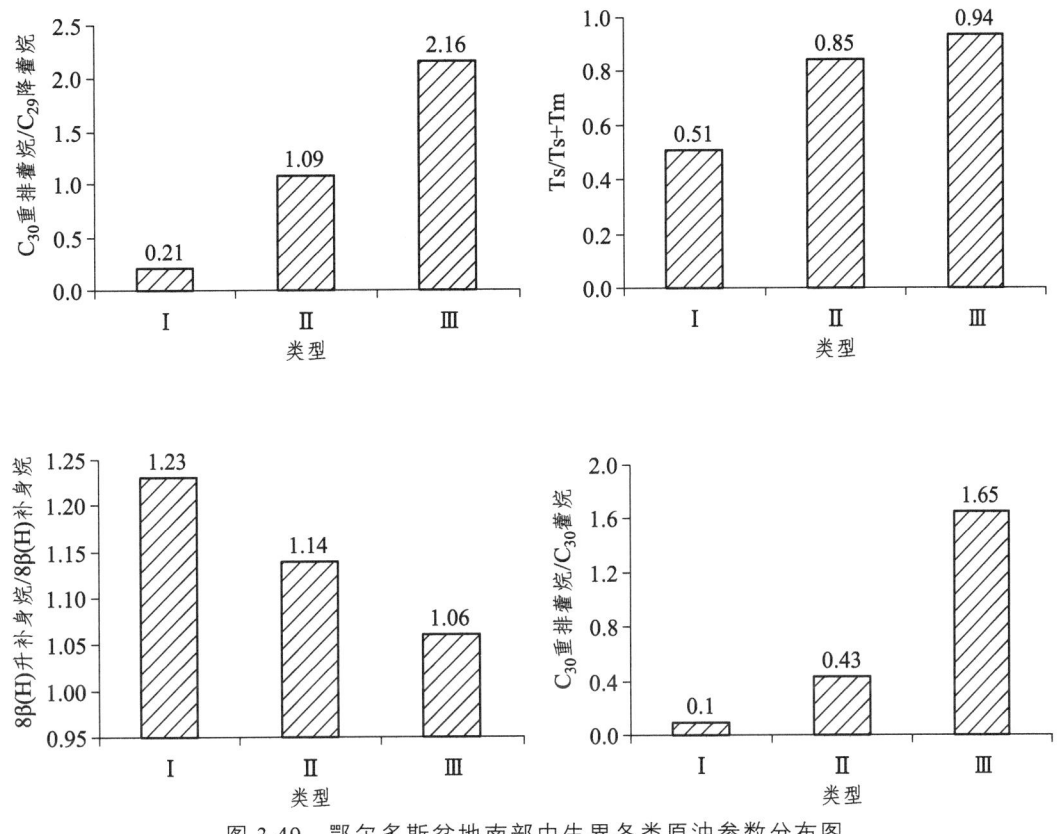

图 3.49 鄂尔多斯盆地南部中生界各类原油参数分布图

3. 不同类型原油的芳烃生物标志物组成特征

原油样品中检测到的芳烃化合物不但包括萘、菲、蒽、䓛烯、荧蒽、芘、䓛、苉、芴、联苯、二苯并呋喃、甲基芴、二苯并噻吩、苯并芘、苯并蒽、苯并芴等常规系列化合物，还检测到具有不同芳构化程度的甾类化合物和含氧（如脱氧维生素 E）化合物。其中菲的丰度最高，含有一定量的联苯、䓛、芴、二苯并呋喃和二苯并噻吩，萘、蒽、甲基蒽、䓛烯、苯并[a]蒽、苯并荧蒽和荧蒽等化合物的丰度较低，三芴系列化合物相对含量芴含量最高，氧芴和硫芴含量相近，硫芴丰度略高于氧芴。三类原油的芳烃化合物分布特征基本相似（图 3.50）。

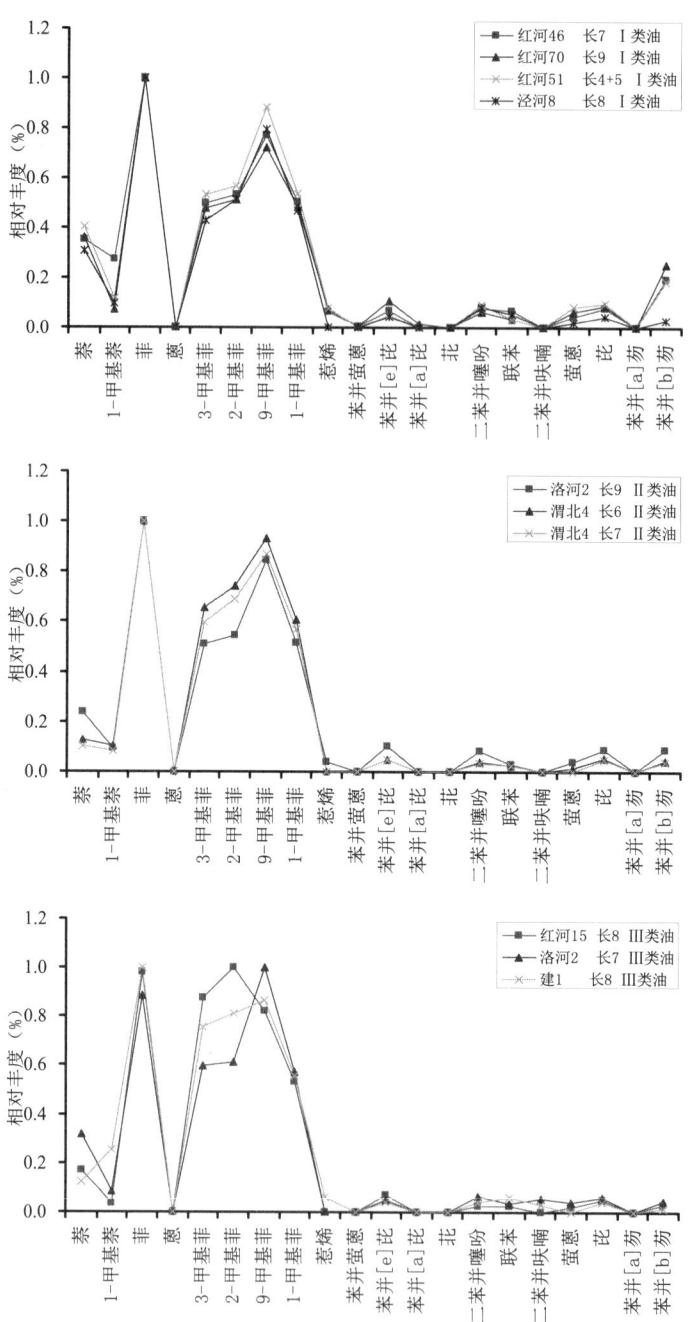

图 3.50 鄂尔多斯盆地南部中生界不同类型原油典型多环芳烃化合物分布特征

(1) 第Ⅰ类原油芳烃化合物分布特征。

第Ⅰ类原油芳烃化合物以菲为主，含有一定量的䓛、联苯和芘（图 3.50）；三芴系列分布以芴为主，硫芴含量高于氧芴，芴的丰度最高为 54.5%，说明Ⅰ类原油形成于还原沉积环境中；MPI_1 平均值为 0.67，MDR 平均值为 0.97，处于成熟阶段。

三芳甾烷和甲基三芳甾烷丰度较高，检测出的三芳甾烷有 C_{20}、C_{21}、$C_{26} \sim C_{28}$（图 3.51），甲基三芳甾烷有 C_{21}、C_{22}、$C_{27} \sim C_{29}$，C_{26}-三芳甾烷的丰度较低，C_{28}-三芳甾烷的丰度较高，C_{26}-三芳甾烷（20S）/C_{28}-三芳甾烷（20S）平均值为 0.14，表明原油生烃母质形成于淡水沉积环境。

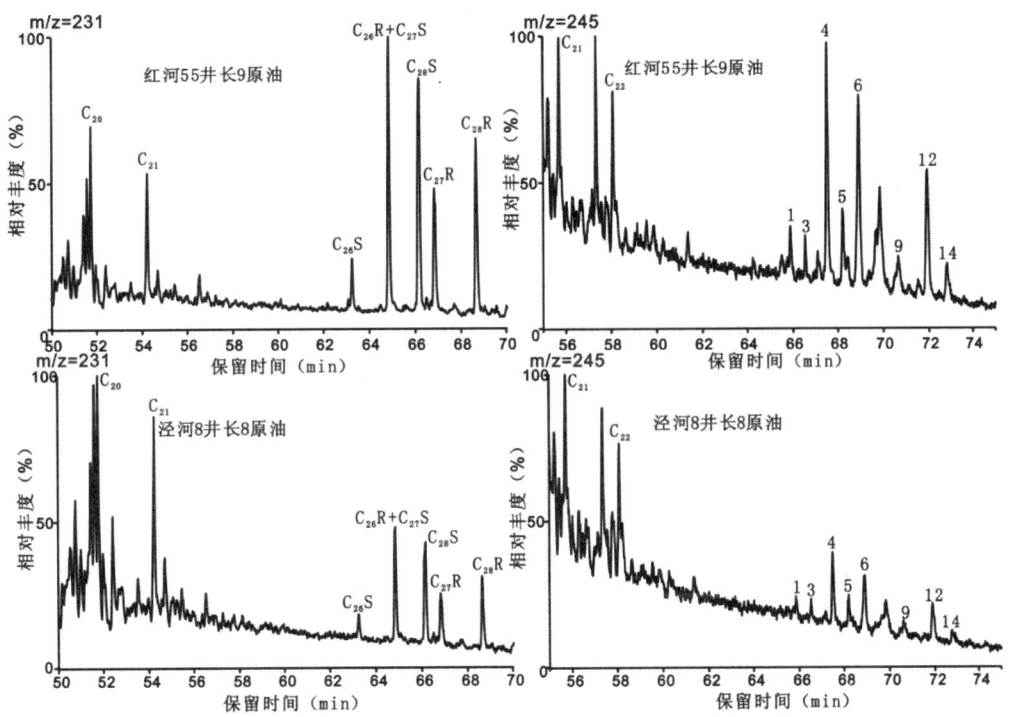

图 3.51　鄂尔多斯盆地南部中生界第Ⅰ类原油三芳甾烷和甲基三芳甾烷分布特征

(2) 第Ⅱ类原油芳烃化合物分布特征。

Ⅱ类原油芳烃化合物以菲为主，䓛、联苯和芘的丰度也比较高（图 3.50）；三芴系列化合物以芴为主，硫芴和氧芴丰度都很低，硫芴丰度略高于氧芴，表明Ⅱ类原油形成于弱还原的沉积环境中，MPI_1 平均值为 0.76，MDR 平均值为 1.62，处于相对较高的成熟阶段。

三芳甾烷和甲基三芳甾烷丰度较高，检测出的三芳甾烷有 C_{20}、C_{21}、$C_{26}\sim C_{28}$（图 3.52），甲基三芳甾烷有 C_{21}、C_{22}、$C_{27}\sim C_{29}$，C_{26}-三芳甾烷的丰度较低，C_{28}-三芳甾烷的丰度较高，C_{26}-三芳甾烷（20S）/C_{28}-三芳甾烷（20S）平均值为 0.31，表明原油生烃母质形成于淡水沉积环境。

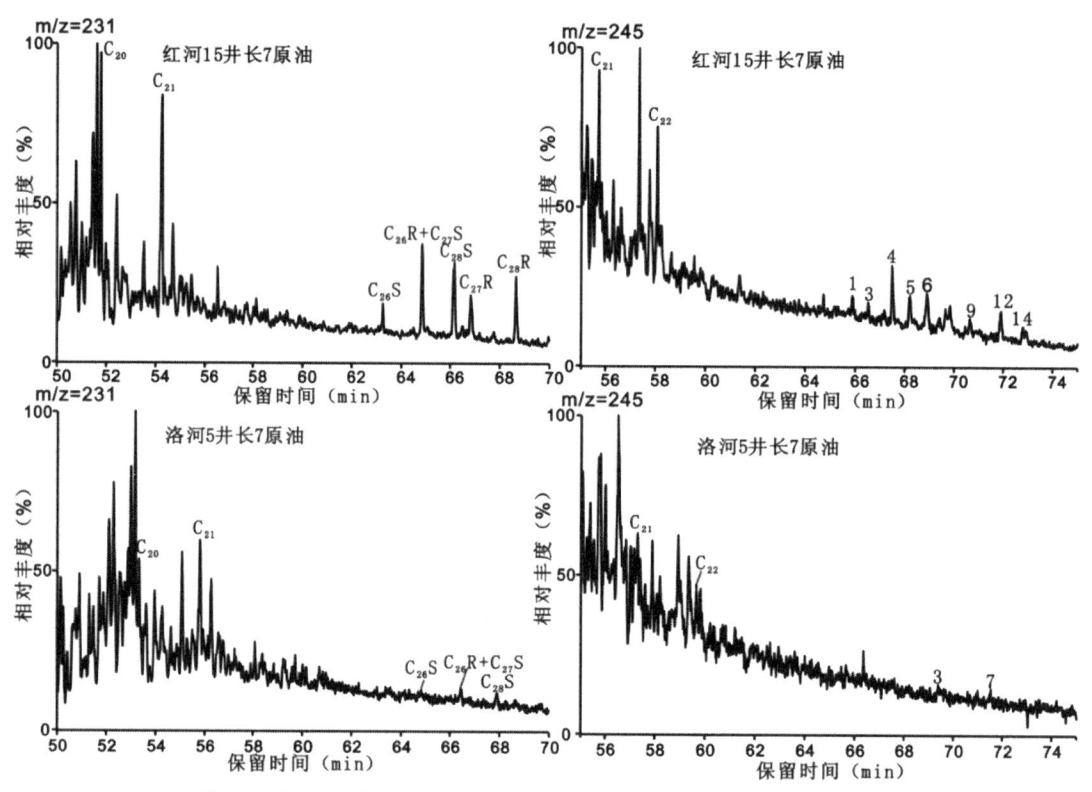

图 3.52　鄂尔多斯盆地南部中生界第Ⅱ类原油三芳甾烷和甲基三芳甾烷分布特征

（3）第Ⅲ类原油芳烃化合物分布特征。

Ⅲ类原油芳烃化合物以菲为主，䓛、联苯和芘的丰度也比较高（图 3.50）；三芴系列化合物以芴为主，硫芴和氧芴丰度都很低，硫芴丰度略高于氧芴，表明Ⅲ类原油形成于弱还原的沉积环境中，MPI_1 平均值为 0.97，MDR 平均值为 2.11，处于相对较高的成熟阶段。

三芳甾烷和甲基三芳甾烷丰度较低，多数未能检测出来（图 3.53），可能跟甾类化合物本身含量很低有一定关系，显示了与其他类原油不同的芳烃化合物特征。

第3章 有效烃源岩地化特征及分布规律

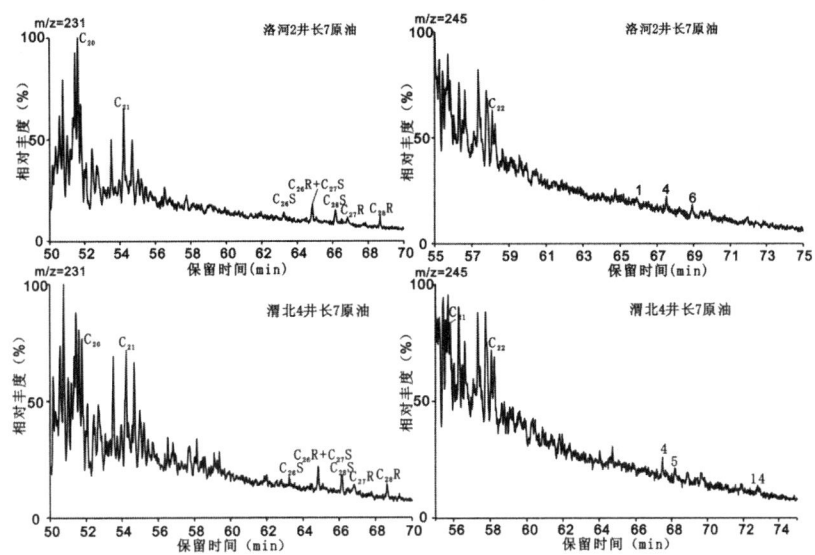

图 3.53 鄂尔多斯盆地南部中生界第Ⅲ类原油三芳甾烷和甲基三芳甾烷分布特征

4. 不同类型原油的稳定碳同位素分布特征

不同种类原油族组分同位素分布特征有一定区别，不同原油族组分同位素分布特征如图 3.54 所示，氯仿沥青"A" $\delta^{13}C$ 值介于 $-33.2‰ \sim -32.4‰$ 之间，饱和烃 $\delta^{13}C$ 值介于 $-33.87‰ \sim -33.13‰$ 之间，芳烃 $\delta^{13}C$ 值介于 $-32.4‰ \sim -31.1‰$ 之间，非烃 $\delta^{13}C$ 值介于 $-31.3‰ \sim -30.2‰$ 之间，沥青质 $\delta^{13}C$ 值介于 $-31.1‰ \sim -33.03‰$ 之间。原油中组分碳同位素分布规律性较好，氯仿沥青"A"以及各组分 $\delta^{13}C$ 值较为集中，一般显示饱和烃 $\delta^{13}C$ 值 < 芳烃 $\delta^{13}C$ 值 < 非烃 $\delta^{13}C$ 值，非烃 $\delta^{13}C$ 大于沥青质。

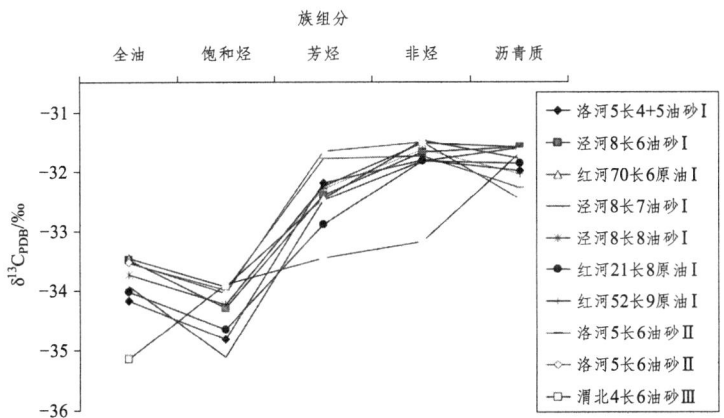

图 3.54 鄂尔多斯盆地南部中生界不同种类原油层组分 $\delta^{13}C$ 同位素分布特征

5. 不同类型原油的分布特点

各类原油分布在不同的地区和层位,从表 3.10 中可以看出,第 I 类原油在鄂尔多斯盆地南部各个地区广泛分布,镇泾地区从延安到长 10 油层组几乎都有 I 类原油的分布,彬长地区 I 类原油主要分布在长 6 到长 8 油层组,旬宜和富县地区的浅层油层组(长 7 以上)中也有分布;第 II、第 III 类原油分布比较有限,第 II 类原油主要分布在镇泾地区的长 8 油层组及富县地区的长 6 油层组;第 III 类原油分布在旬宜地区的长 6、长 7 油层组及富县的长 9 油层组。

表 3.10　不同类型原油样品不同层位个数分布

地区	原油类型	层位								
		延安组	长 2	长 3	长 4+5	长 6	长 7	长 8	长 9	长 10
镇泾	I	3			1	12	2	11	7	1
	II							1		
	III									
彬长	I				1	4	3	6		
	II									
	III									
旬宜	I				5	1				
	II									
	III					1	1			
富县	I		1	2	1	2	3			
	II					2				
	III								1	

从图 3.55 可以看出,浅层(长 7 及其以上油层组)原油基本都为第 I 类原油,在鄂尔多斯盆地南部四个地区广泛分布,仅在旬宜和富县地区西部存在 C_{30} 重排藿烷含量中等到很高的 II 类和 III 类原油。从图 3.56 可以看出,深层原油(长 8~长 10 油层组),在镇泾和彬长地区以 I 类原油为主,镇泾地区个别样品为 II 类原油,富县地区采集到的长 9 油层组原油为 III 类原油。从图 3.57 可以看出,I 类原油占鄂南地区所发现原油的比例非常大,II 类和 III 类原油所占比例是很小的。

第3章 有效烃源岩地化特征及分布规律

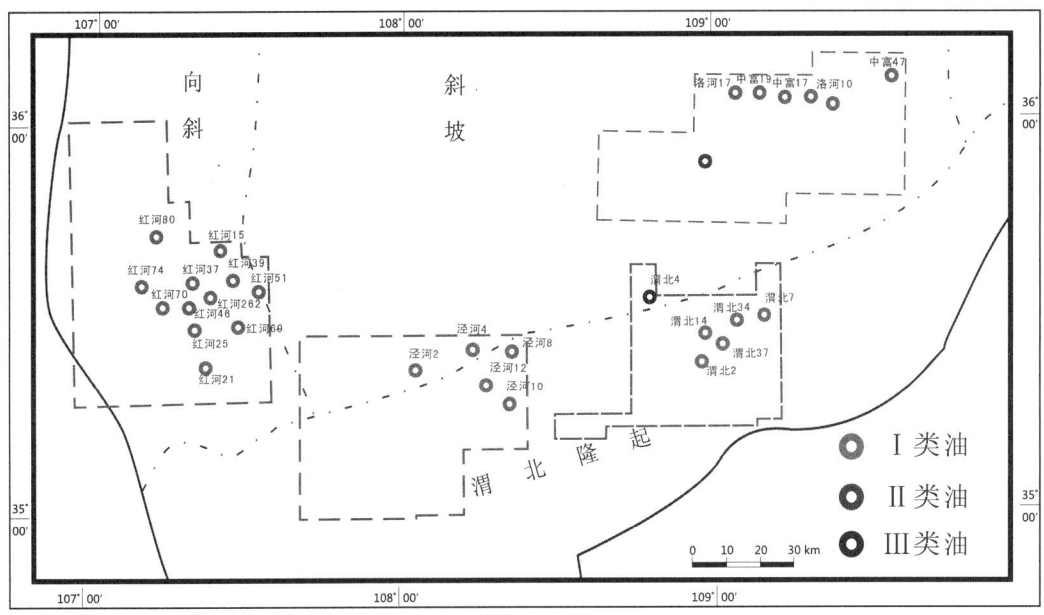

图 3.55 鄂尔多斯盆地南部长 7 以上油层组不同类型原油平面分布

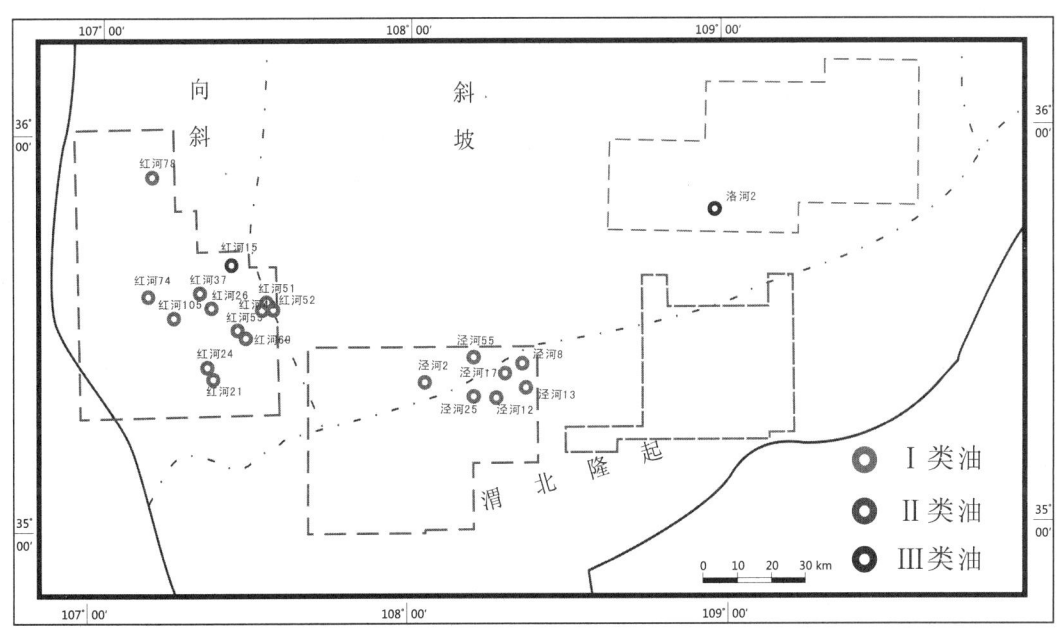

图 3.56 鄂尔多斯盆地南部长 7 以下油层组不同类型原油平面分布

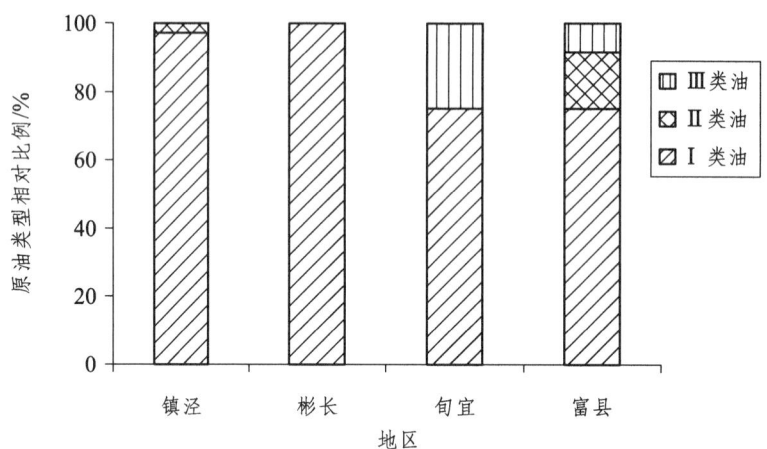

图 3.57 鄂尔多斯盆地南部不同地区延长组不同类型原油相对比例

3.3.2 油源分析

鄂尔多斯盆地南部中生界烃源岩主要分布在三叠系延长组，几套烃源岩形成时沉积环境呈连续过渡变化，有机质来源差别不明显，热演化阶段相近，烃源岩的生物标志物组成特征不存在明显的差别。但由于发育于不同沉积相带上的烃源岩在沉积特征、氧化还原条件等方面均存在一定的差别，有些地球化学特征（如 Pr/Ph、C_{30} 重排藿烷相对含量等）存在比较明显的差别，这为原油、烃源岩的类型划分与油-源精细对比创造了条件。

根据 Pr/Ph 值、C_{30} 重排藿烷、8β（H）-补身烷等化合物的相对含量及相关参数，将鄂尔多斯盆地南部三叠系延长组烃源岩类型划分为两大类，相应地将中生界原油划分为三类。从原油的地球化学特征上看，不同类型的原油中反映沉积环境和成熟度的参数值相差不大，说明对研究区中生界原油有油源贡献的烃源岩的形成环境和成熟度都相近，中生界原油的来源基本一致。从 C_{30} 重排藿烷/C_{29} 降藿烷与 Pr/Ph 的关系图和 8β（H）-升补身烷/8β（H）-补身烷与 8β（H）-补身烷/8α（H）-补身烷的相关图上可以看出，中生界原油与 A 类烃源岩中的 A1、A2、A3 亚类烃源岩有很好的相关性，而与 A4、B 类烃源岩存在明显的差别（图 3.58）。

从图 3.59 可以看出，研究区中生界 Ⅰ、Ⅱ、Ⅲ 类原油分别与 A1、A2、A3 类烃源岩有很好的相关性，表明这三类原油分别来源于这三类烃源岩，其中油源对比关系最好的是 A1 类烃源岩。以下将根据鄂尔多斯盆地南部构造和沉积特征将研究区细分为四个地区分别讨论不同地区、不同类型原油的油源特征。

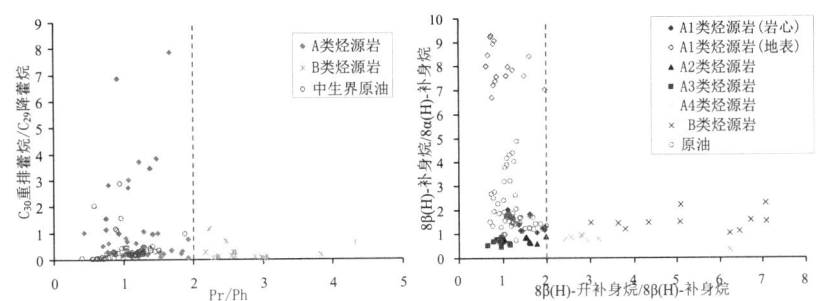

图 3.58 鄂尔多斯盆地南部中生界原油与烃源岩中部分生物标志物参数对比图

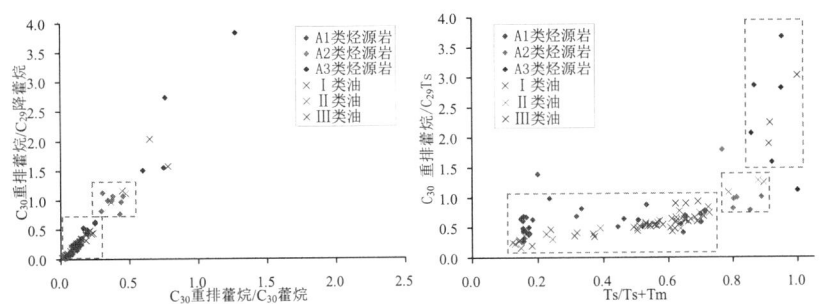

图 3.59 鄂尔多斯盆地南部中生界原油与 A 类烃源岩部分生物标志物参数相关图

1. 镇泾地区

目前在鄂尔多斯盆地南部勘探程度最高的是镇泾地区，在该地区发现了Ⅰ、Ⅱ类原油，未发现 C_{30} 重排藿烷含量很高的Ⅲ类原油。Ⅰ类原油分布最广，从延安到长 10 油层组都有分布；Ⅱ类原油比较少，目前只在长 7 油层组底部发现此类原油。

（1）镇泾地区第Ⅰ类原油来源分析。

从原油与烃源岩中部分反映生源母质、沉积环境的生物标志物参数对比图（图 3.60）上可以看出，镇泾地区Ⅰ类原油与镇泾地区 A1 类烃源岩（长 7 油页岩）具有很好的相关性。从镇泾地区Ⅰ类原油与其他不同层位烃源岩生物标志物对比谱图中也可以看出，镇泾地区Ⅰ类原油与镇泾地区 A1 类烃源岩（长 7 油页岩）五环三萜烷类生物标志物分布特征基本一致，而与长 6 暗色泥岩、长 9 泥岩都存在明显差别，主要表现在：Ⅰ类原油和长 7 油页岩 C_{30} 重排藿烷含量很低，C_{29} 降藿烷含量较高，$C_{29}Ts$ 含量介于 C_{30} 重排藿烷和 C_{29} 降藿烷之间，Ts 和 Tm 含量较低且相对丰度相近，而长 6 和长 9 泥岩几乎不含 $C_{29}Ts$，且 Ts 含量明显低于 Tm（图 3.61、图 3.62）。从图 3.63 也可以看出，镇泾地区Ⅰ类原油与长 7 油页岩（A1 类）具有很好的亲缘关系，因此推测镇泾地区Ⅰ类原油来源于长 7 油页岩。

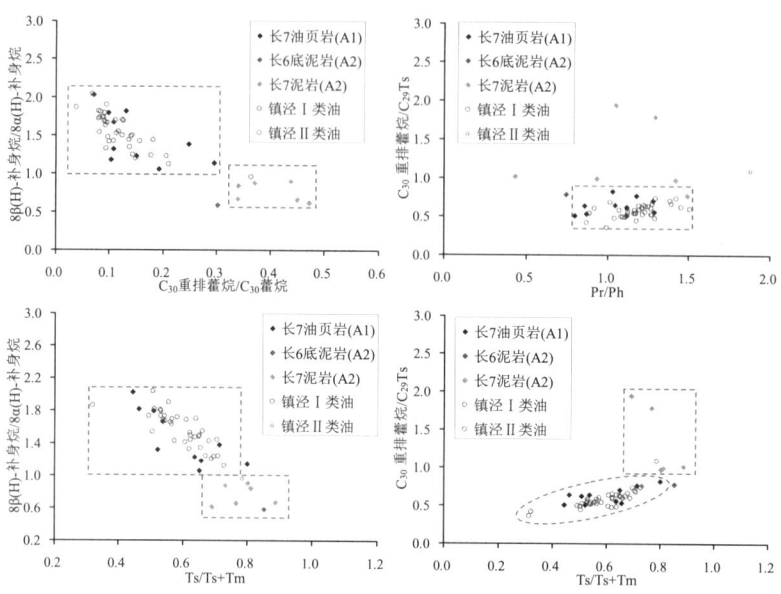

图 3.60 镇泾地区中生界原油与烃源岩部分生物标志化合物参数相关图

（2）镇泾地区Ⅱ类原油来源分析。

目前只在镇泾地区红河 15 井长 7 油层组底部发现了Ⅱ类原油，从图 3.60 可以看出，镇泾地区Ⅱ类原油的地球化学参数分布范围与 A2 类长 7 暗色泥岩很接近、原油与本区长 7 暗色泥岩中均具有 C_{30} 藿烷在萜烷系列化合物中丰度最高、C_{30} 重排藿烷含量较高、与 C_{29} 降藿烷含量相近、Ts 丰度明显高于 Tm 的特点（图 3.62），从而推测镇泾地区Ⅱ类原油来源于长 7 暗色泥岩。

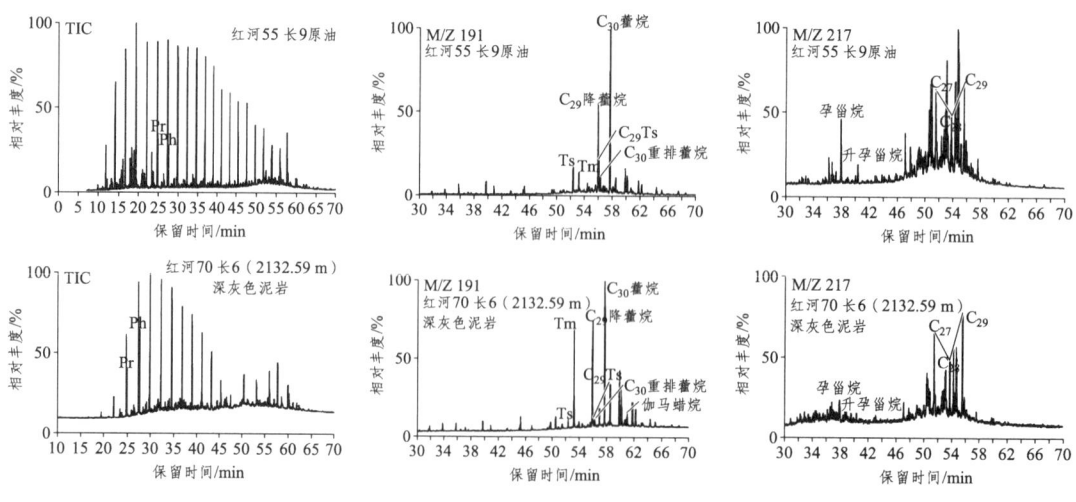

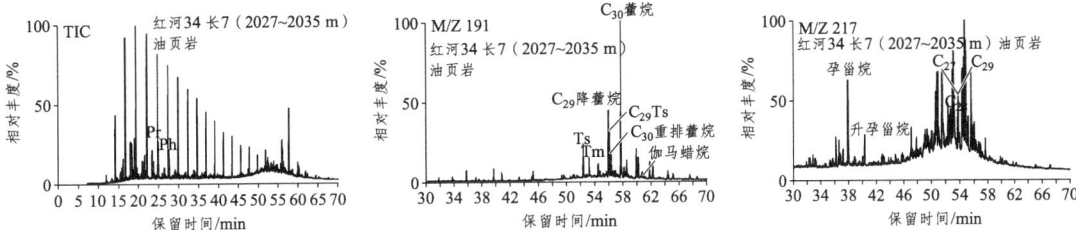

图 3.61 镇泾地区 I 类原油与长 6 暗色泥岩和长 7 油页岩部分饱和烃生物标志物分布特征对比

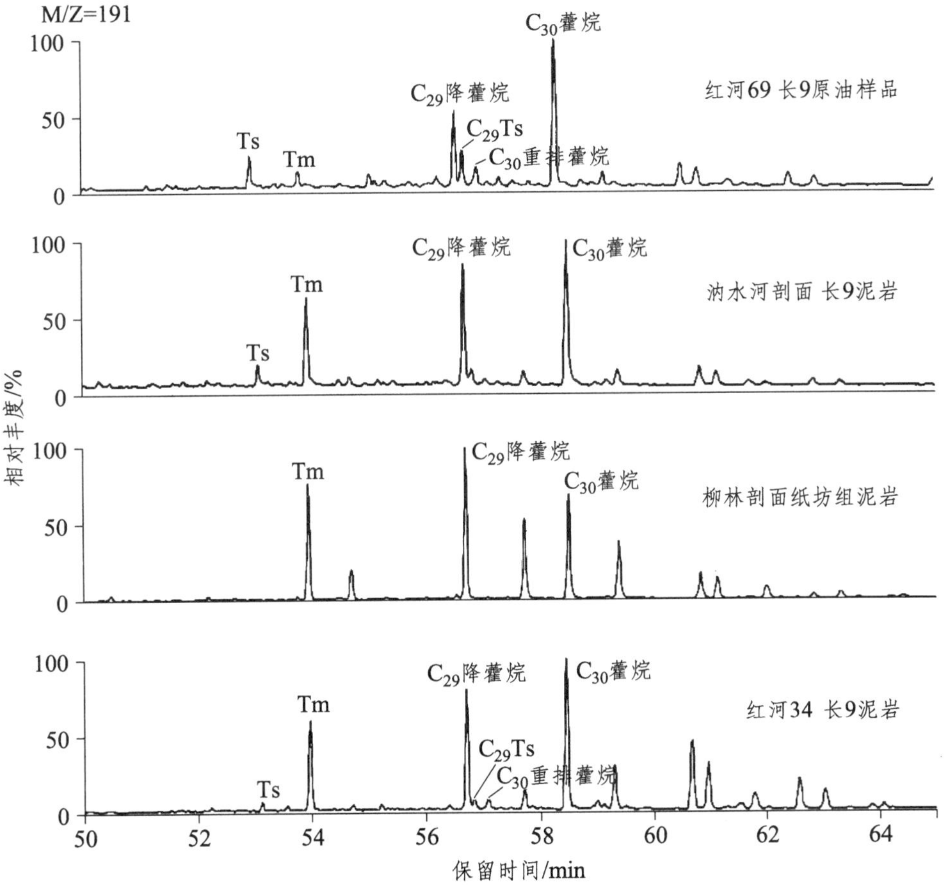

图 3.62 镇泾地区 I 类原油与长 9 泥岩和纸坊组泥岩五环三萜烷系列生物标志物分布特征对比

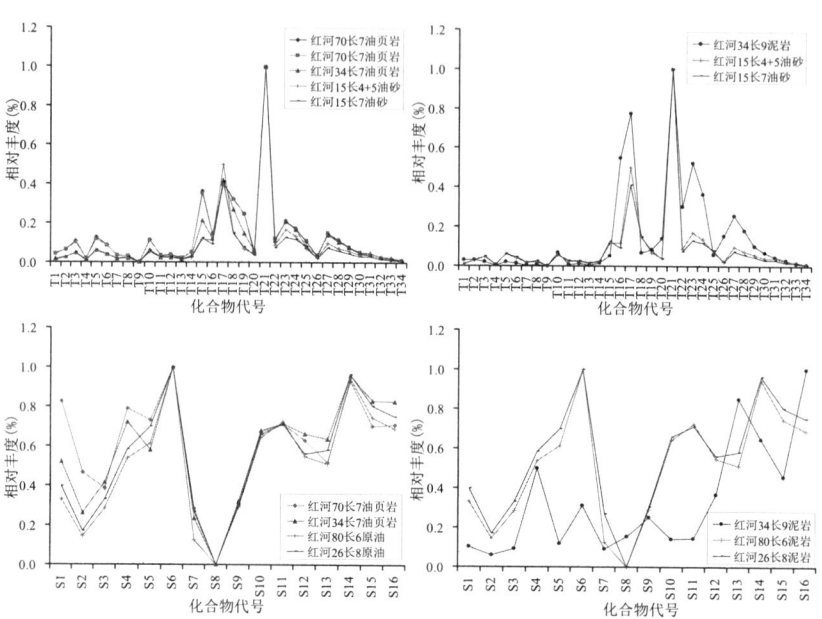

图 3.63　镇泾地区 I 类原油与长 7 油页岩和长 9 暗色泥岩甾萜烷系列化合物指纹对比

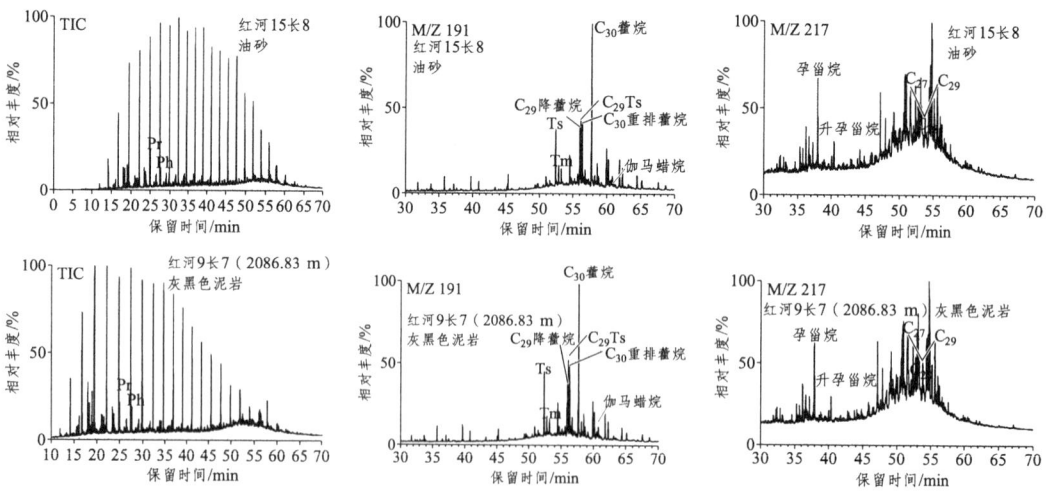

图 3.64　镇泾地区红河 15 井长 7 油砂与镇泾地区长 7 暗色泥岩部分生物标志物分布特征对比

2. 彬长地区

彬长地区共分析了 9 个油砂样品、5 个原油样品，样品采自延长组长 6~长 8 油层组。

从反映沉积环境和成熟度的地球化学参数相关图上（图 3.65）也可以看出，彬长地区原油与 A1 类烃源岩（长 7 油页岩）最接近。图 3.66 可以看出这类原油生标特征非常相似，均属于第 I 类原油。

根据原油与延长组不同层位、不同岩性烃源岩生物标志物质量色谱图对比表明（图 3.67），长 4+5～长 9 暗色泥岩 C_{30} 重排藿烷含量高于长 7 油页岩，且长 4+5 暗色泥岩 ββ 构型的 C_{29} 规则甾烷含量低于 αα 构型的 C_{29} 规则甾烷，长 6 暗色泥岩 Ts 明显高于 Tm，长 8、长 9 暗色泥岩沉积环境相对偏氧化，这与彬长地区 I 类原油地球化学特征存在比较明显的差别，但它们与研究区外不远的长 7 油页岩野外露头样品具有非常好的相似性，而与研究区内的油页岩样品的差异主要体现在成熟度上（图 3.68）。从图 3.69 可以看出，长 7 油页岩中 8β（H）补身烷含量较高，4,4,8,8,9-五甲基+氢化萘含量较低，这与彬长地区 I 类原油的地球化学特征一致，而与其他层位烃源岩也存在明显的差别。

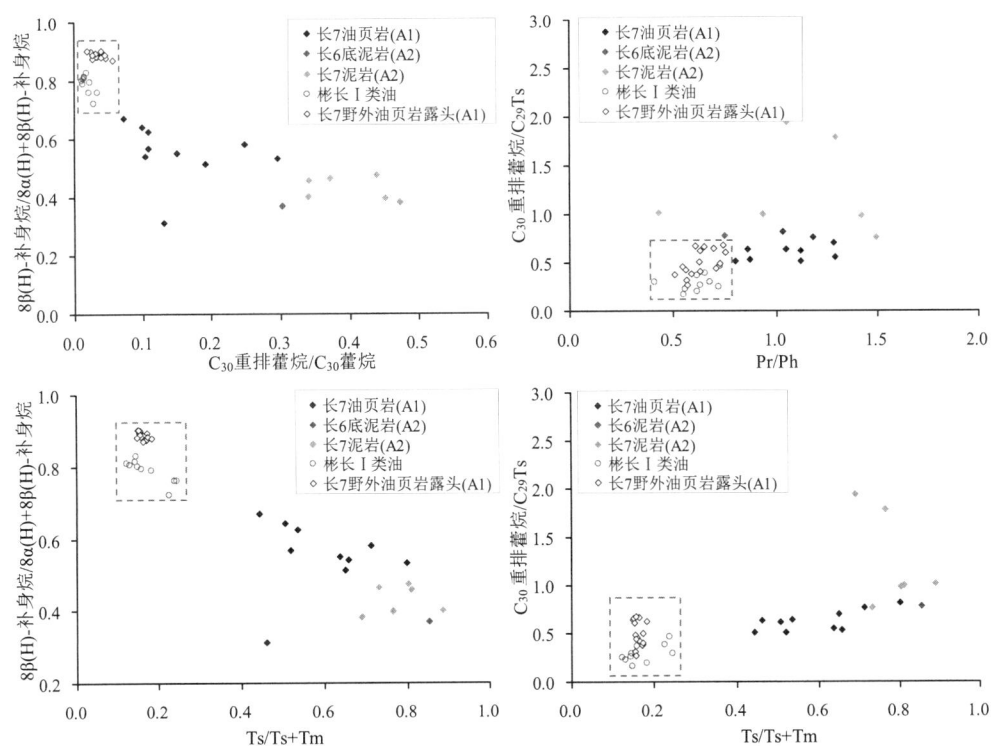

图 3.65　彬长地区 I 类原油与延长组烃源岩部分生物标志物参数分布特征对比

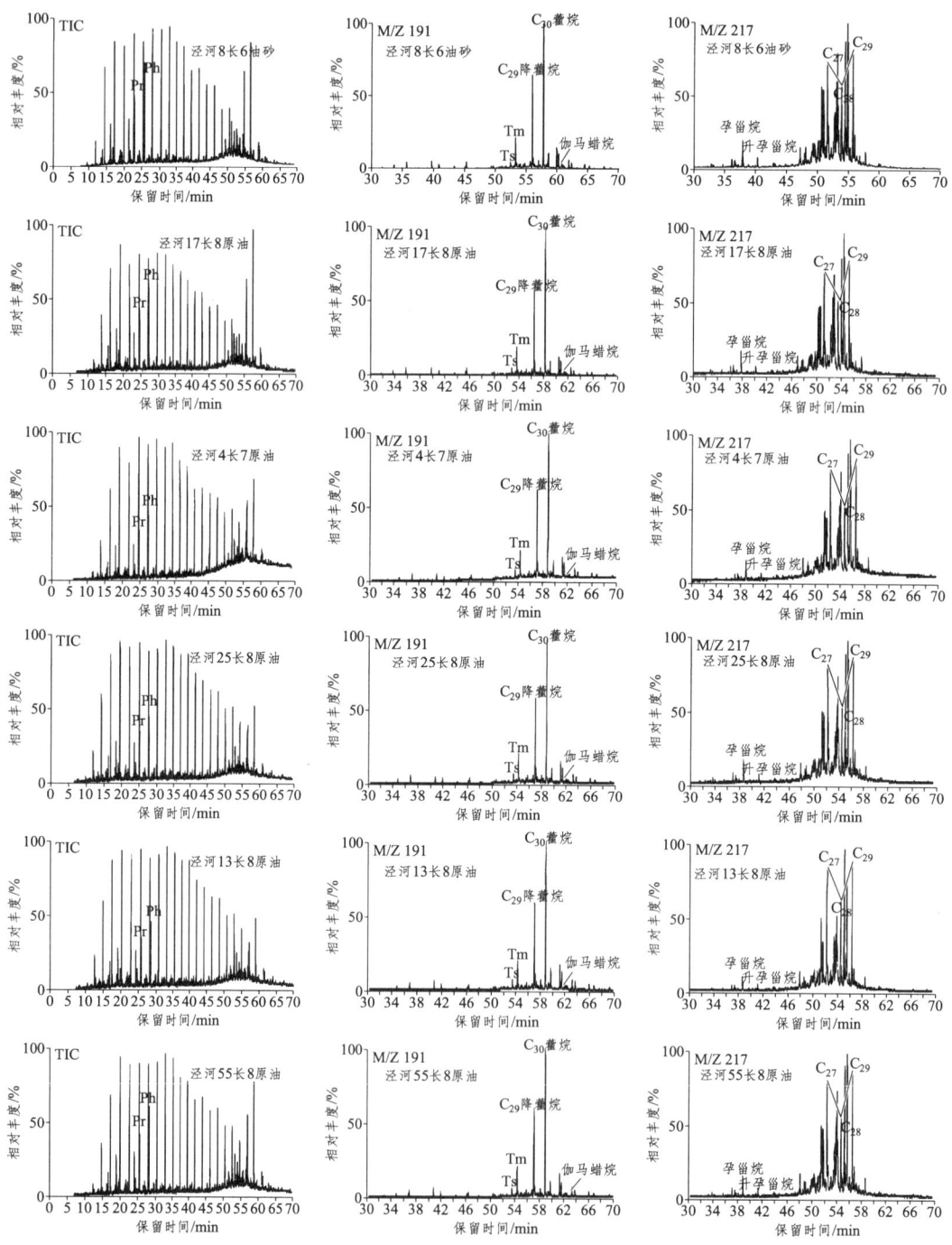

图 3.66 彬长地区原油与部分原油饱和烃生物标志物分布特征对比

第3章 有效烃源岩地化特征及分布规律

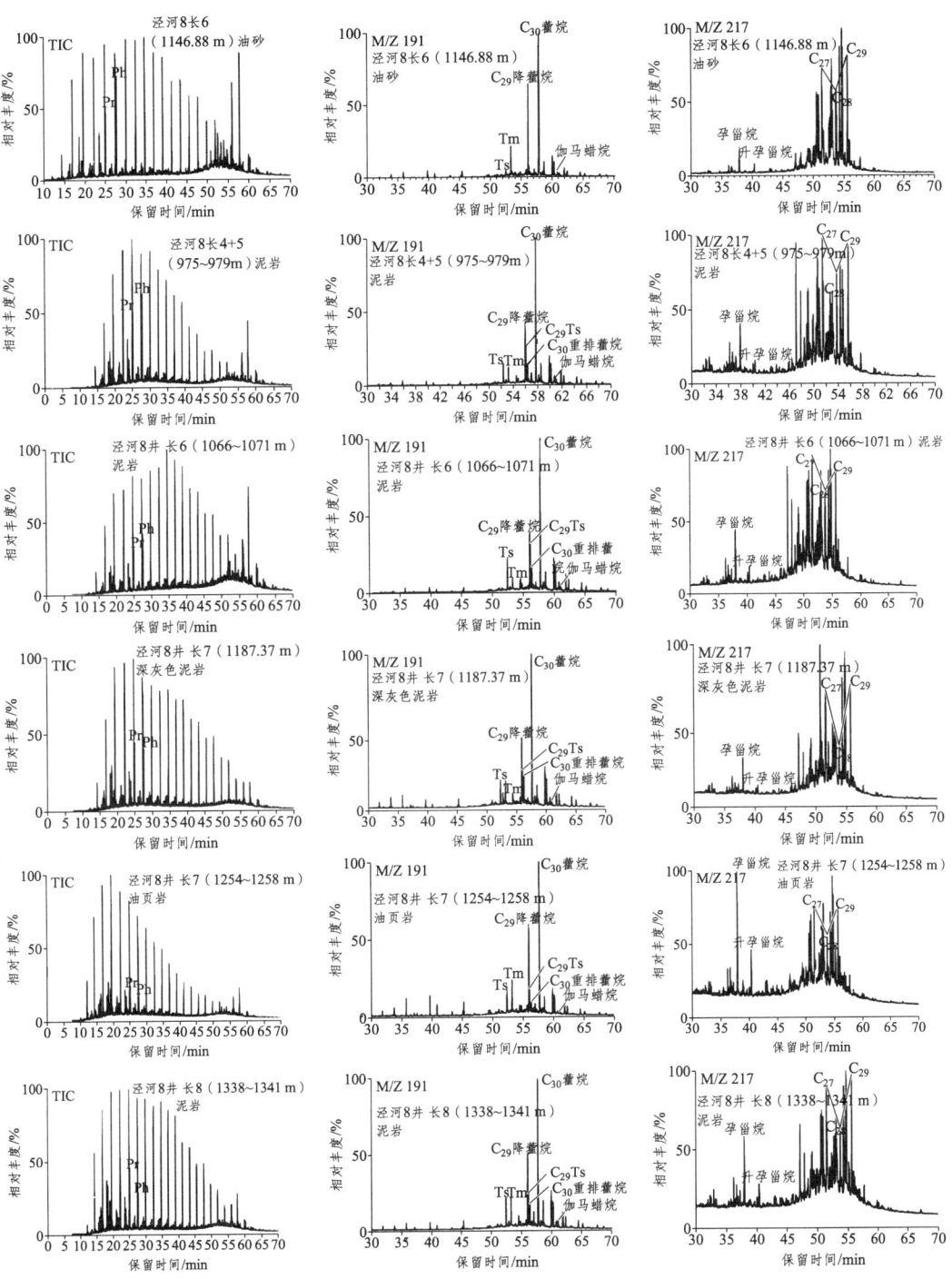

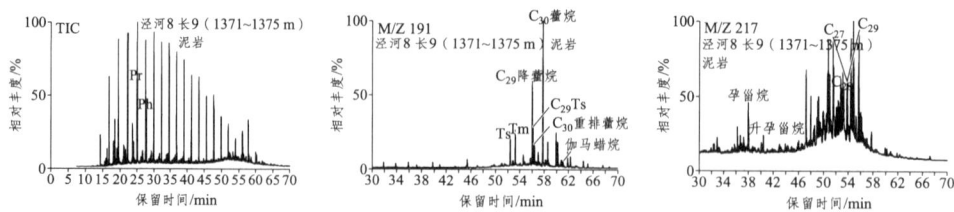

图 3.67　彬长地区原油与该区延长组烃源岩饱和烃生物标志物分布特征对比

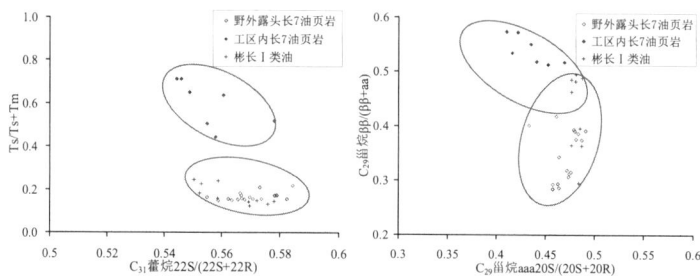

图 3.68　彬长地区野外露头油页岩与井下油页岩成熟度生物标志物参数特征相关图

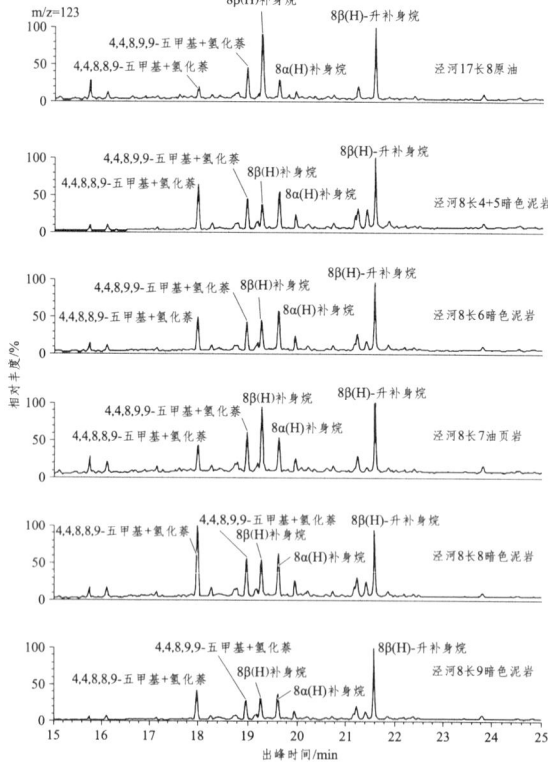

图 3.69　彬长地区原油与不同层位不同岩性烃源岩的倍半萜类生物标志物对比谱图

3. 旬宜地区

旬宜地区勘探程度较低，目前在该区发现了Ⅰ类和Ⅲ类原油。Ⅰ类原油分布在渭北 2 井和渭北 7 井长 3 和长 7 油层组，Ⅲ类原油分布在渭北 4 井长 6 和长 7 油层组中。

（1）旬宜地区第Ⅰ类原油来源分析。

从甾萜类化合物指纹图上也可以看出（图 3.70），旬宜地区Ⅰ类原油与 A1 类烃源岩（长 7 油页岩）有很好的亲缘关系，而与长 4+5、长 6 和长 7 暗色泥岩都存在一定的差别。从图 3.71 也可以看出，旬宜地区Ⅰ类原油的地球化学参数分布特征与长 7 油页岩的最接近。旬宜地区Ⅰ类原油与 A1 类烃源岩（长 7 油页岩）中 8β（H）补身烷含量均较高，4，4，8，8，9-五甲基+氢化萘含量较低，与彬长和富县地区的长 9 暗色泥岩存在明显差别（图 3.72）。

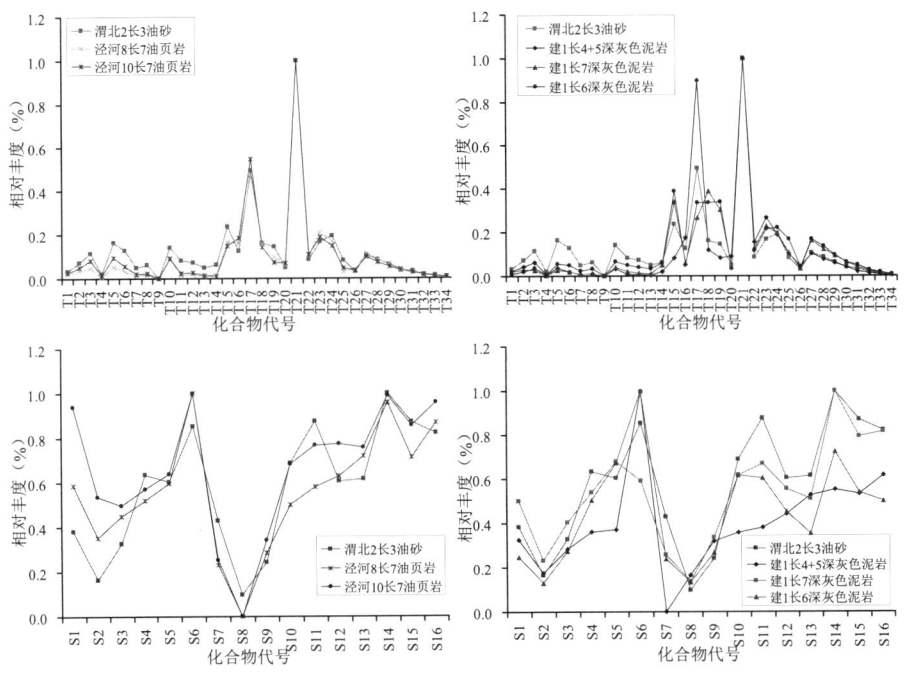

图 3.70　旬宜地区Ⅰ类原油与延长组烃源岩甾萜烷系列化合物指纹对比

（2）旬宜地区第Ⅲ类原油来源分析

旬宜地区第Ⅲ类原油分布在长 6 和长 7 油层组。从旬宜地区原油与延长组不同层位、不同岩性烃源岩部分生物标志物参数分布特征图（图 3.71）可以看出，旬宜地区Ⅲ类原油的地球化学特征与长 7 暗色泥岩十分接近。目前在研究区长 8 油层组的暗色泥岩和部分长 7 暗色泥岩都为 A3 类烃源岩，原油与长 8 灰黑色泥岩和长 7 暗色泥岩（A3 类）的生物标志物分布特征对比表明（图3.73）：Ⅲ类原油和长7暗色泥岩中C_{30}重排藿烷丰度均很高，C_{30}重排藿烷相对丰度低于C_{30}藿烷，而长8暗色泥岩中C_{30}重排藿烷相对丰度明显高于C_{30}藿烷，且Ⅲ类原油Pr/Ph及甾烷分布与长7暗色泥岩接近，而与长8黑色泥岩存在一定差别，因此推测旬宜地区Ⅲ类原油来源于长7暗色泥岩。

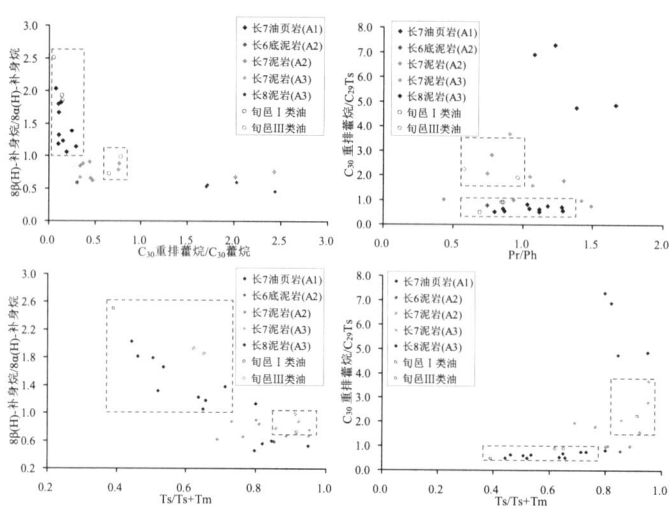

图3.71　旬宜地区原油与延长烃源岩部分生物标志物参数分布特征

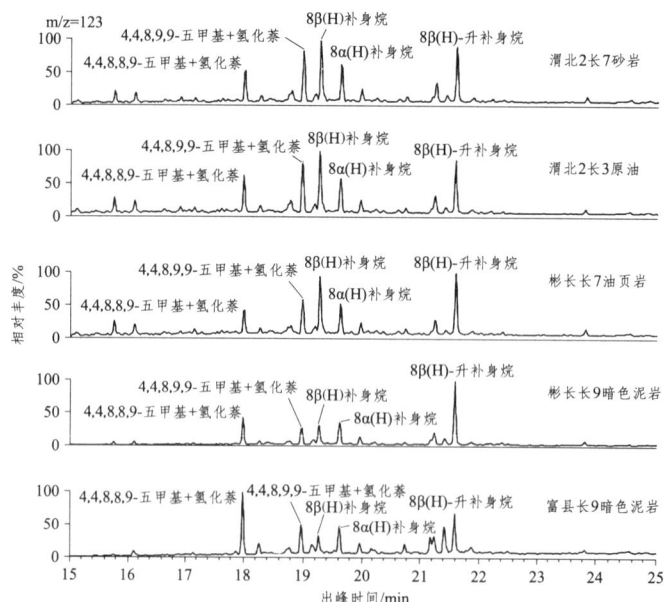

图3.72　旬宜地区Ⅰ类原油与长7油页岩和长9暗色泥岩倍半萜类生物标志物分布特征对比

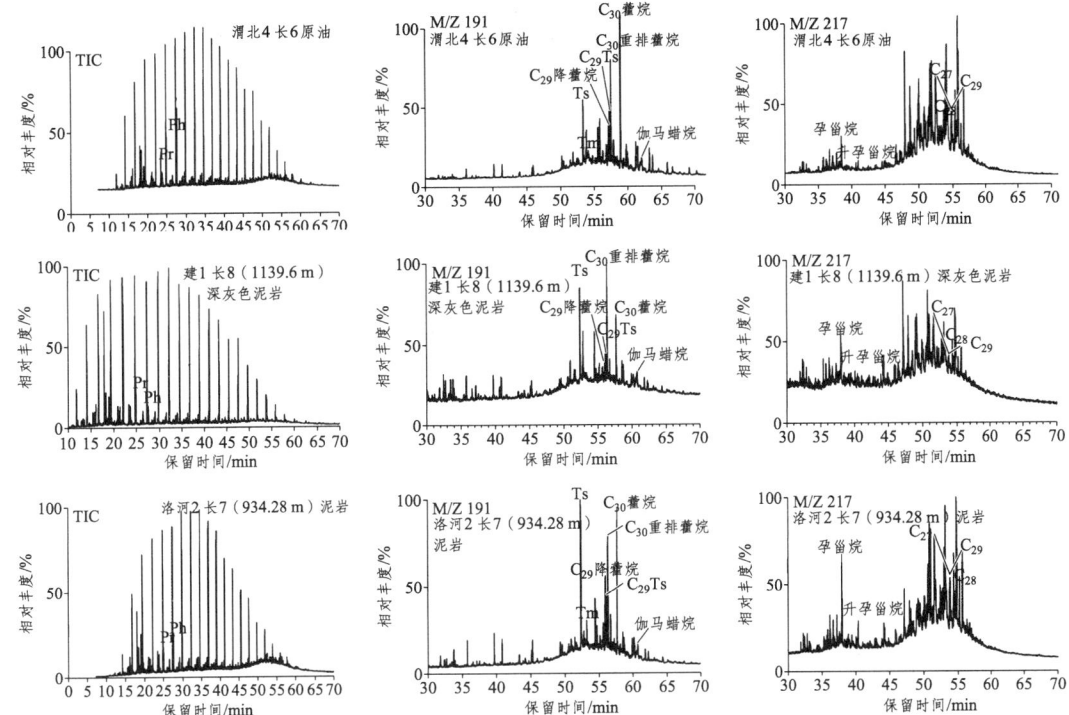

图 3.73　旬宜地区Ⅲ类原油与长 8 暗色泥岩和长 7 油页岩的生物标志化合物分布特征对比

4. 富县地区

富县地区位于鄂尔多斯盆地的东南部,原油类型复杂,从Ⅰ类到Ⅲ类都有分布。Ⅰ类原油分布最广,在长 2、长 4+5、长 6 和长 7 油层组均有分布,目前在洛河 5 井的长 6 油层组发现了Ⅱ类原油,在洛河 2 井长 9 油层组发现了Ⅲ类原油。

(1) 富县地区第Ⅰ类原油来源分析。

从富县地区原油与不同层位、不同岩性烃源岩部分生物标志物参数分布特征图上可以看出,富县地区Ⅰ类原油地球化学特征与长 7 油页岩最接近(图 3.74),从其他倍半萜类生物标志物特征来看,Ⅰ类原油 8β(H)补身烷含量较高,如洛河 10 井长 6 油砂抽提物中倍半萜类生物标志物分布特征与长 7 油页岩完全一致,与长 9 暗色泥岩存在明显的差别(图 3.75)。

(2) 富县地区Ⅱ类原油来源分析。

富县地区Ⅱ类原油分布在洛河 5 井长 6 油层组中,在原油与延长组不同层位、不同岩性烃源岩部分生物标志物参数对比图上(图 3.74)可以看出,Ⅱ类原油来源于 A2 类长 7 暗色泥岩，如富县地区洛河 5 井长 6 油层组原油与长 7 暗色泥岩均具有 C_{30} 藿烷在萜烷系列化合物中丰度最高、C_{30} 重排藿烷含量中等、与 C_{29} 降藿烷含量相近、Ts 丰度明显高于 Tm 的特点（图 3.76），从图 3.77 也可以看出，Ⅱ类原油与 A2 类长 7 暗色泥岩特征很接近。

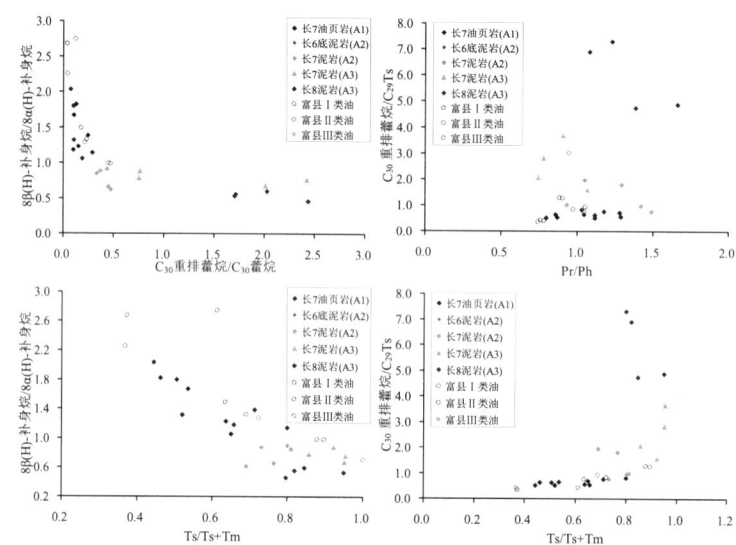

图 3.74　富县地区原油与延长组烃源岩部分生物标志物参数分布特征对比

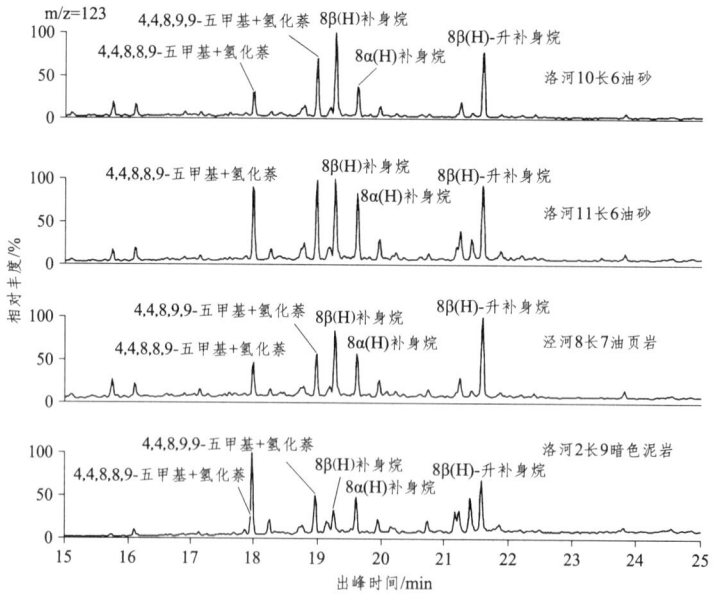

图 3.75　富县地区Ⅰ类原油与长 7、长 9 烃源岩的倍半萜类生物标志物分布特征对比

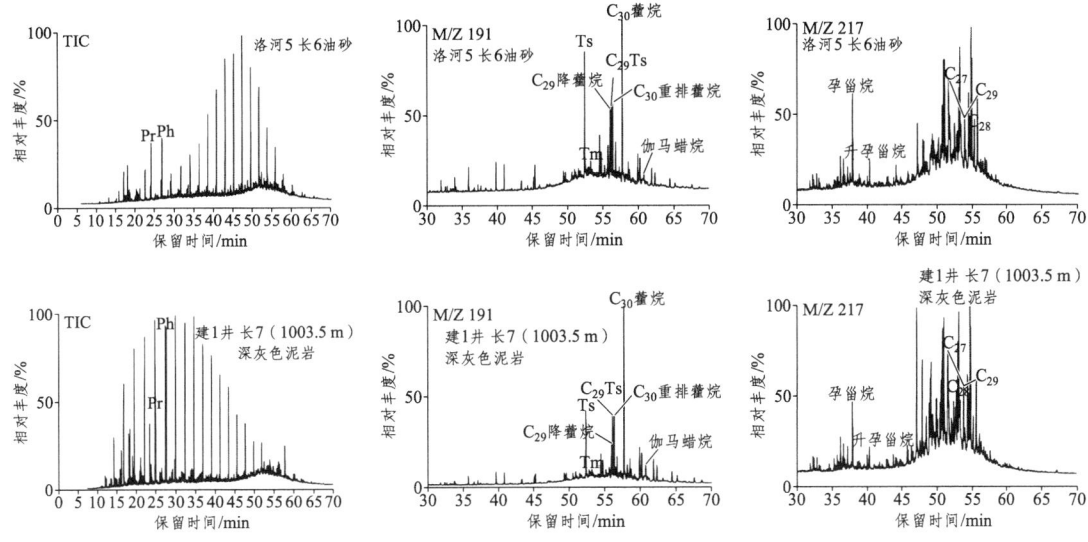

图 3.76 富县地区Ⅱ类原油与长 7 暗色泥岩生物标志物分布特征对比

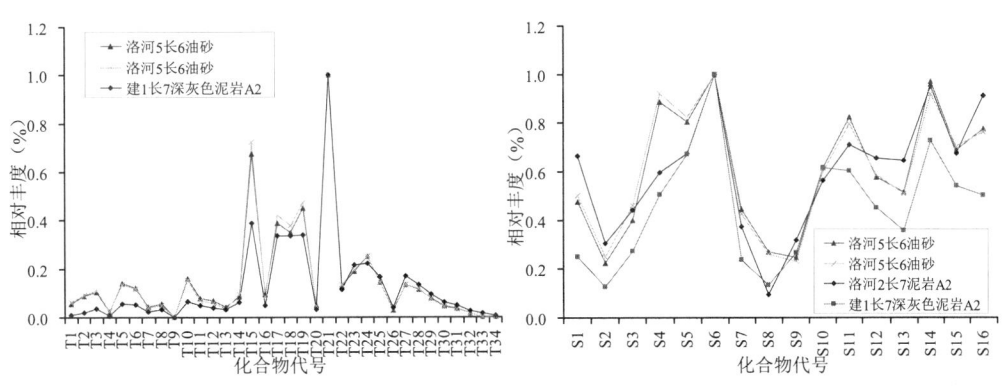

图 3.77 富县地区Ⅱ类原油与 A2 类长 7 暗色泥岩甾萜烷系列化合物指纹对比

（3）富县地区Ⅲ类原油来源分析。

目前发现的Ⅲ类原油分布在洛河 2 井长 9 油层组。从图 3.74、图 3.78 和图 3.79 上可以看出，Ⅲ类原油与长 7 暗色泥岩（A3 类）生物标志物特征相似，具有较好的亲缘关系，而与仕望河长 9 泥页岩存在一定的差别，主要表现在：Ⅲ类原油与长 7 暗色泥岩的 $C_{29}Ts$ 丰度都高于 C_{29} 降藿烷，Ts 丰度异常高，区别于仕望河长 9 泥页岩，推测富县地区Ⅲ类原油来源于本地区的长 7 暗色泥岩。

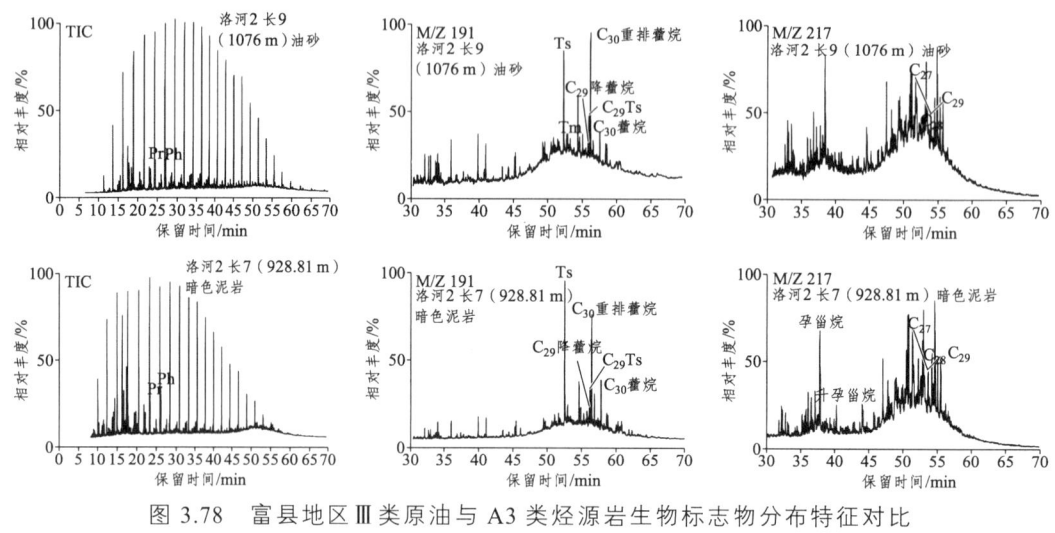

图 3.78　富县地区Ⅲ类原油与 A3 类烃源岩生物标志物分布特征对比

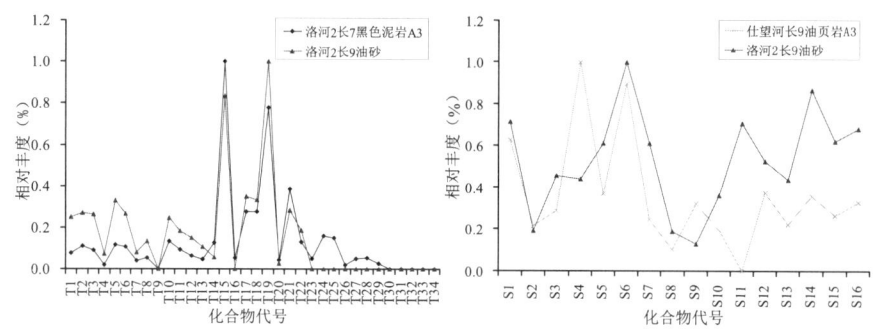

图 3.79　富县地区Ⅲ类原油与长 7 烃源岩和长 9 烃源岩甾萜烷系列化合物指纹对比

综上所述，镇泾地区延安至长 10 油层组的Ⅰ类原油主要来源于长 7 油页岩（A1 类），长 7 底部的Ⅱ类原油来源于长 7 暗色泥岩（A2 类）；彬长地区长 6 至长 8 油层组的Ⅰ类原油都来源于长 7 油页岩（A1 类）；旬宜地区长 2、长 3、长 7 油层组的Ⅰ类原油来源于长 7 油页岩（A1 类），长 6、长 7 油层组的Ⅲ类原油来源于长 7 暗色泥岩（A3 类）；富县地区的长 2、长 4+5、长 6、长 7 油层组的Ⅰ类原油主要来源于长 7 油页岩（A1 类），长 6 油层组的Ⅱ类原油来源于长 7 暗色泥岩（A2 类），长 9 油层组的Ⅲ类原油来源于长 7 暗色泥岩（A3 类）。目前没有发现与研究区原油具有亲缘关系的长 8、长 9 烃源岩（A4 类或者 B 类），但由于长 8、长 9 烃源岩样品较少，不能完全反映长 8、长 9 的油源贡献，所以不排除它们存在油源贡献的可能。根据长 8、长 9 泥岩段的测井响应特征分析，这两套烃源岩的厚度不大，平面上分布也很局限，推测其油源贡献也是比较有限的。

3.4 有效烃源岩地球化学特征及分布规律

有效烃源岩和优质烃源岩对石油资源准确估算和石油勘探具有十分重要的意义。如果要确定研究区的有效烃源岩，油源对比研究是一个必要的环节。本书前文通过油源对比表明，鄂尔多斯盆地南部 A 类烃源岩中的 A1、A2、A3 为有效烃源岩，目前未发现与 A4 类和 B 类烃源岩有明显油源关系的原油，推测这两类烃源岩对鄂尔多斯盆地南部中生界原油没有明显的油源贡献，其中 A1 类烃源岩是油源贡献最大的一类烃源岩，为优质烃源岩，分布在全区长 7 油层组，岩性为油页岩；A2 类有效烃源岩分布在镇泾、旬宜、富县地区的长 7 油层组，岩性以暗色泥岩为主；A3 类有效烃源岩分布有限，主要发育在富县地区的长 7、长 8 油层组，岩性为暗色泥岩。

3.4.1 有效烃源岩地球化学特征

A1 类有效烃源岩 TOC 值为 3.9%~22.5%，平均值为 12.9%；生烃潜量 "S_1+S_2" 值为 27.1~120.1 mg/g，平均值为 76.1 mg/g，为很好的烃源岩。A2 类有效烃源岩 TOC 值为 1.8%~5.9%，平均值为 3.7%；生烃潜量 "S_1+S_2" 值为 6.0~32.9 mg/g，平均值为 16.5 mg/g，为很好的烃源岩。A3 类有效烃源岩 TOC 值为 2.1%~4.9%，平均值为 3.6%；生烃潜量 "S_1+S_2" 值为 8.1~16.2 mg/g，平均值为 11.6 mg/g，也达到好的烃源岩标准。A4 类潜在烃源岩 TOC 值为 0.6%~2.3%，平均值为 1.2%；生烃潜量 "S_1+S_2" 值为 0.4~4.5 mg/g，平均值为 1.7 mg/g，为较差的烃源岩。B 类潜在烃源岩 TOC 值为 0.6%~8.3%，平均值为 3.4%；生烃潜量 "S_1+S_2" 值为 0.4~37.8 mg/g，平均值为 10.2 mg/g，以碳质泥岩为主。A4 类和 B 类烃源岩也具有一定的生烃潜力，为研究区一套潜在烃源岩（表 3.11 和图 3.80）。

A1 类优质烃源岩的有机质类型最好，以 I 型为主，A2、A3 类有效烃源岩有机质类型以 II_1 型为主，A4 类和 B 类潜在烃源岩有机质类型以 II_2 和 III 型为主（图 3.81）。干酪根显微组分中，镜质组、惰质组和壳质组均系来源于高等植物的有机质，藻类体和无定形体一般认为是水生生物演化的产物，而对石油的生成最有利的显微组分是壳质组和矿物沥青质体。A 类有效烃源岩显微组分的壳质组和矿物沥青组分含量占全岩显微组分的 70% 以上（图 3.82），达到了好或较好的评价标准，且 R_o 普遍大于 0.6%，已进入大量生烃阶段。A4 类和 B 类烃源岩显微组分中壳质组和矿物沥青组分含量低于全岩显微组分的 60%。

表 3.11　鄂尔多斯盆地南部延长组不同类型烃源岩有机质丰度分布特征

类型		TOC/%	S_1+S_2/(mg/g)	HI/(mg/g)	氯仿沥青"A"/%	R_o/%
优质	A1	3.9～22.5 12.9（9）	27.1～120.1 76.1（9）	376～727 590（9）	0.19～1.38 0.88（7）	0.53～0.76 0.62（7）
有效	A2	1.8～5.9 3.7（5）	6.0～32.9 16.5（5）	267～531 380（22）	0.11～0.69 0.60（5）	0.59～1.02 0.78（22）
	A3	2.1～4.9 3.6（8）	8.1～16.2 11.6（8）	172～481 261（8）	0.29～0.50 0.36（5）	0.73～0.94 0.81（5）
潜在	A4	0.6～2.3 1.2（16）	0.4～4.5 1.7（16）	39～218 109（16）	0.04～0.13 0.04（15）	0.71～0.92 0.87（7）
	B	0.6～8.3 3.4（16）	0.4～37.8 10.2（16）	51～473 187（16）	0.05～0.37 0.14（13）	0.74～0.95 0.85（7）

注：表中分子为值分布范围，分母为平均值，括号内为样品个数。

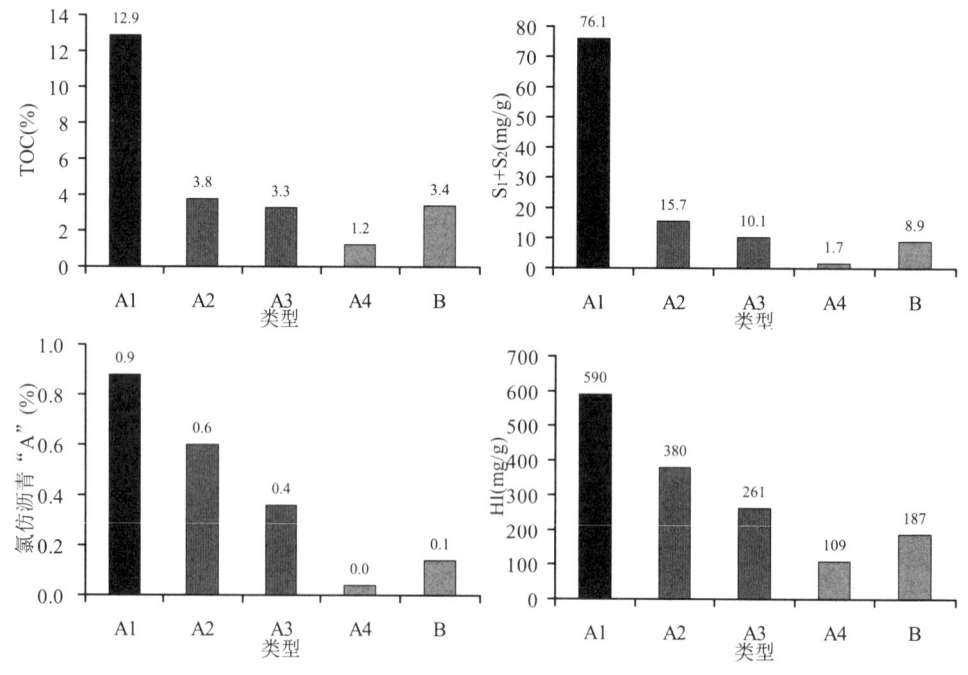

图 3.80　鄂尔多斯盆地南部延长组不同类型烃源岩有机质丰度分布特征

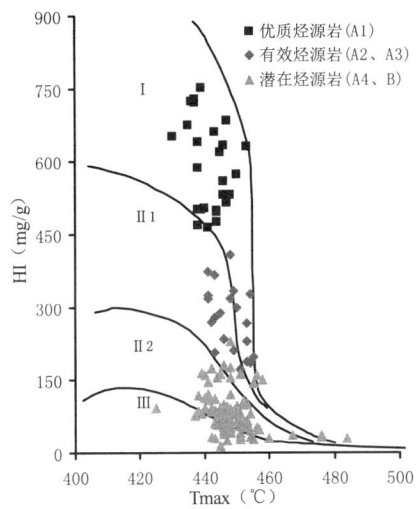

图 3.81　鄂尔多斯盆地南部延长组不同类型烃源岩有机质类型

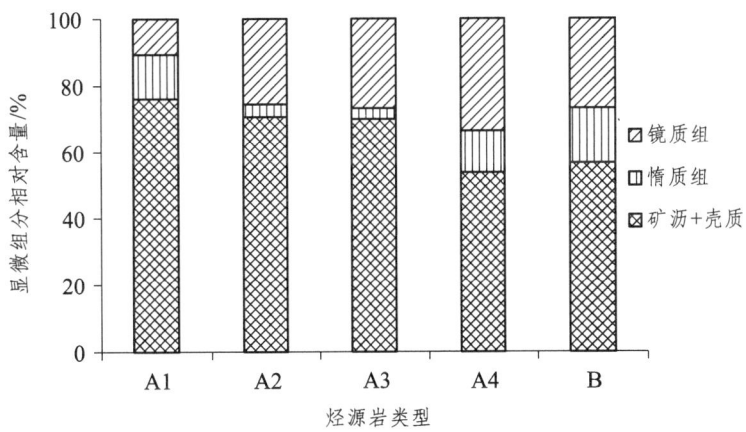

图 3.82　鄂尔多斯盆地南部延长组不同类型烃源岩显微组分相对含量

3.4.2　有效烃源岩识别标志

研究区不同类型烃源岩 Pr/Ph、C_{30} 重排藿烷和 8β（H）-补身烷等生物标志物特征存在明显的差异，而它们的差异主要反映了烃源岩沉积环境的差别，影响烃源岩的品质，因此可以主要通过这几个生物标志物参数区分不同类型的烃源岩。

不同类型的烃源岩的生烃潜力存在差别，对应的常规地球化学评价参数 TOC、S_1+S_2、HI、S_1+S_2/TOC 以及显微组分存在明显的区分度。

泥岩中有机质含量与放射性铀含量具有一定的正相关性，富含有机质的烃源岩放射性相对较强，自然伽马值比一般非烃源岩的自然伽马值要高很多；烃源岩中所含丰富的有机质可以转化成大量的干酪根或石油，致使其导电性变差，使其比不含有机质的地层的电阻率高；由于黏土质矿物的骨架密度比有机质的密度大，所以当岩石骨架被烃源岩取代时，地层密度就会被减小，而声波时差与密度成反比，这样就会造成地层声波时差增加，这些烃源岩的物理性质是建立烃源岩测井识别标志的理论基础。

因此，根据以上三点可以建立有效烃源岩的生物标志物参数、常规地球化学评价参数、测井电性参数综合识别标志（表 3.12 和图 3.83），即：岩性包括油页岩和暗色泥岩，TOC > 1.6%，生烃潜量"$S_1 + S_2$" > 4 mg/g，单位有机质丰度的产油潜率($S_1 + S_2$)/TOC > 200 mg/g，氢指数 HI > 170 mg/g（图 3.83）；有机质类型以 I 和 II_1 型为主，Ro > 0.6%；正构烷烃碳数分布特征呈近似正态型或单峰态前峰型，Pr/Ph < 1.8，ααα20R 甾烷 C_{27} 大于或等于 C_{29} 甾烷，8β（H）-升补身烷/8β（H）-补身烷 < 2；测井参数 AC > 260 μs/m，RT > 15 Ω·m，CNL > 25%。

表 3.12 鄂尔多斯盆地南部延长组不同类型烃源岩识别标志

类型	识别参数	优质烃源岩	有效烃源岩	潜在烃源岩
生物标志物	Pr/Ph	<2	<2	>2 或 <2
	8β（H）-升补身烷/8β（H）-补身烷	<2	<2	>2
	8β（H）-补身烷/8α（H）-补身烷	>1	<1	
常规地化	TOC/%	>4	>1.6	
	$S_1 + S_2$/（mg/g）	>20	>4	<4
	HI/（mg/g）	>450	>170	<170
	$S_1 + S_2$/TOC/（mg/g）	>500	>200	<200
测井电性	GR/API	>170	>120	>100
	AC/（μs/m）	>280	>260	<260
	RT/（Ω·m）	>15	>15	
	CNL/%	>25	>25	<25

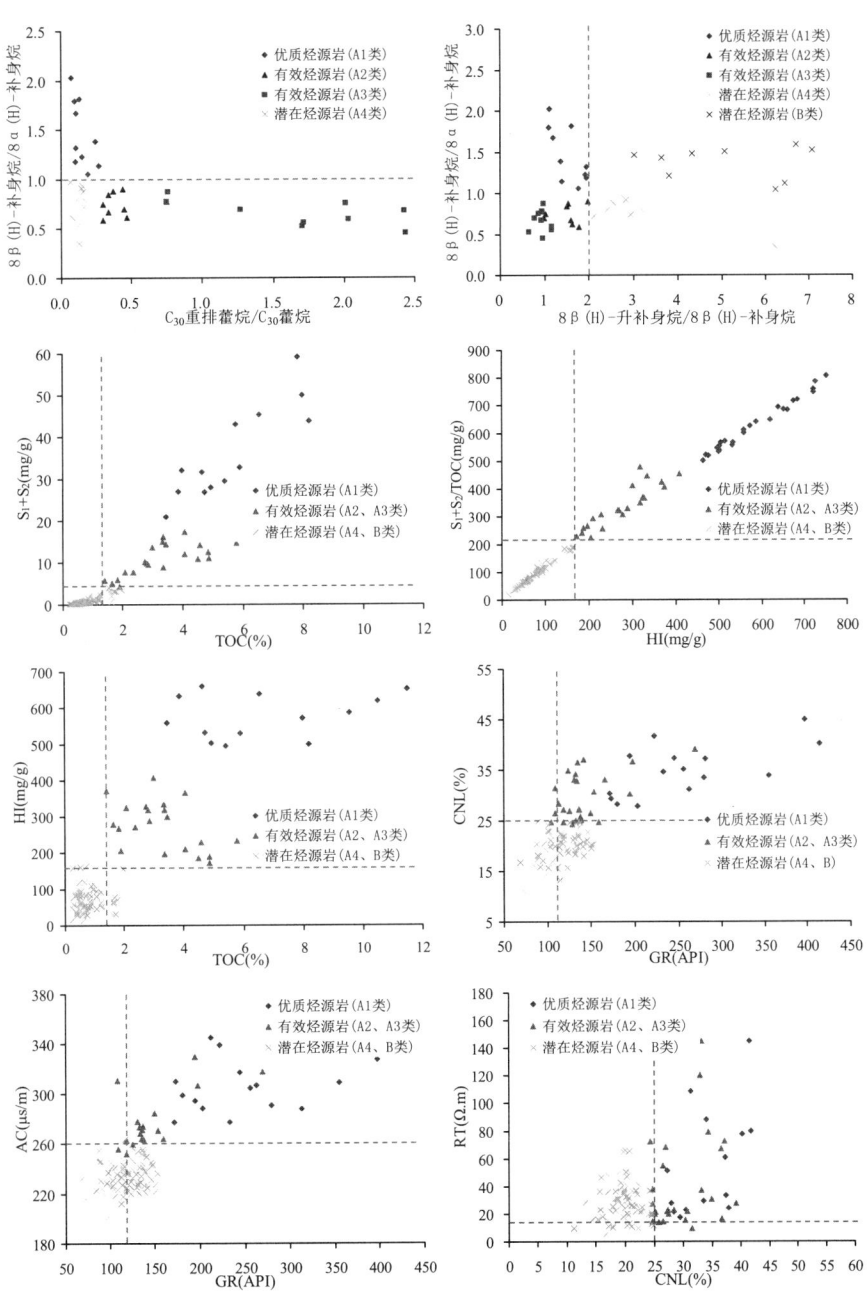

图 3.83 鄂尔多斯盆地南部延长组不同类型烃源岩典型参数相关图

3.4.3 有效烃源岩形成环境

1. 露头烃源岩资料分析

研究区三叠系延长组长 7 油层组沉积时期主要发育三角洲和湖泊沉积体系，三角洲相可进一步划分为三角洲平原亚相、三角洲前缘亚相，湖泊相可进一步划分为浅湖和半深湖-深湖亚相，在各沉积相带发育的长 7 烃源岩包含油页岩、暗色泥岩两大类。

长 7 油页岩常为灰黑色、黑色，也有少量黄褐色油页岩。岩心观察表明油页岩中含介形虫、方鳞鱼等动物化石以及少量植物碎片化石，岩石薄片、光学显微镜、扫描电镜观察显示，长 7 油页岩富含莓状黄铁矿及胶磷矿，陆源碎屑和黏土矿物的相对含量较低。以上特征表明油页岩中有机质丰富，形成时水体环境较为安静，具有半深湖-深湖亚相的沉积特征。如铜川-金锁关野外剖面显示，该区油页岩十分发育，厚度可达 13~30 m，垂向上连续分布，中间夹有浊流沉积成因的薄层砂岩（图 3.84），砂岩多呈浅黄色，可能被油页岩生成的油浸染，该岩性剖面总体评价为深湖亚相沉积。晚三叠世，气候温暖潮湿，水生生物发育，湖盆相对稳定，原始物质聚集并沉积，在缺氧环境下通过微生物的活动，有机质发生还原降解，形成油页岩，并在一定的温度、压力及地层条件下保存下来。

长 7 暗色泥岩可分为灰色-灰黑色泥岩、粉砂质泥岩和页岩，野外剖面的泥岩多被风化成片状，部分泥（页）岩含有少量粉砂。宜川-仕望河剖面长 7 暗色泥岩在垂向上表现为与砂泥互层较为频繁（图 3.85），岩性主要为粉砂质泥岩，厚度较薄，约为 0.1~0.3 m，夹在较厚层的砂岩之中，砂岩的最大厚度可达 1.8 m，呈块状。综合分析以上岩性组合认为，该剖面的长 7 烃源岩主要为三角洲前缘亚相沉积，其中的粉砂质泥岩为分流间湾的沉积物，而厚层砂岩则为水下分流河道的沉积物。另外，野外露头剖面显示（图 3.85），长 7 暗色泥岩多与油页岩共生或是厚层泥岩与薄层砂岩互层，在深湖亚相也很发育。

宜川-仕望河剖面长 9 油层组在垂向上表现为以大套砂岩为主，尤其是底部砂岩更为发育，总厚度为 70~90 m，呈块状，中部砂岩之间夹杂部分泥、页岩，厚度在 15 m 左右。综合分析以上岩性组合认为，该剖面长 9 烃源岩主要为三角洲前缘亚相沉积，其中的粉砂质泥岩为分流间湾的沉积物，而厚层砂岩则为水下分流河道的沉积物，宜川-仕望河剖面长 9 油层组中适合烃源岩发育的形成环境相比铜川-金锁关长 7 油层组要差很多。

第 3 章 有效烃源岩地化特征及分布规律

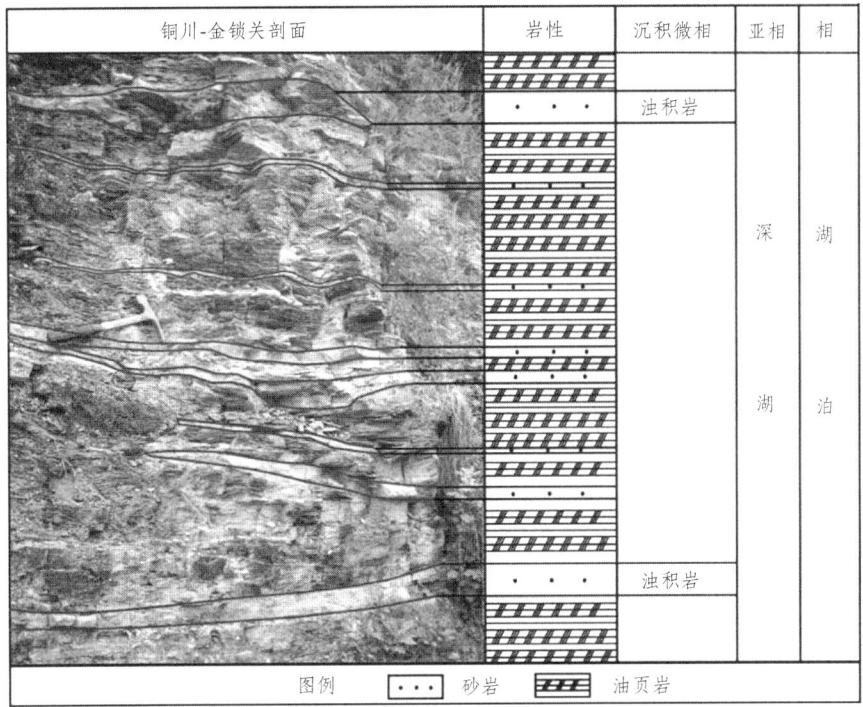

图 3.84 鄂尔多斯盆地南部铜川-金锁关剖面长 7 油页岩沉积相图

图 3.85 鄂尔多斯盆地南部宜川-仕望河剖面长 7 烃源岩沉积相图

铜川-金锁关长 7 油层组主要分布 A1 类有效烃源岩，部分层段发育 A2 类暗色泥岩；宜川-仕望河剖面长 9 油层组主要为 A4 类暗色泥岩和 B 类碳质泥岩，分布有部分 A3 类有效烃源岩。根据野外露头样品的生物标志物特征分析（图 3.86），长 7 油页岩为深湖相沉积，形成于还原的淡水环境，有机质母源以水生低等生物为主；长 7、长 9 暗色泥岩为深湖-半深湖、三角洲前缘相沉积，形成于还原-弱还原的淡水-微咸水环境，有机质母源以水生低等生物为主，有少量陆源高等植物的输入。

2. 岩心（岩屑）样品生物标志物特征分析

鄂尔多斯盆地南部 A 类有效烃源岩主要分布在长 7 油层组，局部地区长 9 泥岩也可能是有效烃源岩。这些烃源岩主要分布在半深湖-深湖相，在不同的沉积环境中，由于沉积期间水介质条件及其有机质输入的不同，可能具有明显不同的生物标志物组合特征，从而导致该时期沉积的烃源岩具有独特的地球化学特征。

A 类（包括 A1、A2 和 A3 类）有效烃源岩生物标志物主要具有如下特征：正构烷烃碳数分布特征呈单峰态前峰型，Pr/Ph 值介于 0.79～1.29 之间，伽马蜡烷和 β-胡萝卜烷含量都很低，表明该类烃源岩形成于还原到弱还原的淡水-微咸水环境中；$ααα20RC_{27}$、$ααα20RC_{28}$、$ααα20RC_{29}$ 甾烷相对含量呈近"V"形或"L"形分布，表明其生源输入中藻类等水生生物的贡献较大；A1 类烃源岩五环三萜烷烃类化合物中 C_{30} 藿烷丰度最高，C_{30} 重排藿烷含量很低，C_{29} 降藿烷含量中等—较高，Ts 含量低于或接近于 Tm；A2、A3 类烃源岩 C_{30} 重排藿烷含量从较低到很高都有分布，C_{30} 重排藿烷可能与细菌类母质有关，其含量高低受沉积环境的控制，即藿烷的重排易在氧化至弱氧化的沉积环境和酸性介质及黏土矿物的催化作用下发生，因此 C_{30} 重排藿烷相对含量低，反映了其沉积环境较为还原，C_{30} 重排藿烷相对含量分布特征也反映了 A1 类烃源岩比 A2、A3 类烃源岩发育于更加偏还原的环境；成熟度参数 Ts/(Ts + Tm) 值介于 0.44～0.79 之间，C_{31} 升藿烷 22S/(22S + 22R) 值介于 0.54～0.58 之间，C_{29} 甾烷 $ααα$20S/(20S + 20R) 值介于 0.42～0.47 之间，C_{29} 甾烷 $ββ$/($ββ + αα$) 值介于 0.45～0.59 之间，表明烃源岩处于低熟-成熟阶段。

鄂尔多斯盆地南部延长组有效烃源岩的 Pr/Ph 普遍低于 1.5，形成于还原-弱还原的沉积环境中，其中长 7 烃源岩的 Pr/Ph 值要低于长 9 烃源岩（图 3.87）。长 7 和长 9 烃源岩伽马蜡烷/C_{30} 藿烷值都小于 0.2，形成于淡水-微咸水的沉积环境中，其中长 7 油页岩的伽马蜡烷指数低于长 7 和长 9 暗色泥岩（图 3.87），说明长 7 油页岩沉积时期鄂尔多斯湖盆水体盐度更低，有效烃源岩的 C_{27} 规则甾烷含量普遍高于 C_{29} 规则甾烷（图 3.87），表明有机质母源以水生低等生物为主。鄂南地区有效烃源岩的芴含量较高，其中 A 类尤其是 A1 亚类烃源岩硫芴含量相对较高，氧芴含量相对较低，而 B 类烃源岩则氧芴含量相对较高，硫芴含量相对较低，说明 A 类尤其是 A1 亚类烃源岩多形成于盐度较低的还原-弱还原沉积环境，而 B 类烃源岩则形成于盐度较高的弱氧化-氧化沉积环境。

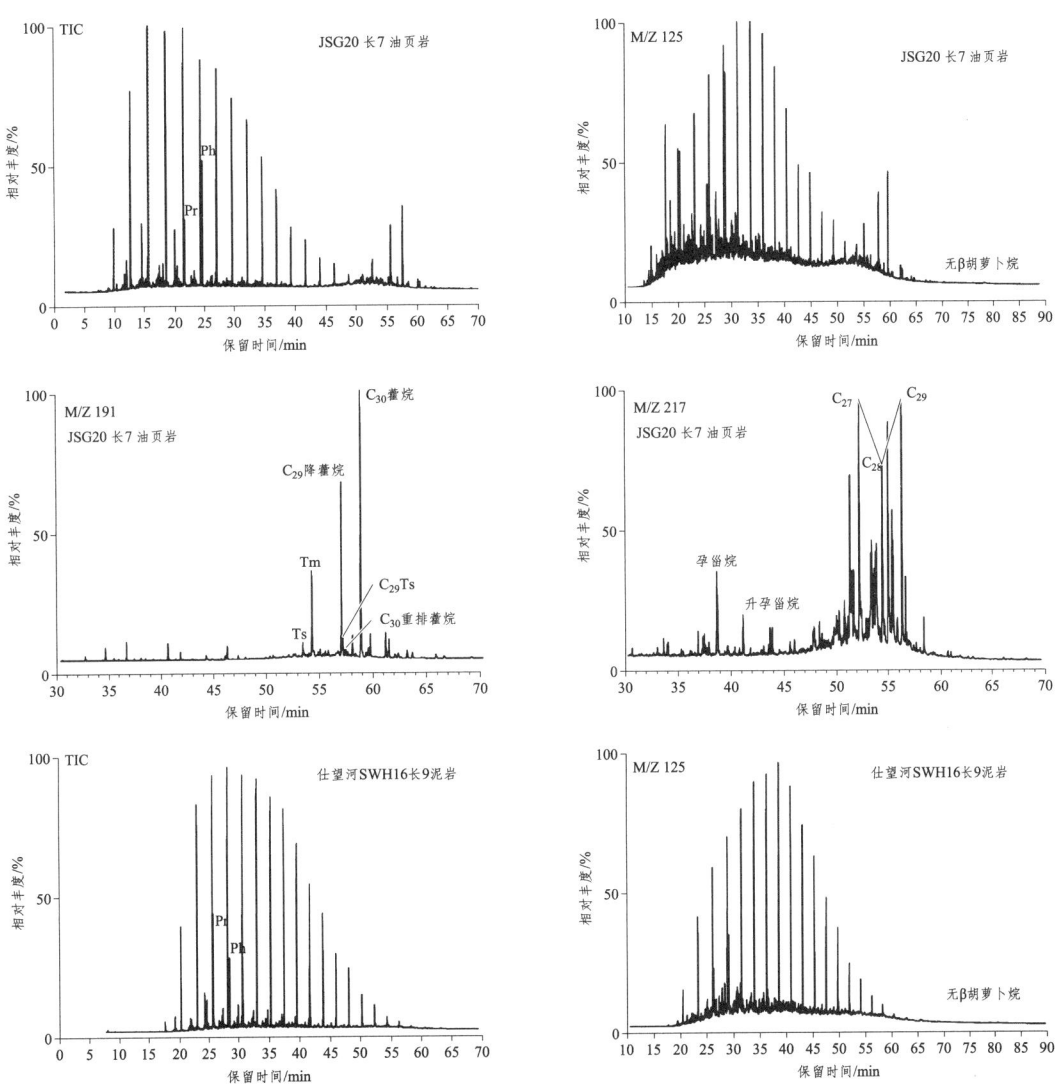

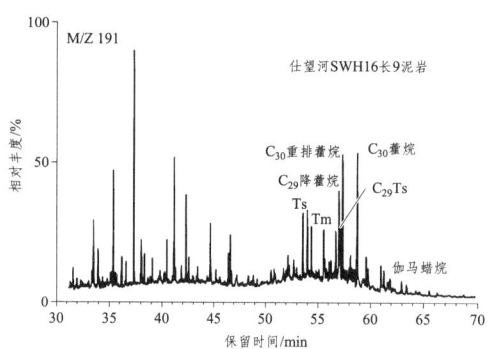
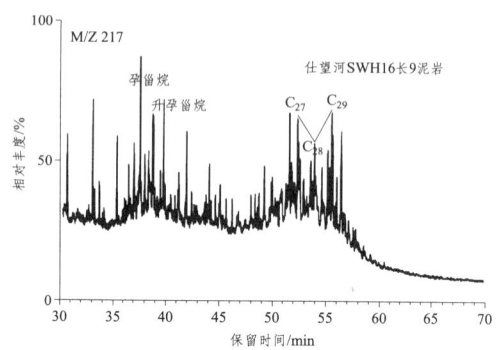

图 3.86 鄂尔多斯盆地南部延长组部分野外露头样品饱和烃质量色谱图

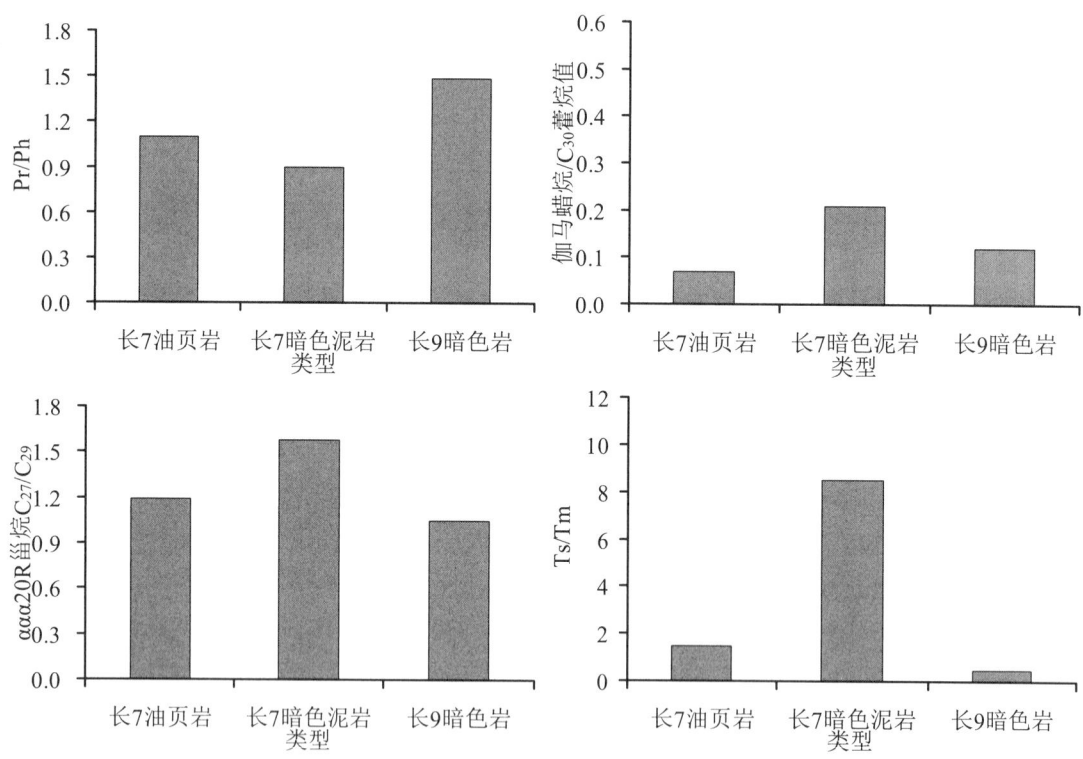

图 3.87 鄂尔多斯盆地南部延长组不同岩性生物标志物分布特征

综上所述，有效烃源岩有机碳含量都很高，富氢组分壳质组和矿物沥青基质的含量也很高，生烃能力强，低等水生生物的贡献都很大，形成于还原-弱还原的沉积环境下，有利于有机质的保存，故能成为有效的烃源岩。其中长 7 油层组油页岩为深湖相沉积，形成于还原的淡水环境下，有机质母源以水生藻类等低等生物为主；长7、长9暗色泥岩为深湖-半深湖相沉积，形成于还原-弱还原的淡水-微咸水环境下，有机质母源以水生低等生物为主，有少量陆源高等植物的输入。

3. 放射性异常的分布与烃源岩的形成环境

鄂尔多斯盆地内部放射性异常分布范围广、层位多，各种岩性都有，鉴于研究区测井资料比较丰富，可通过放射性测井资料进行中深部放射性异常的识别和确定，这也是目前研究鄂尔多斯盆地放射性异常的主流方法和手段。

本次研究主要通过自然伽马测井曲线来研究放射性异常，通过自然伽马能谱测井辨别放射性异常的显著增加主要是通过何种放射性元素含量增加直接引起。本书收集和分析了研究区242口井的测井资料（镇泾114口、彬长44口、旬宜34口、富县50口），选定自然伽马值大于200API为异常标准对各层段的放射性异常情况进行统计分析。API是美国石油学会的缩写，API单位是该学会规定的自然伽马测井标准单位，沉积岩的自然放射性大体可分为高、中、低三种类型，泥岩的自然伽马值一般为80~120 API，砂岩的自然伽马值一般为50~100 API。

从图3.88可以看出，四个地区中长3油层组自然伽马值大于200 API异常标准的最小值为200.5~213.1 API，最大值为213.1~249.5 API，平均值为213.1~218.4 API，对应解释厚度最小值为0.2~1.1 m，最大值为0.3~2.1 m，平均值为0.3~1.1 m。

长4+5油层组自然伽马值大于200 API异常标准的最小值为200.9~203.5 API，最大值为210.2~248.8 API，平均值为206.8~216.1 API，对应解释厚度最小值为0.1~0.4 m，最大值为0.5~12.4 m，平均值为0.3~2.8 m。

长6油层组自然伽马值大于200 API异常标准的最小值为201.2~204.1 API，最大值为220.9~252.1 API，平均值210.6~227.0 API，对应解释厚度最小值为0.2~0.5 m，最大值为4.9~16.6 m，平均值为1.5~3.8 m。

长7油层组自然伽马值大于200 API异常标准的最小值为201.5~246.8 API，最大值为273.5~385.9 API，平均值为222.1~302.1 API，对应解释厚度最小值为0.1~9.9 m，最大值为15.1~37.1 m，平均值为1.6~27.2 m。

长8油层组自然伽马值大于200 API异常标准的最小值为200.0~220.5 API，最大值为220.5~317.1 API，平均值为213.0~238.0 API，对应解释厚度最小值为0.1~1.3 m，最大值为1.3~16.0 m，平均值为0.9~3.0 m。

长9油层组自然伽马值大于200 API异常标准的最小值为200.7~219.8 API,最大值为221.5~280.8 API,平均值为213.7~239.2 API,对应解释厚度最小值为0.1~0.4 m,最大值为0.6~7.1 m,平均值为0.5~1.4 m。

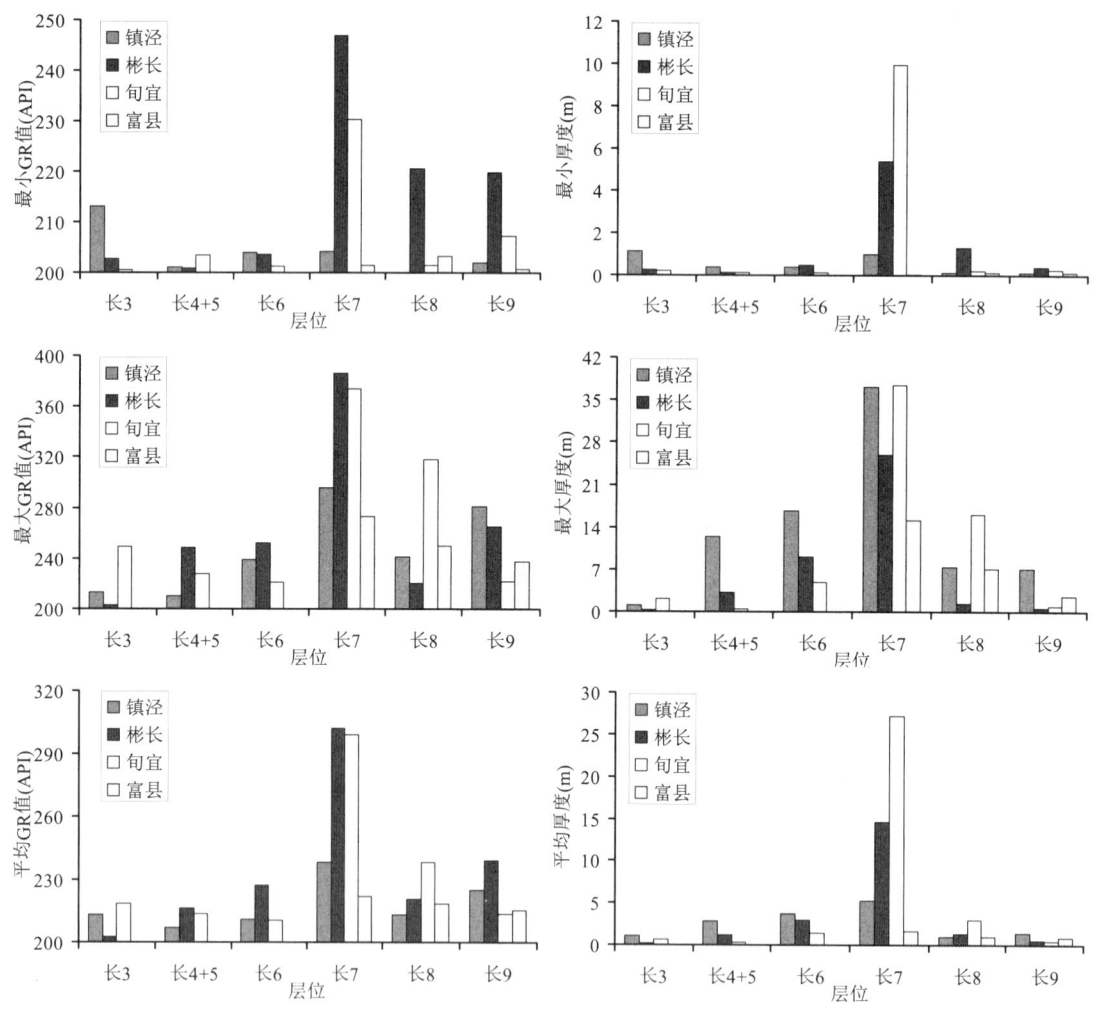

图3.88 鄂尔多斯盆地南部延长组GR值及对应解释厚度分布图(GR>200API)

由以上统计结果可知,放射性异常在鄂南地区延长组各油层组普遍存在,但最主要的放射性异常存在于长7油层组,由图3.89可知放射性异常主要存在长7底部的油页岩,旬宜和彬长地区放射性异常比其他两个地区要更为明显。

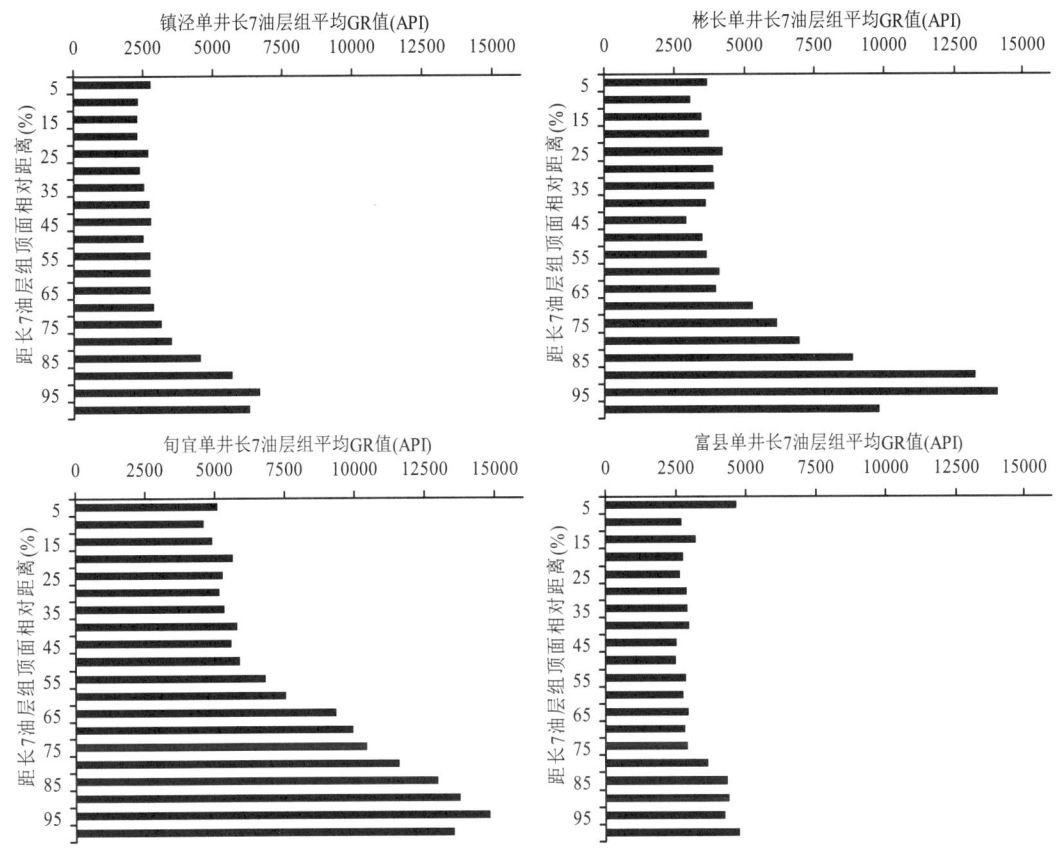

图 3.89 鄂尔多斯盆地南部长 7 油层组放射性异常纵向分布图

图 3.90 为铀、钍、钾三种放射性元素与自然伽马值的相关图，由图可见自然伽马值的变化与放射性元素铀含量变化具有正相关性，而与放射性元素钍、钾没有明显关系，即研究区延长组放射性异常主要是因为放射性元素铀显著富集造成的。

综合来看，放射性异常的分布与有效尤其是优质烃源岩（油页岩）的形成环境密切相关。长 7 沉积时期，湖盆最大扩张，气候适宜而又潮湿，这时大量低等水生生物旺盛生长与繁殖，有机质大量产生，深湖-半深湖相暗色泥页岩普遍十分发育。由于泥页岩粒度比粉砂岩更细，对放射性铀元素具有很强的吸附性，而且深湖-半深湖相暗色泥页岩中含有丰富的有机质，这为放射性铀的后生富集提供了有利的还原环境，所以致使放射性铀异常高值区和优质烃源岩的发育区基本一致，即放射性异常主要分布在这些深湖-半深湖相暗色泥页岩。

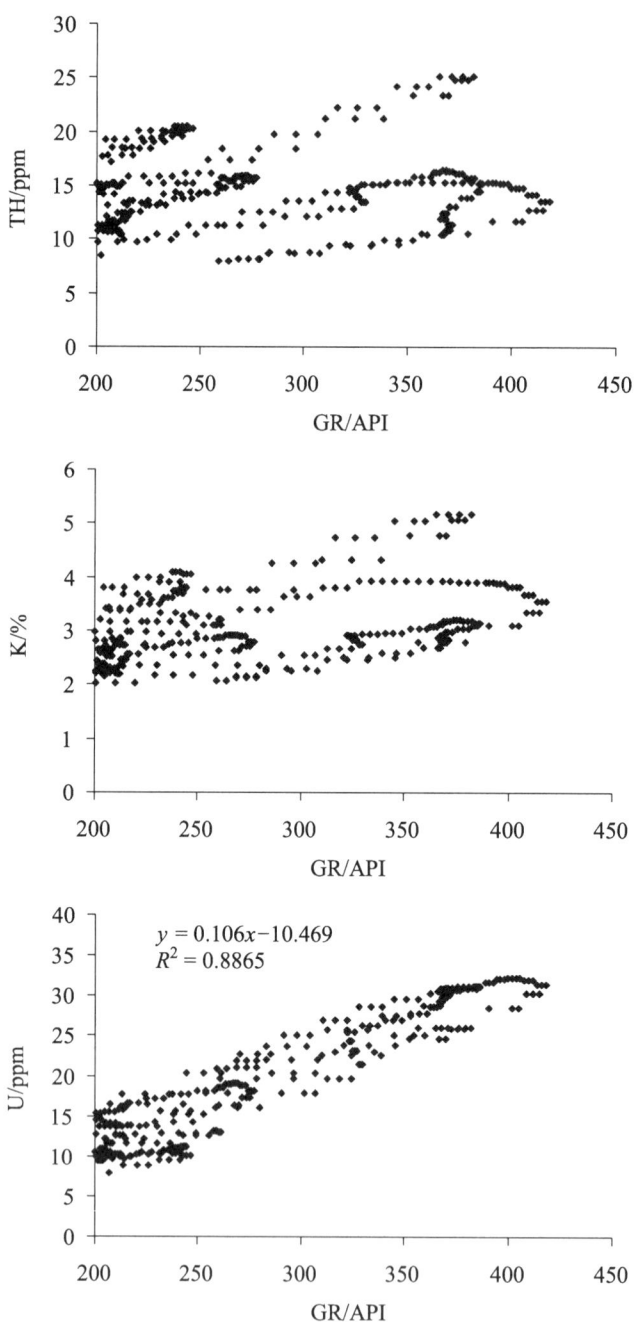

图 3.90 鄂尔多斯盆地南部泾河 2 井长 7 油层组底部 TH、K、U 与 GR 相关图（1 373～1 478 m）

3.4.4 有效烃源岩的分布特征

1. 镇泾地区

A 类和 B 类烃源岩在镇泾地区都有分布，其中 A 类烃源岩主要分布在长 6、长 7 和长 8 油层组，B 类烃源岩主要分布在长 8 和长 9 油层组中（表 3.13）。油源对比表明，在研究区目前没有发现来源于 A4、B 类烃源岩的原油，A 类烃源岩中有效烃源岩主要为长 7 油页岩（A1 类）和长 7 暗色泥岩（A2 类）。

从镇泾地区的红河 70 井分析表明（图 3.11），长 6 烃源岩有机质丰度较低；长 7 泥岩有机质丰度明显变高，长 7 下部自然伽马值异常高，有机质丰度非常高；长 8、长 9 烃源岩有机质丰度比长 7 低。根据烃源岩生物标志物组成特征分析（表 3.13），不同层段烃源岩形成环境及生源输入存在明显差别，造成其生烃潜力存在一定的差别。

长 6 灰黑色泥岩（2 164～2 169 m）为三角洲前缘相沉积，具有 A4 类烃源岩的地球化学特征：C_{30} 重排藿烷丰度较低，烃源岩中 Pr/Ph 为 1.68，伽马蜡烷含量很低，形成于弱氧化的淡水环境，但是这类烃源岩 8β（H）-补身烷的相对含量很低，8β（H）-升补身烷/8β（H）-补身烷＞2，C_{29}Ts 低于 C_{30} 重排藿烷，Ts 相对含量明显低于 Tm，且 ββ 构型甾烷含量相对较低，这与典型的 A1 类烃源岩的地化特征有所区别（图 3.91a）；由于这类烃源岩有机质丰度较高，TOC 值为 1.51%，生烃潜量"S_1+S_2"为 3.46 mg/g，达到较好烃源岩的标准，有机质类型以Ⅲ型为主，显微组分中镜质组含量为 23.5%，惰质组含量为 49%，壳质组含量为 27.5%，壳质组和矿物沥青基质占全岩组分的 27.5%，尽管目前还没有发现与之对应的石油，仍可能作为镇泾地区一套潜在烃源岩。

长 7 灰黑色泥岩（2 273.06 m）为半深湖相沉积，主要形成于强还原的淡水环境。烃源岩中 Pr/Ph 为 1.03，伽马蜡烷含量很低，C_{30} 重排藿烷含量较高，但略低于 C_{29} 降藿烷（图 3.91b），TOC 值为 3.87%，生烃潜量"S_1+S_2"为 27.04 mg/g，有机质类型以 II_2 型为主，显微组分中镜质组含量为 13.4%，惰质组含量为 8.9%，壳质组含量为 26.9%，矿物沥青基质含量为 50.8%，壳质组和矿物沥青基质占全岩组分的 77.7%，属于 A2 类烃源岩，对中生界原油有油源贡献。长 7 油页岩为深湖相沉积，有机质丰度非常高，如长 7 油页岩（2 282～2 286 m）中 TOC 值为 19.36%，生烃潜量"S_1+S_2"为 78.24 mg/g；五环三萜烷类生物标志物中 C_{30} 重排藿烷丰度较低，C_{29} 降藿烷丰度明显高于 C_{30} 重排藿烷（图 3.91c），属于典型的 A1 类烃源岩，是盆地内中生界原油的主力生油岩。

表 3.13 红河 70 井延长组烃源岩地球化学特征及沉积环境

层位（源岩类别）	TOC/%	S_1+S_2/(mg/g)	岩性	Pr/Ph	伽马蜡烷指数	规则甾烷分布	藿烷系列化合物分布	Ts、Tm 相对含量
长6（A4）	1.51	3.46	灰黑色泥岩	1.68	0.10	V	C_{30} 重排藿烷和 C_{29}Ts 含量都很低，C_{29} 降藿烷含量很高	Ts<Tm
				弱氧化环境	淡水环境	高等植物输入为主		
长7（A2）	3.87	27.04	灰黑色泥岩	1.03	0.12	V	C_{30} 藿烷最高，C_{30} 重排藿烷含量较高，略低于 C_{29} 降藿烷	Ts>Tm
				还原环境	淡水环境	水生生物输入为主		
长7（A1）	19.36	78.24	黑色油页岩	1.17	0.11	V	C_{30} 藿烷最高，C_{30} 重排藿烷丰度较低，C_{29} 降藿烷丰度明显高于 C_{30} 重排藿烷	Ts>Tm
				还原环境	淡水环境	水生生物输入为主		
长8（B）	1.94	3.91	灰黑色泥岩	4.32	0.18	L	C_{30} 藿烷最高，C_{30} 重排藿烷含量较低-中等	Ts<Tm
				氧化环境	淡水-微咸水环境	藻类输入		
长9（B）	5.37	12.47	碳质泥岩	2.88	0.06	反L	几乎不含 C_{30} 重排藿烷和 C_{29}Ts，C_{29} 降藿烷含量很高	Ts<Tm
				氧化环境	淡水环境	高等植物输入		

长 8 灰黑色泥岩（2 296.87 m）为三角洲前缘相沉积，Pr/Ph 为 4.32，含有少量的伽马蜡烷，几乎不含β胡萝卜烷，表明其主要形成于氧化的淡水-微咸水环境；C_{30} 藿烷含量很高，C_{30} 重排藿烷含量较低-中等，属于典型的 B 类烃源岩（图 3.91d）；TOC 值为 1.94%，生烃潜量 "S_1+S_2" 为 3.91 mg/g，有机质类型以 Ⅲ 型为主，显微组分中镜质组含量为 38.2%，惰质组含量为 7.7%，壳质组含量为 36.5%，矿物沥青基质含量为 17.6%，壳质组和矿物沥青基质占全岩组分的 54.1%，富烃组分含量很低，目前也没有发现与之对应的石油，没有油源贡献。

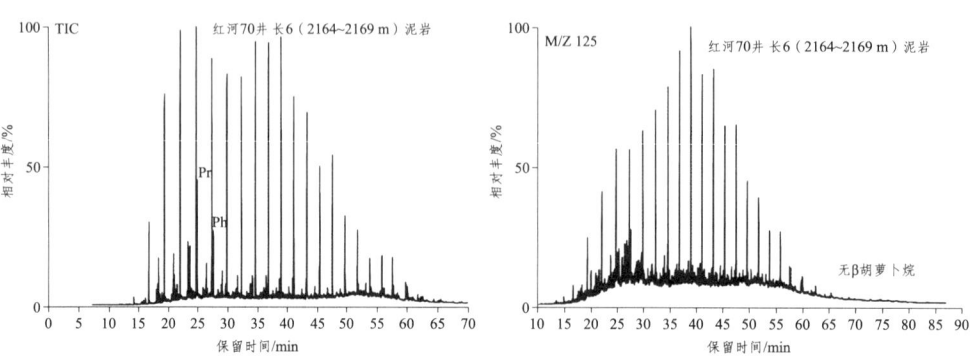

第3章 有效烃源岩地化特征及分布规律

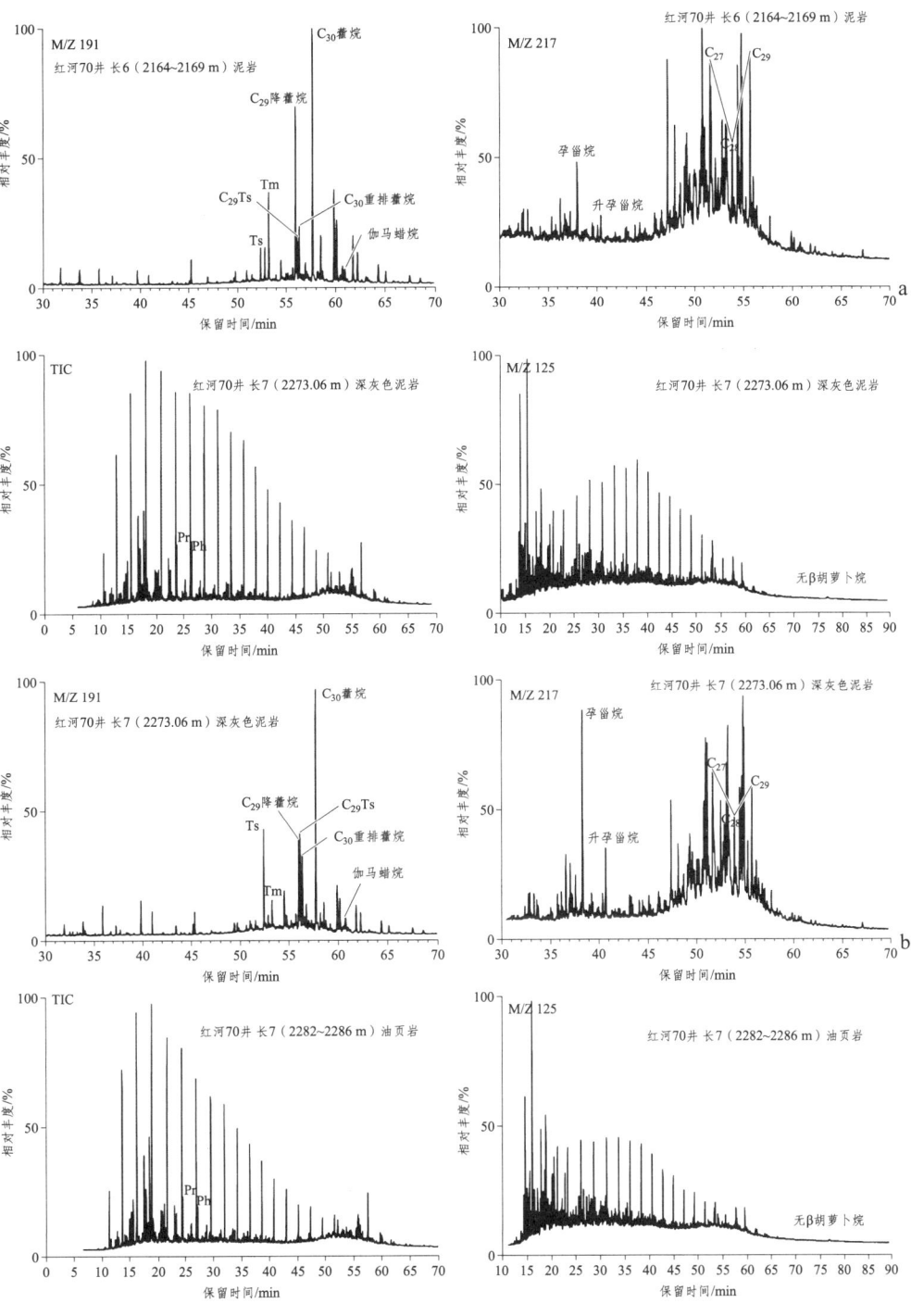

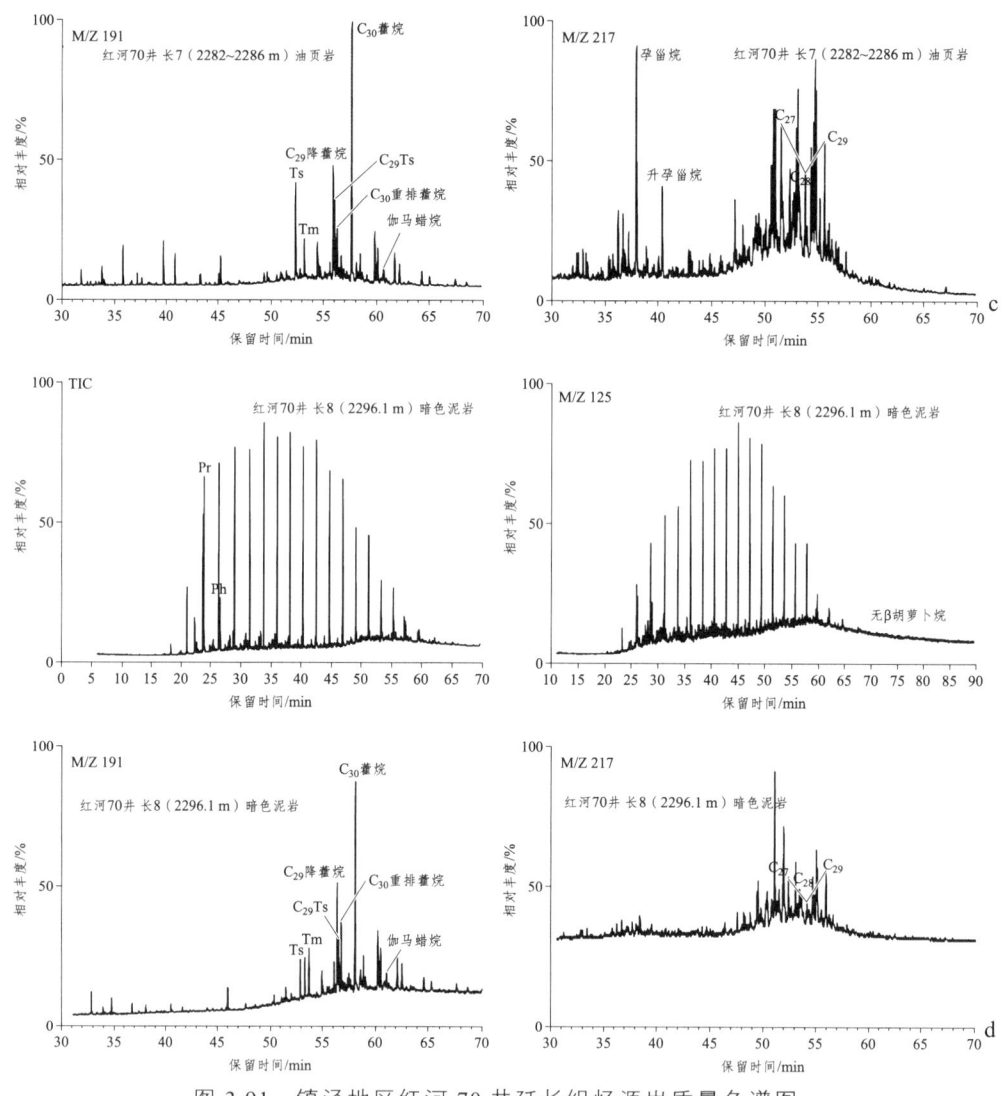

图 3.91 镇泾地区红河 70 井延长组烃源岩质量色谱图

长 9 油层组（2 189~2 200 m）为三角洲前缘相沉积，主要分布碳质泥岩，未发现有效烃源岩分布。如红河 34 井长 9 泥岩（2 189~2 200 m）中 Pr/Ph 为 2.88，含有少量的伽马蜡烷，几乎不含 β 胡萝卜烷和伽马蜡烷，表明烃源岩主要形成于氧化的淡水环境；C_{30} 藿烷和 C_{29} 降藿烷含量很高，几乎不含 C_{30} 重排藿烷和 C_{29}Ts，Ts 相对烷含量也很低，C_{27}、C_{28}、C_{29} 规则甾烷相对含量呈反"L"型分布，属于典型的 B 类烃源岩（图 3.92），没有油源贡献。其地球化学特征见表 3.13。

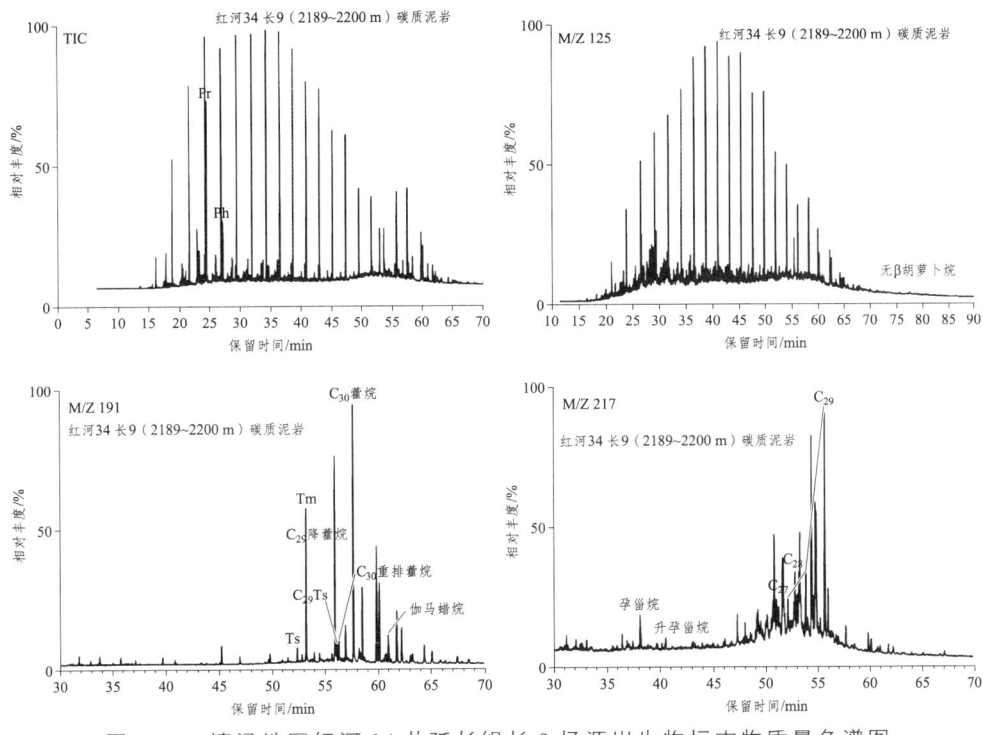

图 3.92　镇泾地区红河 34 井延长组长 9 烃源岩生物标志物质量色谱图

由红河 70 井单井综合地球化学剖面（图 3.11）中的样品生标分类可以清楚地看出，A4 类和 B 类烃源岩都形成于大套砂岩夹杂的薄层泥岩中，反映的为三角洲前缘沉积，A1 类烃源岩分布在长 7 底部的大套油页岩中，反映的为深湖-半深湖沉积，可见形成环境的差别将直接影响到烃源岩的有效性。水体较深持续稳定沉积的湖盆中央的深湖-半深湖沉积是有效及优质烃源岩的主要发育环境，砂泥互层的三角洲前缘沉积形成的烃源岩有效性很差，目前在镇泾地区没有发现与此对应的原油，为潜在烃源岩，另一方面也验证了用 8β（H）-补身烷的相对含量区分有效烃源岩与潜在烃源岩是可行的。

上述分析表明，镇泾地区有效烃源岩主要为长 7 油层组深湖-半深湖相泥岩，岩性包括油页岩和暗色泥岩。正构烷烃碳数分布特征呈近似正态型或单峰态前峰型，Pr/Ph 小于 1.5，不含 β-胡萝卜烷，伽马蜡烷含量也很低，伽马蜡烷指数小于 0.2，C_{27}、C_{28}、C_{29} 规则甾烷呈近"V"型或近"L"型分布，含有一定丰度的 C_{29}Ts。

图 3.93 和图 3.94 展示了镇泾地区部分井长 7 油层组有效烃源岩的纵向分布特征，从图中可以看出，镇泾地区长 7 油层组中上部有效烃源岩分布很有限，主要是底部发育的长 7

油页岩。统计的镇泾地区 114 口井长 7 有效烃源岩钻遇率以及测井解释的长 7 有效烃源岩累积厚度（图 3.95）都说明了这一特征。从有效烃源岩的平面分布特征来看（图 3.96），镇泾地区的西北及东北部的有效烃源岩因毗邻鄂尔多斯盆地长 7 湖盆中心且处于深湖-半深湖相沉积而相对更为发育，厚度由东北向西南方向逐渐减薄，有效烃源岩平均厚度约为 11.19 m。

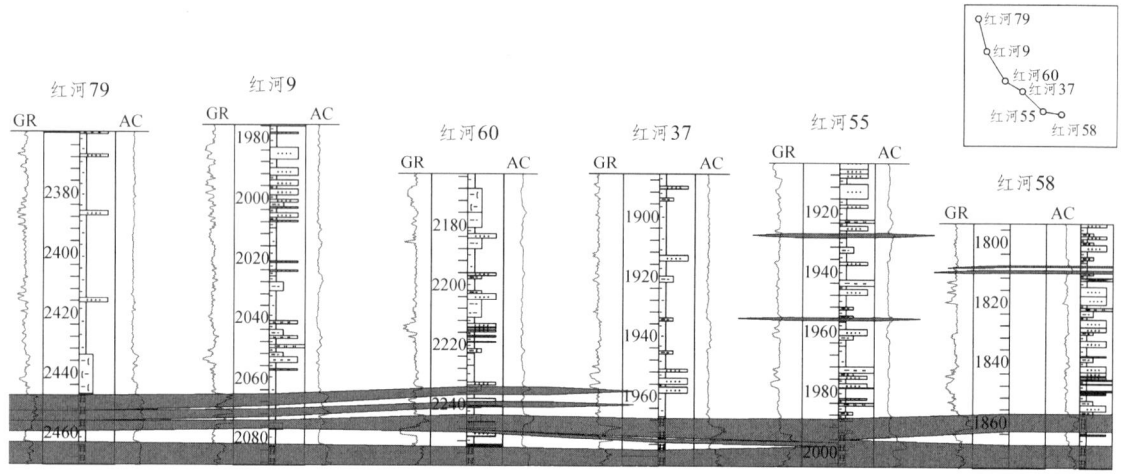

图 3.93　镇泾地区红河 79 井-红河 58 井长 7 有效烃源岩连井剖面（长 7 底拉平）

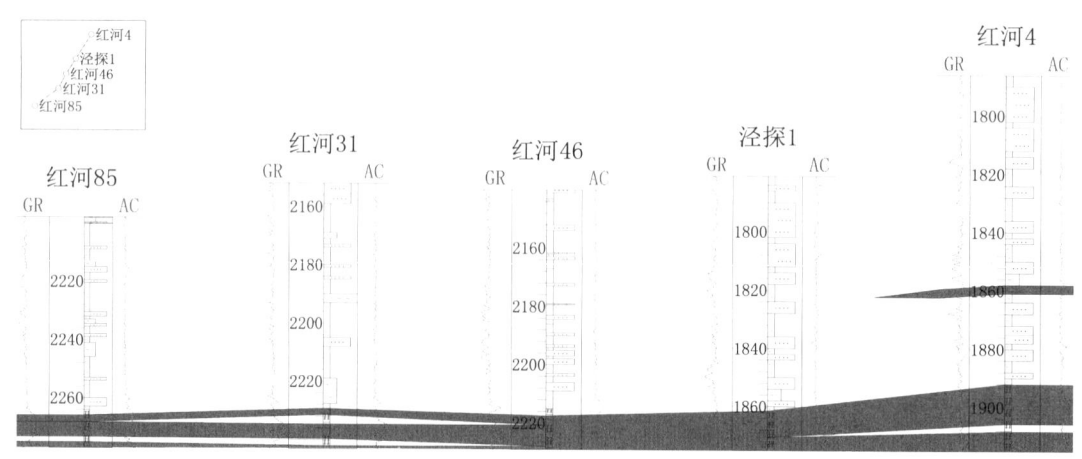

图 3.94　镇泾地区红河 85 井-红河 4 井长 7 有效烃源岩连井剖面（长 7 底拉平）

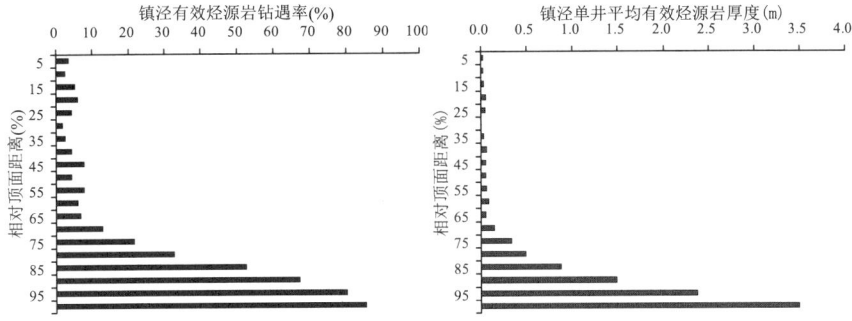

图 3.95 镇泾地区长 7 有效烃源岩钻遇率及单井平均有效烃源岩厚度分布
（长 7 油层组平均厚度 97 m）

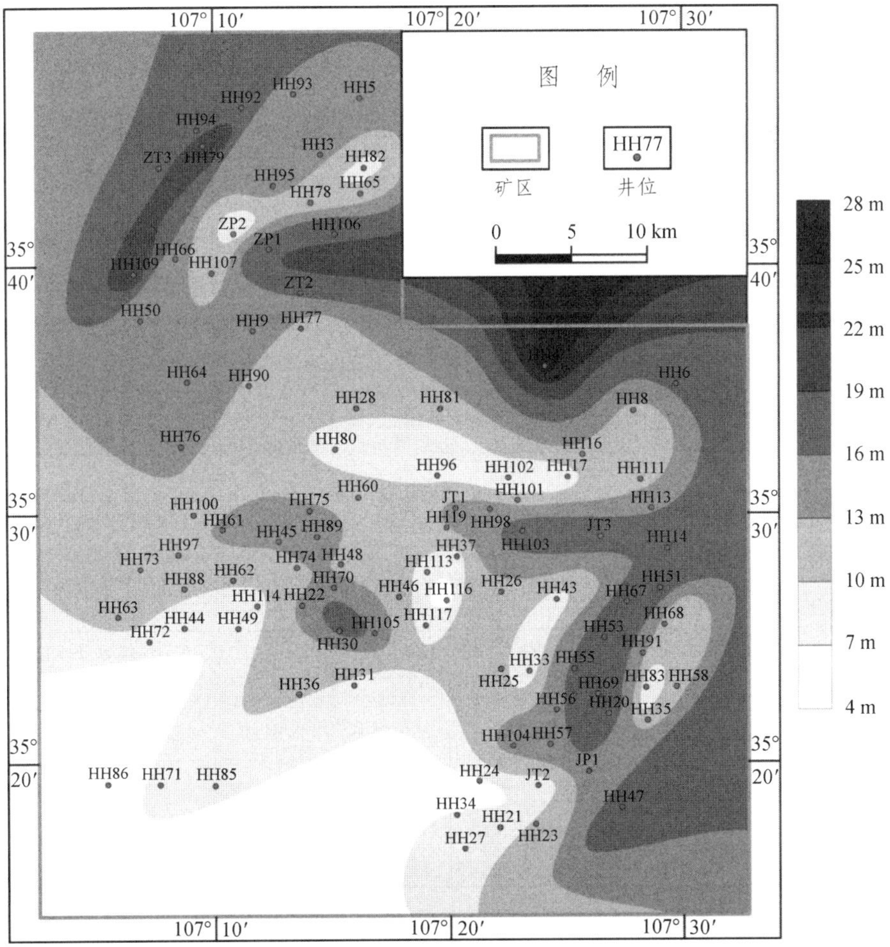

图 3.96 镇泾地区长 7 有效烃源岩厚度平面分布

2. 彬长地区

A 类烃源岩在彬长地区从长 4+5 至长 9 油层组都有分布,都为 A1 类烃源岩,B 类烃源岩分布在长 8 和长 9 油层组中(表 3.14)。

表 3.14 泾河 8 井延长组烃源岩地球化学特征及沉积环境

层位（源岩类别）	TOC/%	S_1+S_2/(mg/g)	岩性	Pr/Ph	伽马蜡烷指数	规则甾烷分布	萜烷系列化合物分布	Ts、Tm 相对含量
长 4+5(A4)	0.78	0.79	灰黑色泥岩	0.76 / 强还原环境	0.09 / 淡水环境	V / 水生生物输入为主	C_{30} 藿烷最高,C_{30} 重排藿烷丰度较低,C_{29} 降藿烷含量较高	Ts 与 Tm 相近
长 6 (A4)	3.56	1.32	灰黑色泥岩	0.75 / 强还原环境	0.09 / 淡水环境	V / 混合输入	C_{30} 藿烷最高,C_{30} 重排藿烷丰度较低,C_{29} 降藿烷含量较高	Ts>Tm
长 7 (A1)	6.53	45.26	黑色油页岩	1.11 / 还原环境	0.04 / 淡水环境	V / 水生生物输入为主	C_{30} 藿烷最高,C_{30} 重排藿烷丰度非常低,C_{29} 降藿烷远高于 C_{30} 重排藿烷	Ts<Tm
长 7 (A4)	0.47	0.51	灰黑色泥岩	0.94 / 还原环境	0.10 / 淡水环境	V / 水生生物输入为主	C_{30} 藿烷最高,C_{30} 重排藿烷和 C_{29}Ts 含量都较低,且较为接近	Ts 与 Tm 相近
长 8 (B)	1.09	37.84	深灰色泥岩	2.60 / 氧化环境	0.10 / 淡水环境	反 L / 高等植物输入	C_{30} 藿烷最高,C_{30} 重排藿烷丰度较低,C_{29} 降藿烷含量较高	Ts<Tm
长 8 (A4)	2.97	9.62	灰黑色泥岩	1.61 / 弱还原环境	0.04 / 淡水环境	V / 水生生物输入为主	C_{30} 藿烷最高,C_{30} 重排藿烷丰度较低,C_{29} 降藿烷含量较高	Ts 与 Tm 相近
长 9 (B)	2.11	4.23	深灰色泥岩	2.70 / 氧化环境	0.12 / 淡水环境	V / 水生生物输入为主	C_{30} 藿烷最高,C_{30} 重排藿烷丰度中等,与 C_{29} 降藿烷含量相近	Ts > Tm
长 9 (A4)	1.26	1.17	灰黑色泥岩	1.52 / 弱还原环境	0.09 / 淡水环境	V / 水生生物输入为主	C_{30} 藿烷最高,C_{30} 重排藿烷丰度较低,C_{29} 降藿烷含量较高	Ts 与 Tm 相近

如图 3.97a 所示,泾河 8 井长 4+5 泥岩(975~979 m)中 Pr/Ph 为 0.76,伽马蜡烷含

量很低；C_{30} 重排藿烷含量较低，C_{29} 降藿烷含量中等，$C_{29}Ts$ 含量介于 C_{30} 重排藿烷和 C_{29} 降藿烷之间。根据生物标志物特征分析，这类烃源岩与 A1 类烃源岩有某些相似之处，但 8β（H）-补身烷含量的相对含量很低，8β（H）-升补身烷/8β（H）-补身烷＞2，Ts 与 Tm 相对含量接近，ββ构型甾烷含量相对较低，为 A4 类烃源岩，直接表现在烃源岩中有机质丰度偏低，TOC 值为 0.78%，生烃潜量"S_1+S_2"值为 0.79 mg/g。油源对比表明，目前研究区未发现来源于长 4+5 暗色泥岩的原油。

泾河 8 井长 6 暗色泥岩（1 066～1 071 m）也具有 A1 类烃源岩的某些地球化学特征（图 3.97b），如 Pr/Ph 为 0.75，伽马蜡烷含量很低，C_{30} 重排藿烷含量较低等，但 8β（H）-补身烷含量的相对含量很低，8β（H）-升补身烷/8β（H）-补身烷＞2，为 A4 类烃源岩，与长 4+5 泥岩不同，这类烃源岩有机质丰度也较高，TOC 值为 3.56%，但 S_1+S_2 值为 1.32 mg/g，生烃潜力较低，没有达到有效烃源岩的标准，目前也没有发现与这类烃源岩特征相似的原油。

泾河 8 井长 7 底部分布了一套厚度近 30 m 的黑色油页岩，这套油页岩属于典型的 A1 类烃源岩（图 3.98a）。与泾河 8 井长 4+5 和长 6 暗色泥岩相比，C_{30} 重排藿烷含量更低，C_{29} 降藿烷含量相对较高，正构烷烃分布特征呈单峰态前峰型，Pr/Ph 为 1.11，伽马蜡烷含量很低，说明烃源岩主要形成于还原的淡水环境。油页岩中有机质丰度极高，TOC 值为 6.53%，生烃潜量"S_1+S_2"值为 45.26 mg/g，有机质类型以 II 型为主，显微组分中镜质组含量为 26.1%，惰质组含量为 5.4%，壳质组含量为 39.8%，矿物沥青基质含量为 28.7%，壳质组和矿物沥青基质占全岩组分的 68.5%，是一套优质烃源岩，对研究区中生界原油有明确的油源贡献。

泾河 8 井部分长 7 暗色泥岩（1 187.37 m）也具有 A1 类烃源岩的某些地球化学特征（图 3.98b），如 Pr/Ph = 0.94，伽马蜡烷含量很低，C_{30} 重排藿烷丰度较低，但 8β（H）-补身烷含量的相对含量很低，8β（H）-升补身烷/8β（H）-补身烷＞2，为 A4 类烃源岩，目前在彬长地区也没有发现与这类烃源岩特征相似的原油。这类烃源岩有机质丰度很低，TOC 值为 0.47%，生烃潜量"S_1+S_2"值为 0.51 mg/g，也没有达到较好烃源岩的标准，有机质类型以 III 型为主，显微组分中镜质组含量为 69.3%，惰质组含量为 1.8%，壳质组含量为 21.5%，矿物沥青基质含量为 7.4%，壳质组和矿物沥青基质占全岩组分的 28.9%。

根据样品分析结果，彬长地区长 8（1 274.33 m）和长 9（1 933.8 m）深灰色泥岩均属于 B 类烃源岩（图 3.99a、3.100a），形成于强氧化的沉积环境中，尽管有机质丰度很高，但有机质类型差，有机质类型以 III 型为主，显微组分中镜质组含量为 27%，惰质组含量为 14.3%，壳质组含量为 31%，矿物沥青基质含量为 27.7%，壳质组和矿物沥青基质占全岩组分的 58.7%，镜质组和惰质组占全岩显微组分的 50% 以上，不能成为有效烃源岩。

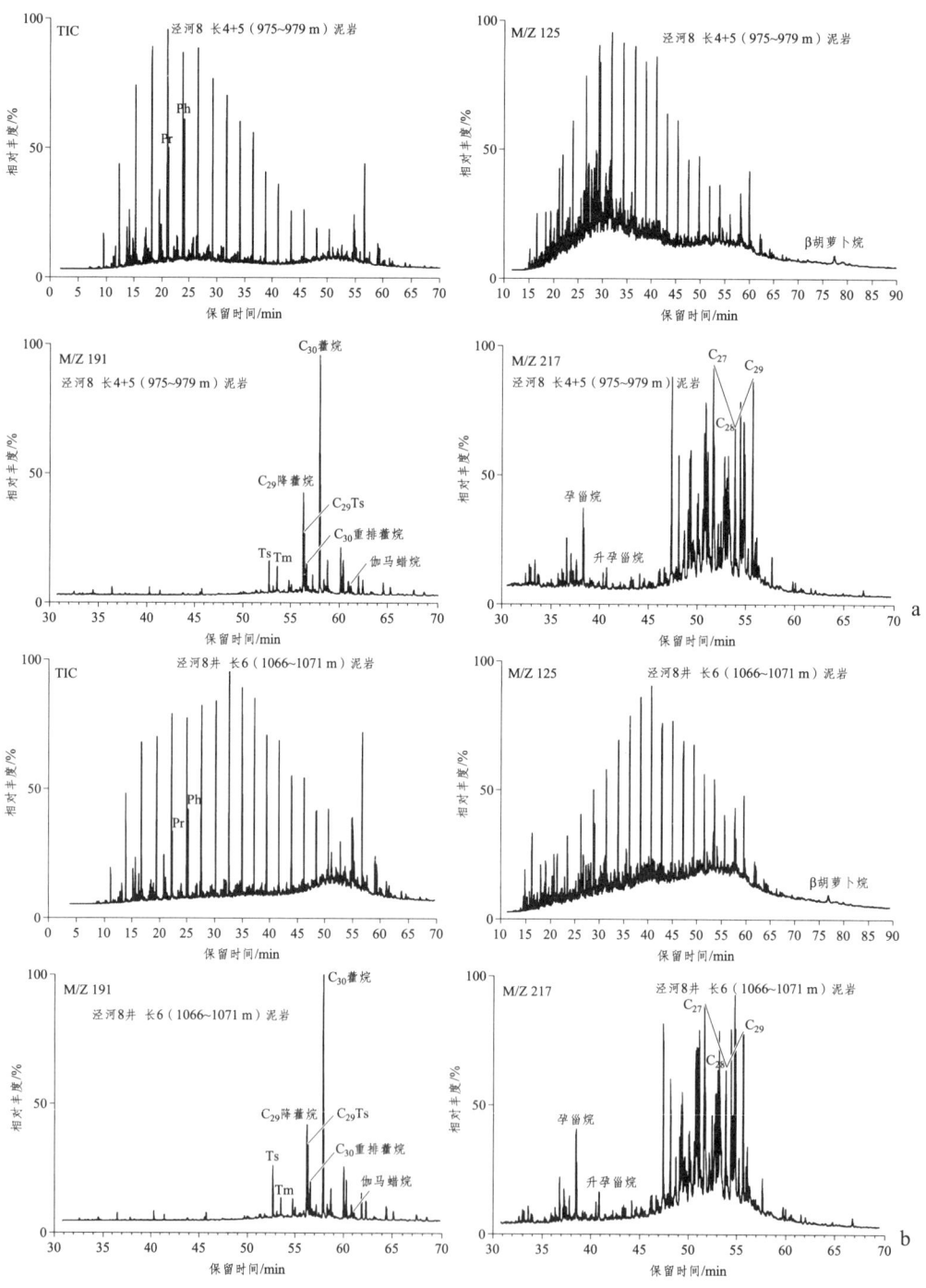

图 3.97 彬长地区泾河 8 井长 4+5 和长 6 烃源岩生物标志物质量色谱图

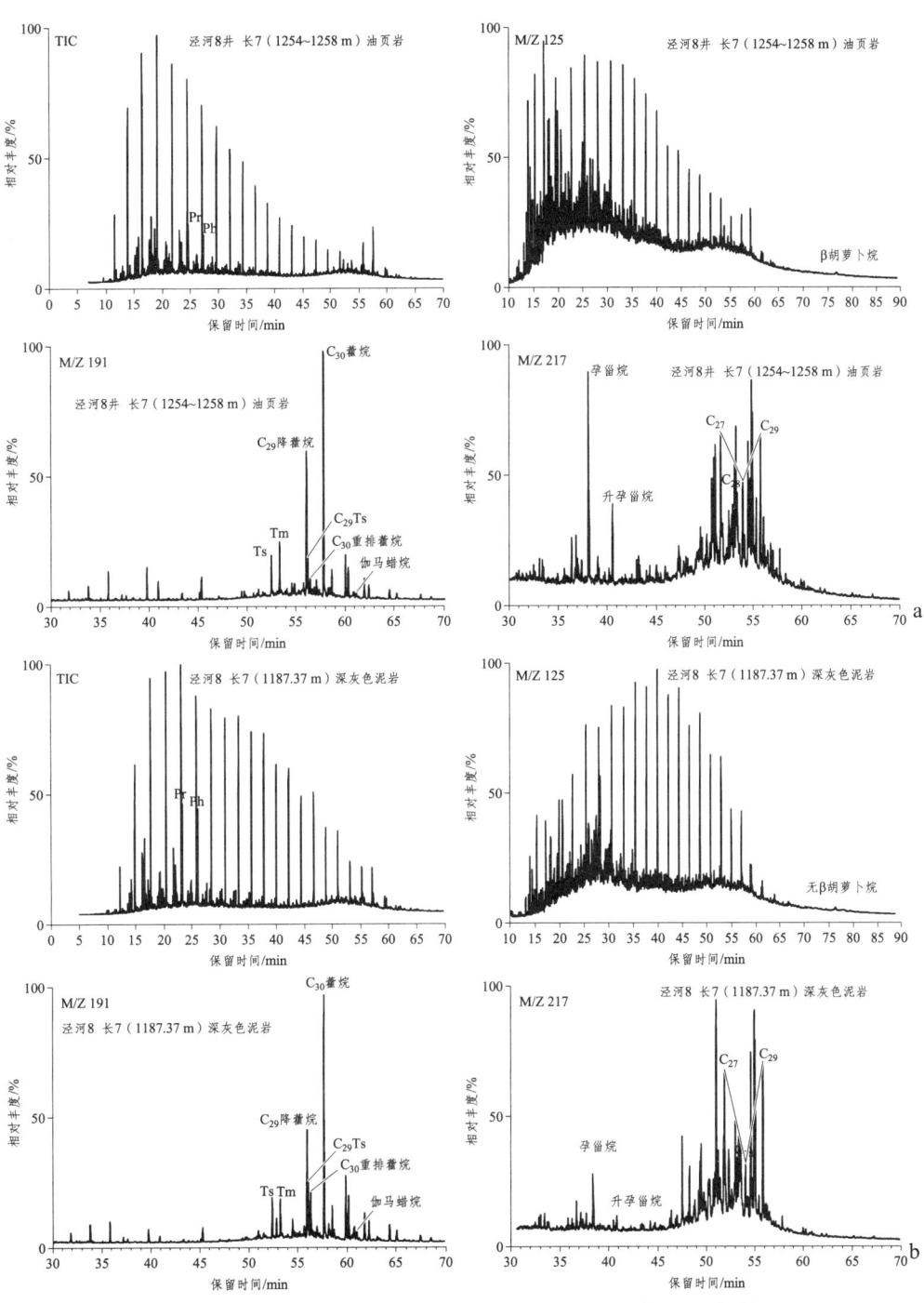

图 3.98 彬长地区泾河 8 井长 7 烃源岩生物标志物质量色谱图

彬长地区长 8 和长 9 也有部分具有 A1 类烃源岩的某些特征的样品，但与典型的烃源岩仍存在一些差别，如 Pr/Ph 相对偏高（图 3.99b、图 3.100b），且 8β（H）-补身烷含量的相对含量很低，8β（H）-升补身烷/8β（H）-补身烷 > 2，为 A4 类烃源岩，它们有机质丰度与 A1 类长 7 烃源岩相比相对较低，但也达到了好烃源岩的标准，目前还没有发现与这类烃源岩特征相似的原油，推测为一套潜在烃源岩。彬长地区不同深度段烃源岩的其他生标特征及其反映出的沉积环境表 3.14。

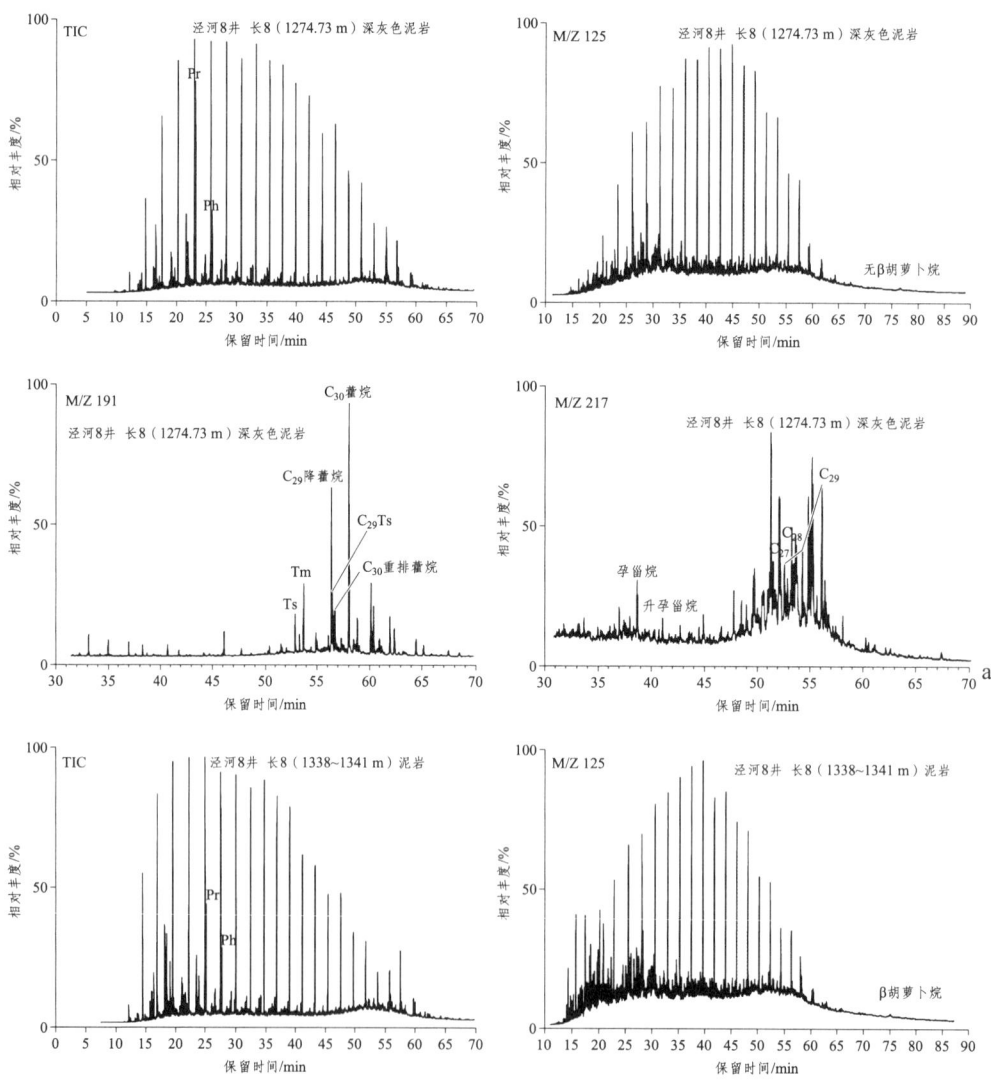

第3章 有效烃源岩地化特征及分布规律

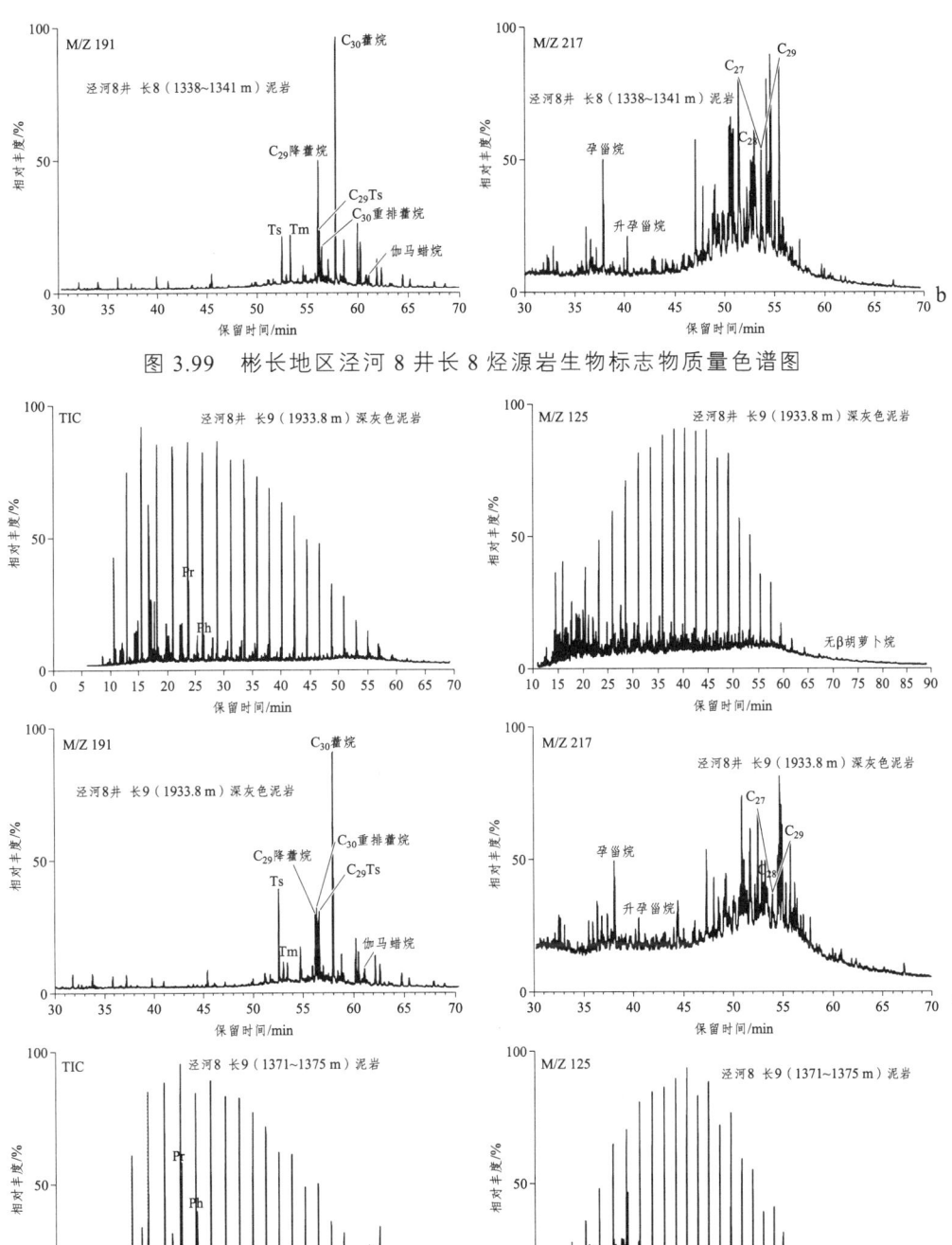

图 3.99 彬长地区泾河 8 井长 8 烃源岩生物标志物质量色谱图

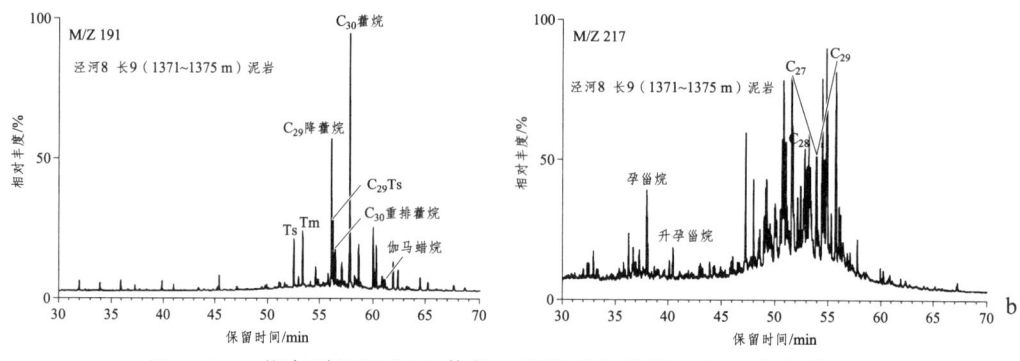

图 3.100　彬长地区泾河 8 井长 9 烃源岩生物标志物质量色谱图

由泾河 8 井单井综合地球化学剖面（图 3.12）中的样品生标分类可以清楚地看出，A4 类和 B 类烃源岩都形成于大套砂岩夹杂的薄层泥岩中，反映的为三角洲前缘沉积，长 7 底部的大套油页岩为 A1 类烃源岩，形成于深湖-半深湖环境，可见形成环境的差别将直接影响到烃源岩的有效性，水体较深持续稳定沉积的湖盆中央的深湖-半深湖沉积是有效烃源岩的主要发育环境，砂泥互层的三角洲前缘沉积形成的烃源岩有效性很差，目前在彬长地区没有发现与此对应的原油，为潜在烃源岩，另一方面也验证了用 8β（H）-补身烷含量的相对含量区分有效和潜在烃源岩是可行的。

上述分析表明，彬长地区有效烃源岩主要为长 7 油层组深湖-半深湖相泥岩，岩性包括油页岩和暗色泥岩。这类烃源岩的生物标志物特征为正构烷烃碳数分布呈近似单峰态前峰型或正态型，Pr/Ph 小于 1.5，不含 β-胡萝卜烷，伽马蜡烷含量也很低，伽马蜡烷指数小于 0.2，C_{27}、C_{28}、C_{29} 规则甾烷呈近"V"形或近"L"形分布，含有一定丰度的 C_{29}Ts，且 C_{30} 重排藿烷含量很低。

图 3.101 展示了彬长地区部分井长 7 油层组有效烃源岩的纵向分布特征，从图中可以看出，彬长地区长 7 油层组有效烃源岩比镇泾地区要发育，长 7 油层组中上部泥岩发育，底部的油页岩也比较厚,统计的彬长地区 44 口井长 7 有效烃源岩钻遇率以及测井解释的长 7 有效烃源岩厚度（图 3.102）也都说明了这一特征。从有效烃源岩厚度分布特征来看（图 3.103），彬长地区有效烃原岩平均厚度约为 25.57 m，好于镇泾地区，有效烃源岩主要集中于研究区中部，连续性较好，泾河 60 井至泾河 32 井区最厚约 35 m，厚度由中部向四周逐渐减薄至 15 m。

第 3 章 有效烃源岩地化特征及分布规律

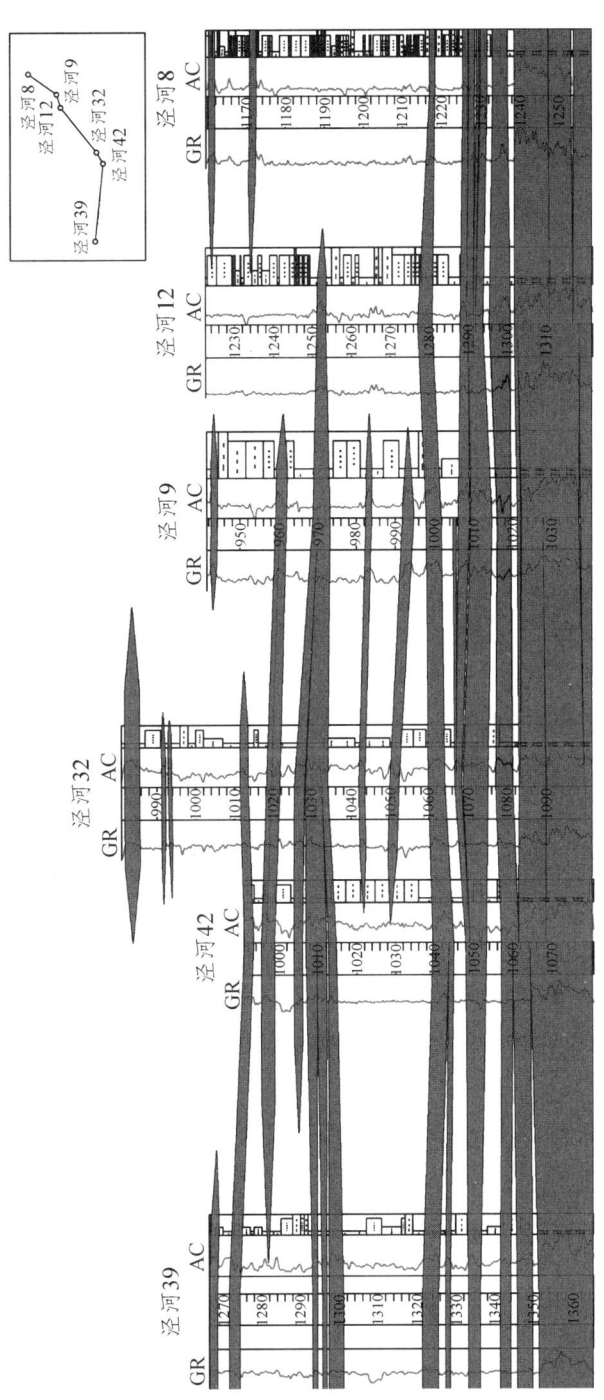

图 3.101 彬长地区泾河 39 井-泾河 8 井长 7 油层组有效烃源岩连井剖面（长 7 底拉平）

3. 旬宜地区

A 类和 B 类烃源岩在旬宜地区都有分布，A 类烃源岩分布在长 4+5、长 6、长 7 和长 8 油层组。图 3.13 为建 1 井地球化学剖面图，从图中可以看出，长 4+5、长 6 泥岩中有机质丰度均较低；长 7 烃源岩有机质丰度明显变高，但普遍低于镇泾和彬长地区的长 7 烃源岩；长 8、长 9 烃源岩有机质丰度也较高，但略低于长 7 烃源岩。不同层段烃源岩样品生物标志化合物特征变化如表 3.15 所示。

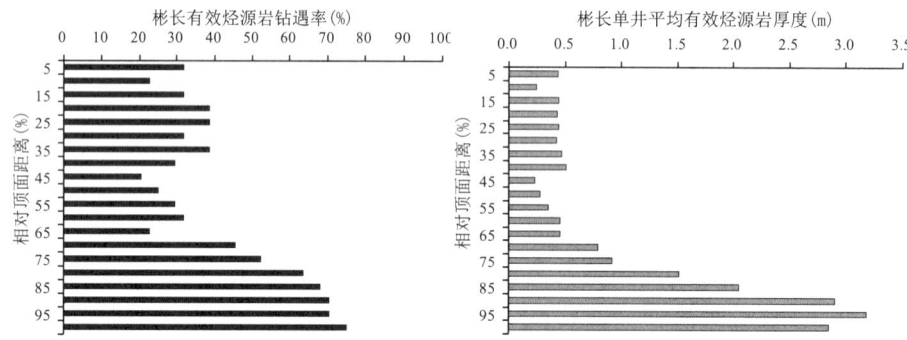

图 3.102　彬长地区长 7 有效烃源岩钻遇率及单井平均有效烃源岩厚度分布
（长 7 油层组平均厚度 107 m）

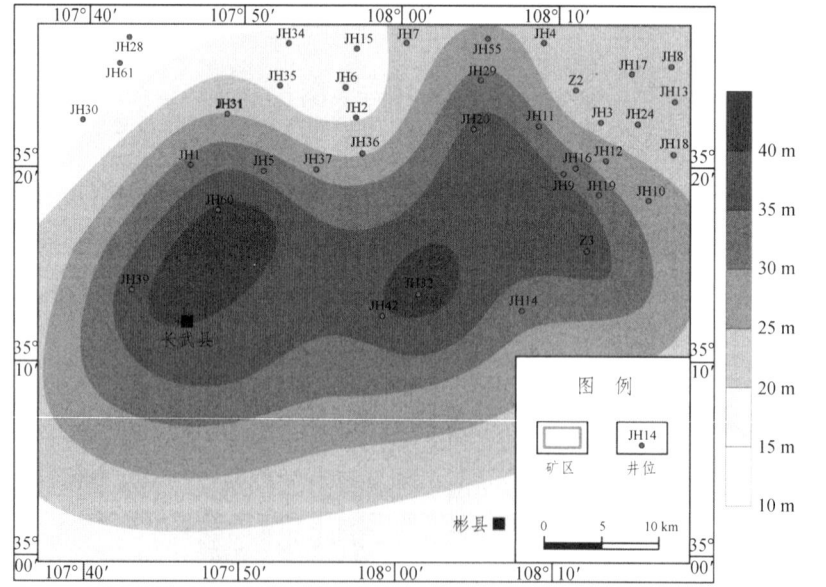

图 3.103　鄂尔多斯盆地南部彬长地区长 7 有效烃源岩厚度分布

表 3.15　建 1 井延长组烃源岩地球化学特征及沉积环境

层位（源岩类别）	TOC/%	S_1+S_2/(mg/g)	岩性	Pr/Ph	伽马蜡烷指数	规则甾烷分布	藿烷系列化合物分布	Ts 与 Tm
长 4+5（A4）	1.0	1.0	灰黑色泥岩	1.53 弱还原环境	0.10 淡水环境	V 混合输入	C_{30}藿烷最高，C_{30}重排藿烷丰度较低，C_{29}降藿烷含量较高	Ts<Tm
长 6（A4）	0.7	0.4	灰黑色泥岩	0.78 还原环境	0.09 淡水环境	V 混合输入	C_{30}藿烷最高，C_{30}重排藿烷丰度较低，C_{29}降藿烷含量较高	Ts>Tm
长 7（A2）	3.5	12.2	灰黑色泥岩	0.43 还原环境	0.10 淡水环境	V 水生生物输入为主	C_{30}藿烷最高，C_{30}重排藿烷和C_{29}Ts 含量都较低，且较为接近	Ts 与 Tm 相近
长 8（A3）	2.7	8.1	灰黑色泥岩	1.66 弱还原环境	0.04 淡水环境	V 水生生物输入为主	C_{30}藿烷最高，C_{30}重排藿烷丰度较低，C_{29}降藿烷含量较高	Ts 与 Tm 相近

如图 3.104a 所示，建 1 井长 4+5 泥岩（802.72 m）中 Pr/Ph 为 1.53，伽马蜡烷含量很低；C_{30}重排藿烷含量很低，C_{29}降藿烷含量中等，C_{29}Ts 含量介于 C_{30}重排藿烷和 C_{29}降藿烷之间。根据生物标志物特征分析，这类烃源岩与 A1 类烃源岩有某些相似之处，但 8β（H）-补身烷含量的相对含量很低，8β（H）-升补身烷/8β（H）-补身烷>2，为 A4 类烃源岩。这类烃源岩中有机质丰度偏低，TOC 值为 0.89%，生烃潜量"S_1+S_2"值为 1.04 mg/g；有机质类型以Ⅲ型为主，显微组分中镜质组含量为 52.6%，惰质组含量为 13.3%，壳质组含量为 26.5%，矿物沥青基质含量为 7.6%，壳质组和矿物沥青基质占全岩组分的 34.1%。油源对比表明，研究区长 4+5 暗色泥岩没有油源贡献。

长 6 灰黑色泥岩（876.33 m），具有 A4 类烃源岩地球化学特征：C_{30}重排藿烷丰度较低，烃源岩中 Pr/Ph 为 0.78，伽马蜡烷含量很低，形成于还原的淡水环境，但是这类烃源岩 8β（H）-补身烷含量的相对含量很低，8β（H）-升补身烷/8β（H）-补身烷>2，C_{29}Ts 低于 C_{30}重排藿烷，且 ββ 构型甾烷的含量很低，区别于典型的 A1 类烃源岩。这类烃源岩有机质丰度较低，TOC 值为 0.72%，生烃潜量"S_1+S_2"值为 0.37 mg/g；有机质类型以Ⅲ型为主，显微组分中镜质组含量为 24.5%，惰质组含量为 5.4%，壳质组含量为 46.3%，矿物沥青基质含量为 24.8%，壳质组和矿物沥青基质占全岩组分的 71.1%。油源对比表明这类烃源岩没有油源贡献。

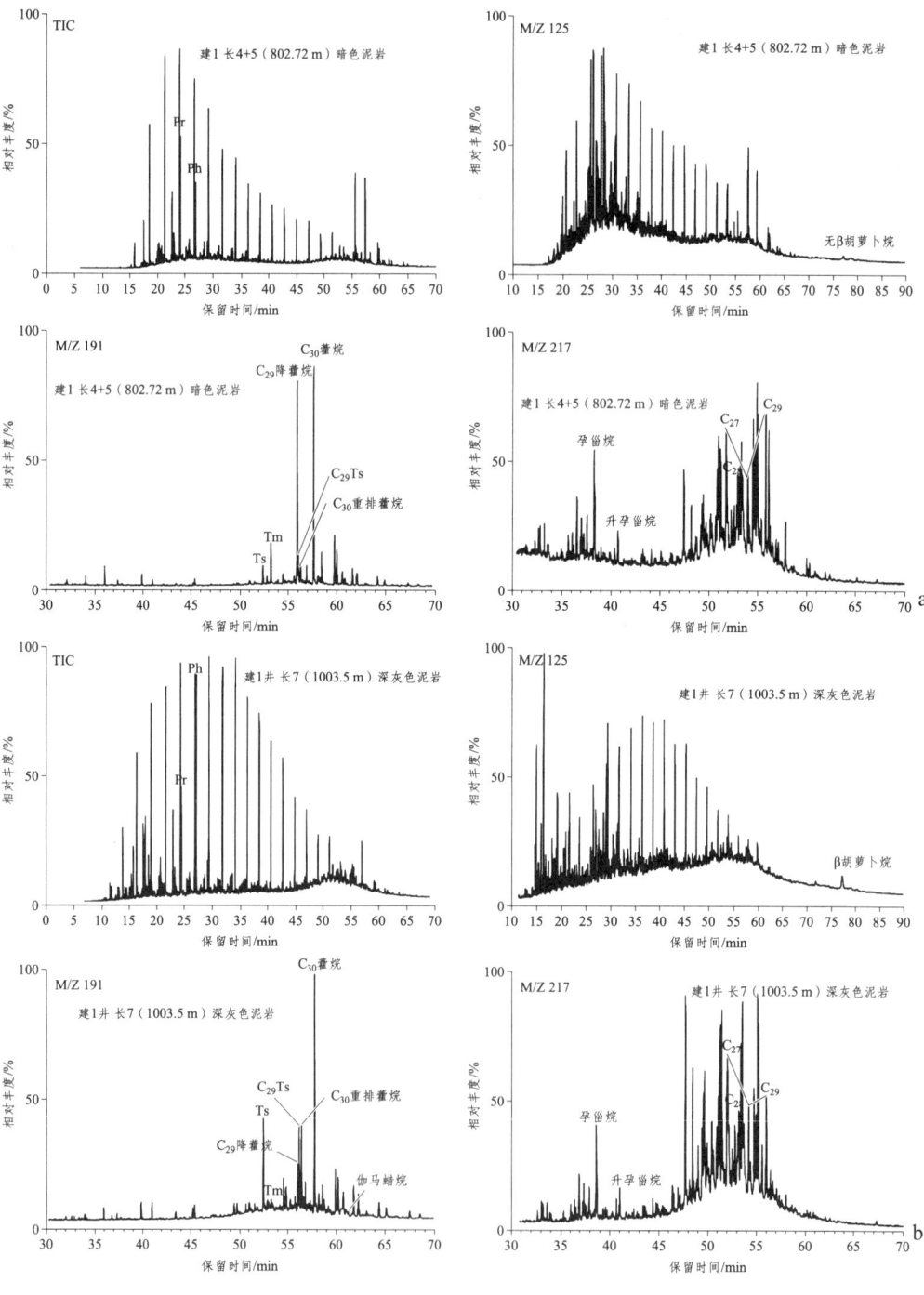

第 3 章　有效烃源岩地化特征及分布规律

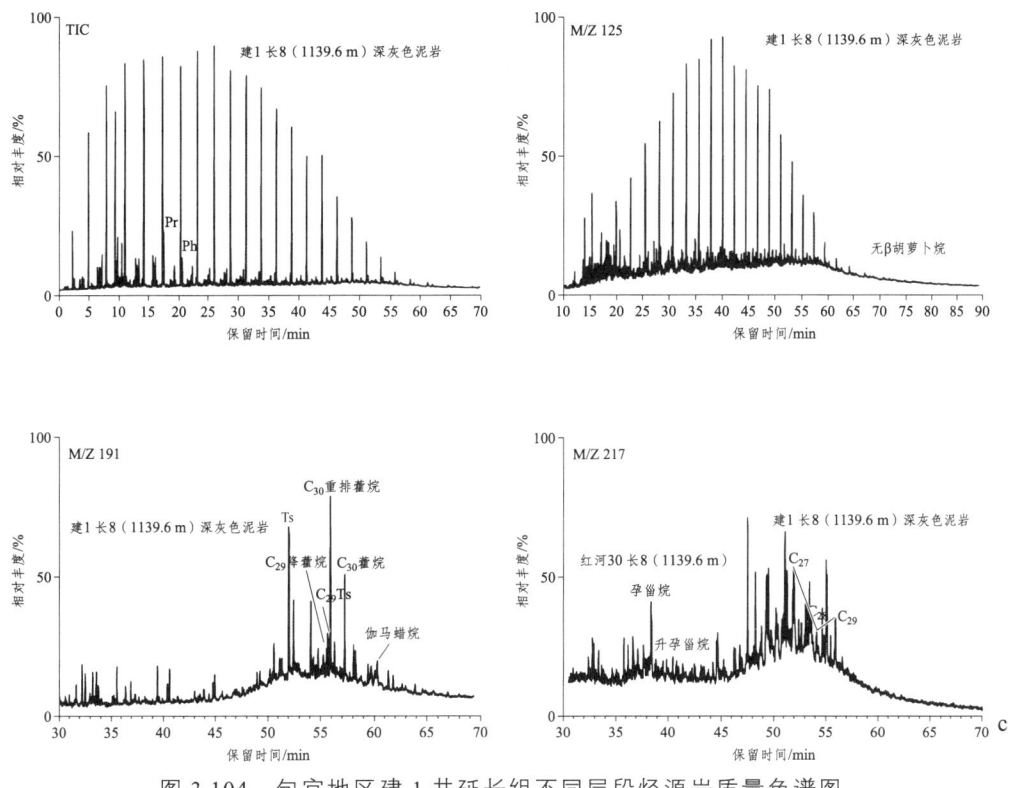

图 3.104　旬宜地区建 1 井延长组不同层段烃源岩质量色谱图

长 7 灰黑色泥岩（1 003.5 m）为半深湖相沉积，主要形成于强还原的淡水环境。烃源岩中 Pr/Ph 为 0.43，伽马蜡烷含量很低，C_{30} 重排藿烷含量较高，但略低于 C_{29} 降藿烷（图 3.104b）。TOC 值为 3.5%，生烃潜量 "S_1+S_2" 值为 12.2 mg/g；有机质类型以 II_2 型为主，显微组分中镜质组含量为 6.4%，惰质组含量为 1%，壳质组含量为 60%，矿物沥青基质含量为 32.6%，壳质组和矿物沥青基质占全岩组分的 92.6%，属于 A2 类烃源岩，对中生界原油有油源贡献。

长 8 灰黑色泥岩（1 017.31 m）属于 A3 类烃源岩，C_{30} 重排藿烷异常高，高于 C_{30} 藿烷（图 3.104c），Pr/Ph 为 1.66，含有一定量的伽马蜡烷，表明其主要形成于弱还原的微咸水环境；TOC 值为 2.7%，生烃潜量 "S_1+S_2" 值为 8.1 mg/g；有机质类型以 II_2 型为主，显微组分中镜质组含量为 33.3%，惰质组含量为 34.8%，壳质组含量为 13.3%，矿物沥青基质含量为 18.6%，壳质组和矿物沥青基质占全岩组分的 31.9%。A3 类长 7 与长 8 烃源岩的差别主要表现在长 7 暗色泥岩重排藿烷/C_{29}Ts 参数值整体大于长 8 暗色泥岩，同时长 7 暗色泥岩 Pr/Ph 参数值整体小于长 8 暗色泥岩的 Pr/Ph 参数值,反映出长 7 暗色泥岩沉积环境相比长 8 暗色泥岩更具生烃潜力,目前没有找到与之对应的石油,因此推测旬宜地区长 8 暗色泥岩为一套潜在烃源岩。

上述分析表明,旬宜地区有效烃源岩主要为长 7 油层组深湖-半深湖相泥岩,岩性包括油页岩和暗色泥岩。这类烃源岩的生物标志物特征为正构烷烃碳数分布特征呈近似正态型或单峰态前峰型,Pr/Ph 小于 1.5,不含 β-胡萝卜烷,伽马蜡烷含量也很低,伽马蜡烷指数小于 0.2,C_{27}、C_{28}、C_{29} 规则甾烷呈近"V"形或近"L"形分布,含有一定丰度的 C_{29}Ts,且 C_{30} 重排藿烷含量很低。

图 3.105 展示了旬宜地区部分井长 7 油层组有效烃源岩的纵向分布特征,从图中可以看出,旬宜地区是鄂尔多斯盆地南部长 7 油层组有效烃源岩最为发育的地区。长 7 油层组全井段皆发育有效烃源岩,统计的旬宜地区 34 口井长 7 有效烃源岩钻遇率以及测井解释的长 7 有效烃源岩厚度(图 3.106)也都说明了这一特征。从有效烃源岩厚度分布特征来看(图 3.107),旬宜地区有效烃原岩厚度较大,平均厚度约为 29.83 m,好于鄂尔多斯盆地南部的其他地区,渭北 33 井至渭北 6 井区泥岩最厚为 40~50 m,厚度变化呈现由东北向西南方向逐渐减薄的趋势。

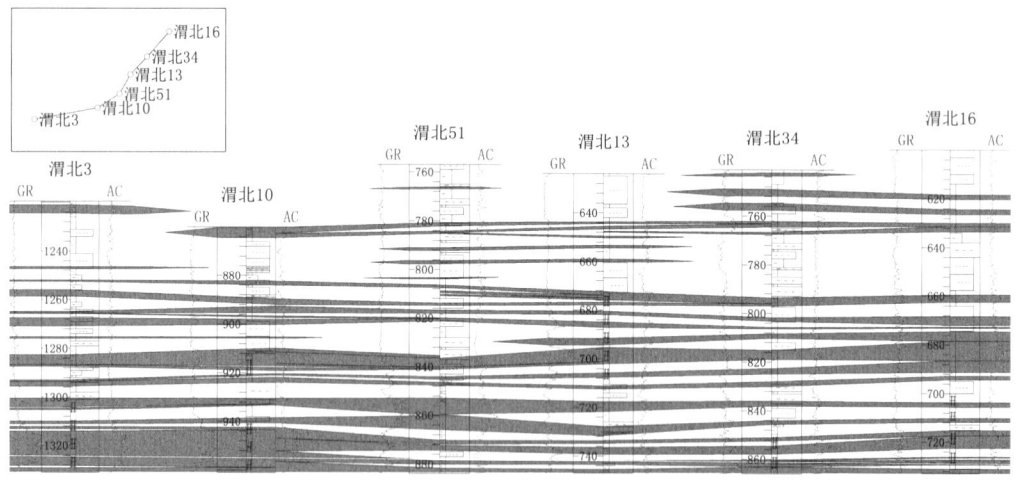

图 3.105 旬宜地区渭北 3 井-渭北 16 井长 7 有效烃源岩连井剖面(长 7 底拉平)

4. 富县地区

A 类和 B 类烃源岩在富县地区都有分布,A 类烃源岩分布在长 7、长 8 和长 9 油层组,

B 类烃源岩分布在长 4+5 油层组。图 3.14 为洛河 2 井地球化学剖面图，从图中可以看出，长 4+5、长 6 泥岩中有机质丰度均较低；长 7 烃源岩有机质丰度明显变高，但普遍低于镇泾和彬长地区的长 7 烃源岩；长 8、长 9 烃源岩有机质丰度也较高，但略低于长 7 烃源岩。不同层段烃源岩样品生物标志化合物特征变化如表 3.16 所示。

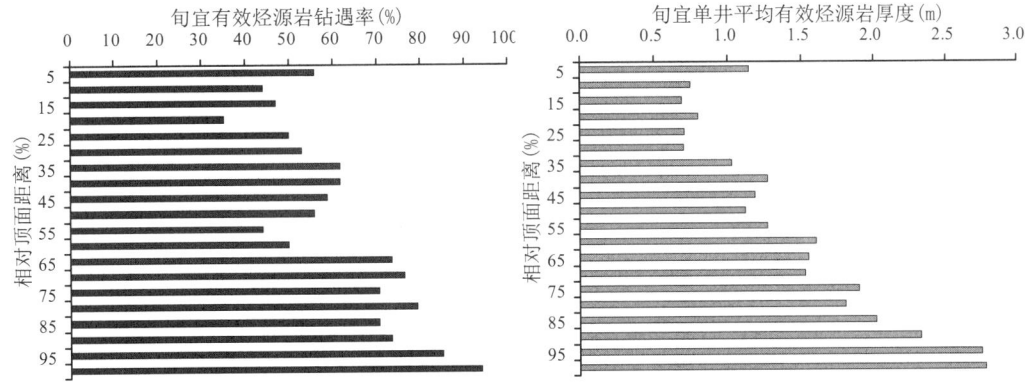

图 3.106　旬宜地区长 7 有效烃源岩钻遇率及单井平均有效烃源岩厚度分布
（长 7 油层组平均厚度 122 m）

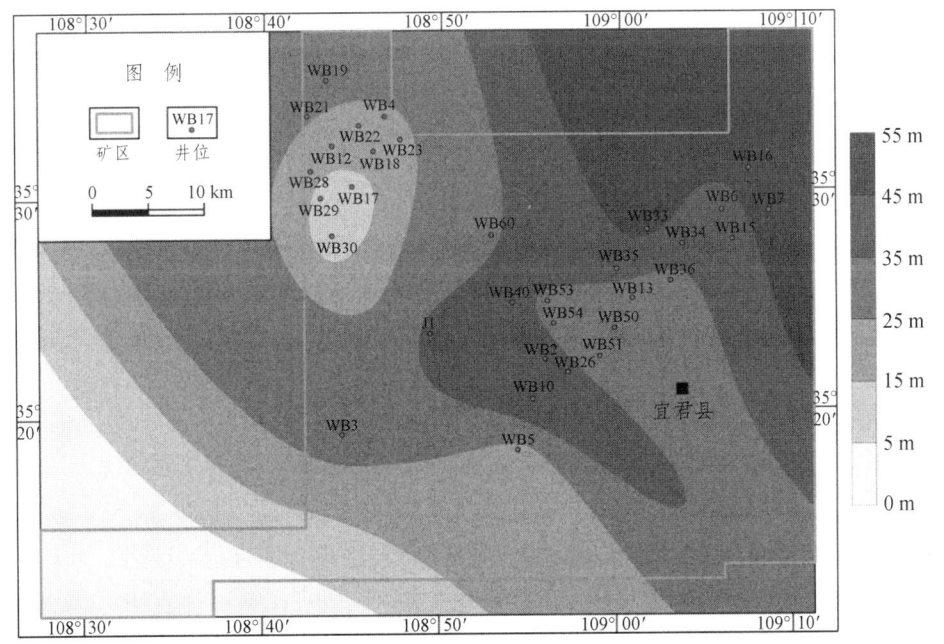

图 3.107　鄂尔多斯盆地南部旬宜地区长 7 有效烃源岩厚度分布

表 3.16　洛河 2 井延长组烃源岩地球化学特征及沉积环境

层位（源岩类别）	TOC/%	S_1+S_2/(mg/g)	岩性	Pr/Ph	伽马蜡烷指数	规则甾烷分布	藿烷系列化合物分布	Ts、Tm 相对含量
长 4+5（B）	2.72	4.22	灰黑色泥岩	2.54	0.03	反 L	C_{30} 重排藿烷很低，C_{29} 降藿烷含量很高	Ts<Tm
				还原环境	淡水环境	高等植物输入为主		
长 7（A3）	4.50	10.80	灰黑色泥岩	0.74	0.18	V	C_{30} 藿烷最高，C_{30} 重排藿烷很高	Ts>Tm
				还原环境	淡水-微咸水环境	水生生物输入为主		
长 8（A3）	4.40	11.87	深灰色泥岩	1.38	0.34	V	C_{30} 重排藿烷很高，高于 C_{30} 藿烷	Ts>Tm
				还原环境	微咸水环境	混合输入		
长 9（A4）	2.29	3.81	深灰色泥岩	1.34	0.10	V	C_{30} 重排藿烷和 C_{29}Ts 含量都很低，C_{29} 降藿烷含量很高	Ts<Tm
				还原环境	淡水环境	水生生物输入为主		

长 4+5 灰黑色泥岩（707～712 m）为三角洲前缘相沉积，有机质类型以Ⅲ型为主，显微组分中镜质组含量为 36.6%，惰质组含量为 11.4%，壳质组含量为 31.4%，矿物沥青基质含量为 20.6%，壳质组和矿物沥青基质占全岩组分的 52%，泥岩中 Pr/Ph 为 2.54，五环三萜烷烃类化合物中 C_{30} 重排藿烷很低，C_{29} 降藿烷含量很高（图 3.108a），目前没有发现与之对应的石油，属于 B 类烃源岩。

长 7 暗色泥岩（928.81 m）为深湖-半深湖相沉积，具备典型的 A3 类烃源岩地球化学特征（图 3.108b），Pr/Ph 为 1.05，伽马蜡烷含量较低，表明其主要形成于还原的淡水环境；C_{30} 重排藿烷含量很高，高于 C_{30} 藿烷。烃源岩有机质丰度很高，TOC 值为 4.50%，生烃潜量"S_1+S_2"值为 10.80 mg/g；有机质类型以Ⅲ型为主，显微组分中镜质组含量为 10.3%，惰质组含量为 5%，壳质组含量为 12%，矿物沥青基质含量为 72.7%，壳质组和矿物沥青基质占全岩组分的 84.7%。

长 8 灰黑色泥岩（1 017.31 m）属于 A3 类烃源岩，C_{30} 重排藿烷异常高，高于 C_{30} 藿烷（图 3.108c），Pr/Ph 为 1.34，含有一定量的伽马蜡烷，表明其主要形成于弱还原的微咸水环境；有机质丰度较高，TOC 值为 4.40%，生烃潜量"S_1+S_2"值为 11.87 mg/g；有机质类型以Ⅲ型为主，显微组分中镜质组含量为 38.1%，惰质组含量为 1.5%，壳质组含量为 10.9%，矿物沥青基质含量为 49.5%，壳质组和矿物沥青基质占全岩组分的 60.4%，同上所述 A3 类长 7 暗色泥岩相比长 8 暗色泥岩的沉积环境更具生烃潜力。目前在富县地区没有找到与之对应的石油，因此推测富县地区长 8 暗色泥岩为一套潜在烃源岩。

第3章 有效烃源岩地化特征及分布规律

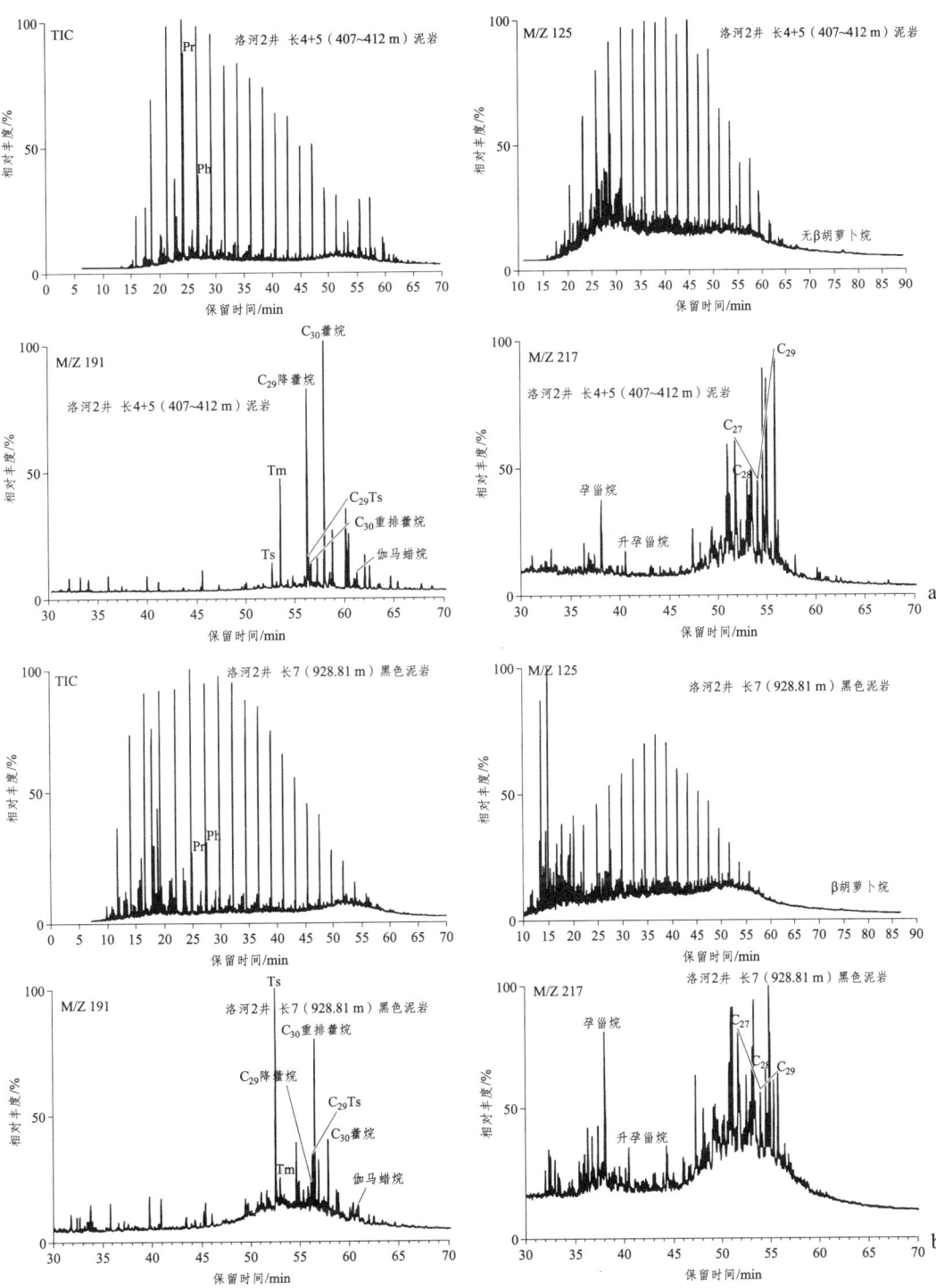

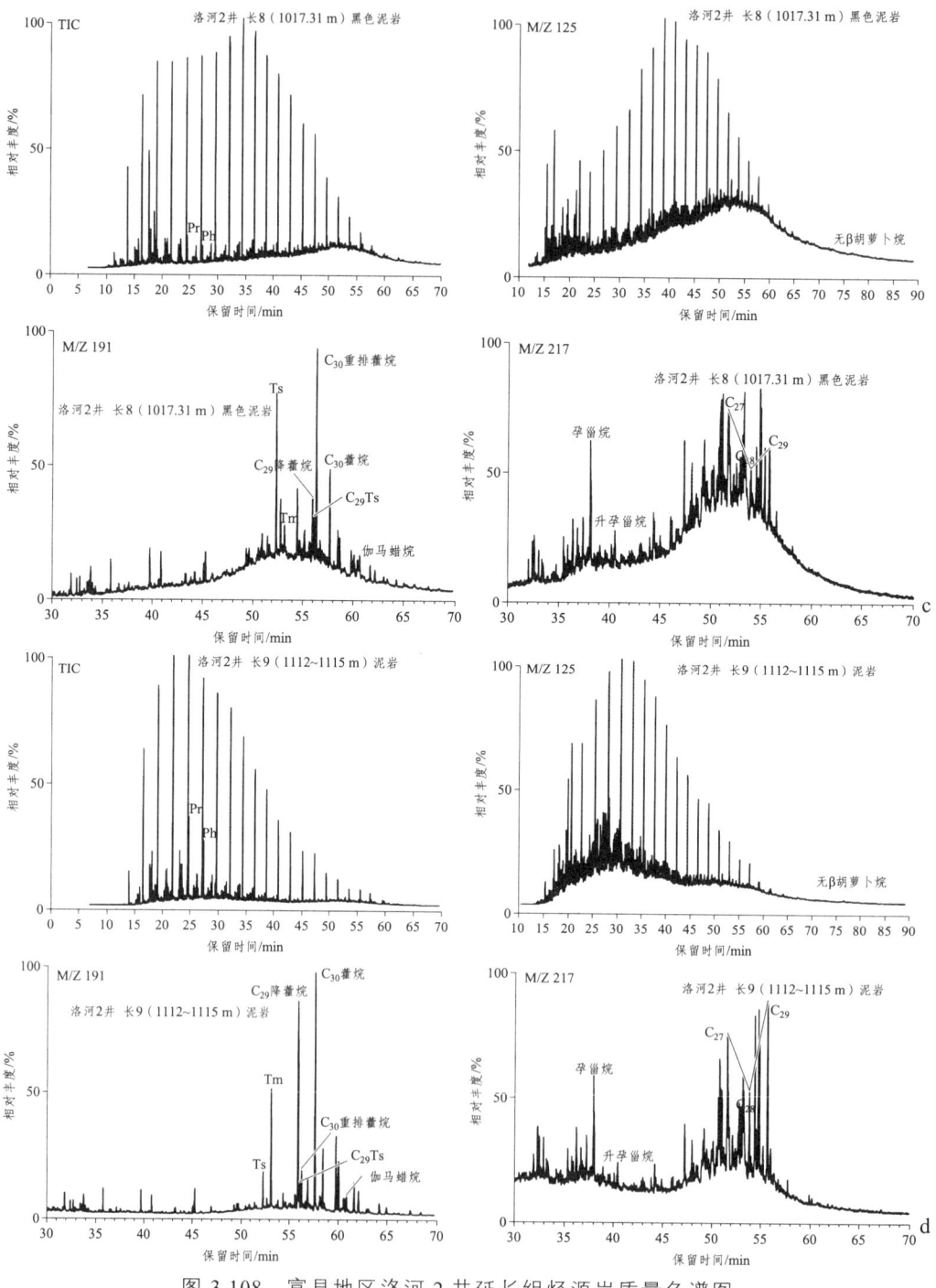

图 3.108 富县地区洛河 2 井延长组烃源岩质量色谱图

长 9 灰黑色泥岩（1 112~1 115 m）Pr/Ph 值为 1.38，含有少量的伽马蜡烷，几乎不含 β 胡萝卜烷，表明其主要形成于还原的淡水-微咸水环境；C_{30} 重排藿烷含量较低，C_{29} 降藿烷含量很高（图 3.108d），但 8β（H）-补身烷的相对含量很低，8β（H）-升补身烷/8β（H）-补身烷 > 2，为 A4 类烃源岩；TOC 值为 2.29%，生烃潜量"S_1+S_2"值为 3.81 mg/g；有机质类型以 Ⅲ 型为主，显微组分中镜质组含量为 6%，惰质组含量为 26%，壳质组含量为 58.2%，矿物沥青基质含量为 9.8%，壳质组和矿物沥青基质占全岩组分的 68%。目前在富县地区没有找到与之对应的石油，因此推测富县地区长 9 暗色泥岩为一套潜在烃源岩。

上述分析表明，富县地区有效烃源岩包括长 7 暗色泥岩，生物标志物特征为正构烷烃碳数分布特征呈近似正态型或单峰态前峰型，Pr/Ph 小于 1.8，不含 β-胡萝卜烷，伽马蜡烷含量也很低，伽马蜡烷指数小于 0.2，C_{27}、C_{28}、C_{29} 规则甾烷呈近"V"形或近"L"形分布，含有一定丰度的 C_{29}Ts。

图 3.109 展示了富县地区部分井长 7 油层组有效烃源岩的纵向分布特征，从图中可以看出，富县地区长 7 油层组底部有效烃源岩不是很发育，统计的富县地区 50 口井长 7 有效烃源岩钻遇率以及测井解释的长 7 有效烃源岩厚度（图 3.110）也都说明了这一特征。从有效烃源岩厚度分布特征来看（图 3.111），西北部紧邻盆地深坳带，有效烃源岩厚度大，有效烃源岩平均厚度约为 22.92 m，厚度变化呈现由西向东方向逐渐减薄趋势。

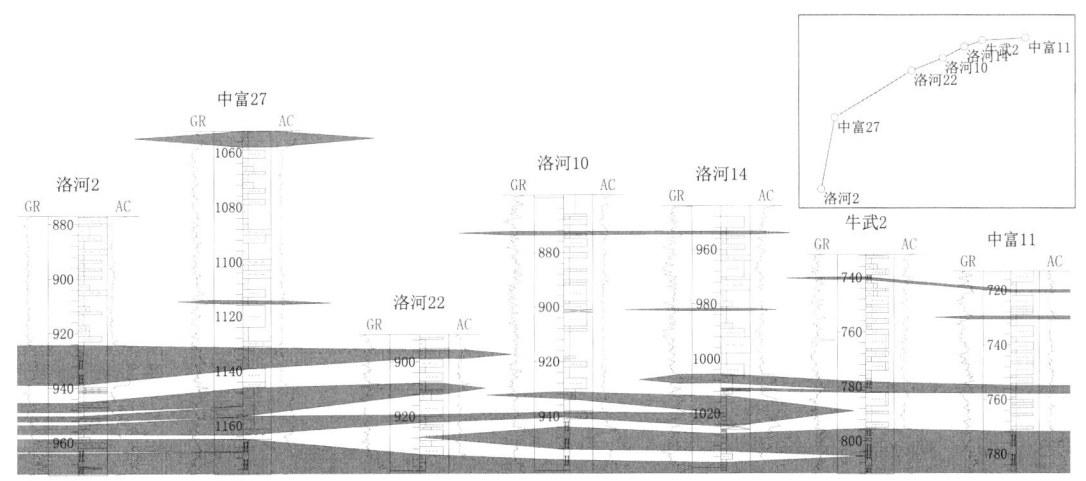

图 3.109 富县地区洛河 2 井-中富 11 井长 7 油层组有效烃源岩联井剖面（长 7 底拉平）

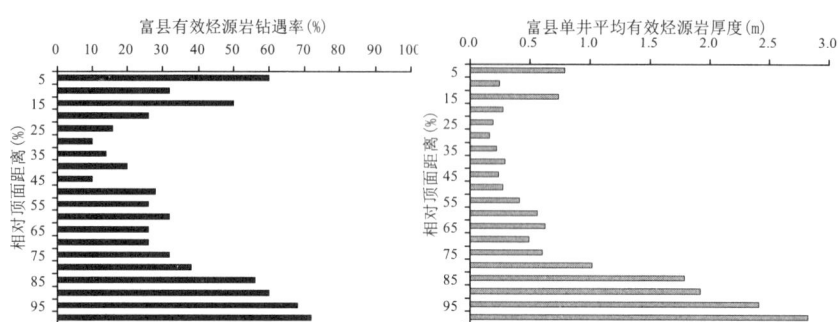

图 3.110 富县地区长 7 有效烃源岩钻遇率及单井平均有效烃源岩厚度分布
（长 7 油层组平均厚度 97 m）

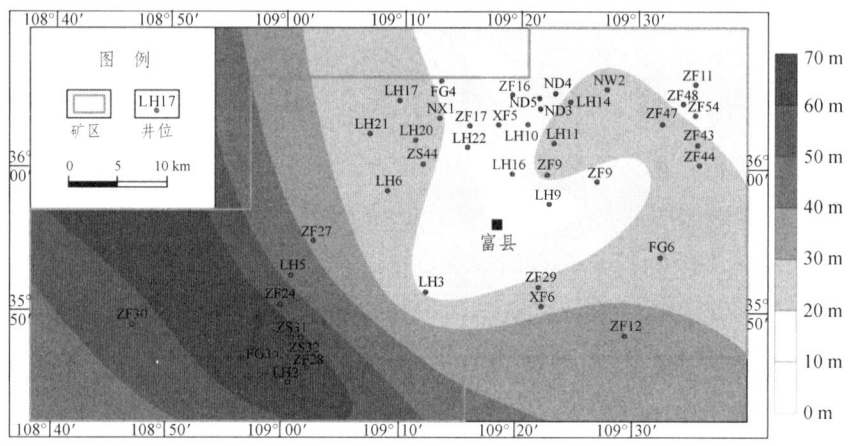

图 3.111 鄂尔多斯盆地南部富县地区长 7 有效烃源岩平面分布

3.5 有效烃源岩质量评价

通过精细油源对比，认识到鄂尔多斯盆地南部中生界延长组有效烃源岩主要为长 7 油页岩和长 7 暗色泥岩，但这里要注意两点：一是对烃源岩开展生物标志物组成特征研究虽然可以精细微观地发现不同油层组烃源岩的差异，但限于样品的有限缺乏对烃源岩宏观整体上的把握；二是通过对烃源岩进行常规地球化学评价认识到研究区延长组烃源岩基本都处于成熟作用阶段，生烃潜力并不差，存在油源贡献的可能。因此明确延长组其他层段的烃源岩的油源贡献、不同地区长 7 有效烃源岩质量的差别以及主力烃源岩的精细分布规律具有十分重要的意义。

有效烃源岩测井识别标志的建立使得利用研究区内大量的石油钻孔测井资料对延长组烃源岩的有效性进行全井段的整体研究成为可能，这样不但可以最大可能消除有限取样和地层非均质性所造成的地球化学手段研究油源问题在认识上的可能偏差，而且也可以尝试从地球物理测井的角度证实长 7 有效烃源岩是延长组的主力烃源岩。另外国内外的一些研究实例也已证实，并非烃源岩厚度大、分布广，生烃潜力就大，而部分有机质丰度高、类型好的薄层优质烃源岩层段对石油成藏起决定性作用，因此优质烃源岩体积占有效烃源岩总体积的比例可以作为评价有效烃源岩质量的关键。

3.5.1 延长组有效烃源岩质量整体评价

根据有效烃源岩的测井识别标准，采用鄂尔多斯盆地南部 210 口已钻井的测井曲线资料，对研究延长组有效烃源岩进行厚度解释。图 3.112 和图 3.113 展示了根据测井信息识别出来的延长组有效烃源岩的钻遇率和厚度分布特征，从图中可以看出每个油层组中可能具有油源贡献的烃源岩的分布特征。可以根据烃源岩厚度和面积乘积所反映的烃源岩的体积对有效烃源岩质量进行定量评价：

$$烃源岩质量评价参数 = (H_1 \times S_1)/(H_2 \times S_2)$$

式中　H_1——单井优质烃源岩加权平均解释厚度，m；
　　　S_1——优质烃源岩钻遇率，%；
　　　H_2——单井有效烃源岩加权平均解释厚度，m；
　　　S_2——有效烃源岩钻遇率，%。

说明：H_2、H_1 为烃源岩厚度评价指标；S_1、S_2 为烃源岩面积评价指标。

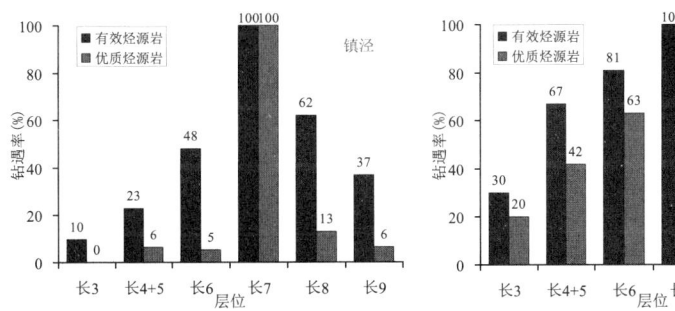

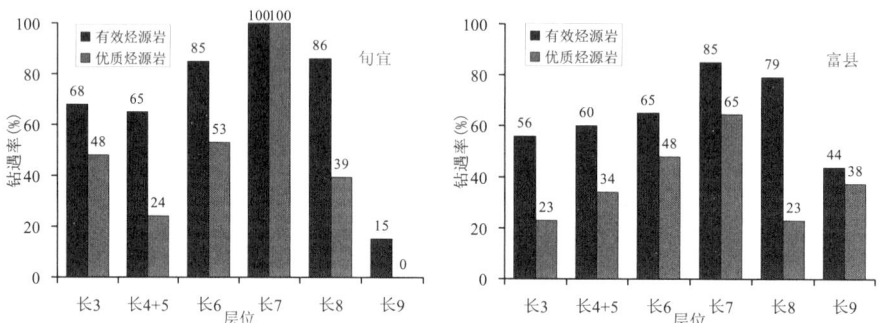

图 3.112　鄂尔多斯盆地南部不同地区延长组有效及优质烃源岩钻遇率对比

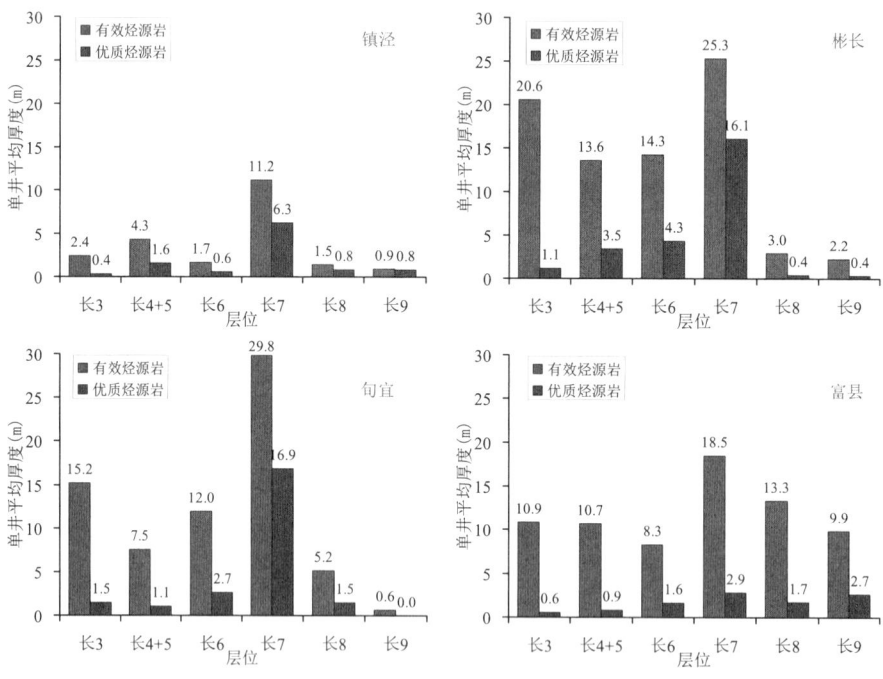

图 3.113　鄂尔多斯盆地南部延长组有效及优质烃源岩平均厚度对比

从图 3.114 可以看出长 7 有效烃源岩评价参数最高，质量最好，是研究区的主力烃源岩，但其他油层组也局部存在具有油源贡献的烃源岩的可能，尤其是彬长地区延长组长 4+5 和长 6 烃源岩和富县地区长 9 烃源岩。

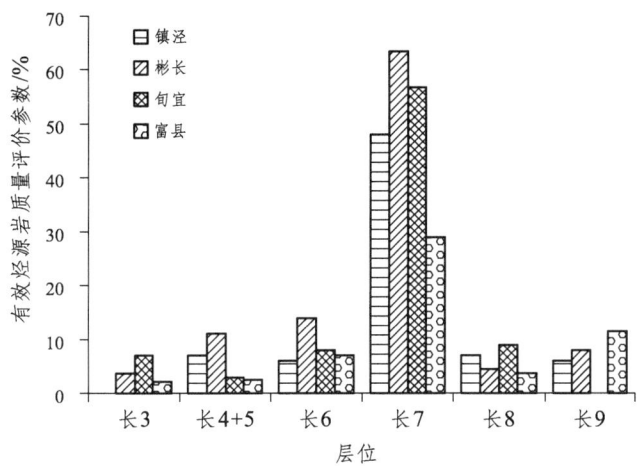

图 3.114 鄂尔多斯盆地南部延长组有效烃源岩质量评价参数分布

3.5.2 长 7 油层组有效烃源岩质量评价

上述分析表明,延长组除长 7 油层组烃源岩外,其他油层组或多或少地存在具有油源贡献的烃源岩,只是结合测井电性特征解释的厚度来看和长 7 相比完全不是一个级别,那么不同地区长 7 油层组有效烃源岩质量如何?精细分布规律如何?遵循上述思路我们开展了相关研究。

通过长 7 油层组优质烃源岩钻遇率对比分析表明(图 3.115),在四个研究地区长 7 油层组底部的优质烃源岩钻遇率均较高,说明长 7 优质烃源岩主要分布在长 7 油层组底部。其中彬长和旬宜地区长 7 优质烃源岩最发育,镇泾地区次之,富县地区较差。彬长及旬宜地区长 7 中上部也普遍钻遇优质烃源岩,说明这 2 个地区优质烃源岩在长 7 全井段皆有分

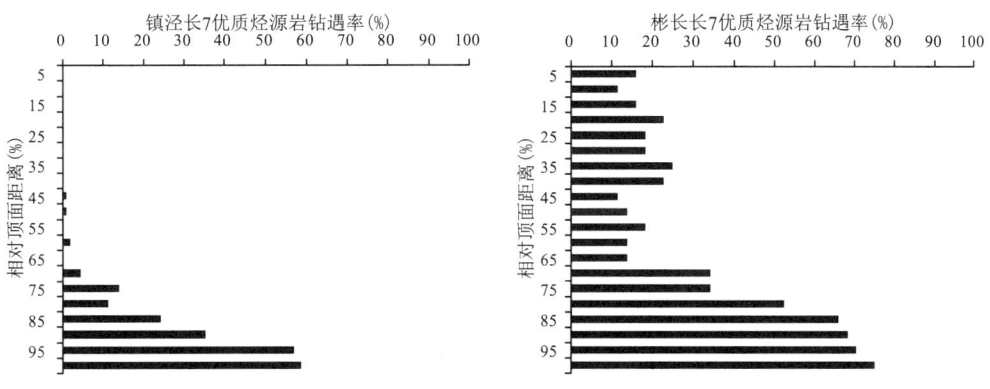

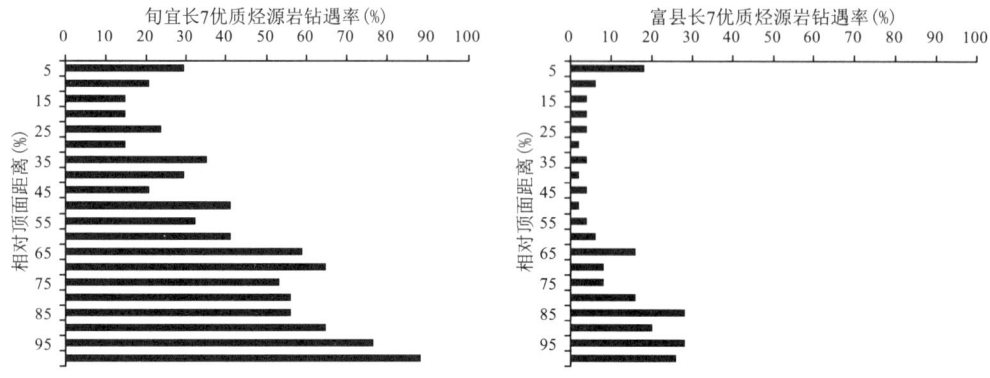

图 3.115　鄂尔多斯盆地南部延长组长 7 优质烃源岩钻遇率对比图

布；在镇泾地区，长 7 中上部基本没有钻遇优质烃源岩，说明这个地区优质烃源岩主要分布在长 7 底部；在富县地区，长 7 全井段优质烃源岩钻遇率都不高，说明在这个地区长 7 优质烃源岩不太发育。

从鄂尔多斯盆地南部四个地区长 7 中上部及底部有效及优质烃源岩厚度分布图（图 3.116）及优质烃源岩厚度在烃源岩中的厚度百分比图（图 3.117）上可以看出，彬长和旬宜地区长 7 中上部有效及优质烃源岩最发育，其中彬长地区有效烃源岩单井平均厚度达到 10.7 m，优质烃源岩单井平均厚度达到 3.5 m，优质烃源岩在烃源岩中的厚度百分比达到 32.7%；旬宜地区长 7 中上部有效烃源岩单井平均厚度达到 13.9 m，优质烃源岩单井平均厚度达到 6.1 m，优质烃源岩在烃源岩中的厚度百分比达到 43.9%。镇泾和富县地区长 7 上部有效烃源岩发育规模较小，其中镇泾地区有效烃源岩单井平均厚度为 1.3 m，优质烃源岩单井平均厚度只有 0.5 m，优质烃源岩在烃源岩中的厚度百分比仅 18.5%，富县地区有效烃源岩单井平均厚度为 5.8 m，但优质烃源岩发育很差，单井平均厚度只有 0.8 m，优质烃源岩在烃源岩中的厚度的百分比只有 13.3%。

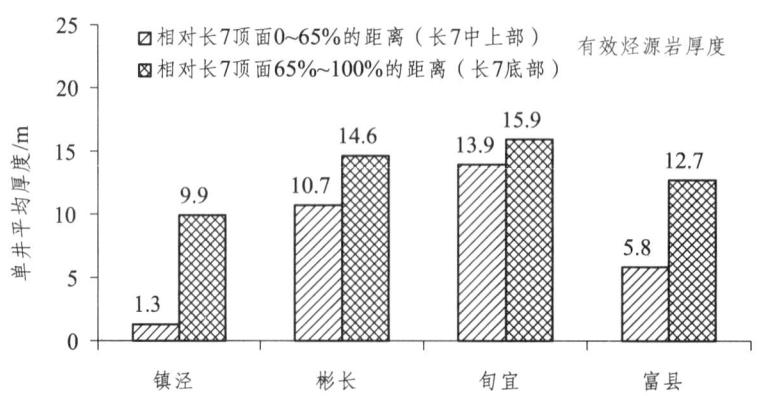

第 3 章 有效烃源岩地化特征及分布规律

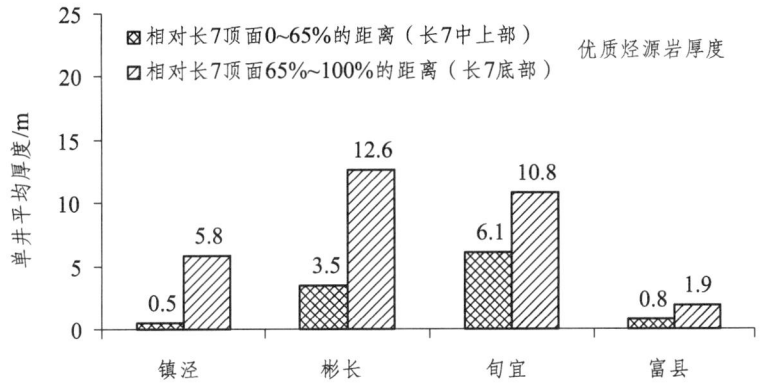

图 3.116 鄂尔多斯盆地南部延长组长 7 有效及优质烃源岩中上部及底部厚度分布

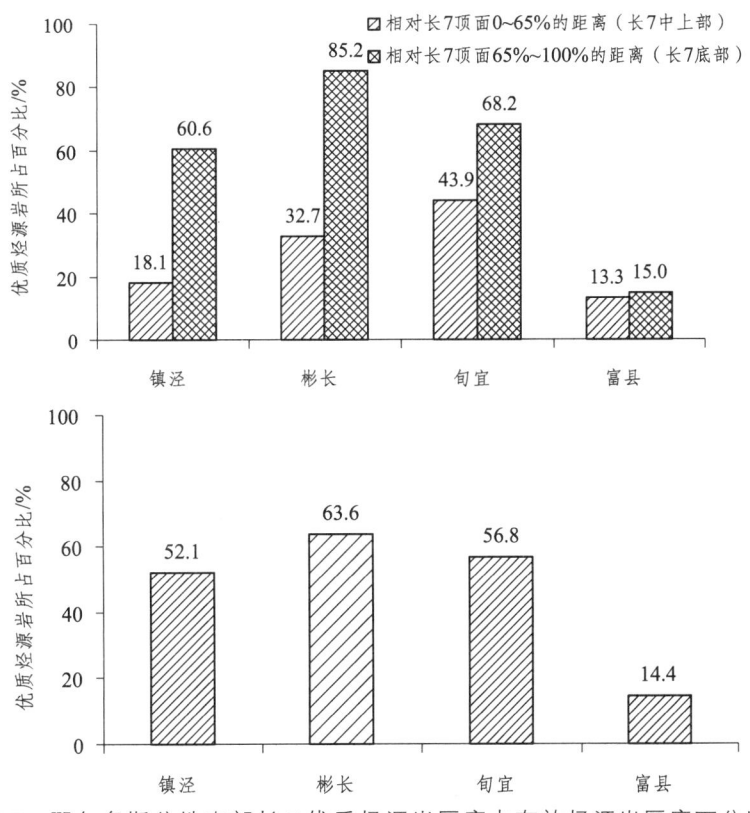

图 3.117 鄂尔多斯盆地南部长 7 优质烃源岩厚度占有效烃源岩厚度百分比分布

彬长及旬宜地区长 7 底部有效烃源岩最发育，其中彬长地区长 7 底部有效烃源岩单井平均厚度达到 14.6 m，优质烃源岩单井平均厚度达到 12.6 m，优质烃源岩所在烃源岩中的厚度百分比达到 85.2%；旬宜地区长 7 底部有效烃源岩单井平均厚度达到 15.9 m，优质烃源岩单井平均厚度达到 10.8 m，优质烃源岩在烃源岩中的厚度百分比达到 68.2%。镇泾地区长 7 底部有效烃源岩发育规模中等，有效烃源岩单井平均厚度为 9.9 m，优质烃源岩单井平均厚度为 5.8 m，优质烃源岩在烃源岩中的厚度百分比达到 60.6%。富县长 7 底部有效烃源岩单井平均厚度为 12.7 m，优质烃源岩不发育，单井平均厚度只有 1.9 m，优质烃源岩在烃源岩中的厚度百分比只有 15%，且富县地区有效烃源钻遇率很低，说明这个地区沉积环境变化大，导致有效烃源岩和优质烃源岩厚度变化趋势较大，仅局部存在较好有效烃源岩。

综合来看，鄂尔多斯盆地南部地区彬长、旬宜地区长 7 烃源岩质量较好，单井优质烃源岩在泥岩中所占厚度百分比分别为 63.6%和 56.8%；镇泾地区次之，单井优质烃源岩在泥岩中所占的百分比达到 52.1%；富县地区有效烃源岩发育最差，单井优质烃源岩在泥岩中所占的百分比仅 14.4%。鄂尔多斯南部地区延长组长 7 优质烃源岩厚度分布范围介于 10～40 m 之间（图 3.118），其分布明显受沉积环境的控制，靠近湖盆中央的深湖-半深湖相沉积区是优质烃源岩的主要发育区，如彬长、旬宜北部及富县地区西南部优质烃源岩最为发育，厚度约 30 m，烃源岩质量较好，含油率较高，多达到中等或优质油页岩矿品级，可以作为研究区非常规石油资源（油页岩、页岩油、页岩气）勘探的重点区域。而距离其较近的分流河道岩性圈闭内的分布的高孔、高渗带与低幅度构造/断层/裂缝较发育的叠加区是研究区常规石油勘探的重点区域。

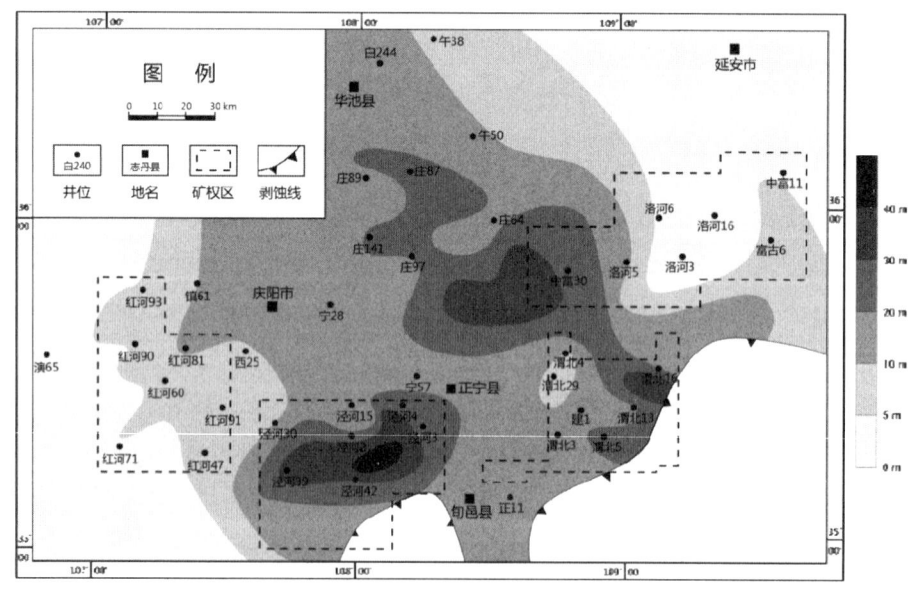

图 3.118 鄂尔多斯盆地南部长 7 优质烃源岩厚度平面分布

第4章 层序地层划分与沉积演化特征

4.1 基于古环境恢复的层序地层划分

考虑到研究区湖平面变化频繁，砂泥互层，故本次研究采用地球化学元素法划分层序。沉积物的沉积特征（岩相及其组合）作为垂向层序及沉积环境变化最本质的反映，应作为层序研究的主线。同时借助古生物特征、地球化学指标及测井等方法。在层序研究过程中，垂向上研究各地层单元之间的形态、堆砌样式和相互关系，从而划分出不整合面（以及与之对应的整合面）、初始湖泛面与最大湖泛面，解析细粒岩层序的组构特征及其具体受控因素，注重地层单元的成因分析、对划分结果的验证以及与浅水粗粒沉积层序的联系、区别及递进变化。所以，在横向上厘清各级层序界面的成因定义、等时性等特征，通过沉积过程、相对湖平面变化及层序界面的特征这三方面，将已划出的垂向细粒岩层序界面与浅水粗粒沉积岩中各级层序界面一一比对，相互验证，增强细粒沉积层序划分的准确性。通过与传统层序地层的对比分析，最终贯穿湖盆的层序地层格架及更为完善的层序地层学理论。

为此，本章建立深水层序研究方法和流程如下：

（1）了解区域地质概况，包括构造位置与演化、地层展布、气候演变等。

（2）选取重点井，在垂向上以岩相及其组合为主线，结合矿物成分、古生物特征、有机与无机地球化学指标等变化特征，综合分析层序及相对湖平面的变化，划分出各级层序的关键性界面（不整合面及与其对应的整合面、初始湖泛面、最大湖泛面），最终建立细粒岩垂向层序地层格架。

4.1.1 古沉积环境恢复

1. 古湖水盐度

沉积盆地基本的地球化学环境，对元素的分布起主要的控制作用，并且表现出微量元素分布的规律性。古盐度是一种重要的地球化学指标，在很多方面得到了应用。古盐度判别和测定方法众多,如应用常量和微量元素地球化学方法半定量划分水体盐度,常用的地化指标为 Sr/Ba 比值。

锶钡比值作为沉积物沉积时水体盐度的一种常用的判定指标。通常锶比钡的溶解度更大,具体表现为锶的迁移能力要强于钡,随着水体盐度的增加,锶和钡逐渐从水体中以硫酸盐的形式析出,其中,$BaSO_4$ 优先析出,当盐度达到一定高值时,$SrSO_4$ 才析出。因此,在陆相淡水环境下,锶和钡一般不发生沉淀,沉积物中锶钡比值很低;陆相淡水入湖后,一部分钡优先析出,此时无锶元素析出,锶钡比值也很低;锶钡继续往深湖方向(盐度逐渐增大)迁移时,钡由于持续沉淀,导致其含量逐渐降低,锶此时开始沉淀,沉积物中锶钡比值会发生明显的急剧增大的趋势,故以此来判断沉积环境的盐度,且古盐度与 Sr/Ba 比值具有明显的正相关性。一般而言,Sr/Ba<0.6 为淡水环境,Sr/Ba 在 0.6~1 之间为半咸水环境,Sr/Ba>1 为咸水环境。

(1)长 8 油层组。

通过对永 426 井长 8 油层组样品进行分析,可知在长 8 油层组沉积时期湖盆整体为陆相淡水-微咸水环境(图 4.1)。并且根据变化趋势可知,盐度变化可划分为三个阶段:在阶段 1 时期,盐度增高,为微咸水环境;在阶段 2 时期,盐度降低,变为淡水环境;在阶段 3 时期,盐度再次增大,为微咸水环境。

(2)长 7 油层组。

永 1011 井长 7 油层组 20 个样品的分析数据中,Sr/Ba 大于 0.6 的有两个,其余均小于 0.5,均值为 0.43,结果表明长 7 沉积时期湖盆整体为陆相淡水-微咸水环境(图 4.2)。长 7 油层组自下而上古盐度可划分为四个阶段:从 1 779~1 758 m,盐度呈逐渐降低趋势;从 1 758~1 738 m,盐度呈逐渐降低趋势;从 1 738~1 723 m,盐度呈逐渐增加趋势;从 1 723~1 700 m,盐度呈逐渐增加趋势。

2. 水体氧化还原性

岩石中氧化还原敏感元素含量及其比值,如 Th/U、V/Ni 和 V/(V+Ni),被广泛应用于沉积环境判识的研究中。近年来,国内外学者先后对自然伽马能谱测井方法恢复古环境进行了研究,并取得了一定的效果。Th/U 比值法铀、钍等放射性元素常常赋存于泥质岩中,铀元素性质活跃,容易被氧化和淋滤丢失,迁移能力往往较强;钍元素作为惰性元素,迁移能力较弱,通常吸附在细粒沉积物中。因此,可利用 Th/U 比值法判断沉积环境的氧化-还原状态。一般在陆相沉积环境中的泥岩或页岩中 Th/U 比值很高,而在海水中沉积的泥岩、页岩或灰岩中 Th/U 比值很小,一般小于 2。因此可以利用 Th/U 比值判别氧化还原性。

第 4 章 层序地层划分与沉积演化特征

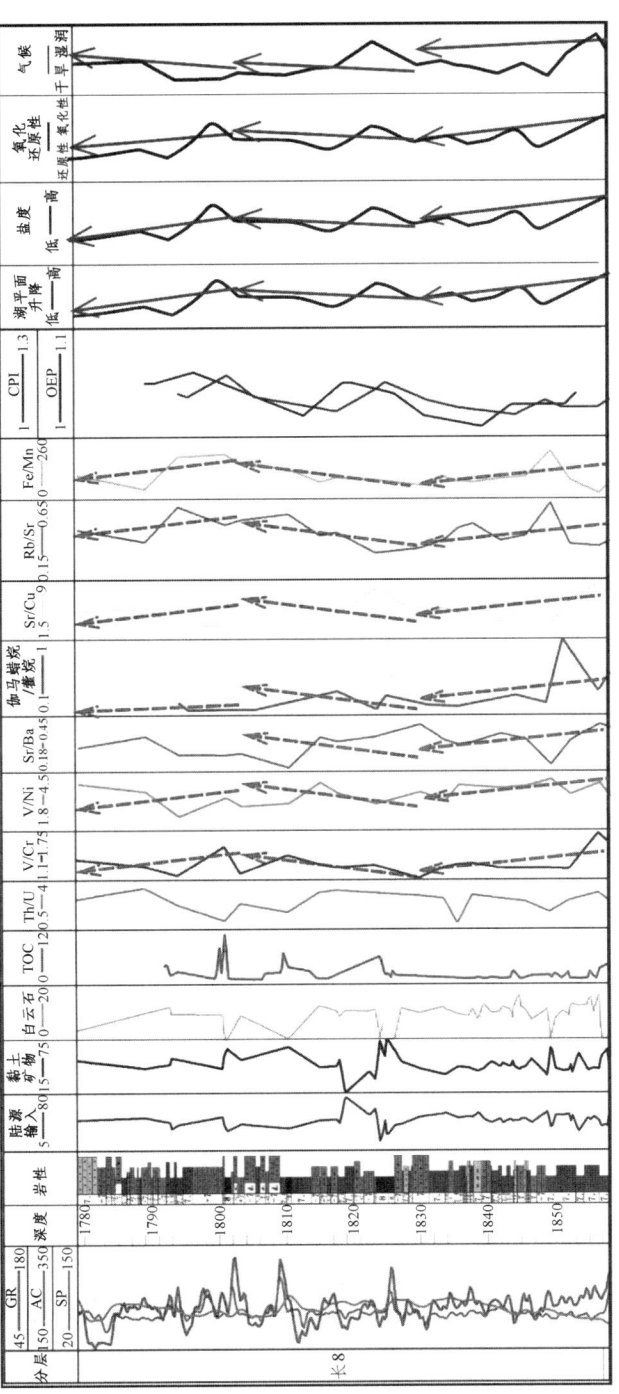

图 4.1 永 426 沉积环境综合柱状图

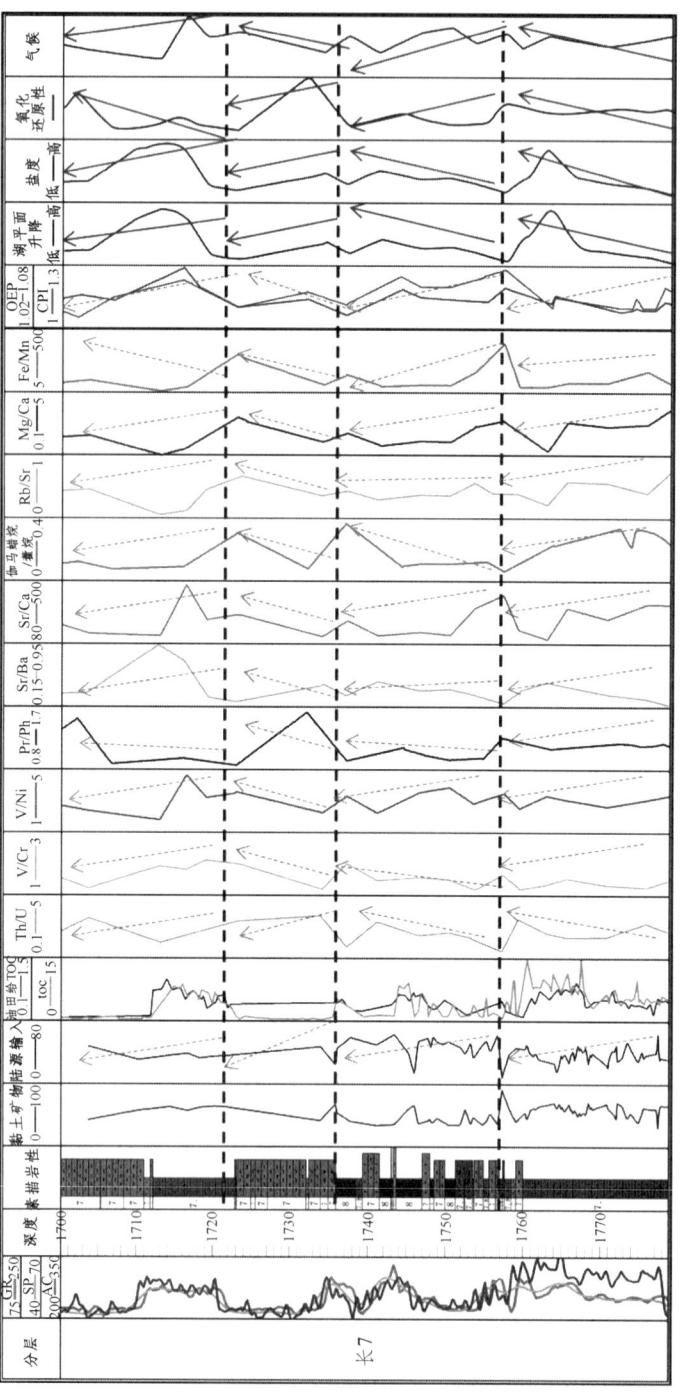

图 4.2 永 1011 井沉积环境综合柱状图

V、Ni、Cr 等微量元素主要被胶体质点或黏土等吸附沉淀，V 在还原条件下易被吸附，Ni、Cr、Co 在还原环境下易于富集，因此元素 V/Ni、V/Cr 的比值也可指示沉积水体的氧化还原环境。

（1）长 8 油层组。

永 426 井长 8 油层组的 Th/U 在 0.8~3.5 之间。由此判断在长 8 油层组沉积时期湖盆整体为弱氧化环境。V/Ni 在 1.9~3.2 之间，均值为 3.26，指示了弱氧化环境。根据变化趋势可知，自下而上水体氧化还原可划分为三个阶段：在阶段 1 时期，氧化性增强；在阶段 2 时期，氧化性减弱；在阶段 3 时期，氧化性再次增强，但水体整体呈弱氧化环境（图 4.1）。

（2）长 7 油层组。

永 1011 井长 7 油层组的分析化验结果中，Th/U 在 0.99~3.91 之间，均值为 2.12，均小于 4，指示该时期为还原环境；V/(V+Ni) 在 0.64~0.82 之间，均值为 0.75，均大于 0.5；V/Ni 在 1~3.8 之间，都指示了长 7 沉积期的还原环境（图 4.2）。

3. 古水深

在沉积物的搬运过程中不同元素的稳定性不同，在主量元素中 Fe 和 Ti 的稳定性相对较弱，不能长距离运移，Mn 的稳定性较好，可以长距离运移。因此，Mn、Fe、Ti 含量的相对变化可以从某种程度上反映沉积物搬运距离和水深。通常情况下认为 Mn/Ti 和 Mn/Fe 值越小，离岸沉积越近，为近源堆积。

（1）长 8 油层组。

根据永 426 井的样品分析结果可知，长 8 油层组 Mn/Fe 值中等偏大，整体属于半深湖区。自下而上水体深度可划分为三个阶段：从 1 860~1 832 m，水深呈减小趋势；从 1 832~1 806 m，水深呈加大趋势；从 1 806~1 780 m，水深呈降低趋势（图 4.1）。

（2）长 7 油层组。

根据永 1011 井的样品分析结果可知：长 7 油层组 Mn/Fe 值较大，属于深湖区。自下而上水体深度可划分为四个阶段：从 1 779~1 758 m，水深呈加大趋势；从 1 758~1 738 m，水深呈加大趋势；从 1 738~1 723 m，水深呈降低趋势；从 1 723~1 700 m，水深呈降低趋势（图 4.2）。

4. 古气候

沉积物中微量元素受古沉积气候影响，不同的元素在特定的环境下可以保存下来，其中，喜湿型元素为：Cr、Ni、Mn、Cu、Fe、Ba、B、Co、Cs、Hf、Rb、Sc、Th；喜干型元素为：Sr、Pb、Au、As、Ca、Na、Ta、U、Zn、Mg、Mo、B。喜干型元素（Sr）与喜湿型元素（Cu）的比值可以反映古气候，Sr/Cu<10 指示温湿气候，Sr/Cu>10 指示干热气候。

（1）长 8 油层组。

根据永 426 井 19 个样品分析可得：Sr/Cu 在 3~9 之间，均值为 4.75。所有样品均小于 10，为温湿气候。通过 Sr/Ba 值分析，Sr/Ba 一般为 0.18~0.45，Sr/Ba<0.5，为淡水环境，气候比较湿润，表明长 8 油层组时期为较湿润的热带-亚热带气候。且自下而上可分为三个阶段：从 1 860~1 832 m，气候相对暖湿，水体处于弱氧化环境，且氧化性增强，陆源输入增强，水深呈减小趋势，盐度减小；从 1 832~1 806 m，气候相对暖湿，水体处于弱氧化环境，且氧化性减弱，陆源输入减弱，水深呈增大趋势，盐度逐渐增大；从 1 806~1 780 m，气候相对暖湿，水体处于弱氧化环境，且氧化性增强，陆源输入增强，水深呈减小趋势，湖平面降低，盐度减小（图 4.1）。

（2）长 7 油层组。

根据永 1011 井 19 个样品分析可得：Sr/Cu 在 2~9 之间，均值为 4.73。所有样品均小于 10，为温湿气候。Sr/Ba 一般为 0.17~0.47，Sr/Ba<0.5，为淡水环境，气候比较湿润；Ca/Mg 值一般介于 0.26~2.42 之间，比值高低交替，总体较高，表明古气温高低交替，但总体较高，为热带-亚热带气候。表明长 7 期为较湿润的热带-亚热带气候。

长 7 油层组自下而上可分为四个阶段：从 1 779~1 758 m，气候相对暖湿，水体还原性增强，处于还原环境，陆源输入减小，湖平面升高，水深加大，盐度增大；从 1 758~1 738 m，气候相对暖湿，水体还原性增强，处于还原环境，陆源输入减小，湖平面升高，水深加大，盐度增大；从 1 738~1 723 m，气候相对暖湿，水体还原性减弱，处于弱氧化环境，陆源输入增大，湖平面降低，水深减小，盐度减小；从 1 723~1 700 m，气候相对暖湿，水体还原性减弱，处于弱氧化环境，陆源输入增大，湖平面降低，水深减小，盐度减小（图 4.2）。

4.1.2 层序地层划分方案

根据岩相的沉积特征、发育环境及沉积模式，结合研究层段的沉积环境背景，按照上述原理与方法，综合判断相对湖平面变化及各级层序界面。将研究区长 7 和长 8 油层组划分为一个完整的三级层序和七个准层序组，其中长 8 油层组相当于低位体系域，长 7 油层组下部相当于湖侵体系域，长 7 油层组中部和上部相当于高位体系域（表 4.1）。下面以本区的典型单井为例详细叙述层序划分方案及特征。

表 4.1 层序地层划分方案与油田地层划分方案的对比

本研究方案			油田现有方案
长 7	高位体系域	准层序组 7（HST-2）	长 7_1
		准层序组 6（HST-1）	长 7_2
	湖侵体系域	准层序组 5（TST-2）	长 7_3
		准层序组 4（TST-1）	
长 8	低位体系	准层序组 3（LST-3）	长 8_1
		准层序组 2（LST-2）	
		准层序组 1（LST-1）	长 8_2

1. 永 426 井垂向层序划分及特征

长 8 油层组 1 855～1 778.5 m 为低位体系域，底部岩性为灰白色细砂岩，中部为灰色粉砂岩夹薄层的低 TOC 块状黏土岩。在准层序组 1 时期主要发育了一套震积沉积，在准层序组 2 时期，为轻微退积过程，水体缓慢加深，体系域内部靠近湖泛面的位置，即准层序组 3 时期，水体相对变浅，发育了一套风暴沉积；自然电位曲线整体反映一系列进积体系，表现为水退，具有上粗下细、反旋回的特点。通过岩心观察发现，在准层序组 1 时期底部可见凝灰岩层，向上为灰色-灰白色细砂岩—粉砂岩，其中可见明显的变形构造、阶梯状微断层和包卷层理等沉积构造，为典型的震积浊积。而准层序组 2 时期，水体相对变深和发育一系列退积体系，岩性主要为灰色细砂岩-块状粉砂岩，表现为水进，具有上细下粗、正旋回的特点。准层序组 3 时期主要为灰色细砂岩夹灰黑色块状黏土岩，砂岩厚度大，砂地比含量高，准层序组 2 时期和准层序组 3 时期砂岩厚度大，且其中可见大量波状交错层理、浪成波纹层理和丘状、洼状交错层理以及变形构造和截切构造等沉积构造，推测为风暴沉积。

长 7 油层组自下而上依次可划分为 SQ1 的湖侵体系域和高位体系域，这二者的分界线为李家滩页岩中上部的最大湖泛面，对应自然伽马 GR 曲线的最高值。

1 778.5～1 744.5 m 为湖侵体系域，岩性主要为灰黑色泥岩，其中部夹有一套灰色泥质粉砂岩。发育一系列退积体系，表现为水进，具有上粗下细、正旋回的特点。1 744.5～1 700 m 为高位体系域，底部为一套灰黑色泥岩，向上岩性为灰色-灰白色泥质粉砂岩。发育进积结构，具有上粗下细、反旋回的特点（图 4.3）。

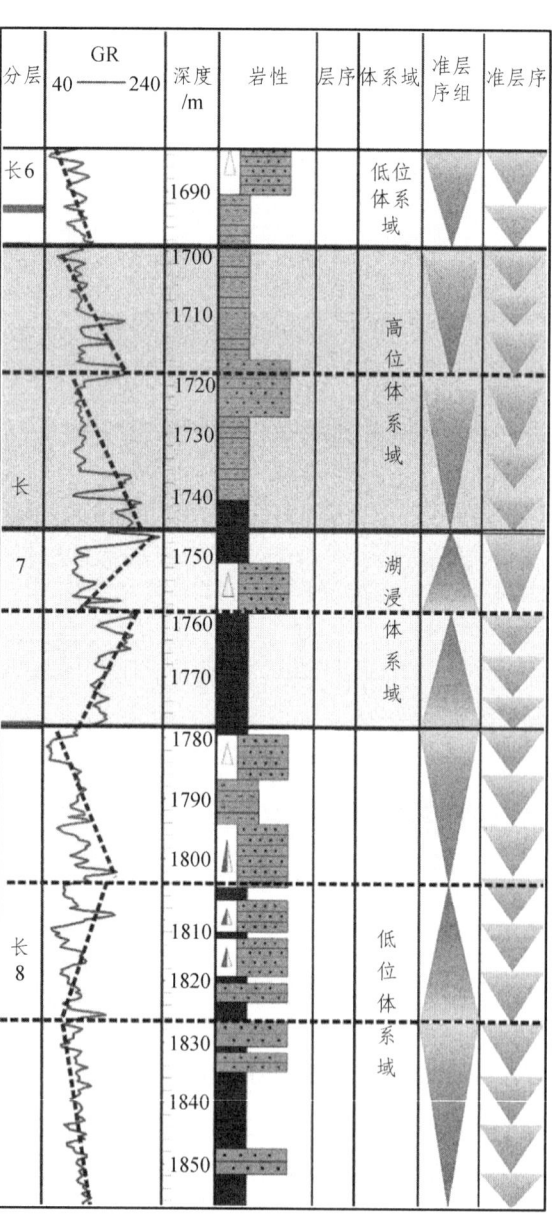

图 4.3 永 426 井层序地层划分

2. 芦 126 井垂向层序划分及特征

长 8 油层组为低位体系域，在准层序组 1 时期与准层序组 3 时期，水深变浅，发育一系列进积体系，表现为水退，具有上粗下细、反旋回的特点；在准层序组 2 时期，水深缓慢加大，从测井曲线上看，发育一系列加积体系。整体上看，低位体系域发育了一套风暴沉积，可见明显丘状、洼状交错层理以及波状层理和截切构造等明显的风暴沉积构造，砂体厚度较大，砂地比值高（图 4.4）。

芦 126 井由长 7 油层组自下而上依次可划分为 SQ1 的湖侵体系域和高位体系域，这二者的分界为李家滩页岩中上部的最大湖泛面，对应 GR 曲线的最高值。湖侵体系域具有上粗下细的正旋回的特点；高位体系域具有上粗下细、反旋回的特点。

4.2 岩相类型及沉积相平面展布特征

4.2.1 岩相类型及特征

岩石的成分具有反映岩石组成的特征，是构成岩相的物质基础。以岩石成分为第一要素，按照从大类到细分的原则进行岩相划分。从岩石的成分上可将岩相分为细砂岩和细粒沉积岩两大类。

其次，对细砂岩和细粒沉积岩两大类岩相进行进一步的细分。根据岩石的不同成因决定岩石的不同沉积特征，岩石的不同沉积特征又决定岩石不同的沉积构造，岩石不同的沉积构造决定了岩石的不同的生储性能。在岩石成分划分的基础上，同时结合岩石的不同成因形成的不同构造对细砂岩进行划分，将细砂岩分为丘状、洼状交错层理细砂岩，浪成沙纹交错层理细砂岩，块状层理细砂岩，平行层理细砂岩，变形层理细砂岩和波状层理细砂岩六种岩相。

"细粒物质"即粒径小于 62.5 μm，成分主要包含黏土、粉砂和碳酸盐等。细粒沉积岩指由细粒物质组成的沉积岩。依照国际通用的粒径分类方案，粉砂也属于细粒沉积物范畴，因此将粉砂岩也归入细粒沉积岩中。

分析表明，研究区细粒沉积岩中碳酸盐含量较少。根据岩性可将研究区的细粒沉积岩进一步划分为粉砂岩、黏土岩和凝灰岩三类。有机质的含量也是反映细粒沉积岩沉积环境的一个重要指标。有机质含量指示古水深，同时有机质含量决定储层质量。有机质以 2% 和 4% 为界对细粒岩进行划分。

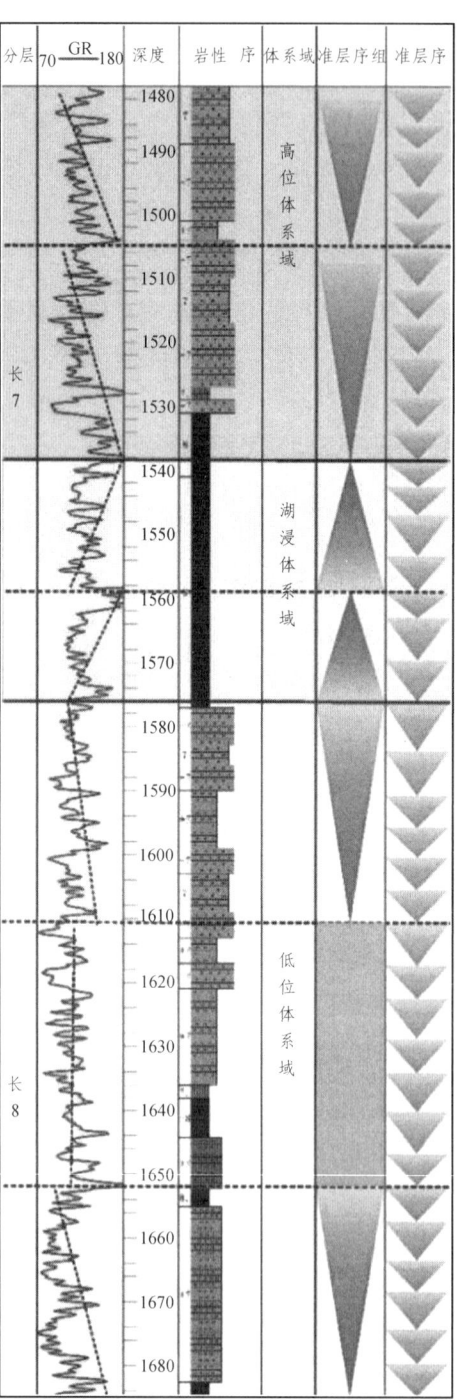

图 4.4 芦 126 井层序地层划分

水深控制 TOC 含量多少，经过对研究区细粒沉积岩的有机质含量分析，发现：TOC>4%，形成于风暴浪基面之下的深湖沉积；TOC<4%，形成于正常浪基面到风暴浪基面之间的半深湖沉积，故将研究区 TOC<4%的细粒岩统称为中-低有机质细粒岩。

不同的沉积机制控制不同的沉积构造。事件沉积发生迅速且强烈，风暴作用下沉积物迅速堆积。沉积物混乱且繁杂，易形成块状构造；地震作用下沉积物迅速堆积。沉积物混乱且繁杂，沉积后发生大量变形形成变形构造；而正常沉积，位于深湖区，缓慢沉积，沉积物沉积缓慢且平缓，已形成纹层状沉积构造。

陆源输入控制矿物组分含量，研究区细粒沉积岩中石英多为棱角状、尖棱角状，为陆源输入搬运沉积。因此以石英含量、黏土含量的 50%为界，区分粉砂岩与黏土岩。

在细粒沉积岩的划分上依照有机质、沉积构造、岩性三要素，将细粒岩划分为粉砂岩、黏土岩、凝灰岩三类（表 4.2）。对于粉砂岩、黏土岩则以粉砂、黏土、有机质三要素为主，并以细粒沉积岩的沉积构造为辅，进一步将粉砂岩与黏土岩细分为：中-低有机质块状粉砂岩、高有机质块状粉砂岩、中-低有机质变形层理粉砂岩、高有机质变形层理粉砂岩、中-低有机质纹层状细粉砂岩、高有机质纹层状细粉砂岩、中-低有机质纹层状黏土岩、高有机质纹层状黏土岩八种岩相类型。

表 4.2 鄂尔多斯盆地延长组长 7-长 8 油层组岩相类别

岩石大类		小类
细砂岩		丘状、洼状层理细砂岩
		平行层理细砂岩
		块状层理细砂岩
		变形层理细砂岩
		波状层理细砂岩
		浪成沙纹层理细砂岩
细粒沉积岩	粉砂岩	中-低有机质块状粉砂岩
		高有机质块状粉砂岩
		中-低有机质变形层理粉砂岩
		高有机质变形层理粉砂岩
		中-低有机质纹层状粉砂岩
		高有机质纹层状粉砂岩
	黏土岩	中-低有机质纹层状黏土岩
		高有机质纹层状黏土岩
	凝灰岩	

1. 细砂岩

（1）丘状、洼状层理细砂岩。

至少拥有丘状交错层理、洼状交错层理两种沉积构造其中一种的细砂岩。丘状交错层理在一个层系内，横向上有规律的变厚，在垂直断面上纹层像扇形，倾角有规律地减小（图4.5）。洼状交错层理是彼此以低角度交切的浅洼坑，浅洼坑的宽度一般为 1~5 m，其内充填的纹层与浅洼坑底界面平行，而向上变成很缓的波状并近似于平行层理。

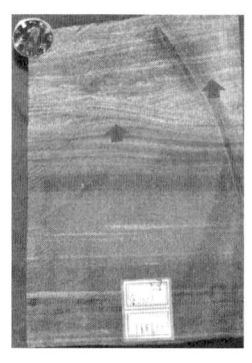 

（A）永 1011 井，1 681.17 m 丘状层理细砂岩（箭头处）　　（B）永 1011 井，1 681.20 m 洼状层理细砂岩

图 4.5　丘状、洼状层理细砂岩

（2）浪成沙纹交错层理细砂岩。

含有由浪成沙纹迁移形成的交错层理这一沉积构造占视域的 25% 以上的细砂岩。浪成沙纹具有特征的"人"字形构造。由波浪原因造成的波痕也归入其内（图 4.6）。

 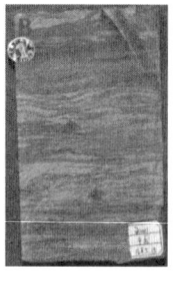 

（A）永 1011 井，1 695.6 m 浪成沙纹细砂岩　　（B）永 1011 井，1 685.15 m 浪成沙纹细砂岩　　（C）永 1011 井，1 681.50 m 浪成沙纹细砂岩

图 4.6　浪成沙纹细砂岩

（3）块状层理细砂岩。

宏观尺度上 10 cm 及以上长度岩心上物质均匀、组分和结构上无差异、不显纹层构造的层理为块状层理细砂岩（图 4.7）。

（A）富西 123 井，1 403.5 m 块状层理细砂岩　（B）富西 123 井，1 407.0 m 块状层理细砂岩

图 4.7　块状层理细砂岩

（4）平行层理细砂岩。

宏观上 10 cm 以内纹层平直并且与层面平行纹层可连续或间断的这一层理构造为平行层理细砂岩（图 4.8）。

 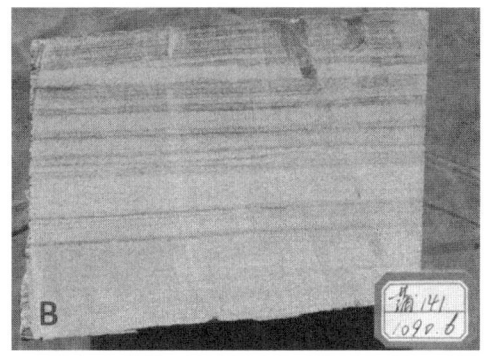

（A）永 1011 井，1 783.30 m 平行层理粉细砂岩　（B）蒲 141 井，1 090.6 m 平行层理粉细砂岩

图 4.8　平行层理细砂岩

（5）变形层理细砂岩。

在沉积作用的同时或沉积物固结成岩之前，沉积物处于塑性状态下发生的软沉积变形构造这一沉积构造占视域的25%以上的细砂岩为变形层理细砂岩（图4.9）。

 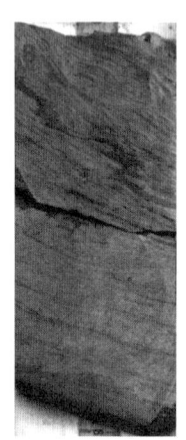

（A）富指51井，909.5 m变形层理粉细砂岩　　（B）永426井，1 800.73 m变形层理粉细砂岩

图4.9　变形层理细砂岩

（6）波状层理细砂岩。

含有流水沙纹迁移所形成的交错层理这一沉积构造占视域的25%以上的粉细砂岩为波状层理细砂岩。流水波纹其层系厚度小于3 cm；层系组内的前积层均为一个方向倾斜的小型斜层理，由流水造成的波痕也归入其中（图4.10）。

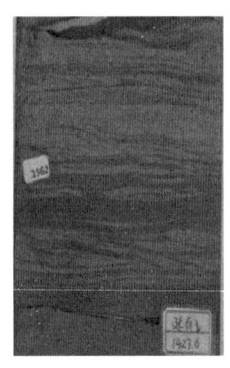 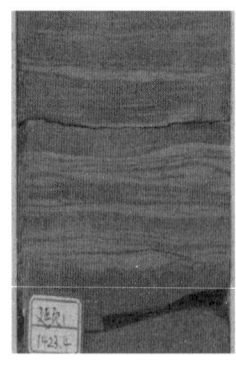 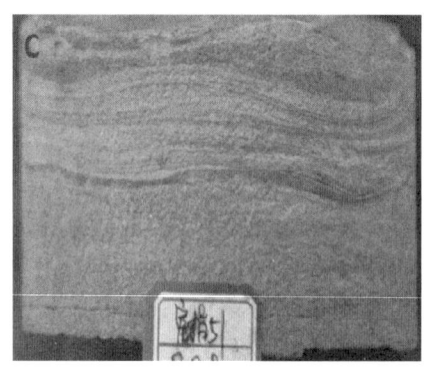

（A）延页1井，1 427 m　　（B）延页1井，1 423 m　　（C）富指51井，908.8 m
　　波状层理粉细砂岩　　　　波状层理粉细砂岩　　　　波状层理粉细砂岩

图4.10　波状层理细砂岩

2. 粉砂岩

(1) 中-低有机质块状粉砂岩。

中-低 TOC 块状细粉砂岩,在岩心上为块状,垂向上常位于丘状、洼状交错层理的上面[图 4.11(C)],发育于半深湖风暴沉积细砂岩附近。

薄片上各物质组分杂乱堆积,无明显层理。TOC 含量在 0~4%之间,石英长石含量占 50%以上。薄片石英为棱角状,磨圆度差。

(A) 永 1011 井,1 748.05 m 中-低有机质变形层理粉砂岩

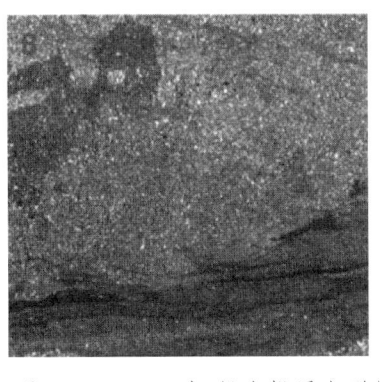

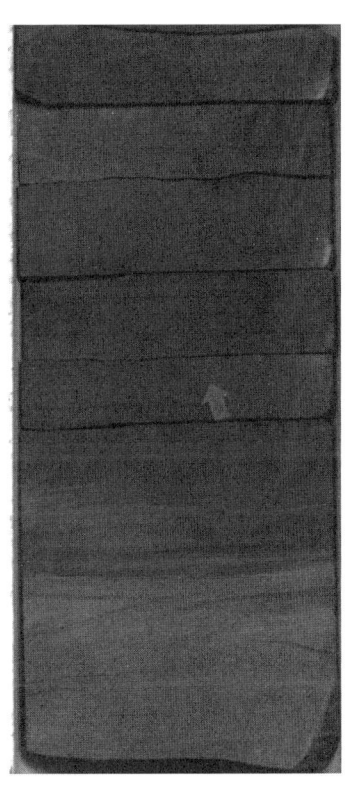

(B) 永 1011 井,1 748.1 m 中-低有机质变形层理粉砂岩　(C) 永 426 井,1 823.31 m 中-低有机质块状粉砂岩

图 4.11　中-低有机质块状粉砂岩及中-低有机质变形层理粉砂岩

(2) 中-低有机质变形层理粉砂岩。

中-低 TOC 变形细粉砂岩,在岩心上发育大量变形层理。薄片上常见冲刷及侵蚀现象

(图4.11)。TOC含量在0~4%之间;石英长石含量占50%以上,为棱角状,磨圆度差。垂向上常与凝灰岩伴生,由地震诱导发育于半深湖震积细砂岩附近。

(3)高有机质块状粉砂岩。

高TOC块状细粉砂岩,在岩心上为块状,薄片上各物质组分杂乱堆积,无明显层理。TOC含量在4%以上,石英长石含量占50%以上。薄片石英为棱角状,磨圆度差(图4.12)。由风暴诱发浊流形成于深湖区风暴浊积细砂岩附近。

(A)永1011井,1 747.7 m高有机质变形层理粉砂岩　(B)永1011井,1 748.36 m高有机质变形层理粉砂岩

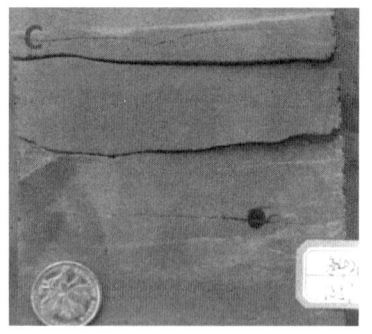 

(C)永426井,1 860.4 m高有机质块状粉砂岩　(D)永426井,1 857.8 m高有机质块状粉砂岩

图4.12　高有机质块状粉砂岩及高有机质变形层理粉砂岩

(4)高有机质变形层理粉砂岩。

高TOC变形层理细粉砂岩,在岩心上发育大量变形层理。薄片上常见冲刷及侵蚀现象。TOC含量在4%以上;石英长石含量占50%以上,为棱角状,磨圆度差。垂向上常与凝灰岩伴生(图4.12)。由地震诱发的浊流形成于深湖区震积细砂岩附近。

（5）中-低有机质纹层状细粉砂岩。

中-低 TOC 纹层状细粉砂岩，在岩心上可见明显纹层状层理且有侵入（图 4.13）。薄片上可见明暗相间的纹层。TOC 含量在 0～4%之间。石英长石含量占 50%以上。薄片上石英磨圆度较好。

在岩心上有侵入的为地震沉积，在岩心上未见侵入的为风暴沉积。

 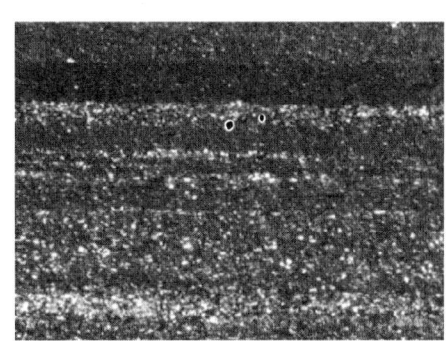

（A）永 1011 井，1 736.02 m 中-低有机质纹层状　　（B）永 1011 井，1 777.53 m 中-低有机质纹层状
　　　　　　细粉砂岩　　　　　　　　　　　　　　　　　　　细粉砂岩

 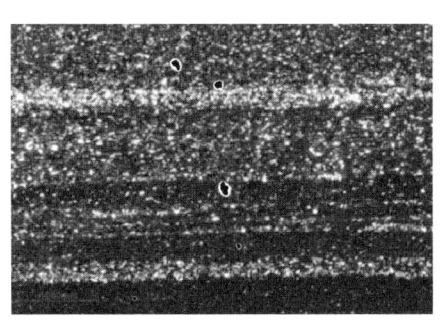

（C）永 1011 井，1 722.29 m 中-低有机质纹层状　　（D）永 1011 井，1 777.53 m 中-低有机质纹层状
　　　　　　细粉砂岩　　　　　　　　　　　　　　　　　　　细粉砂岩

图 4.13　中-低有机质纹层状细粉砂岩

（6）高有机质纹层状细粉砂岩。

高 TOC 纹层状细粉砂岩，在岩心上可见明显纹层状层理（图 4.14）。薄片上可见明暗相间的纹层。TOC 含量在 4%以上。石英长石含量占 50%以上。

（A）永1011井，1 777.45 m高有机质纹层状细粉砂岩

（B）永1011井，1 757.8 m高有机质纹层状细粉砂岩

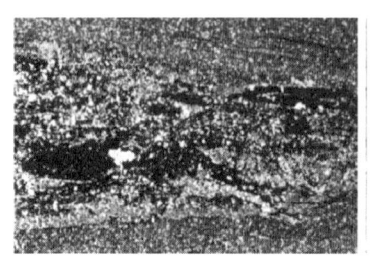
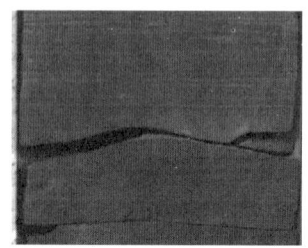

（C）永1011井，1 773.3 m高有机质纹层状细粉砂岩

（D）永1011井，1 744.55 m高有机质纹层状细粉砂岩

图4.14　高有机质纹层状细粉砂岩

3. 黏土岩

（1）中-低有机质纹层状黏土岩。

中-低TOC纹层状黏土岩，在岩心上为纹层状（图4.15）。薄片上为弱纹层。TOC含量在0~4%之间。石英长石含量占50%以下，为正常静水沉积。

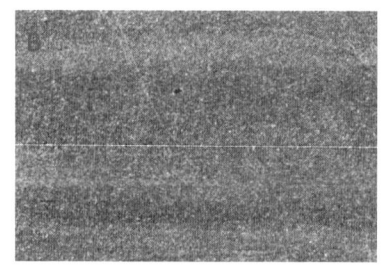

（A）永1011井，1 768.96 m中-低有机质纹层状黏土岩

（B）永1011井，1 771.1 m中-低有机质纹层状黏土岩

第 4 章 层序地层划分与沉积演化特征

（C）永 1011 井，1 759.1 m 中-低有机质纹层状黏土岩　　（D）永 1011 井，1 771.1 m 中-低有机质纹层状黏土岩

图 4.15　中-低有机质纹层状黏土岩

（2）高有机质纹层状黏土岩。

高 TOC 纹层状黏土岩，在岩心上为纹层状（图 4.16），薄片上见纹层或弱纹层。TOC 含量在 4% 以上。石英长石含量在 50% 以下，为正常静水沉积。

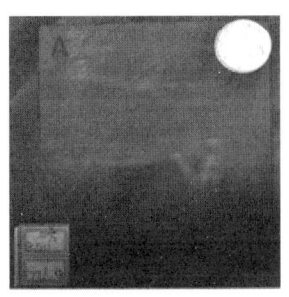 

（A）永 1011 井，1 776.58 m 高有机质纹层状黏土岩　（B）永 1011 井，1 772.3 m 高有机质纹层状黏土岩

 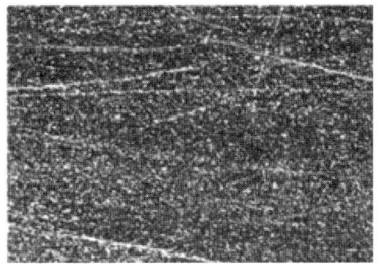

（C）永 1011 井，1 745.25 m 高有机质纹层状黏土岩　（D）永 1011 井，1 761.4 m 高有机质纹层状黏土岩

（E）永 1011 井，1 777.29 m 高有机质纹层状黏土岩　（F）永 1011 井，1 777.95 m 高有机质纹层状黏土岩

图 4.16　高有机质纹层状黏土岩

4. 凝灰岩

凝灰岩是一种火山碎屑岩，其组成的火山碎屑物质有 50% 以上的颗粒直径小于 2 mm，成分主要是火山灰，外貌疏松或致密，有层理的称为层凝灰岩，颜色多样，有紫红色、灰白色、灰绿色等（图 4.17）。块状或层状，由火山较细粒的碎屑堆积而成，有时薄层的凝灰岩常与沉积物相伴，为火山喷发沉积，在研究区为震积沉积的指示相。

 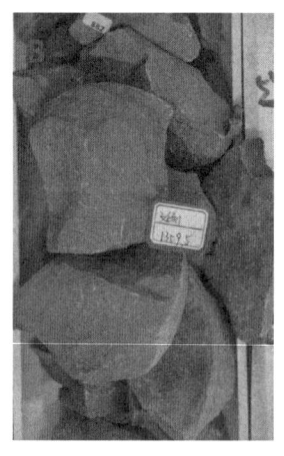 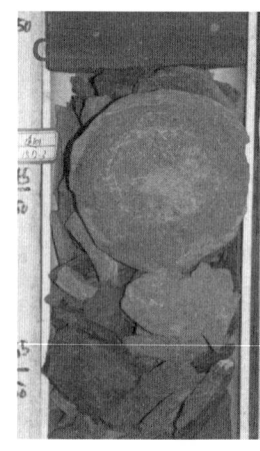

（A）延页 1 井，1 509.7 m 凝灰岩　（B）延页 1 井，1 359.5 m 凝灰岩　（C）延页 1 井，1 517.3 m 凝灰岩

第 4 章　层序地层划分与沉积演化特征　　151

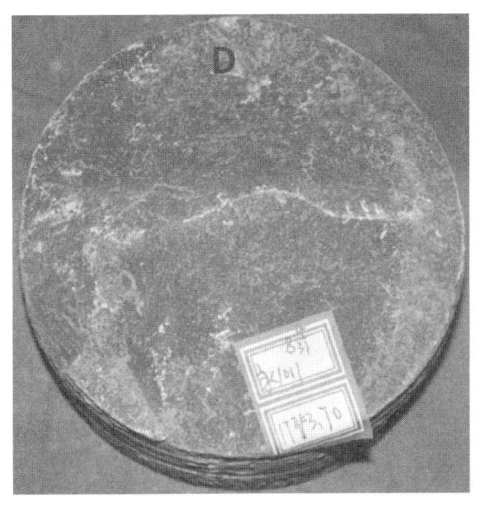
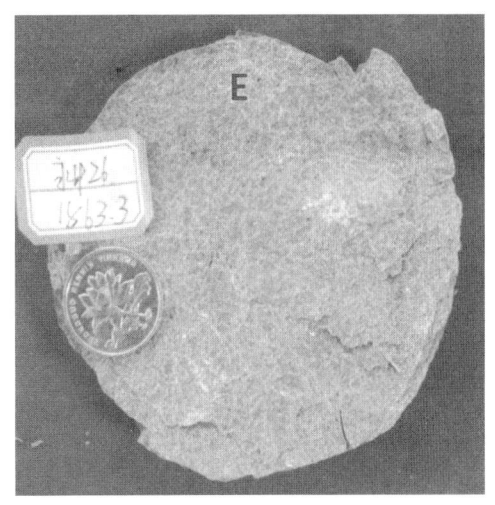

（D）永 1011 井，1 743.7 m 凝灰岩　　　　（E）永 426 井，1 863.3 m 凝灰岩

图 4.17　凝灰岩

4.2.2　岩相组合

1. 风暴细砂岩

风暴细砂岩发育于正常浪基面到风暴浪基面之间的半深湖环境。风暴细砂岩中的砂岩，由风暴所引起的风浪破坏附近的三角洲，造成砂体的破坏再沉积。风暴细砂岩由变形层理细砂岩、平行层理细砂岩、块状层理细砂岩、丘状和洼状层理细砂岩、浪成沙纹层理细砂岩等五种岩相相互组合而成（图 4.18）。风暴细砂岩的识别标志分为如下几种。

（1）风暴流下的反粒序。

在风暴生成初期，风暴作用力较小，受到的影响较弱，此时风暴所能影响的沉积物粒度较细。随着风暴的成熟，风浪作用力越来越强，所影响的沉积物粒度越来越粗，此时风暴细砂岩的序列上砂岩粒度也越来越粗，表现为下细上粗的反粒序；随着风暴的消亡，风暴的作用力也越来越弱，所能影响的沉积物粒度也越来越细，此时风暴细砂岩的垂向序列表现为由粗变细正粒序特征。

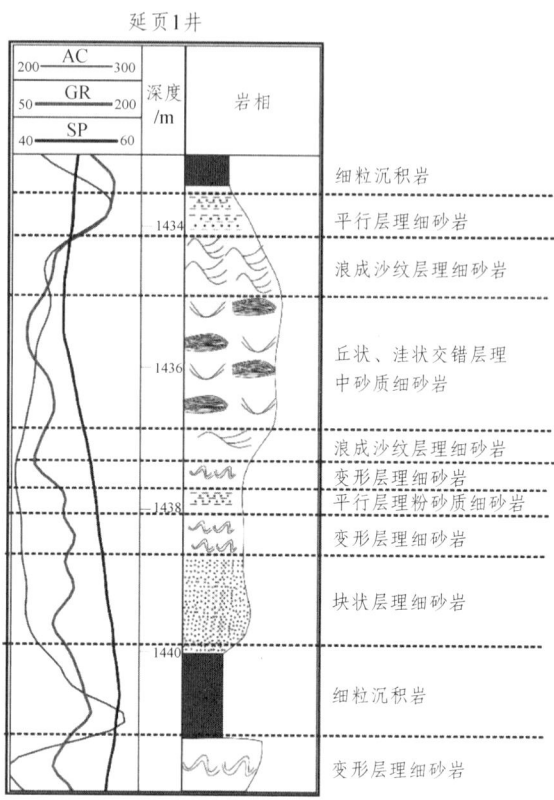

图 4.18　风暴细砂岩岩相组合

（2）大量的丘状、洼状交错层理。

丘状和洼状交错层理是风暴岩中最典型的沉积构造。丘状交错层理表现为圆丘状的向上隆起，其内部纹层的曲面上凸并向四周宽缓倾斜；洼状交错层理表现为一系列彼此呈低角度交切的浅洼，其内部纹层倾角很小。丘状和洼状交错层理的成因及发育程度主要受沉积物粒度、水体性质、地形坡度以及波浪规模等因素控制。志丹-富县地区长 8 油层组的岩性主要为灰色粉砂岩—细砂岩，缺乏生物扰动现象。永 426 井 1804.00～1805.50 m 岩心段的岩性为灰色细砂岩，岩心观察可见丘状和洼状交错层理，其纹层整体表现为向上呈宽缓隆起和向下呈浅洼，内部纹层的倾角为 8°～12°，丘高为 2.0～3.5 cm（图 4.19）。分析表明，志丹-富县地区三叠系延长组长 8 油层组中发育典型的风暴沉积构造，且风暴浪作用较为强烈。

第 4 章　层序地层划分与沉积演化特征

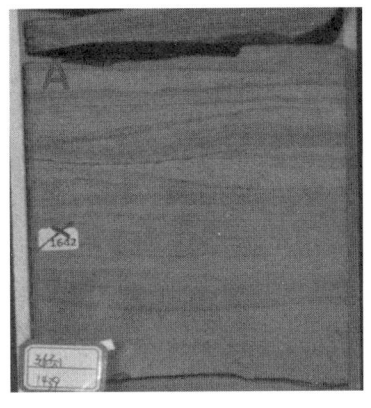

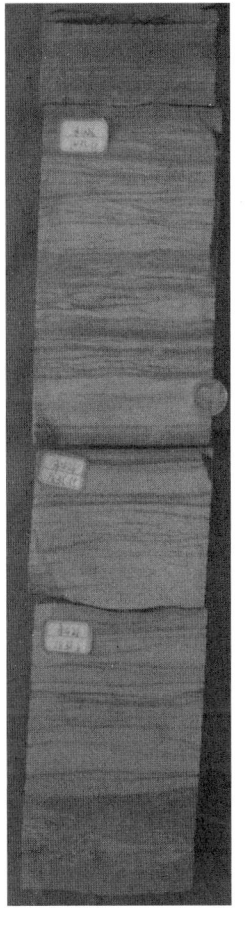

（A）延页 1 井，1 439 m 丘状、洼状交错层理细砂岩　（B）永 1011 井，1 681.20 m 丘状、洼状交错层理细砂岩

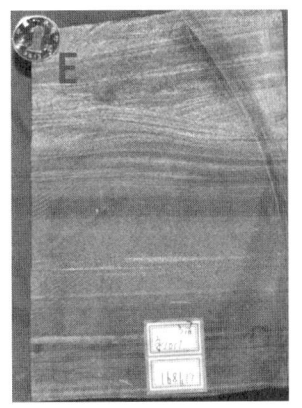

（D）延页 1 井，1 438.7 m 丘状交错层理　（E）永 1011 井，1 681.17 m 丘状交错层理　（C）永 426 井，1 835.55 m 似鲍马序列

图 4.19　风暴细砂岩

2. 风暴浊积细砂岩

风暴浊积细砂岩，发育于风暴浪基面之下的深湖区。风暴触及不到风暴浪基面之下，但在风暴最强盛的时期，影响的沉积物多，沉积迅速，砂体以浊流的形式向深湖区发展。风暴浊积细砂岩由变形层理细砂岩、平行层理细砂岩、块状层理细砂岩、波状层理四种岩相相互组合而成（图 4.20）。风暴浊积细砂岩的识别标志分为以下几种。

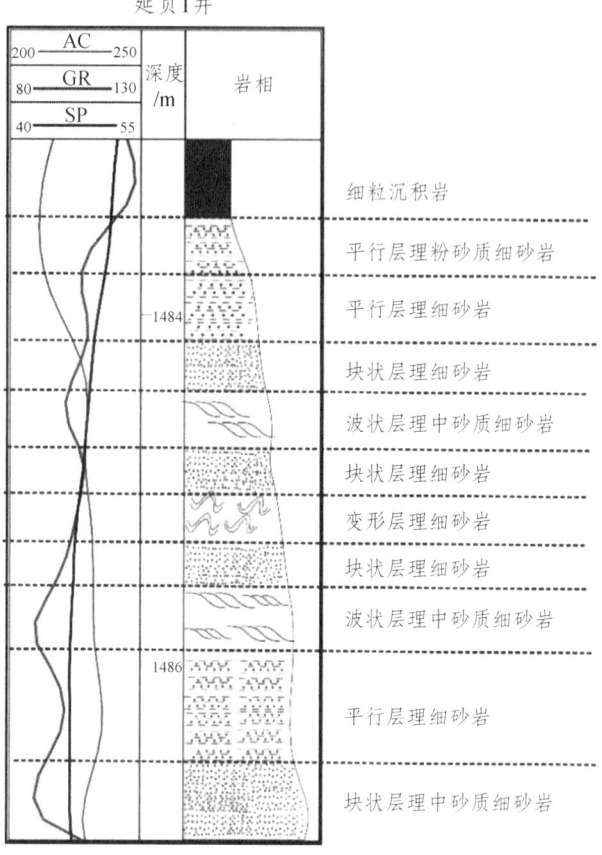

图 4.20 风暴浊积细砂岩岩相组合

（1）正粒序为主。

在风暴生成初期，风暴作用力较小，受到的影响较弱。此时风暴所能影响的范围有限；随着风暴的成熟，风浪作用力越来越强，所影响的沉积物粒度越来越粗，影响的范围扩大，并且沉积物大量迅速沉积，砂体以浊流的形式向深湖区推进。砂体粒度较粗。随着风暴的消亡，风暴的作用力也越来越弱，所能影响的沉积物粒度也越来越细，能向深湖区输入的砂体粒度也越来越细，形成由粗向上变细的正粒序（图 4.21）。

（2）无丘状、洼状交错层理及剧烈的变形层理。

丘状、洼状交错层理就是风暴作用下明显的识别标志。风暴浪基面之下风暴已经无法触及，则无丘状、洼状交错层理。加之在深湖区，水体环境较为平静，剧烈的变形也不会发生。

第4章 层序地层划分与沉积演化特征

（A）延页1井，1 486.7 m 块状　（B）永1011井，1 729.68 m 变形　（C）永1011井，1 731.07 m 块状
　　　层理细砂岩　　　　　　　　　　　层理细砂岩　　　　　　　　　　　层理细砂岩

  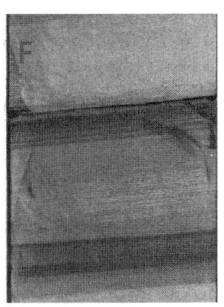

（D）延页1井，1 483.5 m 波状　（E）永1011井，1 730.11 m 变形　（F）永426井，1 817.06 m 平行
　　　层理细砂岩　　　　　　　　　　　层理细砂岩　　　　　　　　　　　层理细砂岩

图 4.21　风暴浊积细砂岩

（3）平面上位于风暴细砂岩的前端。

随着风暴的成熟，风浪作用力越来越强，所影响的沉积物粒度越来越粗，影响的范围扩大，并且沉积物大量迅速沉积，砂体以浊流的形式向深湖区推进，这样的形成机制就决定了风暴浊积细砂岩在平面上位于风暴细砂岩的前端。

3. 震积细砂岩

震积细砂岩由地震诱发，强烈的地震破坏了滨浅湖地区的三角洲沉积，使其向深湖区推移。理论上，在浅湖、半深湖、深湖区均可发育震积细砂岩，但在本研究区震积细砂岩多发育在深湖区。浅湖区的震积细砂岩在波浪的作用下被破坏，未能保存下来。在火山喷发的同时，伴随着大量的地震活动，因此常与凝灰岩伴生。震积细砂岩常见块状细砂岩、平行层理细砂岩、变形层理细砂岩、波状层理细砂岩四种岩相组合。震积细砂岩的识别标志分为如下几种。

（1）垂向上和凝灰岩伴生。

在火山喷发的同时，伴随着大量的地震活动。在火山喷发的同时形成大量凝灰岩，随着地震活动，与砂体以浊流形式向深湖推进。因此震积细砂岩常与凝灰岩伴生（图4.22）。

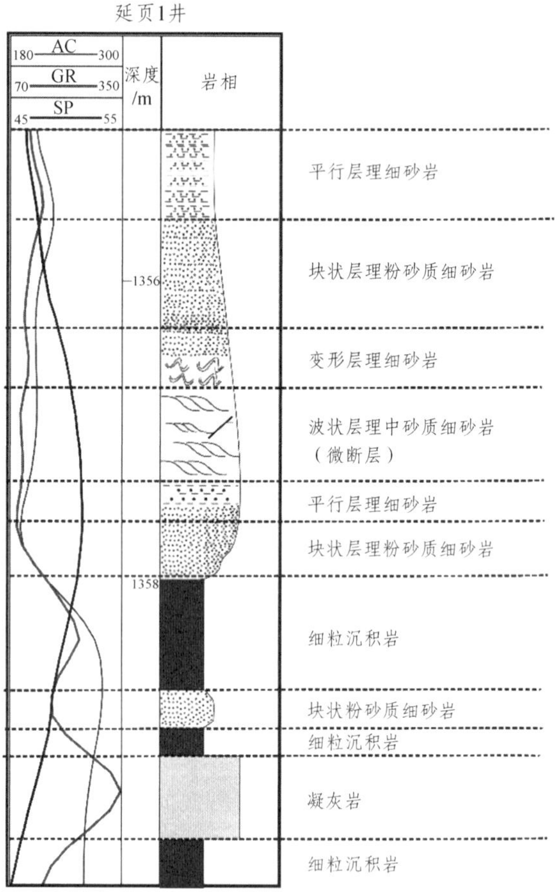

图 4.22 震积细砂岩岩相组合

（2）大量微断层，强烈的变形层理。

地震能量巨大且迅猛，主震过后，余震不断，会使沉积的新地层发生强烈的变形层理，并且使地层产生大量的微断层，同生断层。因此大量强烈变形层理及同生断层也是其判别的一个标志（图4.23）。

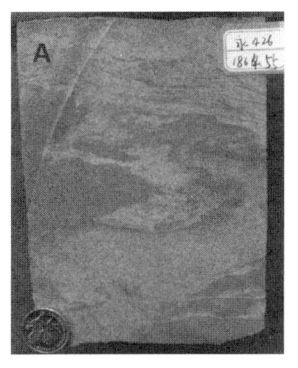  

（A）永 426 井，1 864.55 m 变形层理　　（B）永 426 井，1 854.5 m 强烈变形　　（C）永 426 井，1 844.65 m 强水动力撕裂下部的泥岩，形成漂浮泥砾

 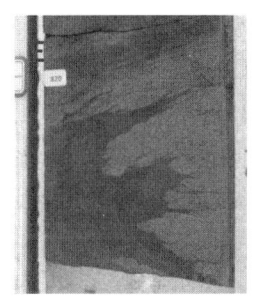 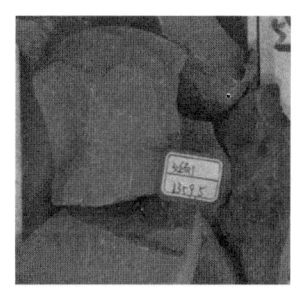

（D）延页 1 井，1 357.8 m 微断层　　（E）延页 1 井，1 344.7 m 撕裂变形　　（F）延页 1 井，1 359.5 m 凝灰岩

图 4.23　震积细砂岩

4.2.3　岩相发育模式

1. 风暴沉积

在风暴浪的作用下，原地沉积受到破坏之后再次进行了沉积。在风暴浪的作用下滨浅湖多形成滩坝；随着水深加大，在正常浪基面到风暴浪基面之间的半深湖区域形成风暴沉积；在到达风暴浪基面之下的深湖区，风暴已无法触及，但风暴期间的沉积物大量迅速沉积，以风暴诱发浊流的形式在深湖区沉积（图 4.24）。

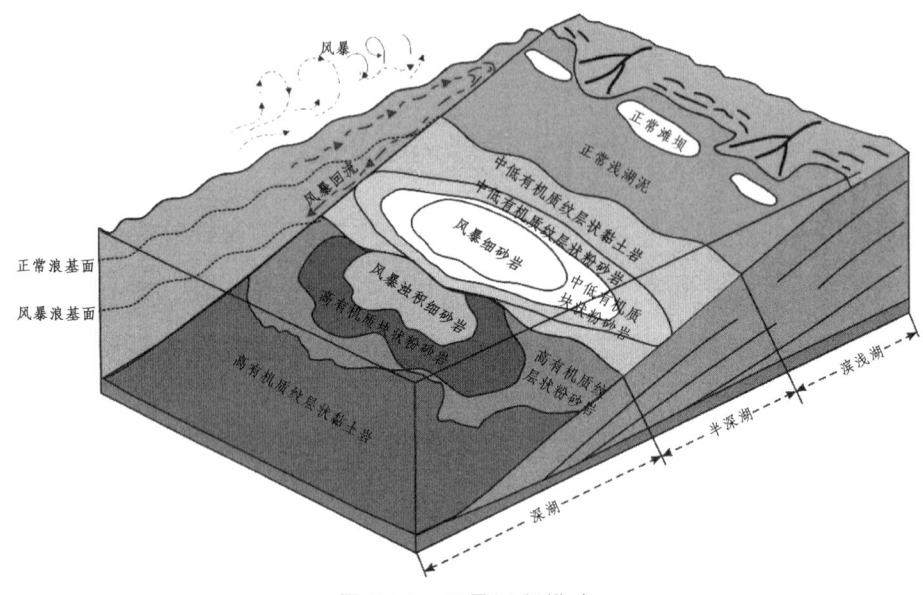

图 4.24 风暴沉积模式

大量风暴细砂岩发育于正常浪基面之下、风暴浪基面之上的半深湖区，此时风暴作用力强，大量陆源输入，在正常浪基面之下砂体迅速沉积；中低 TOC 块状细粉砂岩（无侵入）发育于湖平面以下、风暴浪基面以上。风暴带来了大量的陆源输入，风暴事件发生迅速且影响深，沉积物迅速堆积形成块状堆积。加之水体较浅有机物易被氧化，保存条件不充足，TOC 含量较低；中-低有机质纹层状细粉砂岩（无侵入）则发育于中-低有机质块状粉砂岩侧缘及前端，在风暴浪影响力减弱的侧缘及前端，沉积物粒度较风暴中心的沉积物小，湖浪作用力较为微弱，沉积物缓慢堆积，形成纹层状层理。加之水体较浅有机物易被氧化，保存条件不充足，TOC 含量较低。

风暴浊积细砂岩发育于风暴浪基面之下的深湖区。随着水深加大，风暴浪基面之下，风暴作用力已无法触及，但在风暴浪作用力强势时，沉积物迅速沉积，部分风暴砂岩以浊流的形式向深湖区推进；高有机质块状粉砂岩（无侵入）发育于风暴浪基面以下。风暴浪基面以上风暴带来了大量的陆源输入，风暴事件发生迅速且影响深，沉积物迅速堆积，形成块状堆积并向湖底推进下滑。此时水体较深，处于还原环境，保存条件充足，TOC 含量较高；高 TOC 纹层状细粉砂岩（无侵入）发育于高有机质块状粉砂岩侧缘及前端更靠近湖盆底部。风暴浪基面以上风暴带来了大量的陆源输入，风暴浪基面之下风暴事件波及不到此处，但风暴所带来的陆源输入沉积物向湖底推进下滑。高有机质块状粉砂岩的侧缘及前端受到浊流影响较小，水动力较弱，形成纹层状堆积。此时水体更深，处于还原环境，保存条件充足，TOC含量较高。

2. 地震沉积

震积沉积是由于火山喷发，并伴随大量地震事件发生，破坏了滨浅湖地区的三角洲沉积，使其向深湖区推移。理论上，在浅湖、半深湖、深湖区均可发育震积细砂岩，但在本研究区震积细砂岩多发育在半深湖、深湖区。滨浅湖地区的震积细砂岩受到湖浪作用，未能保存；中-低有机质变形粉砂岩一般发育于湖平面以下，伴随震积浊积细砂岩沉积。火山地震带来了大量的陆源输入，地震事件发生迅速且影响深，沉积物迅速堆积形成块状堆积且发生变形，在岩心上见变形层理。加之水体较浅有机物易被氧化，保存条件不充足，TOC含量较低；中-低有机质纹层状细粉砂岩一般发育于湖平面以下、中-低有机质变形层理粉砂岩的侧缘及前端。火山地震诱发的浊流沉积，其作用力较中心部位弱，所带的陆源输入沉积物粒度变小，堆积形成纹层状堆积且在岩心上见侵入痕迹（图4.25）。加之水体较浅有机物易被氧化，保存条件不充足，TOC含量较低。

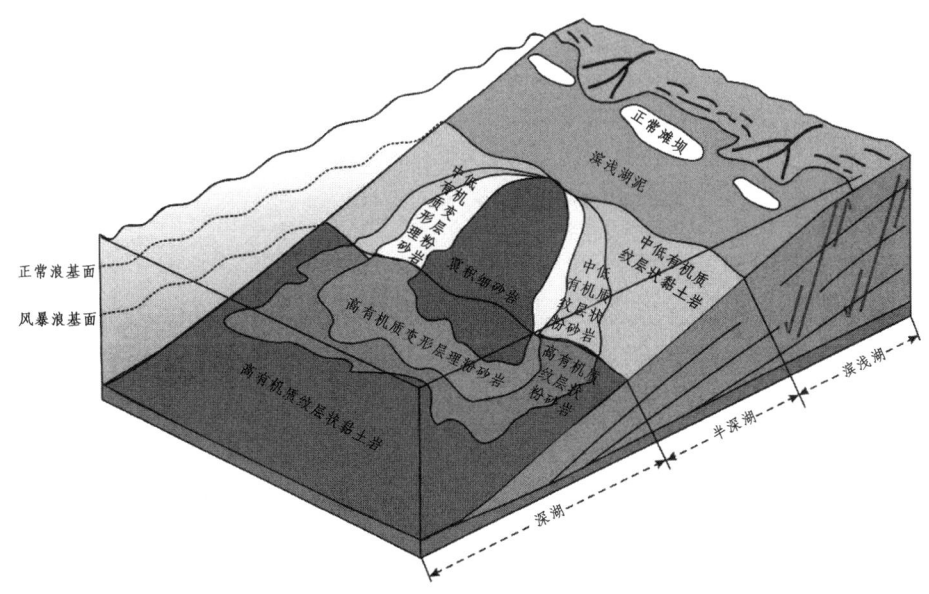

图4.25 震积沉积模式

当火山地震作用力较强时，为浊流的形成提供搬运动力，部分震积细砂岩则可到达风暴浪基面以下的深湖区；高有机质变形层理细粉砂岩一般发育在有大量断层的风暴浪基面以下。火山地震带来了大量的陆源输入，地震事件发生迅速且影响深，沉积物迅速堆积形成块状堆积且发生变形，在岩心上见变形层理。加之水体较深，有机物处于还原环境，保存条件充足，TOC 含量较高；高有机质纹层状细粉砂岩（有侵入）一般发育在有大量断层的风暴浪基面以下、高有机质变形层理粉砂岩侧缘及靠近湖盆底部的前端。火山地震带来了大量的陆源输入，地震事件在此时影响较中心弱。但地震事件带来的陆源输入仍向湖底搬运，由于水动力较弱，沉积物呈纹层状堆积，但地震事件过后余震不断，岩心上见侵入痕迹。加之水体较深，有机物处于还原环境，保存条件充足，TOC 含量较高。

3. 正常沉积

纹层状黏土岩发育在正常沉积环境下，此时湖盆环境稳定，无事件沉积发生。中低有机质纹层状黏土岩发育于正常浪基面之下、风暴浪基面之上的半深湖地区。无风暴、火山地震等事件的外力作用，水动力弱，陆源输入无法达到，仅有黏土级黏土矿物和有机质能够搬运并沉积，黏土矿物和有机质密度低，一起混杂沉降，纹层清晰。但水体较浅有机物易被氧化，保存条件不充足，TOC 含量较低；高有机质纹层状黏土岩发育于风暴浪基面之下的深湖地区。无风暴、火山地震等事件的外力作用，水动力弱，陆源输入无法达到，仅有黏土级黏土矿物和有机质能够搬运并沉积，黏土矿物和有机质密度低，一起混杂沉降，纹层清晰。此处水体较深，属于还原环境，保存条件充足，TOC 含量高（图 4.26）。

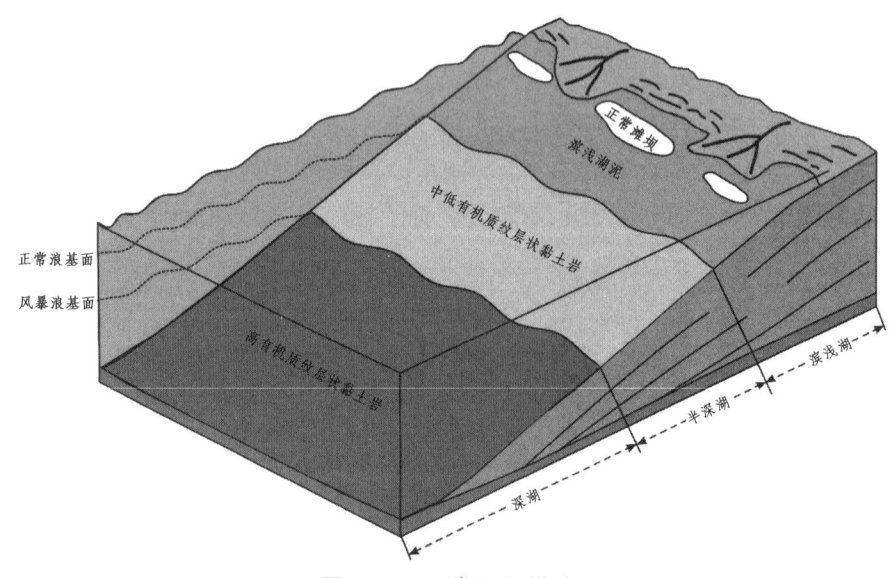

图 4.26　正常沉积模式

4.2.4 沉积相平面展布特征

1. 低位体系域早期

低位体系域准层序组 1 时期为低位体系域水体相对较浅时期,该时期研究区在东北方向主要发育了三角洲沉积和滩坝沉积,靠近中部发育有平行于岸线分布的风暴沉积,向西南方向进一步发育了半深湖-深湖泥等(图 4.27)。沉积相平面展布中的风暴沉积发育区有较大的砂地比值(图 4.28),而在半深湖湖泥滩发育区,砂地比普遍较小。风暴沉积发育的规模较大,累计砂体厚度较大,为有利砂体发育位置。从分布区域看,主要可分为四个区;从发育程度看,主要以坝砂为主,滩砂相对较少;从砂地比等值线图上来看,风暴砂坝超过 0.52,而坝砂基本在 0.64 以上。

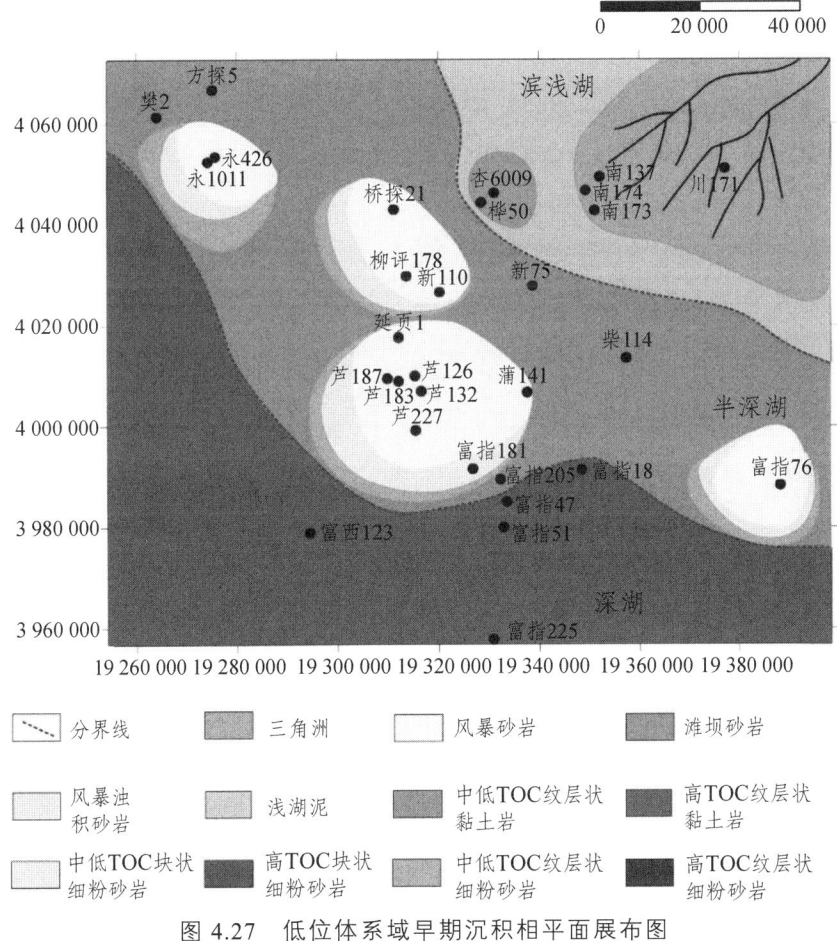

图 4.27 低位体系域早期沉积相平面展布图

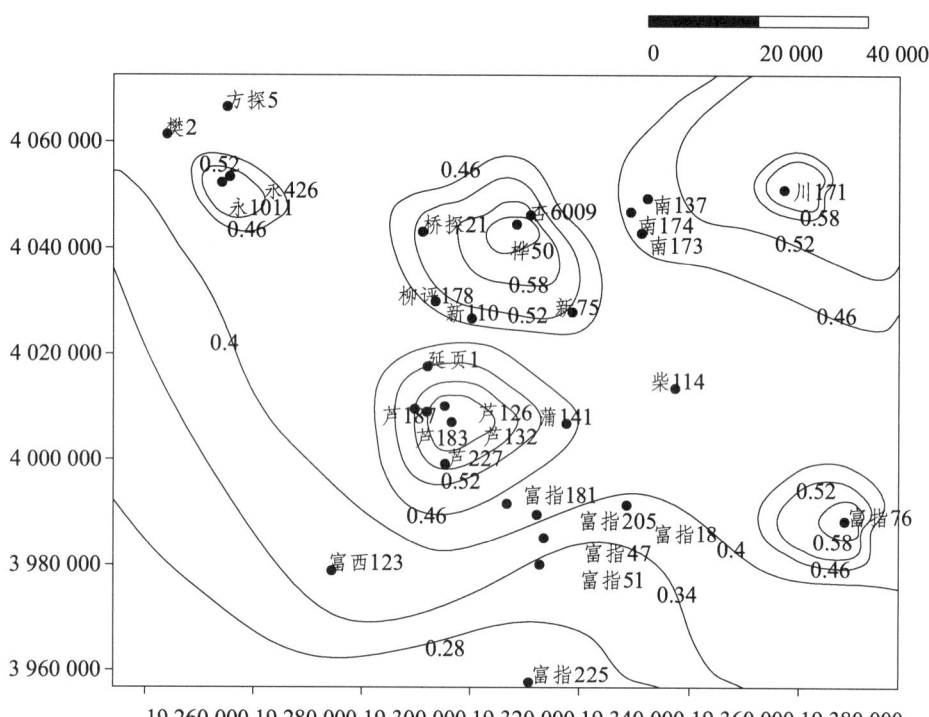

图 4.28 低位体系域早期砂地比图

2. 低位体系域中期

准层序组 2 时期为低位体系域内水体相对加深的时期，沉积体系类型及发育情况基本继承了准层序组 1 的特点，仍然发育三角洲、滩坝和风暴沉积及湖相沉积（图 4.29）。准层序组 2 主要砂体类型也为风暴砂岩，分布面积变化不大。从砂地比等值线图上来看（图 4.30），对其进行定量划分：砂地比>0.55，为风暴砂坝；其中砂地比>0.65，为风暴坝主体；0.55<砂地比<0.65，为风暴坝侧缘。较之准层序组 1 时期相比，三角洲部分发育，随着主水道汇聚，扇体向前迁移。另外，风暴滩坝规模有所增加，仍集中在中半深湖区部分。同时，半深湖-深湖泥沉积相对减小。

研究区西北部永 426 井区、中部柳 178 井区和蒲 141 井区以及东南部的富指 74 井区砂地比较高，发育较大规模的风暴砂岩，其平面形态呈土豆状或椭圆状。研究区西南部砂地比较低，基本在 0.45 以下。

第4章 层序地层划分与沉积演化特征

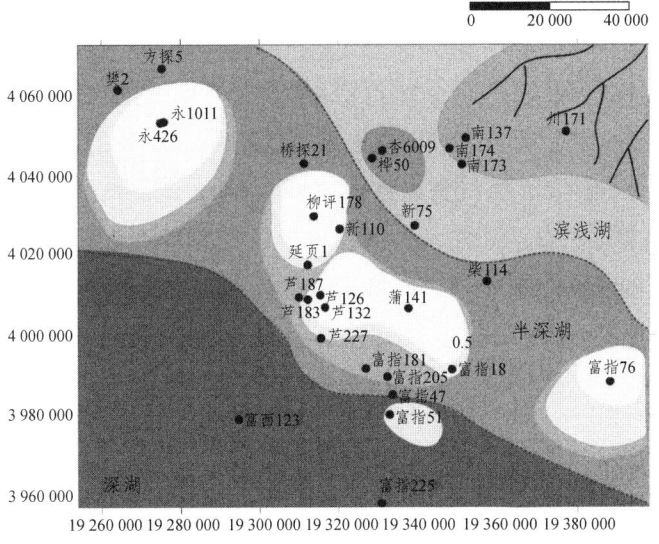

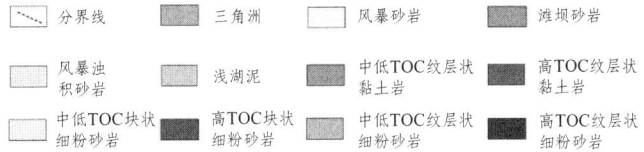

图 4.29 体系域中期沉积相平面展布图

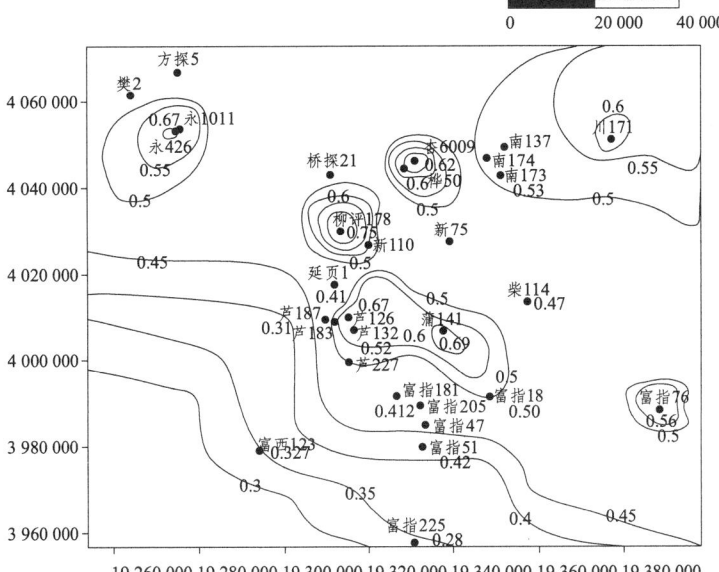

图 4.30 低位体系域中期砂地比图

3. 低位体系域晚期

准层序组 3 为低位体系域最顶部的一个准层序组，其沉积时水体开始缓慢变浅，沉积体系类型及发育情况基本继承了准层序组 2 的特点，仍然发育三角洲、滩坝、风暴沉积及湖相沉积（图 4.31），风暴沉积仍为最重要的砂体类型。西部风暴滩坝的分布面积明显增大，在半深湖-深湖广泛发育风暴沉积。从砂地比等值线图上来看（图 4.32），对其进行定量划分：砂地比>0.52，为风暴砂坝；其中砂地比>0.57，为风暴坝主体；0.52<砂地比<0.57，为风暴坝侧缘。

从整个低位域 3 个准层序组发育情况看，风暴沉积最为发育。总体上，由准层序组 1 到准层序组 3，水体逐渐变浅，以湖退为主间歇性有湖进发生。

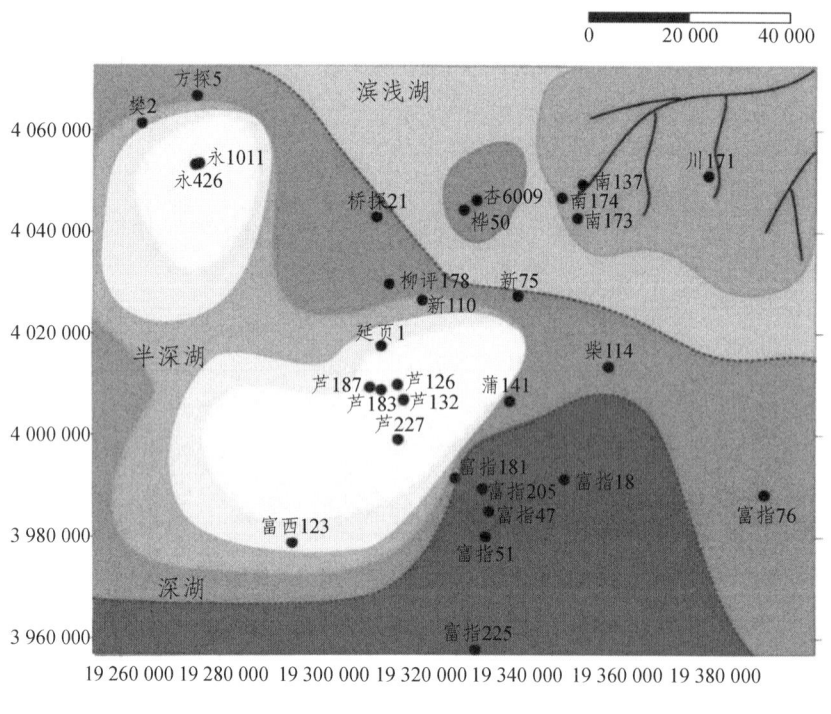

图 4.31 低位体系域晚期沉积相平面展布图

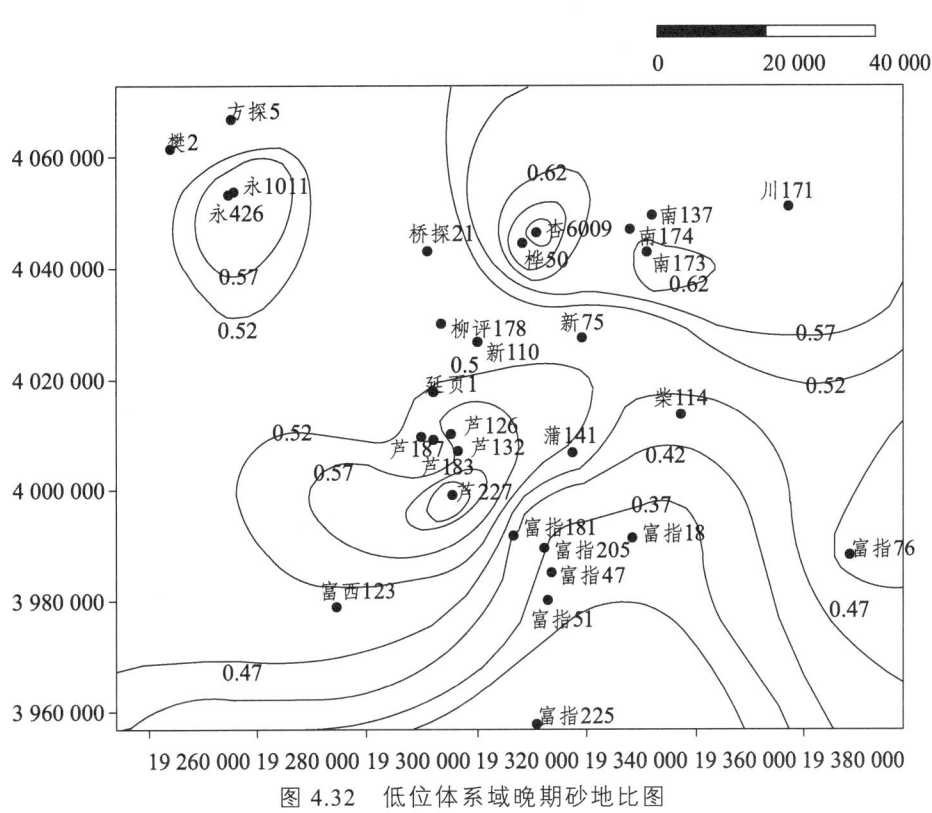

图 4.32　低位体系域晚期砂地比图

4. 湖侵体系域早期

在湖侵体系域早期，水体相对较深，该时期研究区在东北方向主要发育了三角洲沉积和滩坝沉积（图 4.33），向西南方向水体加深，在半深湖发育中-低有机质纹层状黏土岩。向西南方向水深迅速增大，由半深湖环境迅速转变为深湖环境。在深湖环境内大部分发育高有机质纹层状黏土岩，在半深湖与深湖交界的部分发育高有机质纹层状细粉砂岩，向西南方向进一步发育高有机质变形层理粉砂岩，在富指51井附近发育震积细砂岩。对沉积相平面展布中的震积沉积发育区有较大的砂地比值（图 4.34），而在半深湖湖泥滩发育区，砂地比普遍较小。深湖区震积沉积发育的规模较大，累计砂体厚度较大，为有利砂体发育位置，震积细砂岩则是砂地比在 0.45 以上。

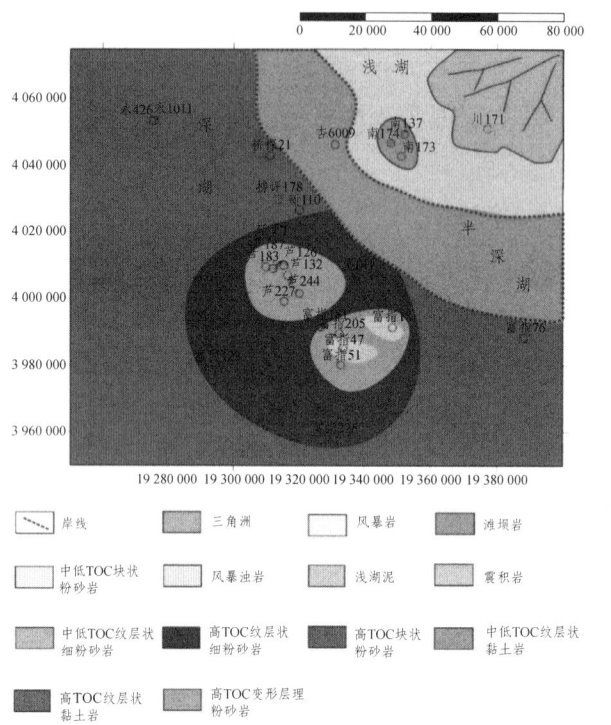

图 4.33　长 7 油层组湖侵体系域早期沉积相平面展布图

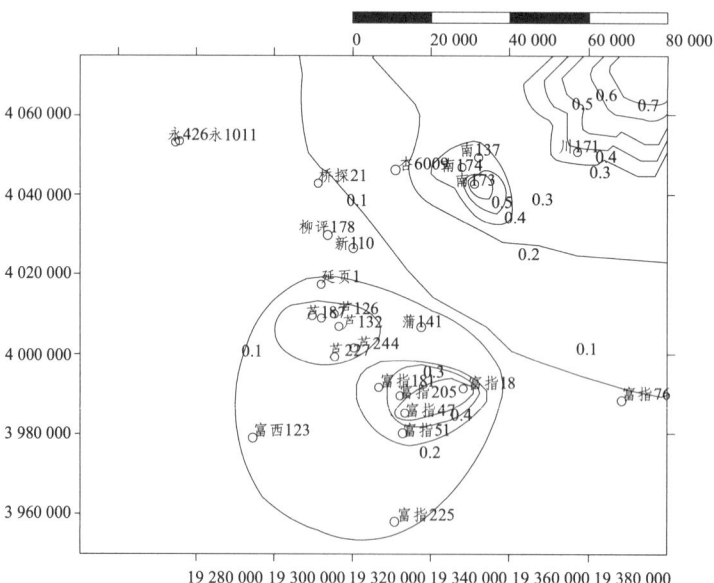

图 4.34　长 7 油层组湖侵体系域早期砂地比图

5. 湖侵体系域晚期

在湖侵体系域晚期，水体相对较深，该时期研究区在东北方向主要发育了三角洲沉积和滩坝沉积，向西南方向水体加深，在半深湖发育中-低有机质纹层状黏土岩（图4.35）。向西南方向水深迅速增大，由半深湖环境迅速转变为深湖环境。在深湖环境内大部分发育高有机质纹层状黏土岩，在半深湖与深湖交界的部分发育高有机质纹层状细粉砂岩，向西南方向进一步发育高有机质变形层理粉砂岩，在富指51井、永426、永1011井附近发育震积细砂岩。对沉积相平面展布中的震积沉积发育区有较大的砂地比值（图4.36），而在半深湖湖泥滩发育区，砂地比普遍较小。深湖区震积沉积发育的规模较大，可见分布为2个区，累计砂体厚度较大，为有利砂体发育位置，震积细砂岩则是砂地比在0.45以上。

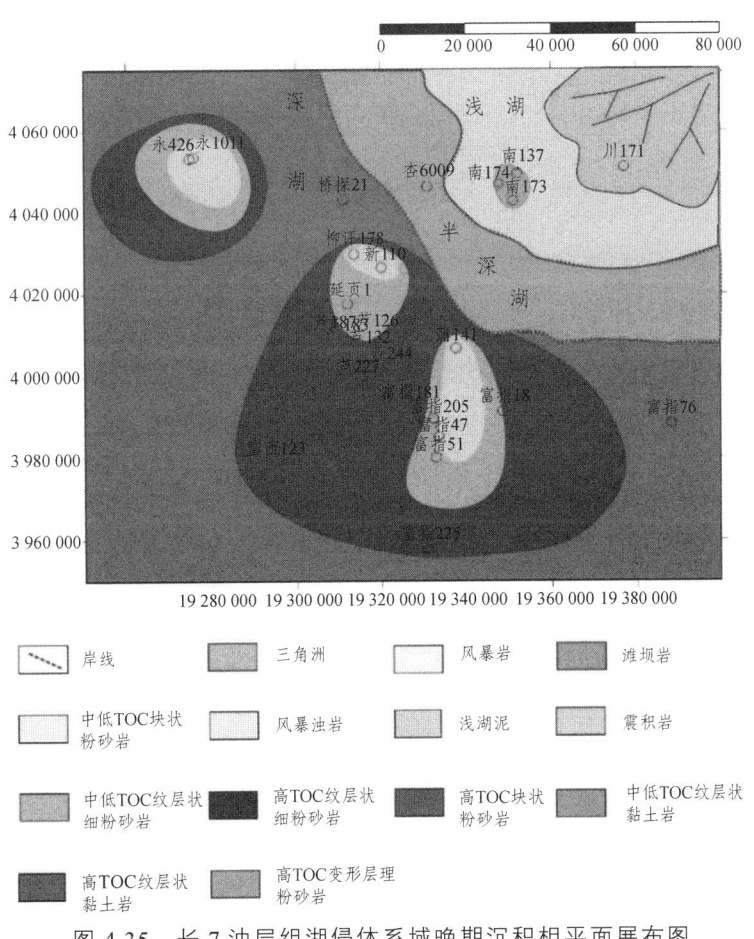

图4.35 长7油层组湖侵体系域晚期沉积相平面展布图

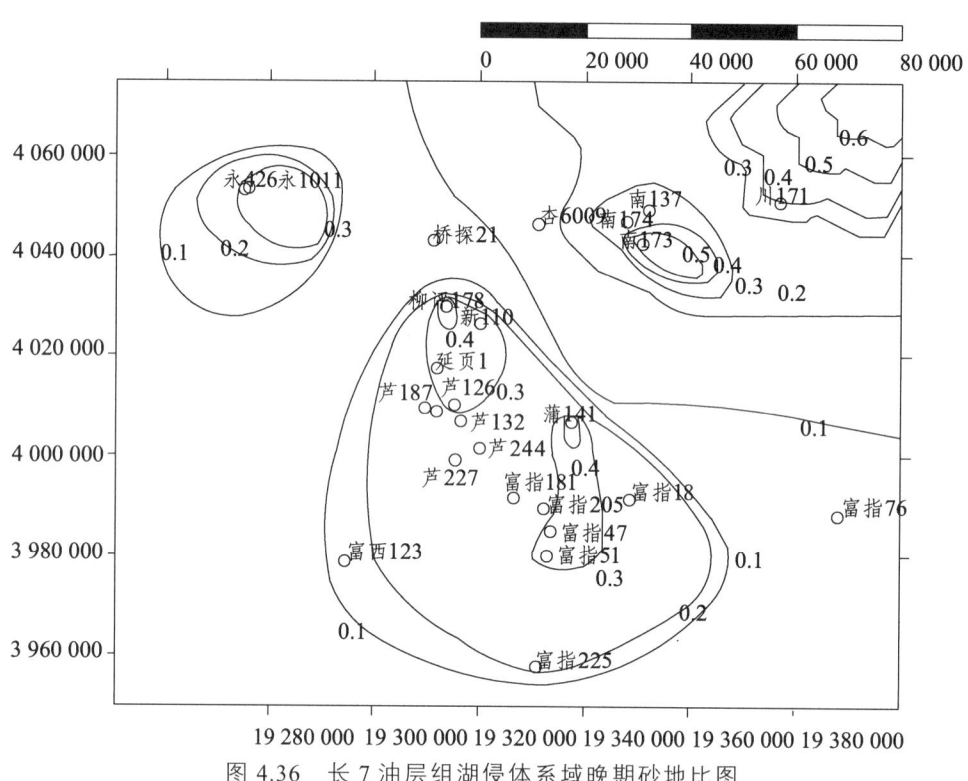

图 4.36　长 7 油层组湖侵体系域晚期砂地比图

6. 高位体系域早期

在高位体系域早期，水体开始减小，该时期研究区在东北方向主要发育了三角洲沉积和滩坝沉积，向西南方向水体加深，在半深湖发育中-低有机质纹层状黏土岩，在中部发育中-低有机质纹层状细粉砂岩、中-低有机质块状粉砂岩及风暴细砂岩（图 4.37）。向西南方向水深迅速增大，由半深湖环境转变为深湖环境。在深湖环境内大部分发育高有机质纹层状黏土岩，在半深湖与深湖交界的部分发育高有机质纹层状细粉砂岩，向西南方向进一步发育高有机质块状粉砂岩，在富指 51 井、永 426 井、永 1011 井、富西 123 井和富指 76 井附近发育风暴浊积细砂岩。对沉积相平面展布中的风暴沉积发育区有较大的砂地比值（图 4.38），而在半深湖湖泥滩发育区，砂地比普遍较小。半深湖区发育风暴沉积，深湖区风暴浊积沉积发育的规模较大，累计砂体厚度较大，为有利砂体发育位置，风暴细砂岩则是在 0.5 以上，风暴浊积细砂岩则在 0.4 以上。

第 4 章 层序地层划分与沉积演化特征

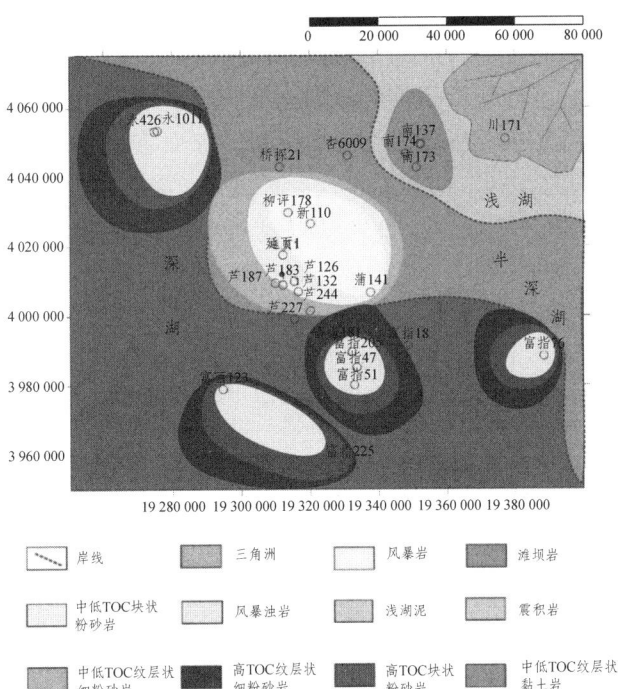

图 4.37 长 7 油层组高位体系域早期沉积相平面展布图

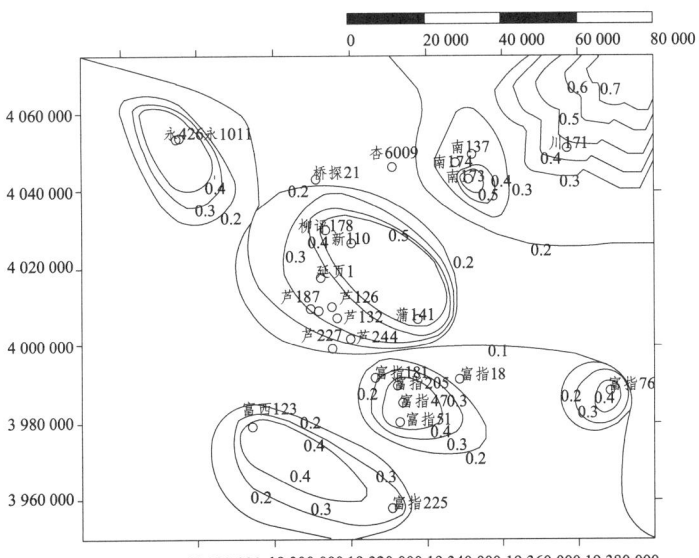

图 4.38 长 7 油层组高位体系域早期砂地比图

7. 高位体系域晚期

在高位体系域晚期，水体继续下降，该时期研究区在东北方向主要发育了三角洲沉积和滩坝沉积，向西南方向水体缓慢加深，在半深湖发育中-低有机质纹层状黏土岩，并发育平行于岸线的风暴砂岩（图4.39）。向西南在深湖环境内大部分发育高有机质纹层状黏土岩，在半深湖部分发育中-低有机质纹层状细粉砂岩，向西南方向进一步发育中-低有机质块状粉砂岩，在桥探21井、富指51井、富西123井、富指225井和富指76井附近发育风暴细砂岩。对沉积相平面展布中的震积沉积发育区有较大的砂地比值（图4.40），而在半深湖湖泥滩发育区，砂地比普遍较小。半深湖区风暴沉积发育的规模较大，累计砂体厚度较大，为有利砂体发育位置，风暴细砂岩则是在0.5以上。

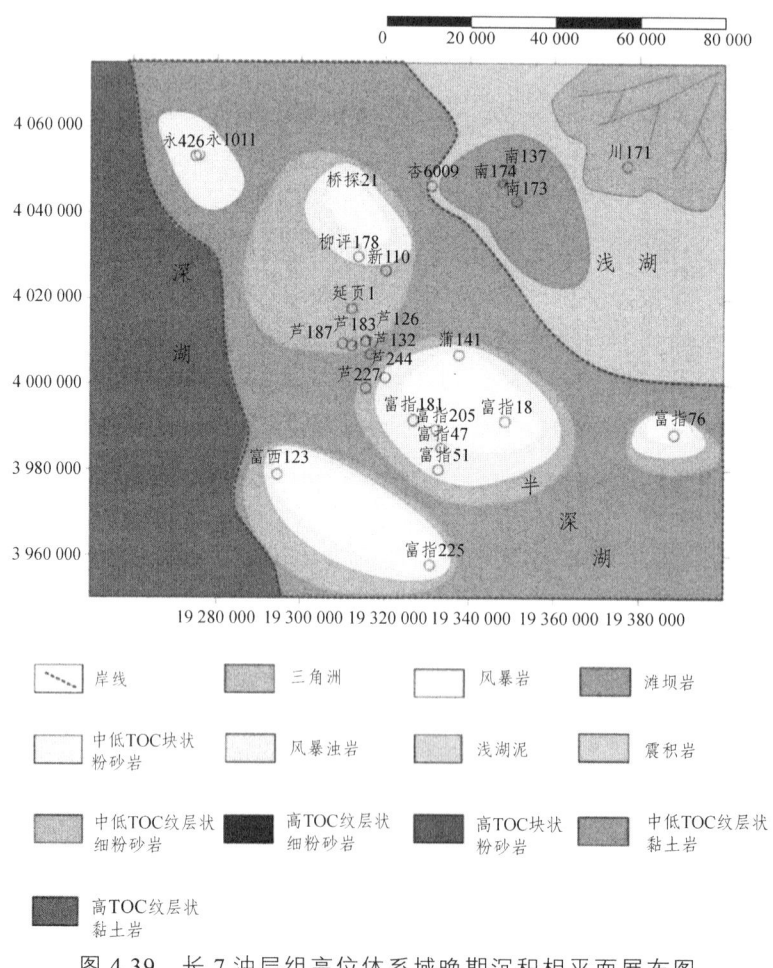

图4.39 长7油层组高位体系域晚期沉积相平面展布图

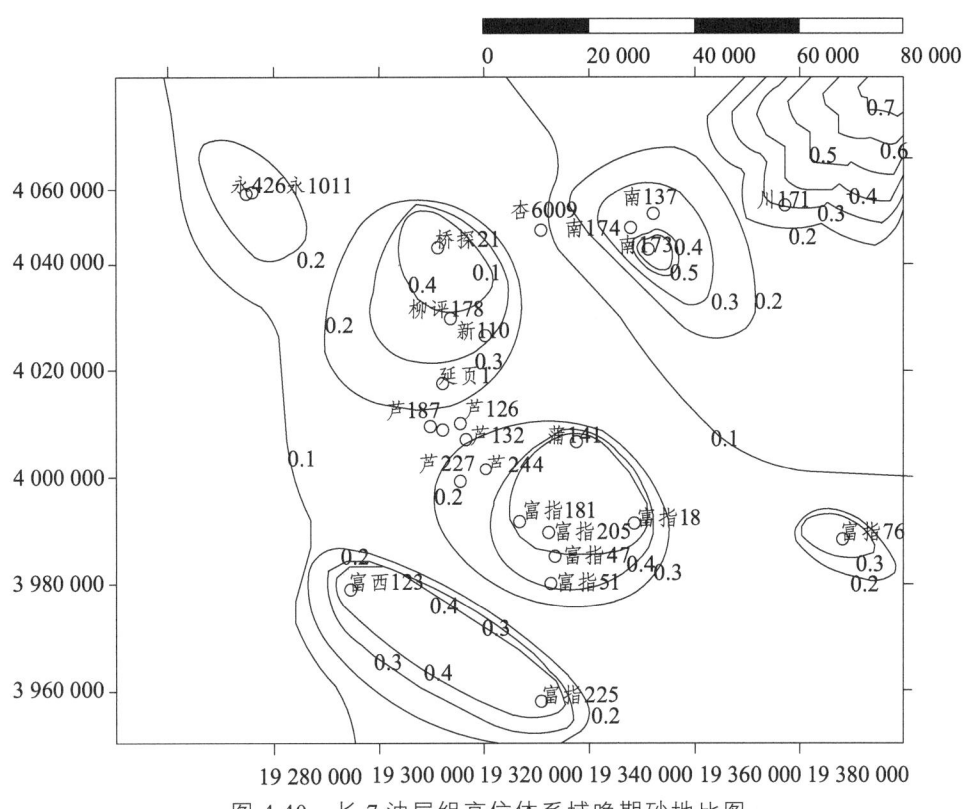

图 4.40　长 7 油层组高位体系域晚期砂地比图

4.2.5　风暴岩发育地质背景分析

风暴岩是指风暴作用后所形成的沉积岩,随着研究的深入,有学者提出了风暴沉积的概念,泛指所有风暴作用形成的沉积物。国外学者对于风暴岩的研究开始于 20 世纪 60~70 年代,并在 70~80 年代逐渐完善风暴沉积理论。我国学者对风暴沉积的研究相对较晚,开始于 20 世纪 80 年代初。随着研究的不断深入,在川中地区中下寒武统、鲁南新元古界、华北地台早古生代、黔西北丁台地区下寒武统、鄂尔多斯盆地内部石盒子组、利津洼陷等地区均有风暴沉积的发现。在研究区多处发现风暴沉积,结合前人对风暴岩发育规律的归纳总结,可以以鄂尔多斯盆地延长组风暴岩的发育背景进行分析。

风暴沉积理论认为,风暴作用的影响范围主要集中于纬度 5°~45°区域,而在鄂尔多斯盆地延长组沉积时期,鄂尔多斯湖盆位于北纬 25°~30°区域附近,相当于现在的江浙地区,因此受到强台风或风暴作用是完全有可能的(图 4.41、图 4.42)。

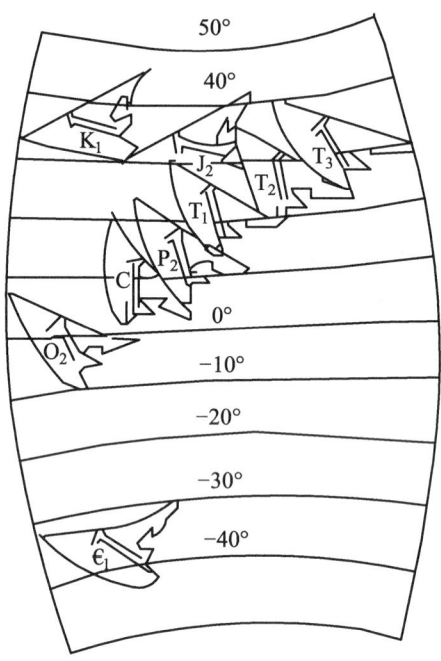

图 4.41　华北板块古板块运动图

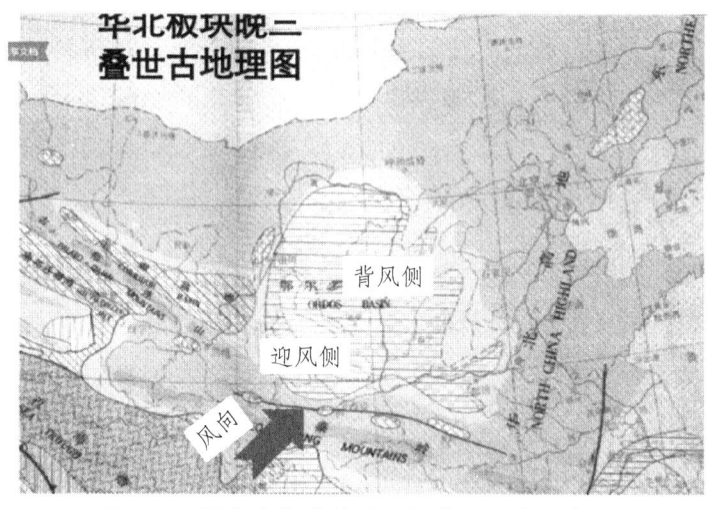

图 4.42　鄂尔多斯盆地受风场作用影响示意图

前人的研究表明，在鄂尔多斯盆地三叠世延长组长 7、长 8 油层组时期，正处于典型的温室气候期，平均温度比现在高 10 ℃，而温暖潮湿的气候环境也为风暴的形成提供了有利的条件（图 4.43）。

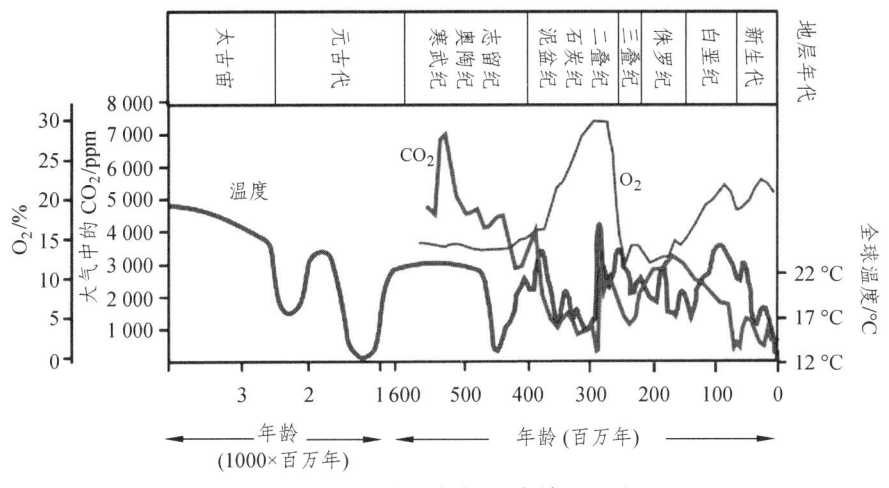

图 4.43　三叠世延长组温度情况示意图

一般情况下，晴天浪底之上为风暴蚀源区，晴天浪底至风暴浪底之间是风暴沉积发育的场所，风暴浪底之下为浊流沉积区。陆相湖盆中，风暴浪底的深度一般小于 20 m。三叠世延长组属于大型"浅水"湖盆，鄂尔多斯湖盆古地形十分平缓（坡降不足 0.1°），在长 8 时期湖盆面积近 20×10^4 km²，且基于生物相带的古水深恢复表明延长组湖盆古水深不超过 60 m，其中长 8 油层组古水深不超过 20 m，具有比安大略湖（1.9×10^4 km²）、密歇根湖（5.8×10^4 km²）或苏必利尔湖（8.2×10^4 km²）更大的面积、更小的水深，这种浅水湖盆的环境背景，也有利于风暴触及湖底（图 4.44）。

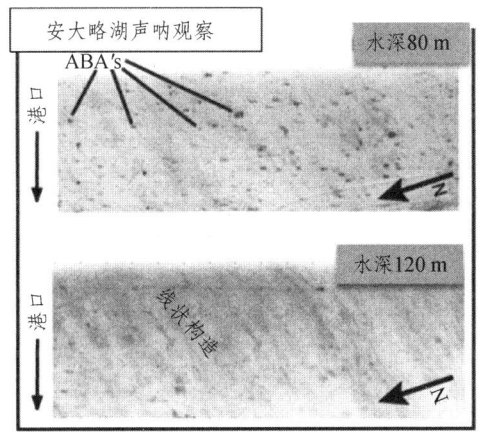

图 4.44　美国五大湖的苏必利尔湖和安大略湖，风暴能侵蚀水深在 80~120 m 的沉积物，形成"坑""槽"示意图（Halfman，1996）

综合以上的分析结果可知，研究区具备风暴发育的良好条件，而大量风暴沉积构造的发现也为此提供了充分的证据。风暴沉积的发现对于石油储集有着重要的意义，三角洲砂体经过风暴作用的改造，形成的块状砂岩粒度相对适中，分选磨圆较好，杂基含量相对较低，从而提高了其储集能力，可以成为一种新的储层类型。长 8 风暴岩上覆长 7 优质烃源岩，生烃后优先排入邻近的砂岩，易形成风暴岩体油藏。因此，风暴岩的发现将为鄂尔多斯盆地延长组岩性石油藏的勘探提供新的领域。

第5章 油藏富集规律及主控因素

本章在分析研究区现有的勘探成果的基础上，对研究区内典型含油区块开展了油藏解剖，分析了油藏地质特征、已发现油藏的宏观分布特征和规律，结合储层特征、优质储层形成机理、有机流体活动与成岩序列等研究所获得的认识，分析了研究区延长组石油富集规律的主控因素，为成藏机理和成藏模式研究提供依据。

5.1 油藏类型

研究区三叠系延长组长 2+3 油层组的构造表现为在陕北斜坡带这一简单西倾单斜构造背景下，由于受长 1 之后的剥蚀和差异压实作用影响，局部发育鼻状隆起。研究区长 2+长 3 油层组以河流相沉积体系占主导，河道骨架砂体为主要的石油储集层，砂层厚度大，油层厚度中等，含油中等~较丰富。长 1 细粒砂岩、粉砂岩及泥岩构成了区域性盖层，长 1~长 3 的各种细粒沉积和成岩成因的致密层构成侧向封堵层。长 1~长 3 的各种细粒沉积以漫滩沉积为主，物性差，常以隔层和夹层的形式分布于储层中，对石油起着侧向遮挡作用。成岩成因的致密层是因后期压实或致密胶结作用而形成的致密带，其也对石油起着侧向遮挡作用。长 2+3 油层组主要发育构造-岩性油藏、上倾尖灭型油藏和透镜体油藏（图 5.1）。

长 6 油层组储层主要为三角洲相平原分流河道与水下分流河道砂岩、点砂坝砂岩和部分浊积砂体，储层主要呈带状分布，砂体厚度较大，纵向上层位多，叠置连片。长 6 油藏的盖层和侧向遮挡层主要为长 4+5~长 6 三角洲相细粒沉积，主要为分流间湾沉积。与长 1~长 3 河流相沉积相比，长 4+5~长 6 三角洲相沉积中细粒沉积与层间隔层更发育，砂岩中的不稳定碎屑、塑性碎屑、填隙物的含量更高，物性更差，储集层在纵、横向上的非均质性也更强。因此，长 6 油藏主要为受沉积相与岩性控制的岩性圈闭油藏，包括透镜体油藏、上倾尖灭型油藏，南部旬邑地区也发育构造-岩性油藏（图 5.1、图 5.2）。

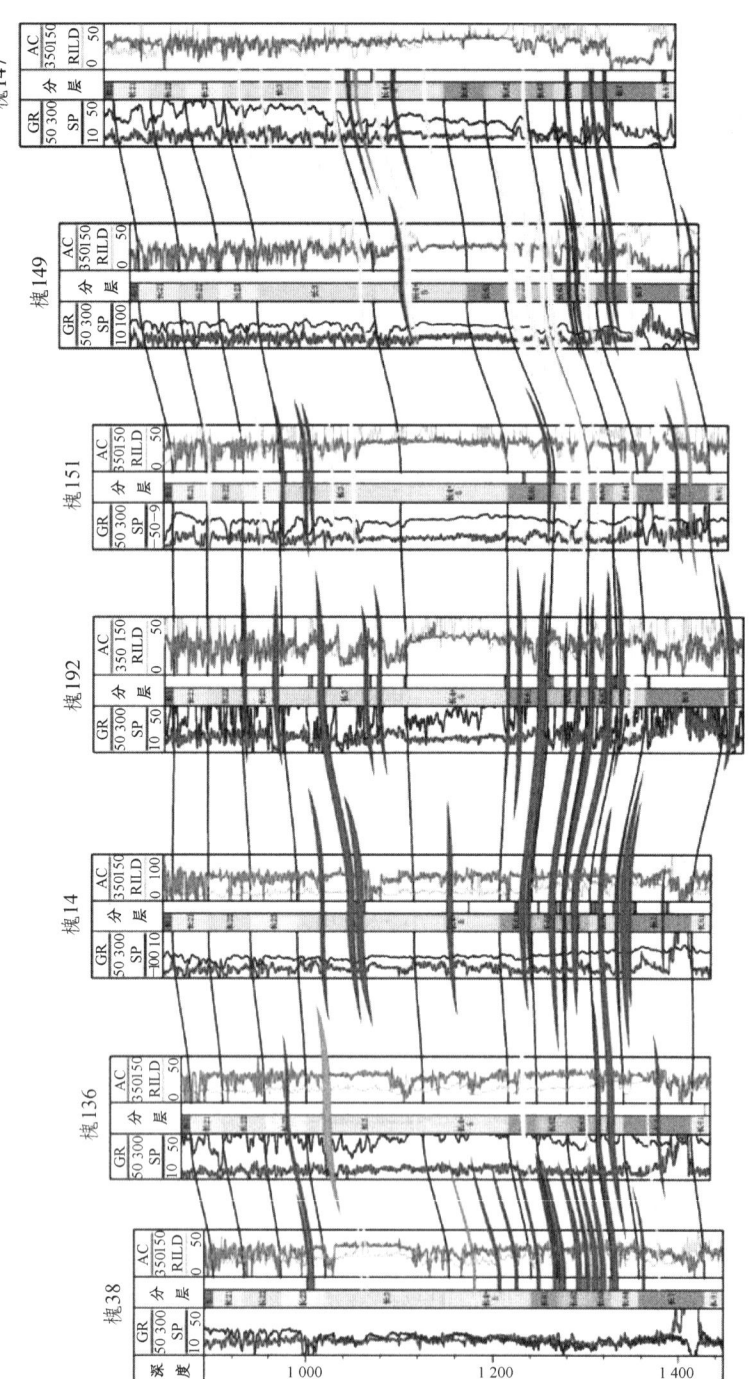

图 5.1 槐树庄地区延长组油藏剖面（槐 38-槐 147 井）

第 5 章 油藏富集规律及主控因素

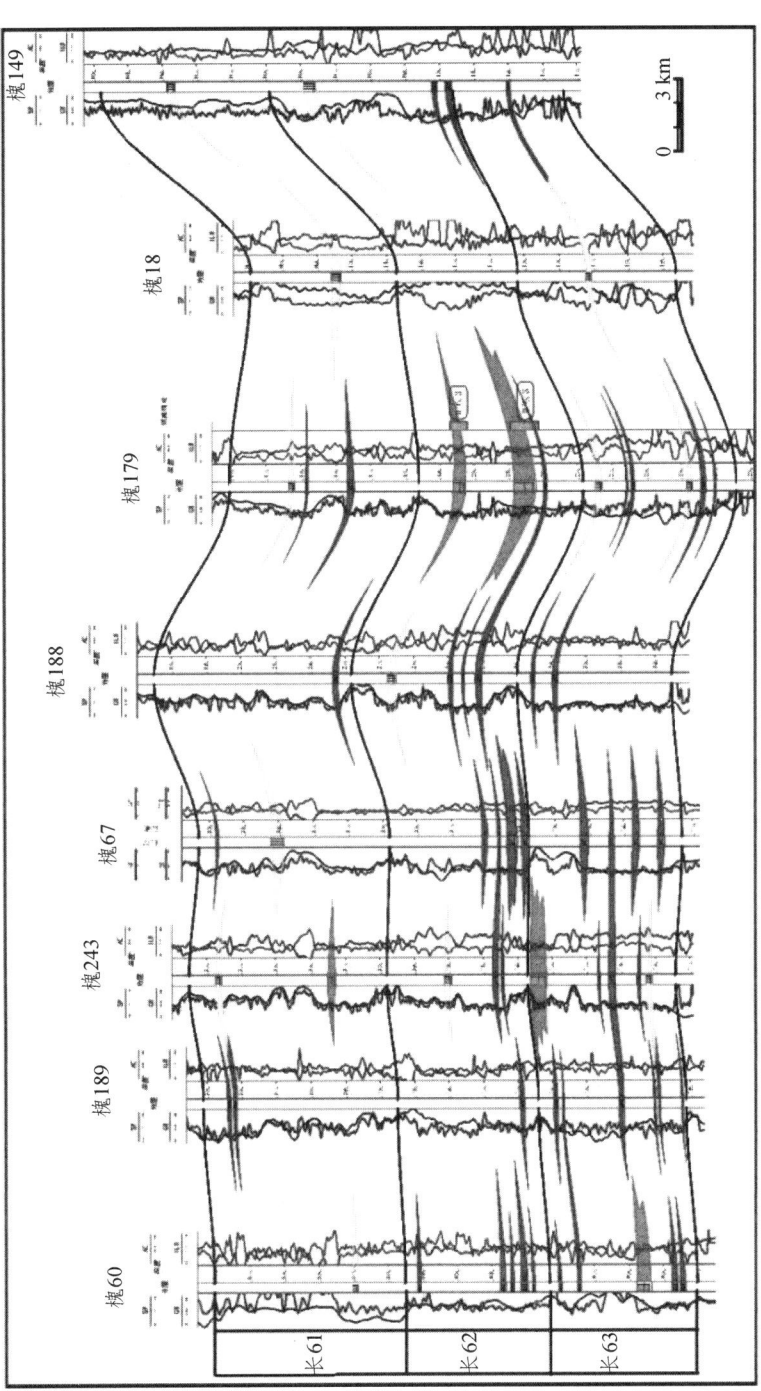

图 5.2 槐树庄地区延长组长 6 油层组油藏剖面（槐 60-槐 149 井）

研究区长 7 的主要储集体是三角洲相水下分流河道、河口坝砂体和部分浊积砂体。砂体在垂向和横向上的岩性、岩相变化，以及不同类型岩石的相互叠置，形成了数量众多的岩性"圈闭"群。根据研究区油藏的圈闭成因差异，主要分为上倾尖灭型油藏和透镜体油藏两类。砂岩上倾尖灭圈闭是由于三角洲分流河道、水下分流河道及河口坝砂体在延伸方向上沿上倾方向尖灭，尖灭处岩性变为泥岩，从而形成岩性圈闭。该类圈闭广泛分布于三角洲前缘。石油进入该类圈闭后形成上倾尖灭岩性油藏，油藏边界常与岩性边界有着较好的一致性（图 5.3、图 5.4）。这类油藏在研究区 NE-SW 向的顺河道砂体展布方向比较发育，是主要的油藏类型之一。砂岩透镜体岩性油藏也是研究区延长组重要的油藏类型，透镜砂体或其他不规则状储集体控制了石油的聚集，周围被非渗透性泥岩或致密砂岩所包围。该类油藏广泛分布于三角洲前缘的分流河道及点砂坝，油藏的规模一般不大，但油藏数量多。旬邑地区还发育一些构造-岩性油藏（图 5.5）。

从油藏解剖及油气来源分析来看，长 7 油层组赋存来源于黑色页岩和部分有效暗色泥岩的油气。源岩控藏作用明显，尤以黑色页岩控藏为主。不同源储组合含油性有较大差异，总体上砂体和源岩越发育，含油性越好，表明砂体发育程度也是控制油藏发育的一个因素。源储组合特征表明长 7 油层组为典型近源自生自储成藏。综合重力流与三角洲沉积区储盖组合特征关系，可以看出，重力流沉积区控制长 7 油层组油气成藏的主要因素是砂体的发育程度，而三角洲沉积区控制长 7 油层组油气成藏的主要因素是烃源岩。

从整个长 7 油层组来看，黑色页岩主要发育于沉积区中心重力流地带，暗色泥岩在沉积区中心和边缘三角洲前缘地带均有分布。所以沉积中心重力流沉积区的黑色页岩之上油气来源充足，黑色页岩生成的油气以垂向较长距离运移为主，暗色泥岩主要就近运移进入临近砂岩储集层中，总体成藏条件优越，含油连片性好。三角洲前缘沉积区缺乏黑色页岩，有暗色泥岩分布。暗色泥岩仍以就近运移聚集为主，由于生烃量充足，黑色页岩生成的油气可以长距离侧向运移至该区聚集成藏。

研究区长 8 油层组主要储集体是风暴岩、河口坝砂体，砂体在垂向和横向上的岩相及岩性变化，以及不同类型岩石的相互叠置，是有利于石油聚集的优质储集体，形成了数量众多的岩性"油藏群"。长 8 油层组中相对发育的上倾尖灭型油藏，部分为透镜状油藏。上倾尖灭型油藏主要是由于砂体沿构造上倾方向尖灭或被致密砂岩遮挡，形成岩性/物性圈闭，油藏边界与岩性/物性边界通常具有较好的一致性；该类油藏通常在研究区以 NE-SW 的方向展布（图 5.5）。砂岩透镜体油藏是半深湖亚相中较为常见的油藏类型，广泛分布于浊积扇水道微相中，油藏的规模相对较小，但数量众多（图 5.1、图 5.5）。南部旬邑地区长 8 还发育一些构造-岩性油藏（图 5.5）。

第 5 章 油藏富集规律及主控因素

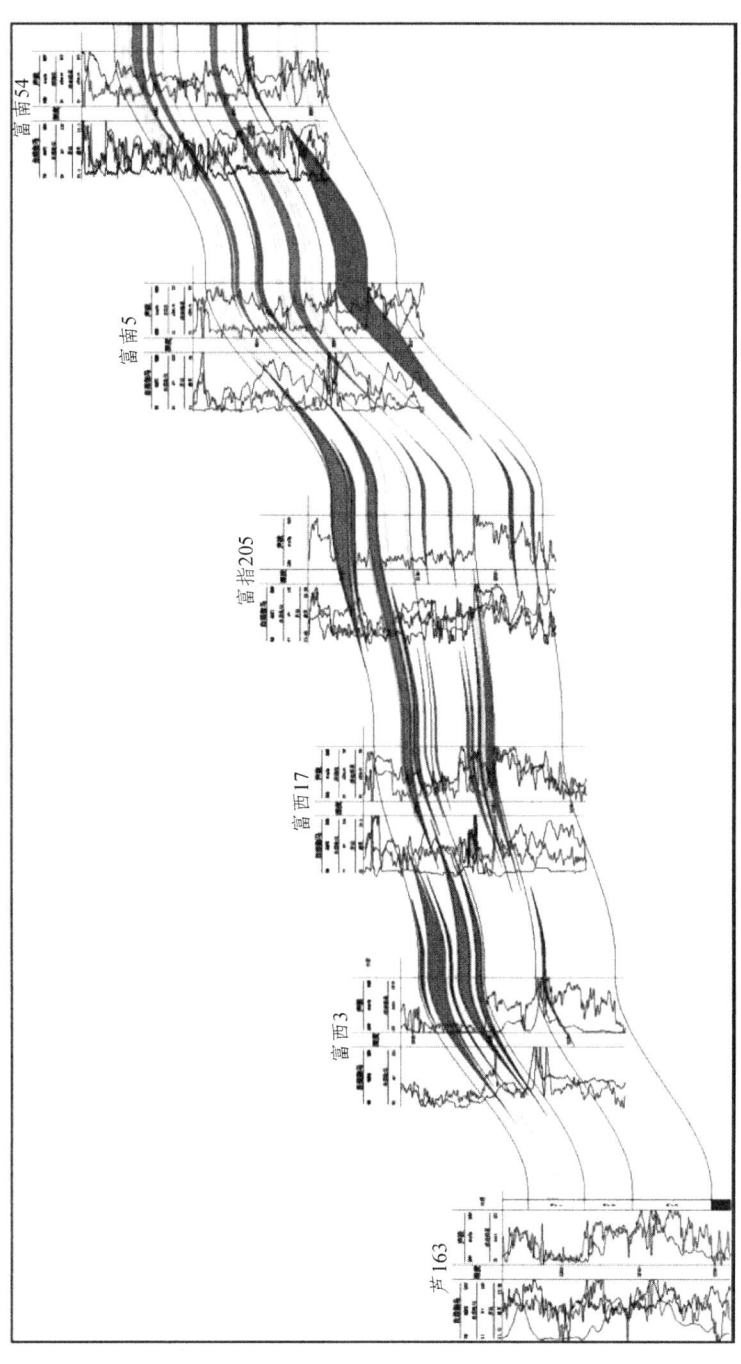

图 5.3 研究区北部延长组长 7 油层组油藏剖面（芦 163-富南 54 井，NW-SE 向）

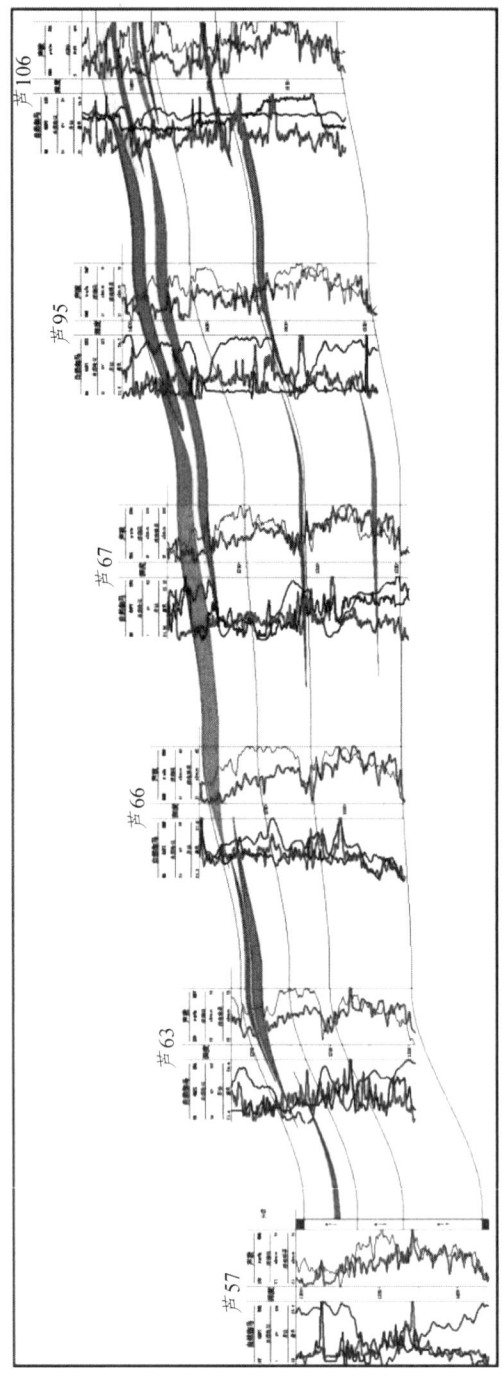

图 5.4 研究区北部延长组长 7 油层组油藏剖面（芦 57-芦 106 井，NE-SW 向）

第 5 章 油藏富集规律及主控因素

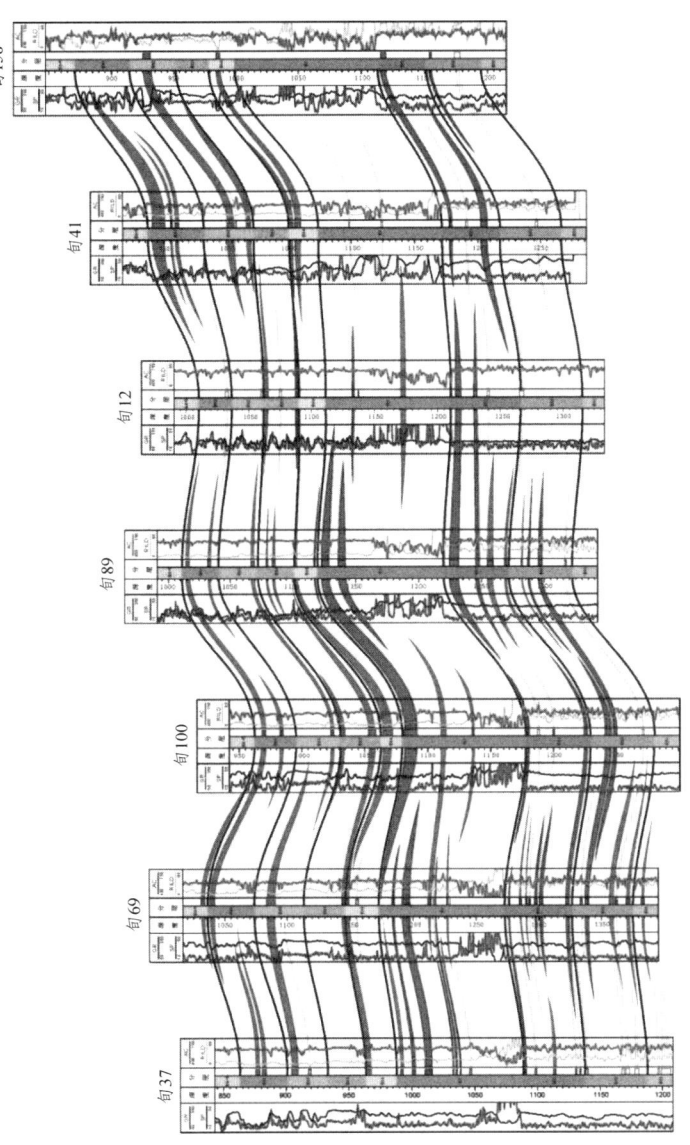

图 5.5 旬邑地区延长组油藏剖面（旬 37-旬 158 井，NE-SW 向）

5.2 石油分布规律

本节利用录井、测井解释和试油等资料，分析了研究区长 2+3～长 8 油层组已发现油藏及石油显示的垂向和平面分布特征，总结了石油分布的规律，为研究石油藏富集和纵横向变化影响因素分析提供依据。

5.2.1 长 2+3 油层组石油分布规律

研究区已发现的长 2+3 油层组的工业油流井和低产油流井主要分布在研究区西北部的张家湾-王庄台及其以北地区，在研究区东部的张村驿-富县-岔口乡一带也分布有少量低产油流井，槐树庄地区也分布少量工业油流和低产油流井。研究区中部的双龙镇、南部的马栏镇至旬邑一带基本无长 2+3 油层组的工业油流和低产油流井分布（图 5.6）。

由长 2+3 油层组石油显示的分布图可见，除研究区双龙镇以南钻井较少的地区外，长 2+3 油层组油迹、油斑和荧光显示在研究区广泛分布（图 5.7）。

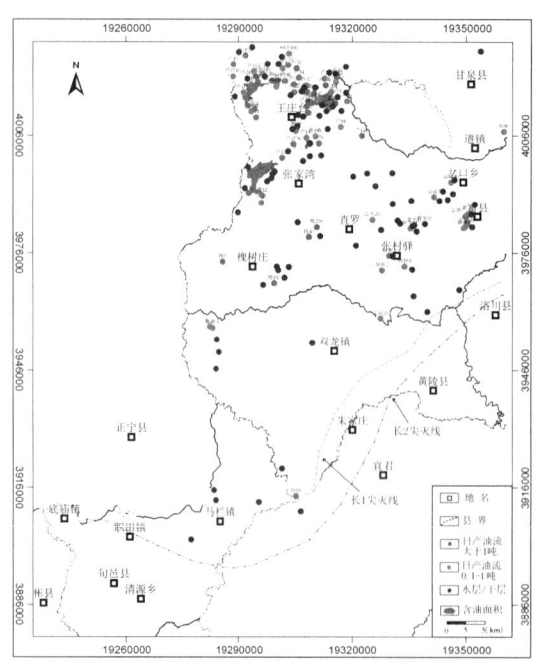
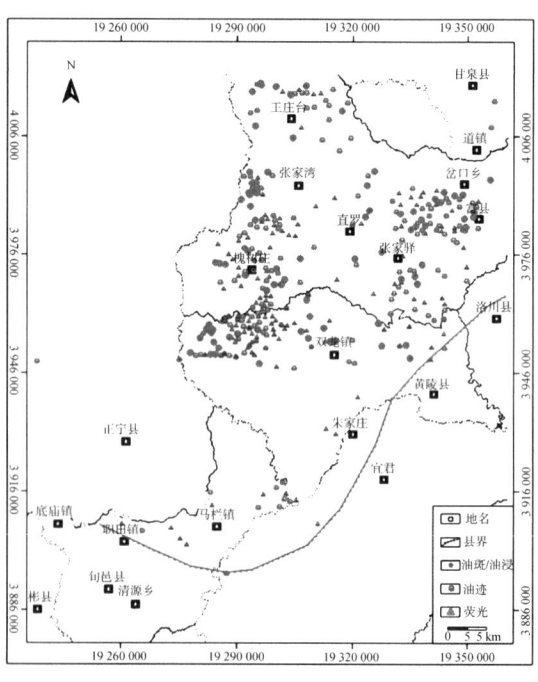

图 5.6 研究区长 2+3 试油结果平面图　　　图 5.7 研究区长 2+3 试油显示平面图

垂向上，研究区西北部张家湾-王庄台地区的长 2+3 已发现的试油主要富集在长 2 油层组的中上部，一般富集在厚层砂岩的上部，上覆厚层泥岩，砂岩顶部一般发育一套因钙质胶结致密的隔层（图 5.8、图 5.9）。研究区东北部的张村驿至富县、岔口乡一带也有少量长 1~3 的低产井分布，长 1、长 2 和长 3 油层组的试油结果均有少量低产油流，多数为水层（图 5.10、图 5.11）。与王庄台地区类似，该区长 1~3 油藏顶部一般发育一套较厚的泥岩或钙质砂岩。垂向上，长 1~3 油层组存在多层石油显示（图 5.10、图 5.11）。

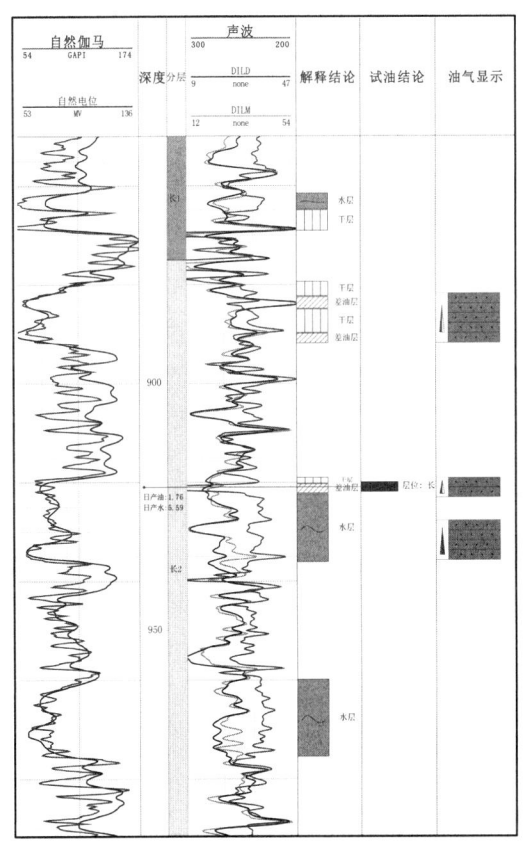

图 5.8　王庄台芦 35 井长 2 油层组试油结果

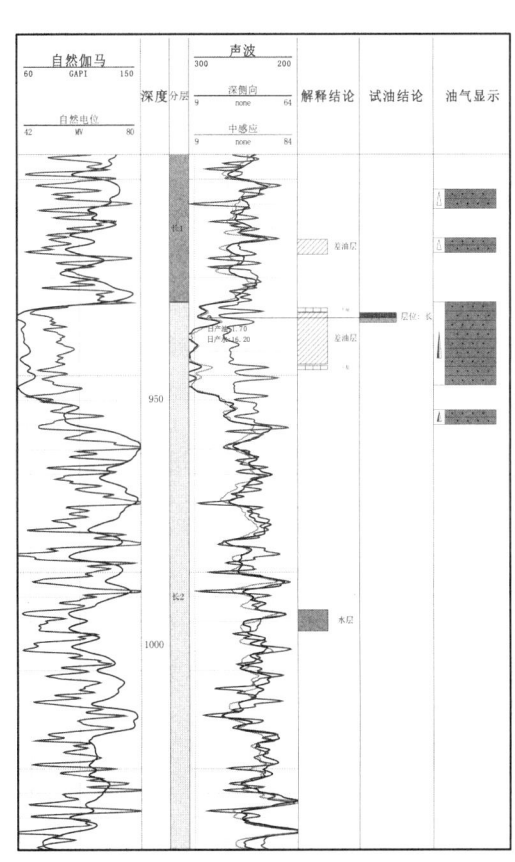

图 5.9　王庄台芦 122 长 2 油层组试油结果

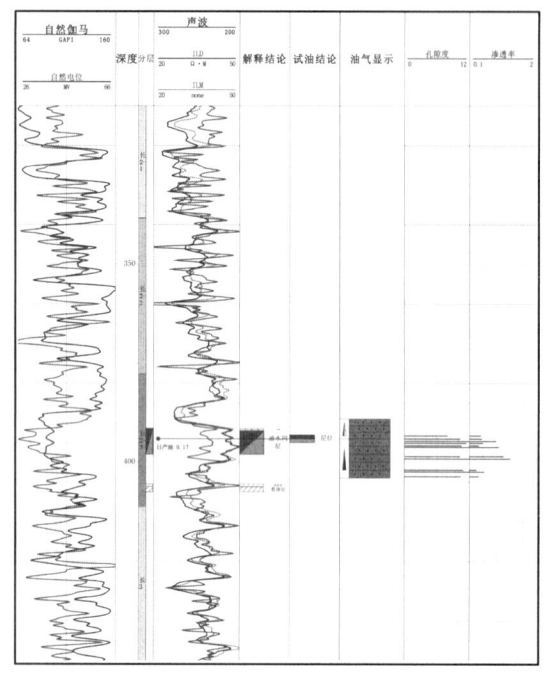
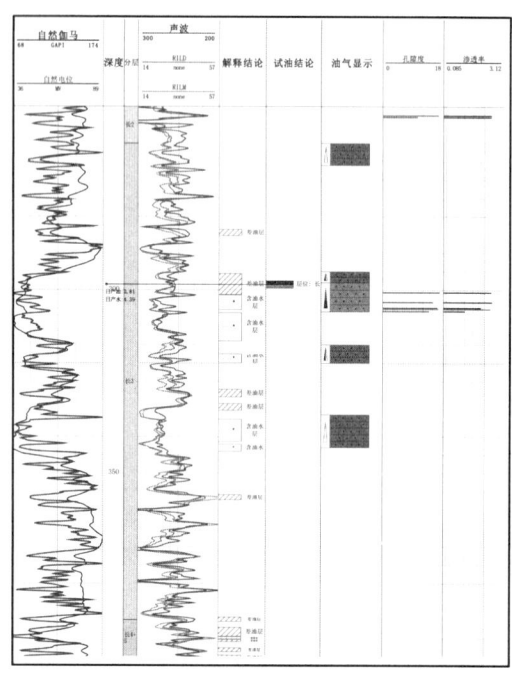

图 5.10 富县富北 10 井长 2 油层组试油结果　　图 5.11 富县富指 90 长 3 油层组试油结果

5.2.2　长 6 油层组石油分布规律

研究区已发现的长 6 油藏主要分布在张家湾以南至槐树庄及槐树庄南部到上 141 井一带，直罗镇与张村驿间的富西 17 井至驿探 4 井一带、西南部的职田镇一带也有少量长 6 油藏分布；研究区西北部的王庄台、东北部的张村驿至富县、双龙镇-马栏镇及其西南地区少见长 6 油藏分布，试油结果多为水层（图 5.12）。长 6 油层组的石油显示在整个研究区均广泛分布（图 5.13）。

垂向上，长 6_4、长 6_3、长 6_2、长 6_1 均有油层分布，槐树庄地区和黄陵地区已发现的日产油大于 0.1 吨的长 6 油层共 146 层，其中长 6_1 有油层 18 层，占总油层数的 12.3%；长 6_2 有油层 23 层，占总油层数的 15.8%；长 6_3 有油层 39 层，占总油层数的 26.7%；长 6_4 有油层 66 层，占总油层数的 45.2%（图 5.14）。在长 6_1 的 18 层油层中，日产油大于 2 吨的油层有 2 层，日产油 1~2 吨的油层有 2 层，日产油 0.5~1 吨的油层有 6 层，日产油 0.1~0.5 吨的油层有 8 层（图 5.15）。在长 6_2 的 23 层油层中，日产油大于 2 吨的油层有 7 层，日产油 1~2 吨的油层有 8 层，日产油 0.5~1 吨的油层有 4 层，日产油 0.1~0.5 吨的油层有 4 层（图 5.15）。在长 6_3 的 39 层油层中，日产油大于 2 吨的油层有 6 层，日产油 1~2 吨的油层有 13 层，日产油 0.5~1 吨的油层有 2 层，日产油 0.1~0.5 吨的油层有 18 层（图 5.15）。在长 6_4 的 66 层油层中，日产油大于 2 吨的油层有 15 层，日产油 1~2 吨的油层有 21 层，日产油 0.5~1 吨的油层有 15 层，日产油 0.1~0.5 吨的油层有 15 层（图 5.15）。

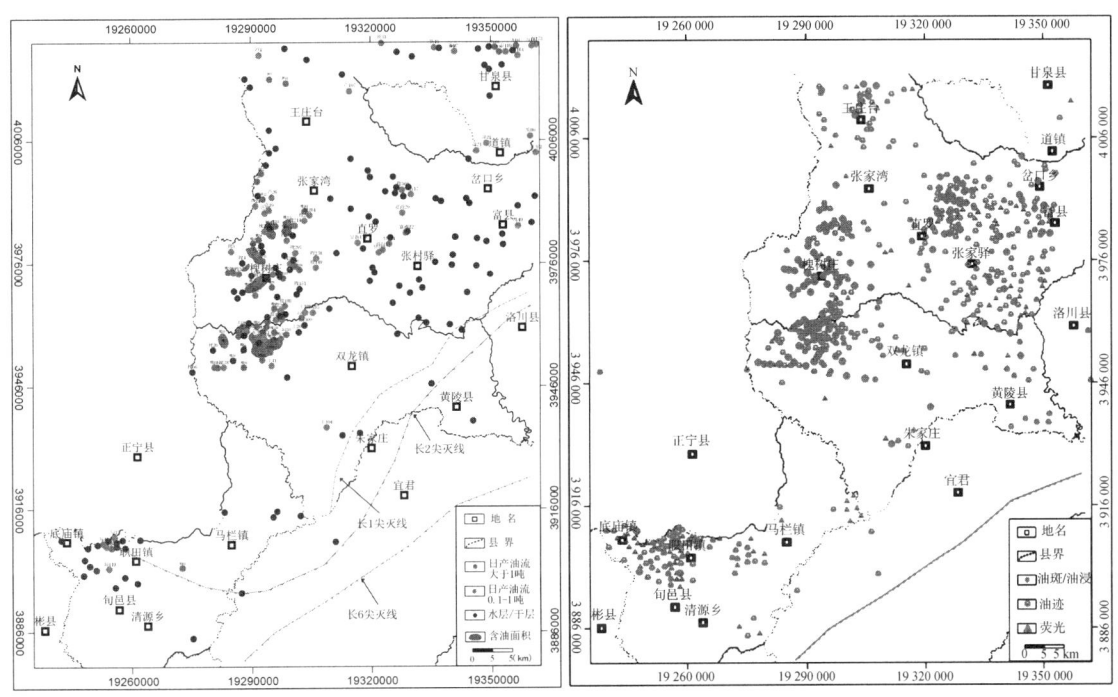

图 5.12 研究区长 6 试油结果平面图

图 5.13 研究区长 6 石油显示平面图

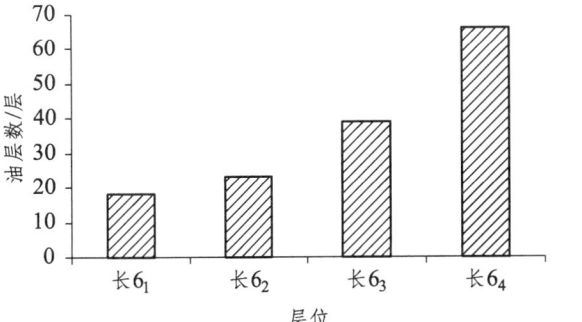

图 5.14 槐树庄和黄陵地区长 6 油层分布特征统计图

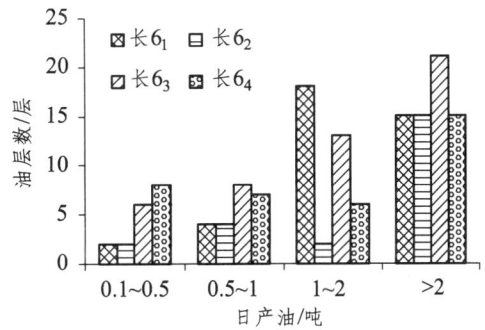

图 5.15 槐树庄和黄陵地区长 6 油层组油层产量统计图

总体来看，槐树庄和黄陵地区长 6 油层组垂向上常发育多套油层，具有垂向油层多、单层和累计厚度大的特点（图 5.16～图 5.19），槐树庄和黄陵地区长 6_3、长 6_4 是石油富集的重点层位。

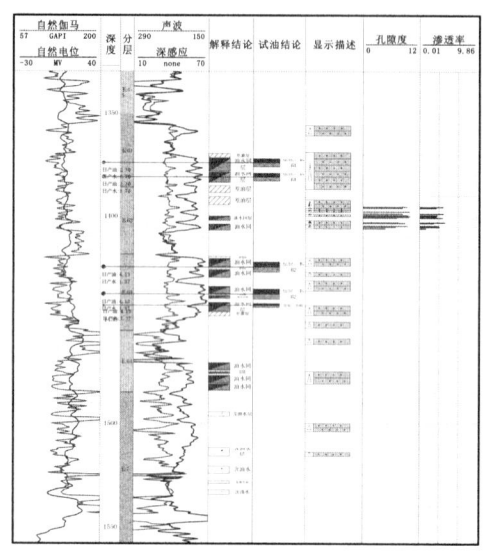

图 5.16　槐 17 井长 6 油层分布特征统计图

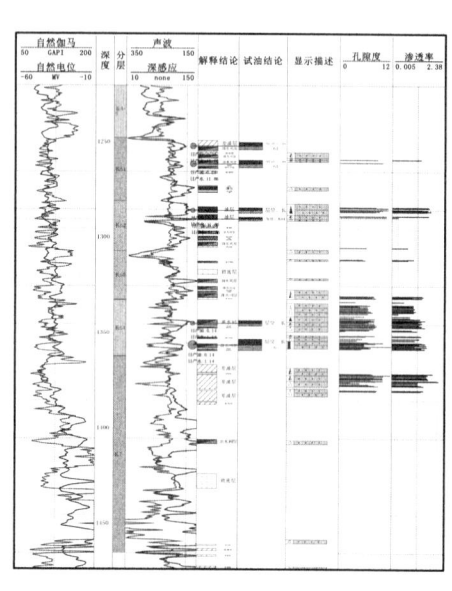

图 5.17　槐 8 井长 6 油层组油层产量统计图

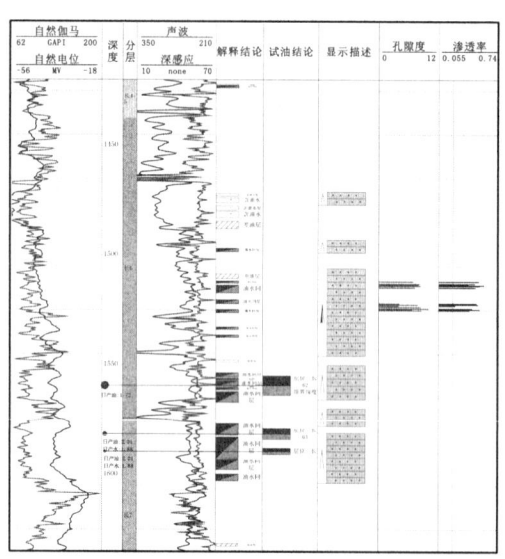

图 5.18　槐 14 长 6 油层分布特征统计图

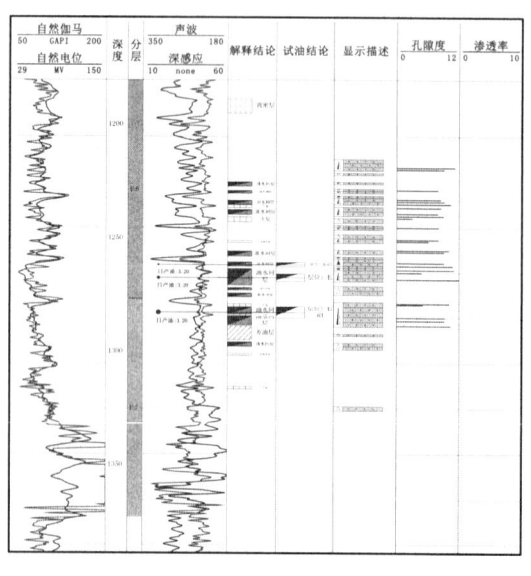

图 5.19　槐 156 井长 6 油层组油层产量统计图

5.2.3 长 7 油层组石油分布规律

研究区已发现的长 7 油层组的工业油流井和低产油流井主要分布在研究区张家湾以南、槐树庄以南地区以及东部的直罗、张村驿、富县、岔口乡地区。此外，在研究区王庄台地区、朱家庄地区也有少量长 7 油层组的低产油流井分布（图 5.20）。长 7 油层组的石油显示则广泛分布（图 5.21）。在研究区西北部王庄台地区，石油主要富集在长 7_1 顶部。研究区东北部的直罗镇、张村驿、富县一带长 7 油层组在长 7_1、长 7_2 和长 7_3 均有分布，以长 7_1 为主。由该地区长 7 油层组试油结果可知，日产油大于 0.1 吨的油层共 46 层，其中分布在长 7_1 的有 26 层，占总数的 56.5%；分布在长 7_2 的有 15 层，约占总数的 28.3%（图 5.22）；分布在长 7_3 的有 7 层，约占总数的 15.2%。该区长 7_1 的油层主要分布在长 7_1 上部砂岩的顶部，在长 7_1 的 26 层油层中，有 20 层分布在长 7_1 上部砂岩的顶部，约占总数的 77%（图 5.23），这类油层顶部一般上覆有厚层泥岩和钙质隔夹层，如富西 32 井和富西 17 井（图 5.24）。长 7_1 的其他油层分布在长 7_1 的中下部，一般油层顶底均有泥岩发育，长 7_2 的油层分布特征与长 7_1 中下部的类似（图 5.24）。长 7_3 油层主要分布在厚层张家滩页岩中，储层主要为砂岩夹层，如富南 14 井和驿探 4 井（图 5.25、图 5.26）。

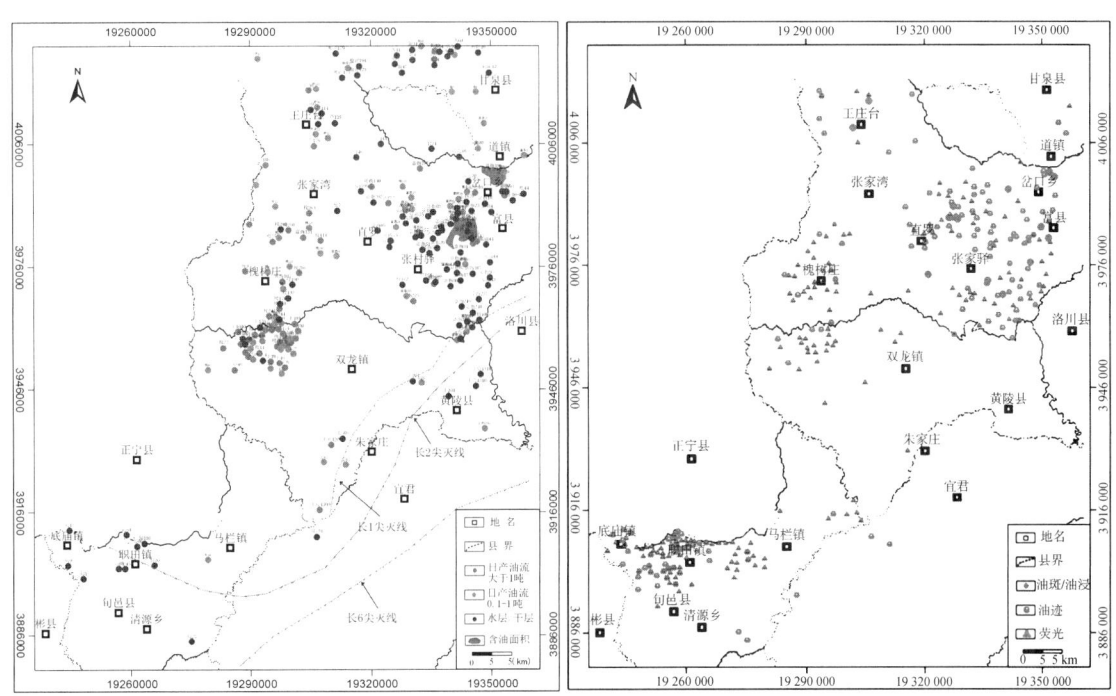

图 5.20　研究区长 7 试油结果平面图　　图 5.21　研究区长 7 石油显示平面图

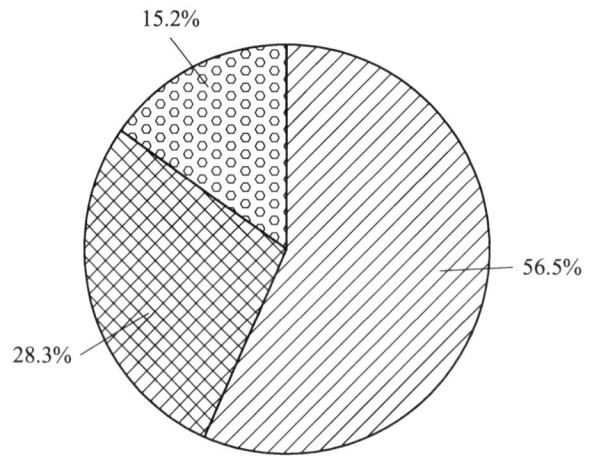

☒ 长7_1　☒ 长7_2　☒ 长7_3

图 5.22　富县地区长 7 油层（日产大于 0.1 吨）统计结果

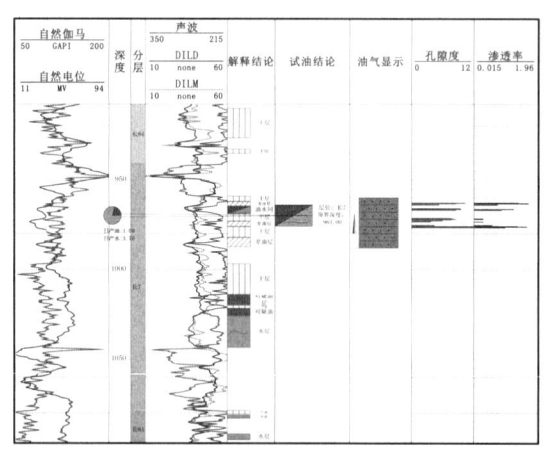

图 5.23　富西 32 井长 7_1 试油结果

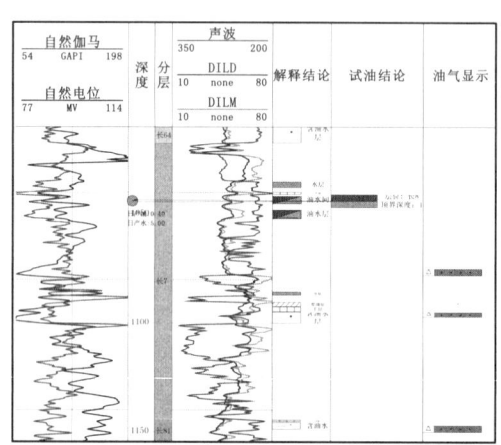

图 5.24　富西 17 井长 7_1 试油结果

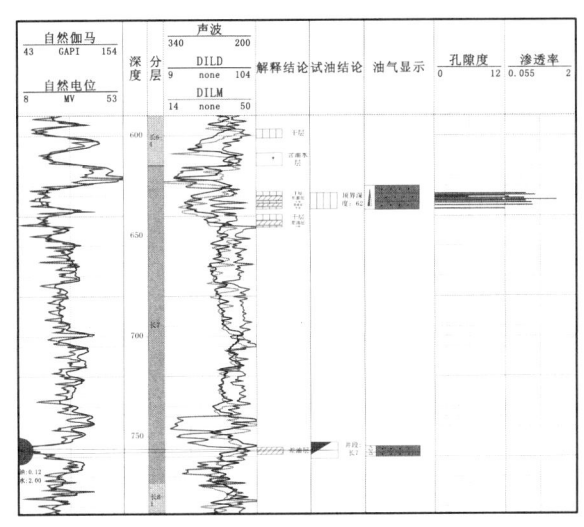
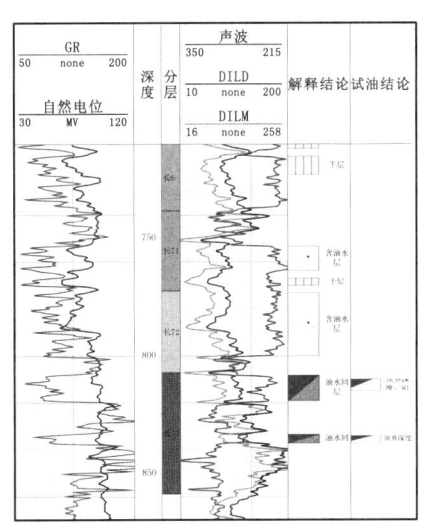

图 5.25　富南 14 井长 7_3 试油结果　　　图 5.26　驿探 4 井长 7_3 试油结果

槐树庄地区和黄陵地区已发现的长 7 油层组的油层主要分布在长 7_1（图 5.27、图 5.28）。槐树庄地区试油结果为日产油大于 0.1 吨的油层共 47 层，其中 46 层分布在长 7_1，仅有 1 层分布在长 7_2。黄陵地区试油结果为日产油大于 0.1 吨的油层共 40 层，其中 32 层分布在长 7_1，8 层分布在长 7_2（图 5.29）。无论是槐树庄地区还是黄陵地区，长 7_1 的油层主要分布在长 7_1 上部砂岩的顶部，槐树庄地区长 7_1 的 46 层油层中，有 40 层分布在长 7_1 上部砂岩的顶部，约占总数的 87%（图 5.30）；黄陵地区长 7_1 的 32 层油层中，有 28 层分布在长 7_2 上部砂岩的顶部，约占总数的 87.5%（图 5.30）；这类油层顶部一般上覆有厚层泥岩，部分在砂岩顶部还发育一套钙质隔层，如槐树庄地区槐 241 井和黄陵地区的上 123 井（图 5.27、图 5.28）。

槐树庄地区和黄陵地区已发现的长 7_2 油层一般发育在紧邻长 7 下部烃源岩的砂岩的顶部，上覆一套泥岩隔层，如上 180 井（图 5.31），或储层主要为砂岩夹层，发育于泥页岩中，如上 301 井（图 5.32）。

总体来看，长 7 油层组的油藏在研究区广泛分布，垂向上主要富集于长 7 顶部泥岩之下的砂岩中，此外，长 7_2 和长 7_3 泥页岩中的砂岩夹层也是石油富集的有利部位。

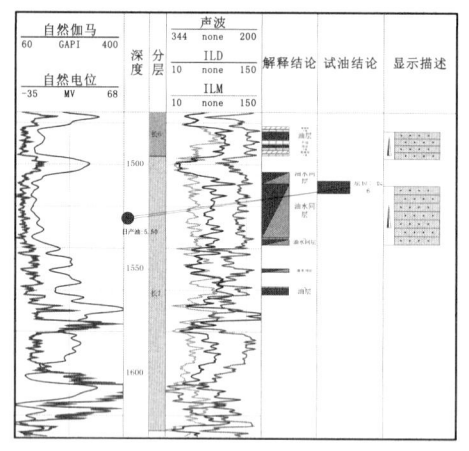
图 5.27　槐树庄地区槐 241 井长 7_1 试油结果

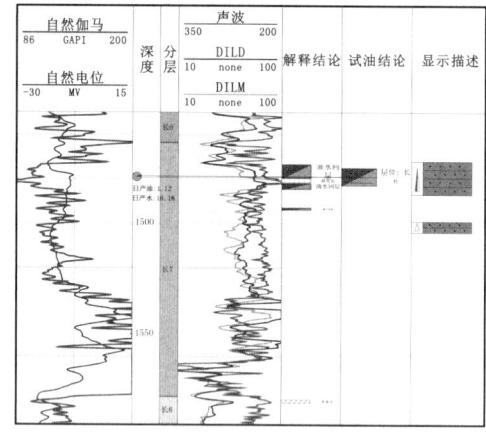
图 5.28　黄陵地区上 123 井长 7_1 试油结果

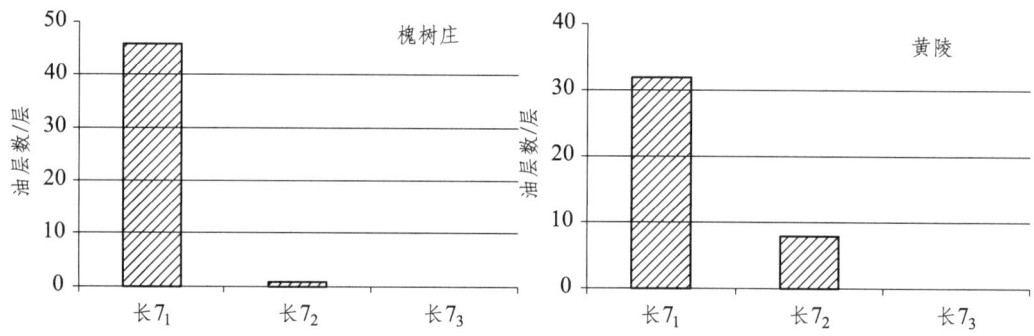
图 5.29　槐树庄地区和黄陵地区长 7 油层组油层分布特征统计图

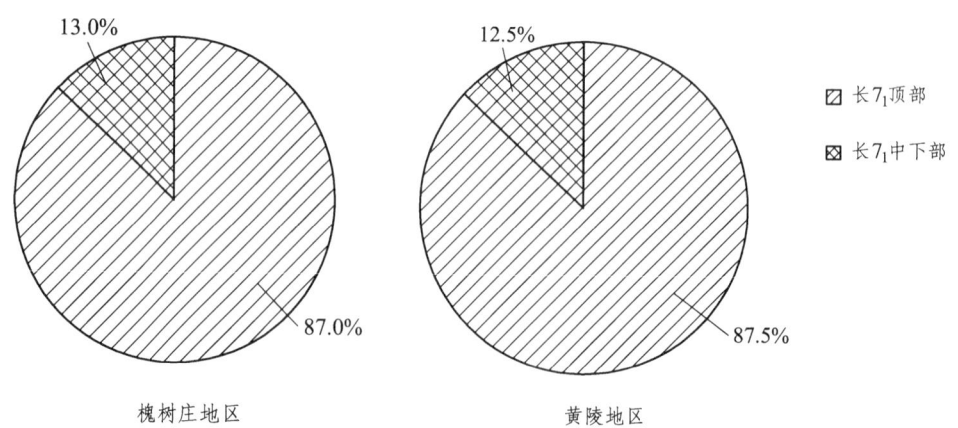
图 5.30　槐树庄地区和黄陵地区长 7_1 油层组油层分布特征统计图

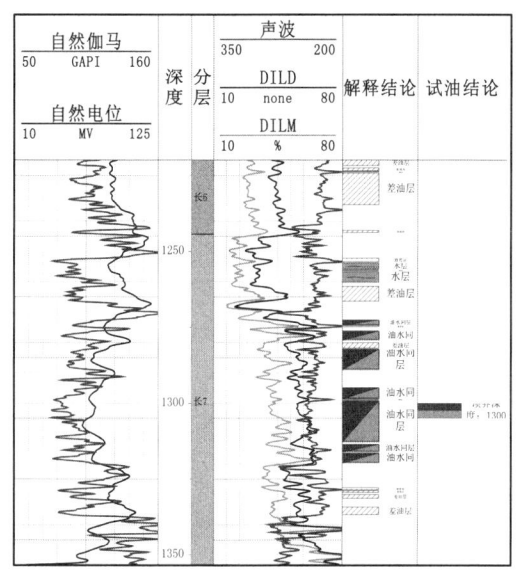
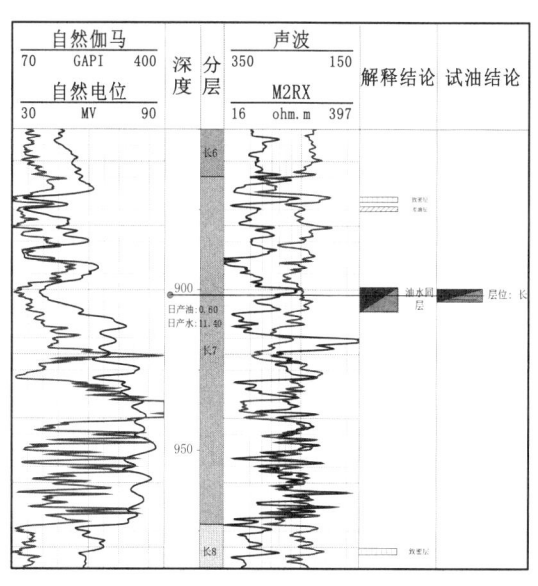

图 5.31　黄陵地区上 180 井长 7_2 试油结果　　图 5.32　槐树庄地区上 301 井长 7_2 试油结果

5.2.4　长 8 油层组石油分布规律

研究区延长组长 8 油层组已发现的石油主要分布在王庄台-张家湾-直罗-张村驿一线及其以北地区、富县-岔口乡及旬邑地区的底庙镇、职田镇一带，研究区中部的槐树庄地区-双龙镇-马栏镇一带基本无长 8 油层组的石油发现（图 5.33、图 5.34）。长 8 油层组砂岩石油显示的分布特征与已发现油藏的分布特征基本类似，王庄台-张家湾-直罗-张村驿一线及其以北地区、富县-岔口乡及旬邑地区的底庙镇、职田镇一带油迹、油斑显示广泛发育，槐树庄地区-双龙镇-马栏镇一带以荧光显示为主，有少量油迹和油斑显示（图 5.35）。

研究区延长组长 8 油层组已发现的石油主要富集在长 8_2，长 8_2 的油藏主要分布在研究区王庄台-张家湾-直罗-张村驿-洛川县一线以北，其他地区除旬邑地区的职田镇西有 3 口长 8_2 的低产油流外，少见长 8_2 油层（图 5.33）。长 8_1 的油藏也主要分布在研究区王庄台-张家湾-直罗-张村驿-洛川县一线以北及旬邑地区（图 5.34）。

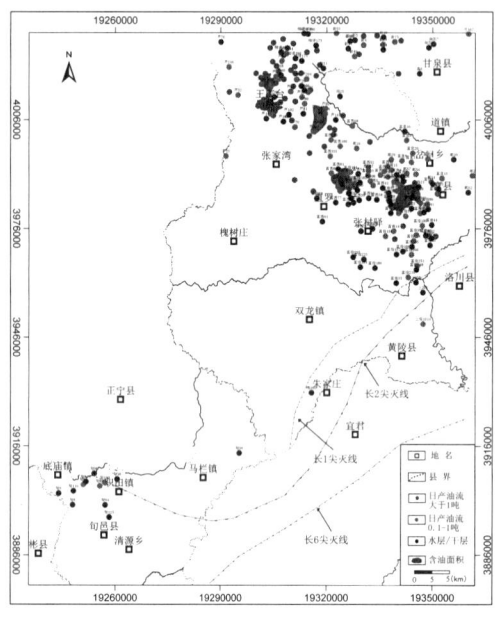
图 5.33 研究区长 8_2 试油结果平面图

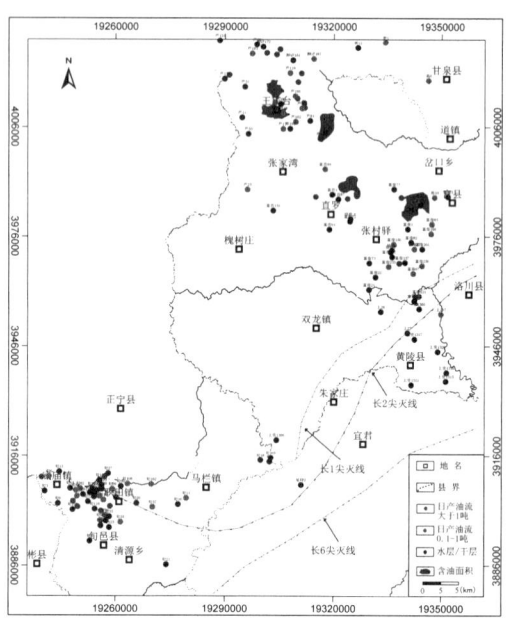
图 5.34 研究区长 8_1 试油结果平面图

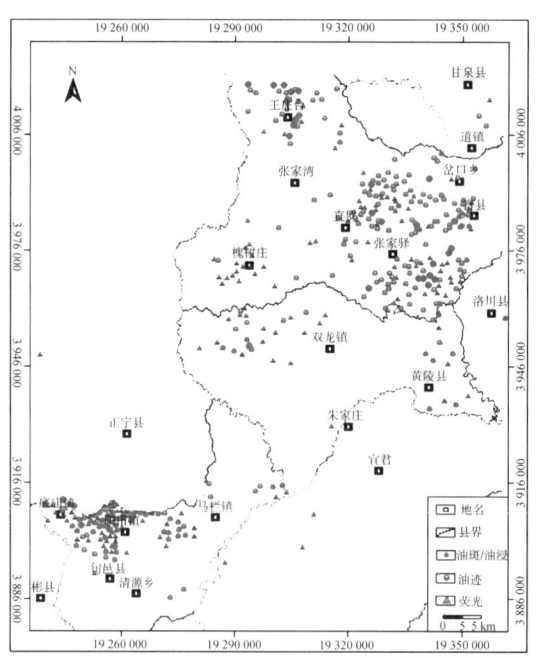
图 5.35 研究区长 8 石油显示平面图

研究区西北部的王庄台地区及张家湾东北部一带（"芦"字号的钻井）在长 8 油层组共钻遇日产大于 0.1 吨的油层 105 层，其中 30 层分布在长 8_1，75 层分布在长 8_2。其中，在长 8_1 的 30 层油层中，日产油大于 2 吨的油层有 3 层，日产油 1~2 吨的油层有 13 层，日产油 0.5~1 吨的油层有 10 层，日产油 0.1~0.5 吨的油层有 3 层（图 5.36）。在长 8_2 的 75 层油层中，日产油大于 2 吨的油层有 23 层，日产油 1~2 吨的油层有 27 层，日产油 0.5~1 吨的油层有 13 层，日产油 0.1~0.5 吨的油层有 12 层（图 5.36）。长 8_1 的石油多数富集于长 8_1 上部砂岩的顶部，该类油层约占长 8_1 油层总数的 76.7%（图 5.37），这类长 8_1 油层往往上覆长 7 底部的富有机质页岩，部分砂岩的顶部常常发育一套钙质隔层（图 5.38）。分布于长 8_1 的中下部油层的钻井中，长 8_1 底部一般发育一套优质的黑色页岩（图 5.38、5.39）。长 8_2 的石油多数也富集于长 8_2 上部砂岩的顶部，该类油层约占长 8_2 油层总数的 70.7%（图 5.37），这类长 8_2 油层往往上覆长 8_1 底部的富有机质页岩，部分砂岩的顶部常常发育一套钙质隔层（图 5.40）。分布于长 8_2 的中下部油层约占长 8_2 总油层数的 29.3%，发育该类油层的钻井的长 9 顶部一般发育一套李家畔的富有机质黑色页岩（图 5.41）。

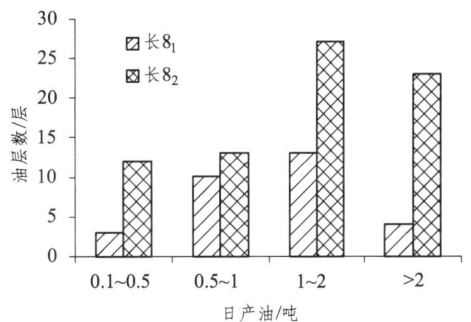

图 5.36 王庄台地区长 8 油层组油层产量统计图

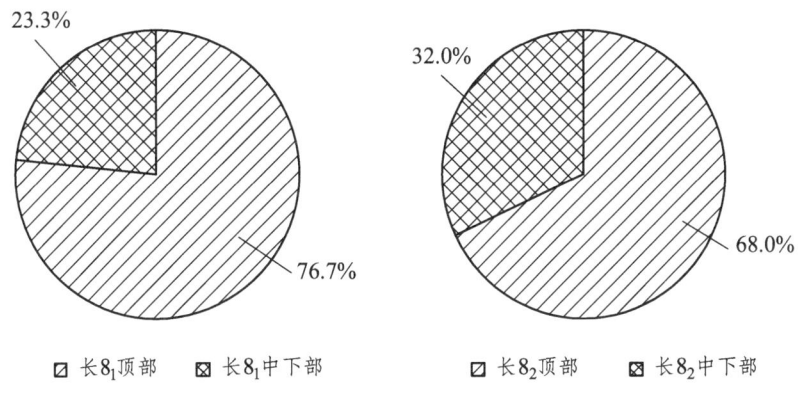

图 5.37 王庄台地区长 8 油层组油层分布特征统计图

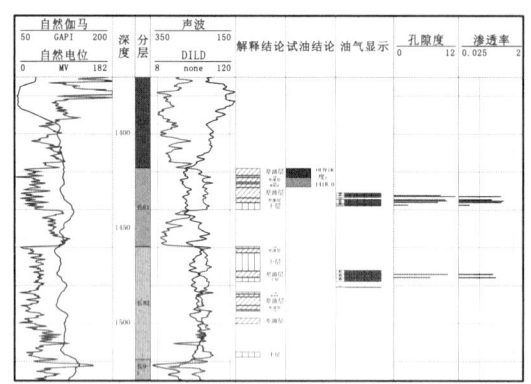

图 5.38 王庄台地区芦 58 井长 8_1 试油结果

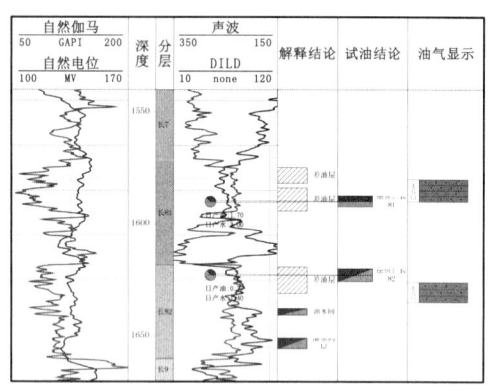

图 5.39 王庄台地区芦 198 井长 8 试油结果

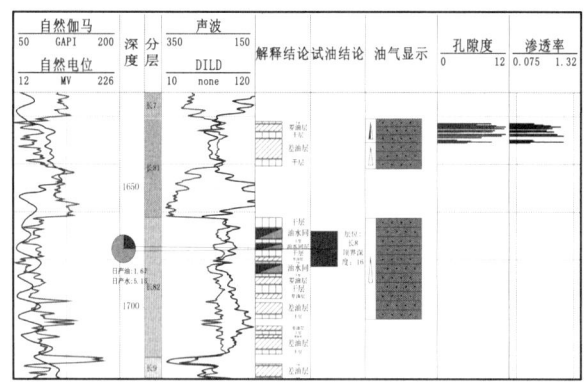

图 5.40 王庄台地区芦 59 井长 8_2 试油结果

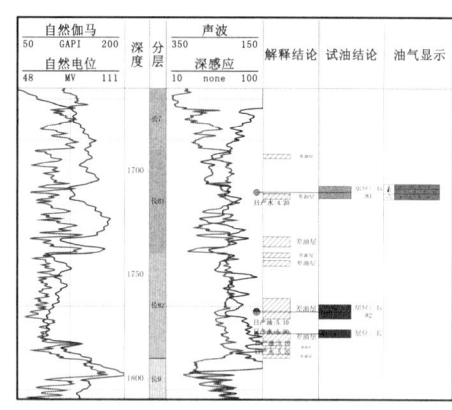

图 5.41 王庄台地区芦 195 井长 8_2 试油结果

研究区东北部的直罗-张村驿-富县-岔口乡一带("富"和"驿"字号的钻井)在长 8 油层组共钻遇日产大于 0.1 吨的油层 103 层,其中 16 层分布在长 8_1,87 层分布在长 8_2。其中,在长 8_1 的 16 层油层中,日产油大于 2 吨的油层仅有 2 层,日产油 1~2 吨的油层仅有 3 层,日产油 0.5~1 吨的油层有 4 层,日产油 0.1~0.5 吨的油层有 7 层(图 5.42)。在长 8_2 的 87 层油层中,日产油大于 2 吨的油层仅有 5 层,日产油 1~2 吨的油层仅有 9 层,日产油 0.5~1 吨的油层有 25 层,日产油 0.1~0.5 吨的油层有 48 层(图 5.42)。

第 5 章 油藏富集规律及主控因素

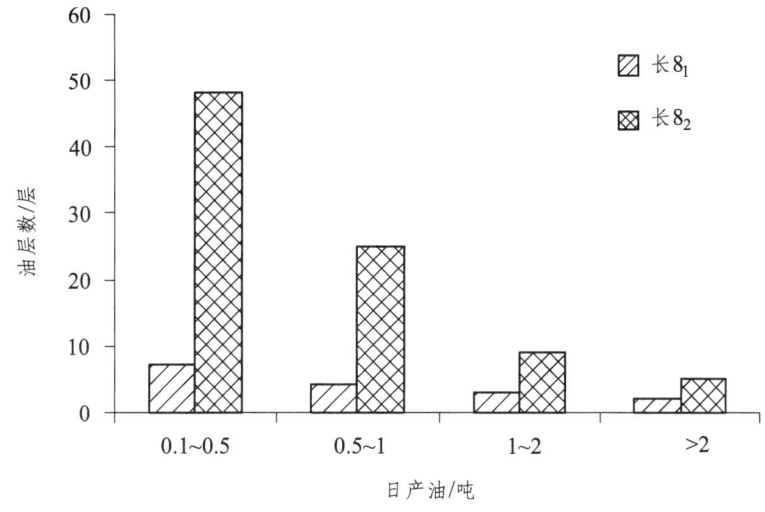

图 5.42 富县地区长 8 油层组油层产量统计图

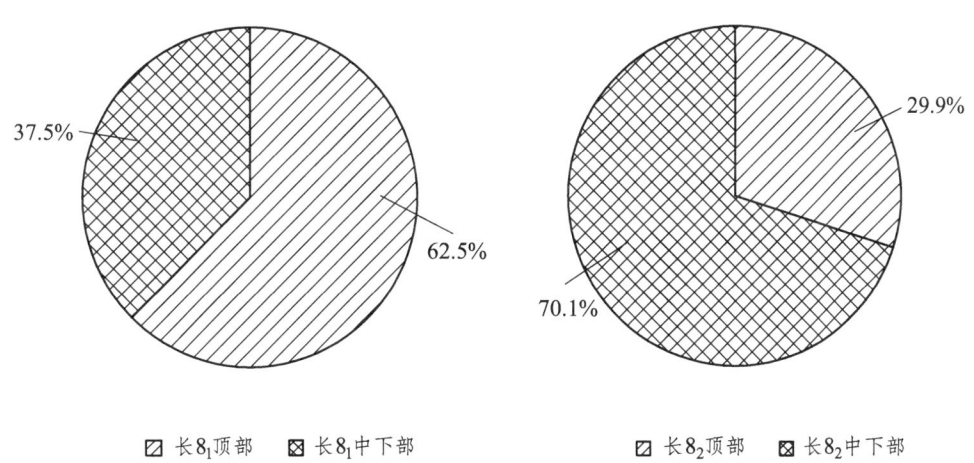

图 5.43 富县地区长 8 油层组油层分布特征统计图

长 8_1 的石油约有 62.5%富集于长 8_1 上部砂岩的顶部（图 5.43），这类长 8_1 油层往往上覆长 7 底部的富有机质页岩，部分砂岩的顶部常常发育一套钙质隔层（图 5.44、图 5.45）。分布于长 8_1 的中下部油层的钻井中往往在长 8_1 底部或长 8_2 或长 9 顶部发育一套富有机质页岩（图 5.45~图 5.47）。富县地区已发现的长 8_2 油层中，约 29.9%油层富集于长 8_2 上部砂岩的顶部（图 5.48），这类长 8_2 油层往往上覆长 8_1 底部的富有机质页岩，部分砂岩的顶部常常发育一套钙质隔层（图 5.47）。分布于长 8_2 的中下部油层约占长 8_2 总油层数的 70.1%，这和王庄台地区的长 8_2 油层的分布特征有所差别，发育该类油层的钻井的长 9 顶部一般发育一套李家畔的富有机质黑色页岩（图 5.45、图 5.47）。

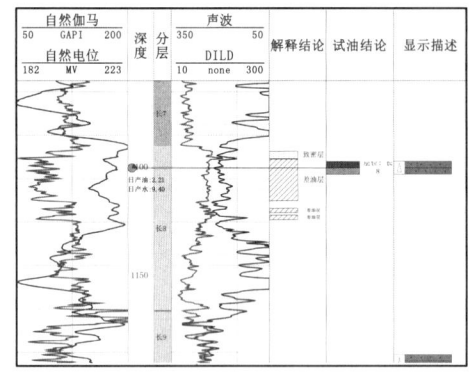
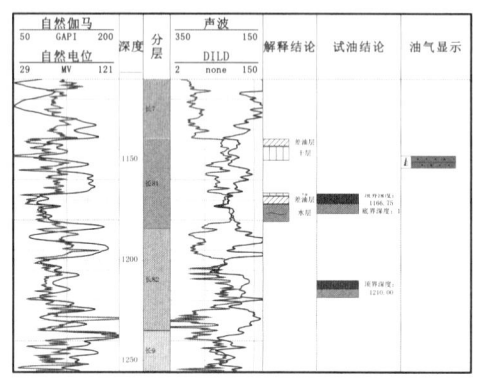

图 5.44　富县地区富指 180 井长 8_1 试油结果　　　图 5.45　富县地区富西 4 井长 8_1 试油结果

旬邑地区也发现有大量的长 8 油藏，已发现的日产大于 0.1 吨的长 8 油层共有 27 层，其中 25 层分布于长 8_1，占总数的 92.6%，另有 2 层分布在长 8_2（图 5.47）。长 8_1 的 25 层油层中，有 22 层位于长 8_1 顶部，约占总数的 88%（图 5.48、图 5.49、图 5.50）。旬邑地区长 8 油藏的分布特征与富县地区存在较大差异。

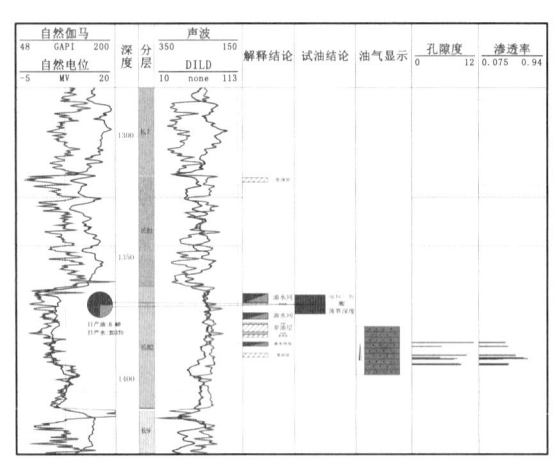
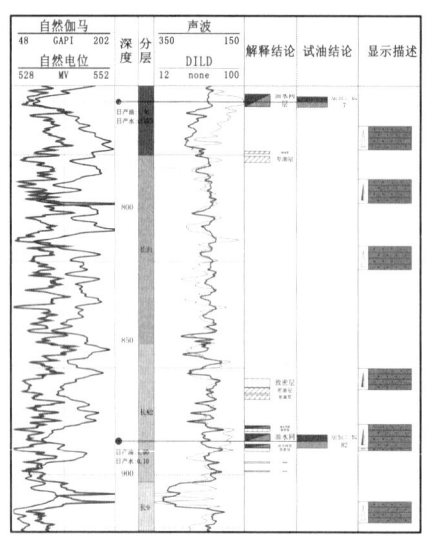

图 5.46　富县地区富西 84 井长 8_2 试油结果　　　图 5.47　富县地区富指 197 井长 8_2 试油结果

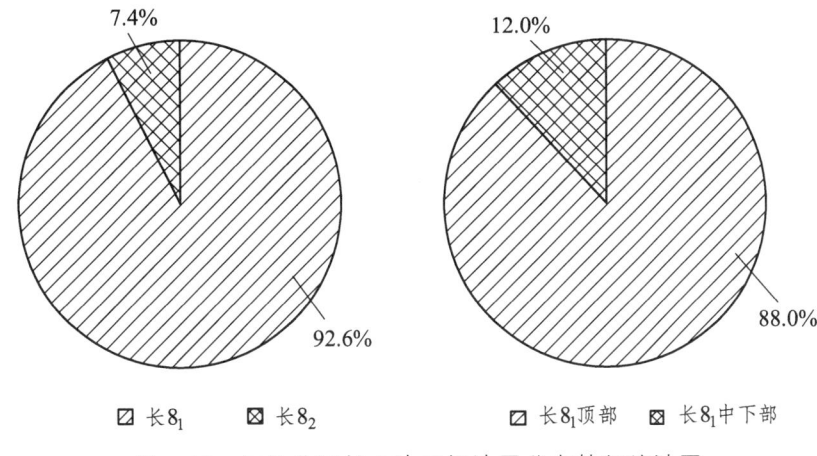

图 5.48 旬邑地区长 8 油层组油层分布特征统计图

总体来看，研究区延长组油藏在纵向和平面上分布具有较强不均一性。研究区西北部的张家湾北-王庄台地区发育长 2+3、长 7、长 8_1 和长 8_2 油藏，以长 8_2 和长 2+3 油藏为主。东北部的直罗、张村驿、富县、岔口乡一带发育长 7、长 8_1、长 8_2 油藏，以长 7、长 8_2 油藏为主，此外还分布有少量长 2+3 油层组的油藏。张家湾南、槐树庄、双龙镇西北一带主要发育长 6、长 7 油藏，旬邑地区主要以长 8_1 油藏为主，在职田镇一带发育少量长 6 油藏。

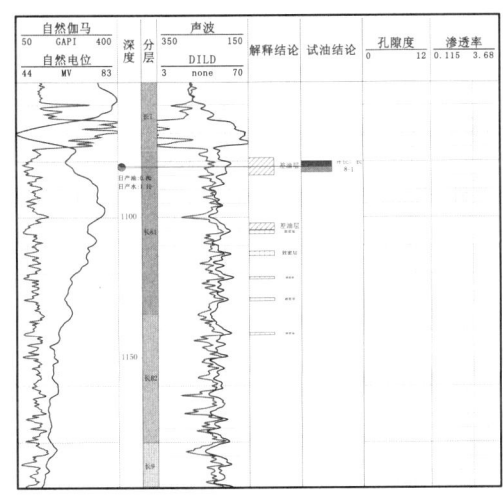

图 5.49 旬邑地区旬 55 井长 8_1 试油结果

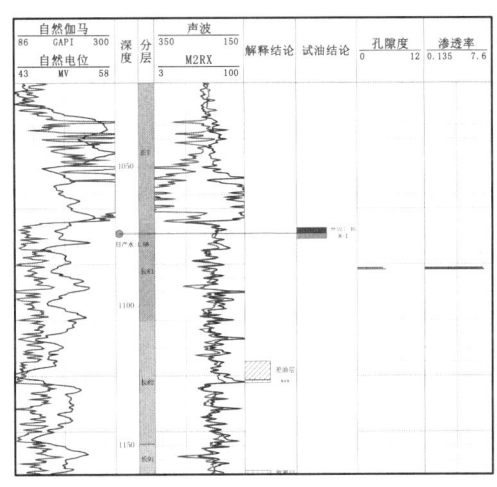

图 5.50 旬邑地区旬 63 井长 8_1 试油结果

5.3 石油富集主控因素

本节在石油成藏背景、已发现油藏分布规律、储层岩石学、孔隙结构及物性特征等分析的基础上，探讨研究区延长组石油富集的主要控制因素，为石油富集机理、成藏模式的研究提供依据。

5.3.1 长 8 油层组石油富集主控因素

由已发现的长 8_2 低产和工业油流井的分布规律特征可知，平面上长 8_2 油藏主要分布在研究区西北部的王庄台地区及张家湾-直罗镇-张村驿-桥山镇一线以北地区，研究区中部的槐树庄地区、双龙镇地区及南部的马栏镇、旬邑县地区均不发育（图 5.33、图 5.34）。由已发现油藏和长 9、长 8_2、长 8_1 叠合图可见，长 8_2 已发现的油藏均分布于长 9 烃源岩、长 8_2 烃源岩和长 8_1 烃源岩叠合面积之内，长 9 和长 8_1 烃源岩之外基本少有长 8_2 油藏分布（图 5.51~图 5.54）。王庄台地区长 8_2 烃源岩不发育，但下伏长 9 烃源岩，上覆长 8_1 烃源岩，砂体较厚，是长 8_2 油藏的富集区。垂向上，王庄台地区约 70.1% 的油层分布在长 8_2 顶部，上覆长 8_1 黑色页岩，长 8_2 内部泥页岩不发育，砂体较厚（图 5.55）；约 29.9% 的油层分布在长 8_2 中下部，这部分油藏主要分布在王庄台西南部长 9 烃源岩相对较厚、长 8_2 内部也发育泥页岩的区域，如芦 143 井（图 5.56）。富县地区长 8_1 和长 8_2 烃源岩均不太发育，累计厚度较薄，长 8_2 内烃源岩以多层的泥页岩薄层分布，造成垂向上该区长 8_2 油层分布特征多样（图 5.57、图 5.58）。尽管全区均有长 7 烃源岩分布，但在长 7 烃源岩展布区域，如果无长 9、长 8_1 底部和长 8_2 内部烃源岩分布的地区，基本无长 8_2 油层发育（图 5.51~图 5.54），这表明长 8_2 油藏和长 7 烃源岩关系不大，而和长 8、长 9 烃源岩关系密切。这是因为长 7 烃源岩和长 8 储层间有长 8_1 的砂体及长 8_1 的烃源岩相隔，且储层在早白垩世成藏时物性相对较差，长 7 下部烃源岩生成的石油难以穿过长 8_1 的砂体及泥页岩充注到长 8_2 的储层聚集成藏。因此，长 9 顶部、长 8_1 下部及长 8_2 内部的烃源岩是否发育以及是否是有效烃源岩成为研究区长 8_2 石油成藏的关键控制因素。

第 5 章 油藏富集规律及主控因素

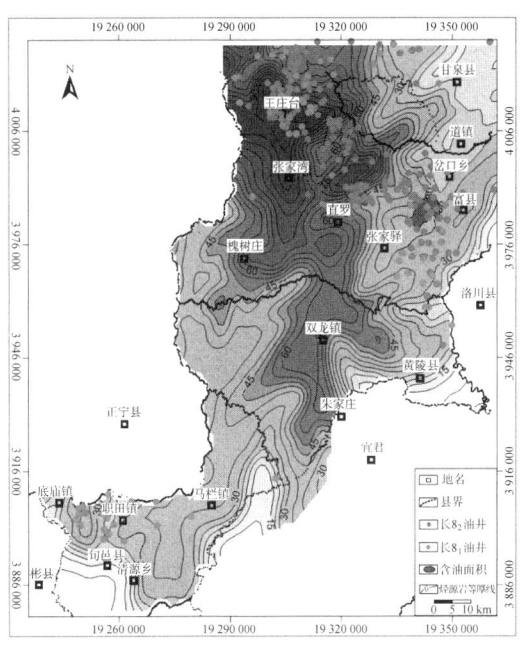

图 5.51 长 8 油井与长 7 烃源岩叠合图

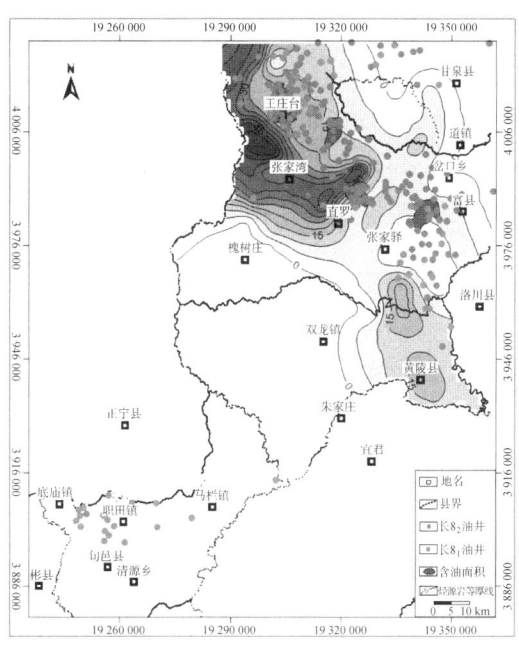

图 5.52 长 8 油井与长 8_1 烃源岩叠合图

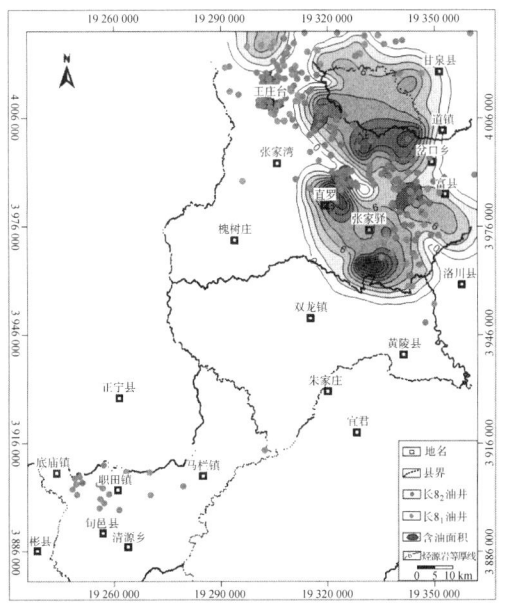

图 5.53 长 8 油井与长 8_2 烃源岩叠合图

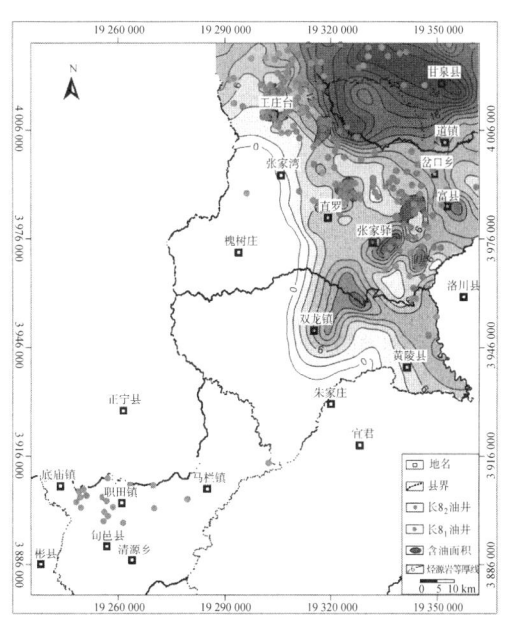

图 5.54 长 8 油井与长 9 烃源岩叠合图

由长 8_1 油藏和各烃源岩叠合图可见，王庄台地区、张家湾-直罗镇-张村驿-黄陵县一线以北地区的长 8_1 油藏也分布在长 8、长 9 黑色页岩的叠合面积以内（图 5.51～图 5.54）。研究区南部的旬邑、马栏镇一带无长 8 和长 9 黑色页岩分布，上覆有长 7 下部的黑色页岩，但该地区也分布有长 8_1 的油藏，且研究区南部的长 8_1 油藏主要分布在长 8_1 顶部的砂体中，约占总数的 88%，由此推测该区长 8_1 储层中的油主要来自长 7 下部优质烃源岩。此外，研究区北部王庄台地区、富县地区长 8_1 的油藏有多数分布在长 8_1 顶部，下伏有长 8 和长 9 烃源岩，上覆长 7 下部黑色页岩，分别占油层总数的 76.7%、62.5%，这表明，研究区北部的长 8_1 油藏既有长 9 和长 8 烃源岩生成的石油的贡献，又有长 7 下部黑色页岩的贡献。结合长 8_1 油藏的平面及垂向分布特征和长 7、长 8、长 9 黑色页岩的展布特征可知，长 7、长 8、长 9 烃源岩对长 8_1 的石油富集也起着非常重要的作用。

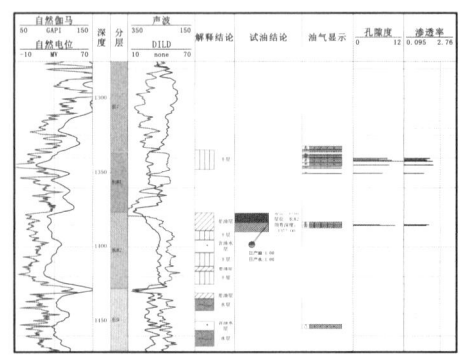

图 5.55　王庄台地区芦 66 井长 8_2 试油结果

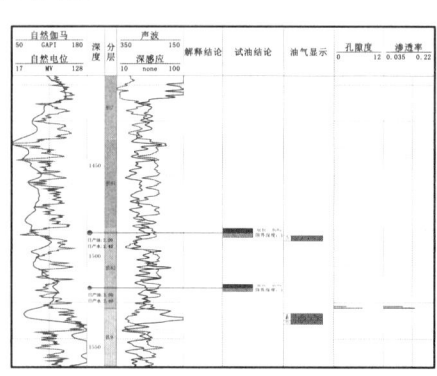

图 5.56　王庄台地区芦 143 井长 8_2 试油结果

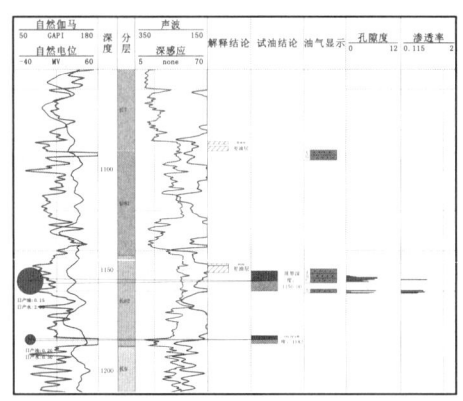

图 5.57　富县地区富西 9 井长 8_2 试油结果

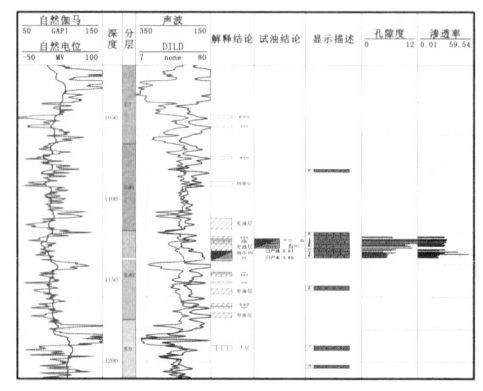

图 5.58　富县地区富指 30 井长 8_2 试油结果

对比研究区不同地区长 8 试油段油层和水层/干层的物性（图 5.59 和图 5.60）可知，王庄台、富县、旬邑地区长 8 油层的物性均明显好于水层/干层的物性。王庄台地区长 8 油层的孔隙度主要为 7%～14%，峰值为 8%～10%，平均为 10.5%；渗透率多数为 0.14～0.61 mD，平均为 0.31 mD。王庄台地区长 8 水层/干层的孔隙度主要为 2%～11%，峰值小于 6%，平均为 6.1%；渗透率多数小于 0.6 mD，平均为 0.26 mD，明显比油层的物性要差。富县地区长 8 油层的孔隙度主要为 7%～14%，峰值为 9%～11%，平均为 10.6%；渗透率多数为 0.22～1 mD，平均为 0.45 mD。富县地区长 8 水层/干层的孔隙度主要为 5%～12%，峰值为 6%～10%，平均为 8.6%；渗透率多数为 0.08～0.61 mD，平均为 0.32 mD，明显比油层的物性要差。与王庄台地区长 8 相比，富县地区油层、水层/干层的物性分别要好于王庄台地区长 8 的物性。旬邑地区长 8_1 油层的孔隙度主要为 6%～12%，峰值为 8%～10%，平均为 9.3%；渗透率多数为 0.22～2.0 mD，平均为 0.56 mD。旬邑地区长 8_1 水层/干层的孔隙度主要为 4%～8%，平均为 6.8%；渗透率多数为 0.08～0.1 mD，平均为 0.15 mD，明显比油层的物性要差。

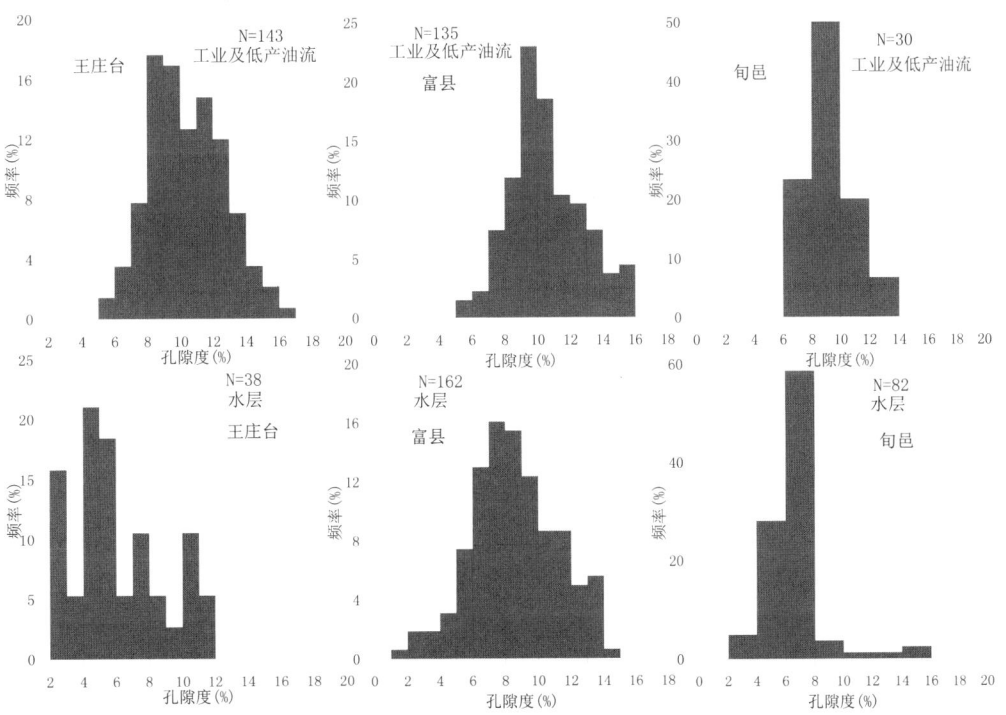

图 5.59　研究区长 8 油层和水层/干层孔隙度统计图

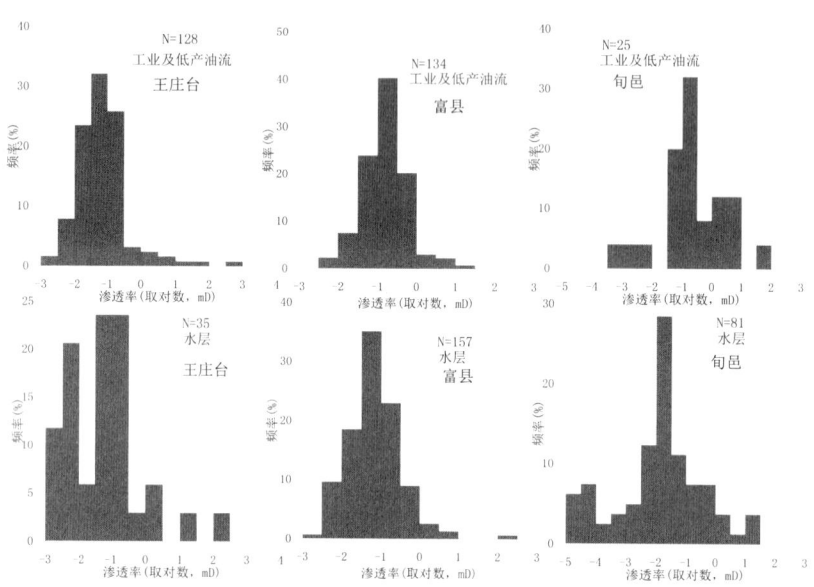

图 5.60 研究区长 8 油层和水层/干层渗透率统计图

由长 8 油层组不同石油显示级别的砂岩的物性统计结果（图 5.61、图 5.62）可见，研究区长 8 油层组储层也总体随着物性变好石油显示级别越高。以上长 8 油水层物性及不同显示级别砂岩物性的对比分析结果表明物性对储层的含油性具有重要的影响。

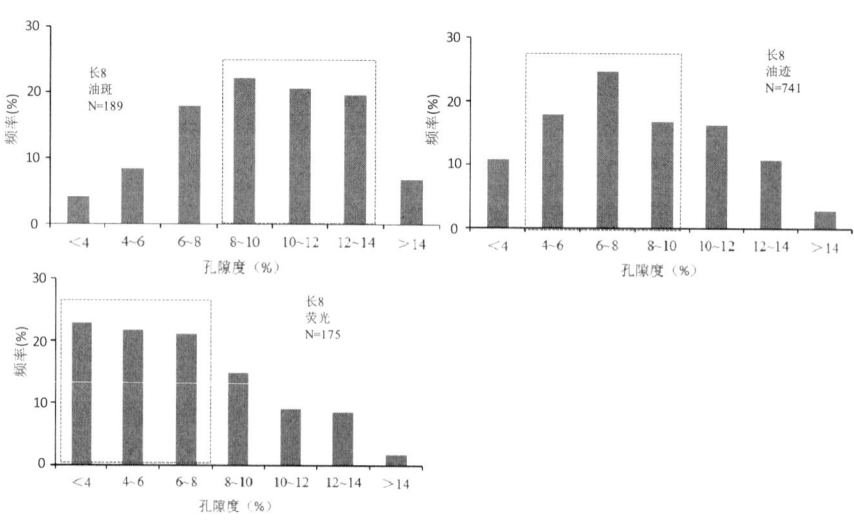

图 5.61 研究区长 8 不同显示级别砂岩孔隙度统计直方图

第 5 章 油藏富集规律及主控因素

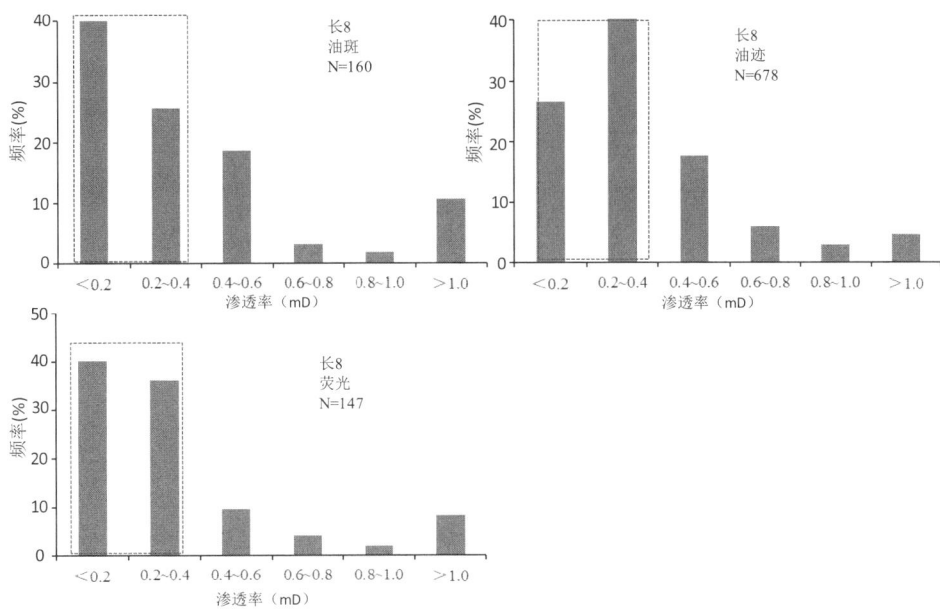

图 5.62 研究区长 8 不同显示级别砂岩渗透率统计直方图

然而,由图 5.59～图 5.62 可见,部分油层和具有油迹、油斑显示的砂岩的物性相对也较差,部分孔隙度小于 8%,进一步的镜下观察发现,延长组砂岩包括物性相对较差,但具有油迹、油斑显示的砂岩中均发育碳质沥青和发橙色、橙黄色荧光的油。由前述石油充注期次及有机流体和成岩序列的关系可知,这些沥青或油形成在大规模石油充注前的侏罗纪晚期。这些沥青和油或充填于长石等颗粒的溶蚀孔、晶间缝中,或吸附于长石表面蚀变的云母、自生绿泥石等矿物表面(图 5.63),这样在孔隙周缘、喉道周缘均有早期大官能团的油或沥青(图 5.64),降低毛细管阻力,有利于晚期油充注。

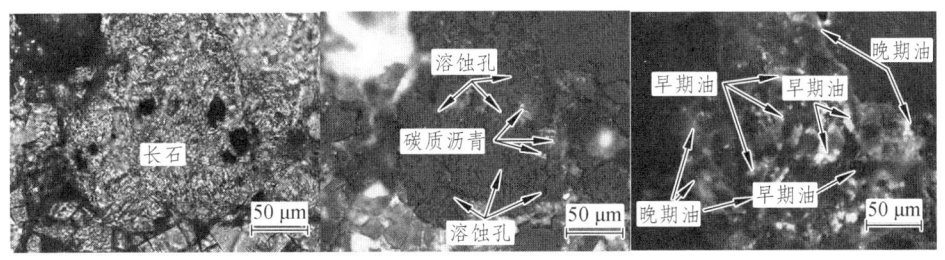

图 5.63 长石溶蚀孔和解理缝被发橙黄色荧光的沥青充填,晚期油,芦 86,长 8,1 619 m

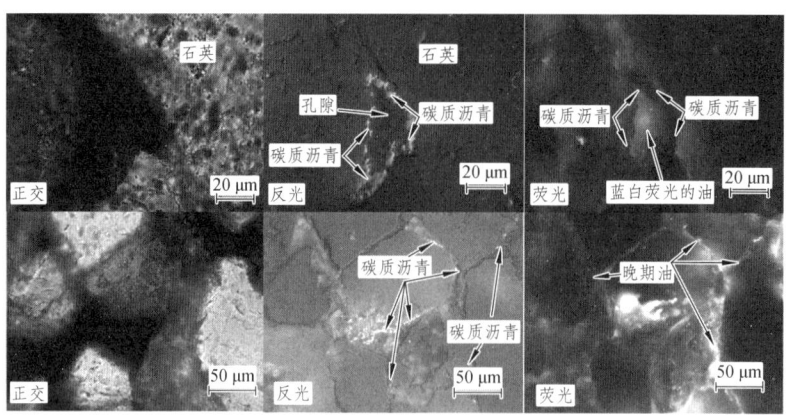

图 5.64 长 8 含油砂岩中的沥青的荧光特征
（孔喉周缘的颗粒表面被碳质沥青浸染，发蓝白/白色荧光的晚期油充填孔隙或喉道，富指 32）

由砂体厚度与试油结果叠合图可知，长 8 油藏明显受河道砂体的控制（图 5.65），在砂体较厚部位以及砂地比较大部位常是油藏富集的部位。研究区长 8 油层组一些砂体厚度较大，具有油迹及以上级别显示，物性较好（孔隙度大于 11%，渗透率大于 0.4 mD），但试油结果为水层或含油水层（图 5.67、图 5.68），这表明在长 8 油层组内页发生了石油侧向运移，这些砂体是作为石油运移输导体运移石油，本身未形成石油聚集。在大东沟区长 8_2 油层组的含油面积与构造等值线叠合图上，工业油流井和低产油流井主要分布于鼻状构造的相对高部位（图 5.66），表明局部构造对石油富集也具有一定的影响。

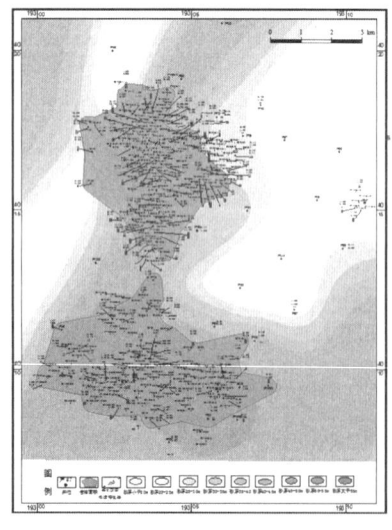 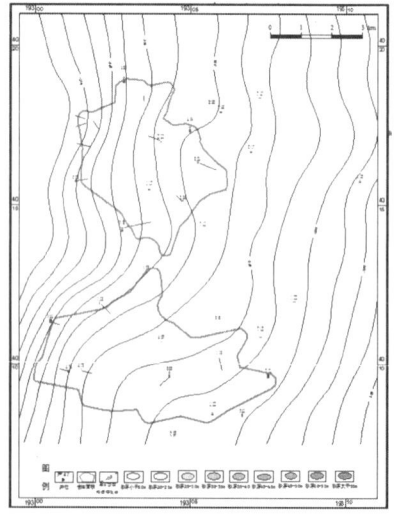

图 5.65 大东沟区长 8_2 含油面积与砂岩厚度叠合图　图 5.66 大东沟区长 8_2 含油面积与顶面构造叠合图

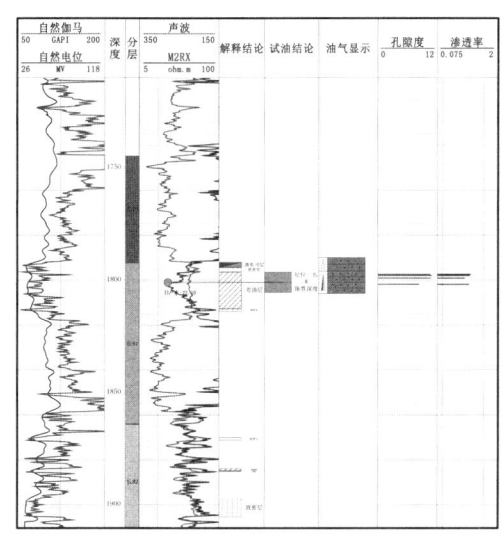
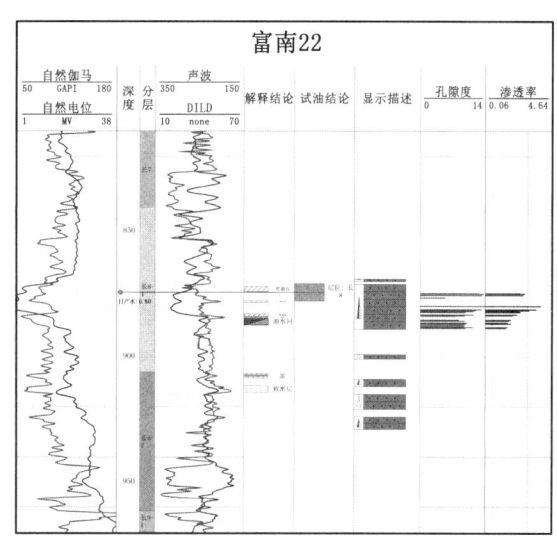

图 5.67 芦 173 井长 8_1 油层组综合柱状图　　图 5.68 富南 22 井长 8_1 油层组综合柱状图

5.3.2 长 7 油层组石油富集主控因素

长 7 油层组下部的黑色页岩在全区均广泛分布，且在研究区北部还发育长 9 和长 8 的黑色页岩（图 5.51~图 5.54），因此，对于长 7 油层组储层而言，油源非常充足，油源不是控制研究区长 7 油层组砂岩石油藏石油富集的主要因素。

研究区西北部王庄台-张家湾一带长 7 油层组以黑色泥页岩为主，油源充足，但砂体相对不发育（图 5.69），砂体物性相对较差，平均孔隙度约 7.7%，平均渗透率约 0.26 mD。该处如发育砂体，则砂体常以指状与黑色页岩接触，且砂体的侧向遮挡层发育，若砂体物性较好，则非常有利于石油富集成藏，如芦 94 井和芦 102 井的整个长 7 油层组基本以黑色泥页岩为主，在顶部发育一层砂体，砂体上覆黑色泥页岩（图 5.70 和图 5.71），该砂体与黑色页岩呈指状接触，试油结果分别为日产 0.3、0.74 吨的低产油流。砂体的发育程度、砂体的物性好坏是王庄台-张家湾地区长 7 油层组石油富集的关键因素。

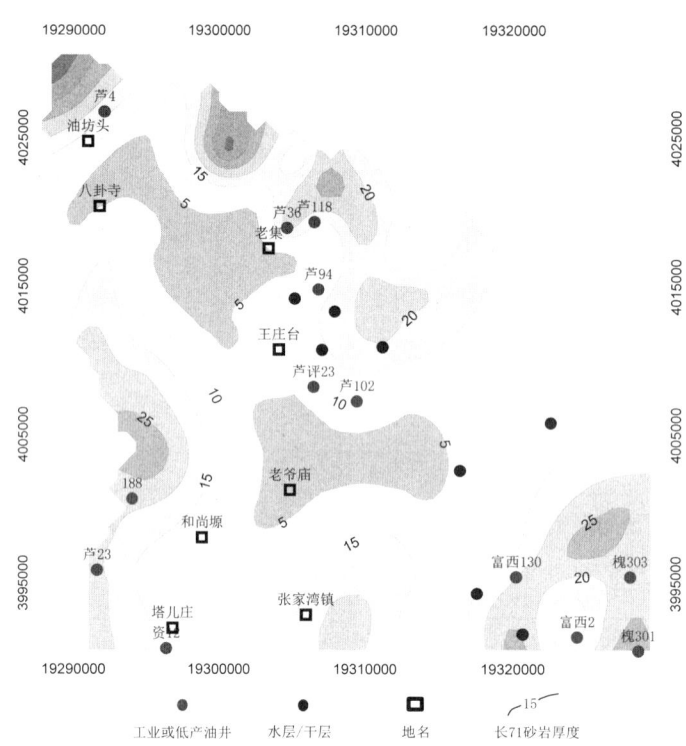

图 5.69　王庄台-张家湾地区长 7_1 含油面积与砂岩厚度等值线叠合图

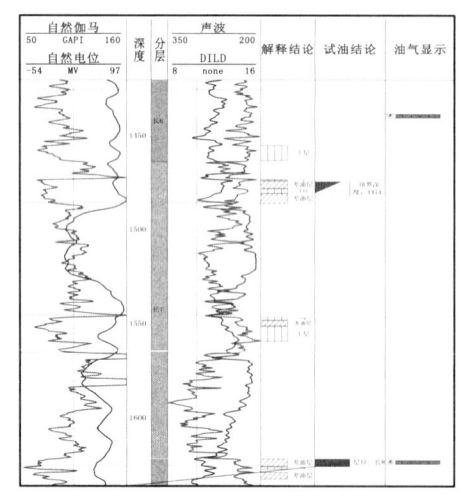

图 5.70　王庄台地区芦 94 井长 7 综合柱状图

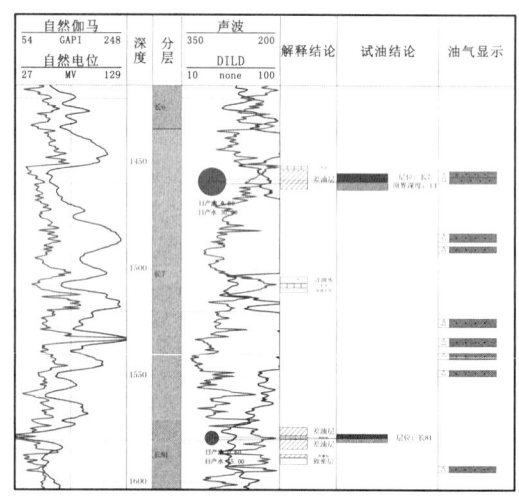

图 5.71　王庄台地区芦 102 井长 7 综合柱状图

直罗-富县地区长 7 油层组西邻王庄台-直罗地区黑色页岩厚度中心，北邻长 9 页岩厚度中心，下伏长 7、长 8 和长 9 烃源岩，且位于流线的汇聚部位，油源充足。该地区长 7 油层组砂体发育。长 7 油层组压裂段试油结果为：油层的孔隙度主要为 4%～16%，峰值为 7.0%～10%，平均为 9.3%；渗透率多数为 0.10～1.50 mD，平均为 0.38 mD（图 5.72 和图 5.73）。压裂段试油结果为：长 7 水层/干层的孔隙度主要为 3%～15%，平均为 9.0%；渗透率主要为 0.11～1.10 mD，平均为 0.33 mD，油层和水层/物性特征基本类似（图 5.72 和图 5.73）。由此可见，砂体和物性也不是该地区长 7 油层组石油富集的关键因素。

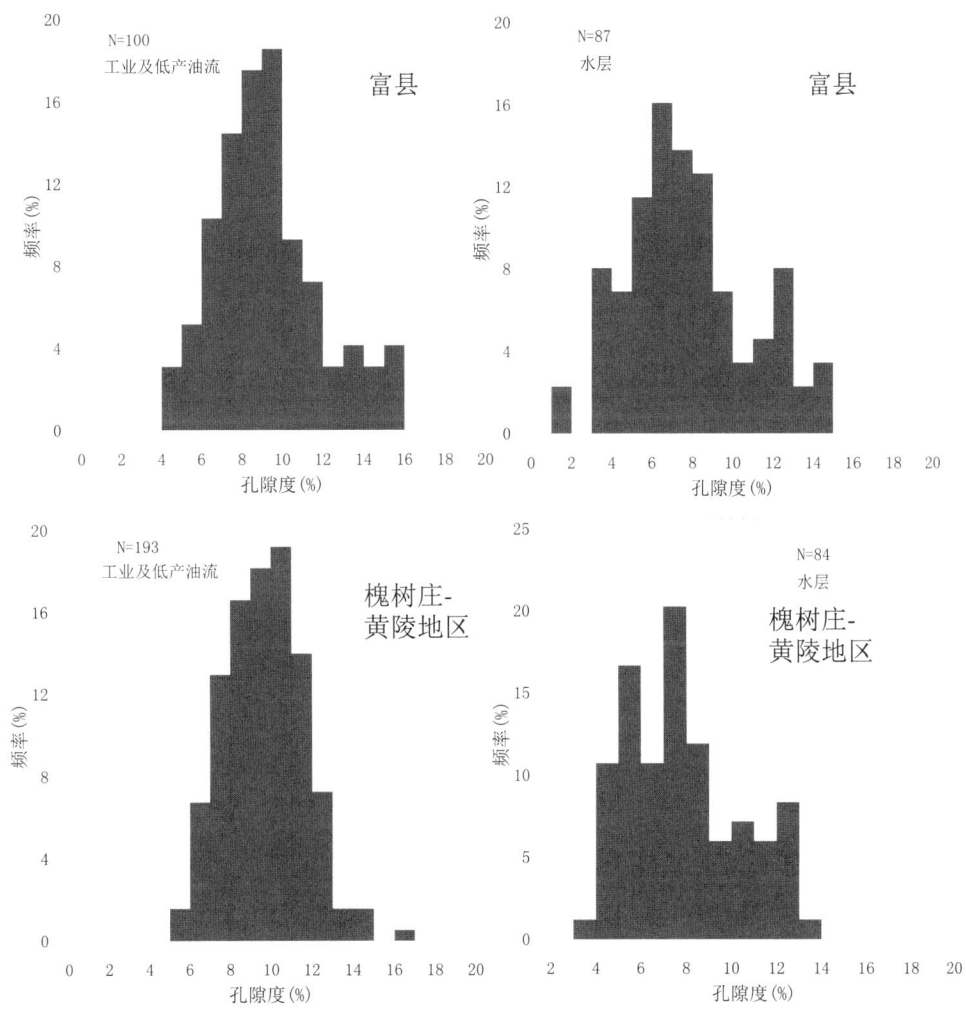

图 5.72　研究区长 7 油层和水层/干层孔隙度统计图

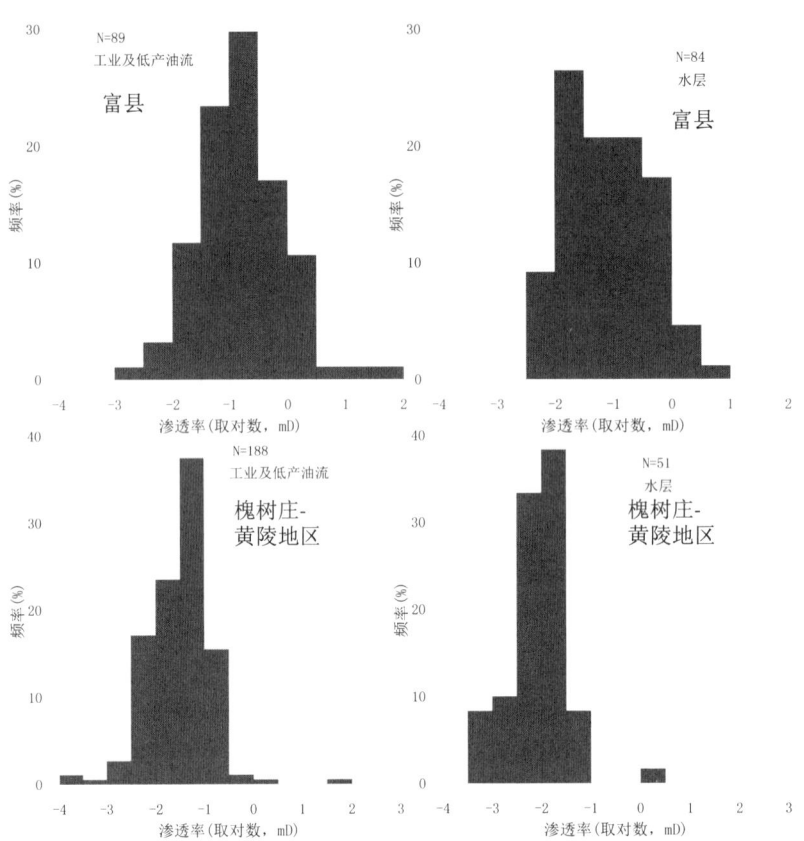

图 5.73 研究区长 7 油层和水层/干层渗透率统计图

直罗-富县地区邻近长 1 和长 2 地层尖灭线，长 7 油层组顶面现今埋深 700~1 000 m，白垩纪末研究区抬升到最高时埋深仅 500~800 m，该处延长组中裂缝发育，且长 7 油层组顶部、长 6 底部的泥岩厚度一般不足 10 m，直罗-富县地区长 7 油层组圈闭中富集的石油在晚白垩世的构造抬升过程中容易被破坏而发生调整。由于石油的发光现象取决于其化学结构，石油中的多环芳香烃和非烃引起发光，而饱和烃则完全不发光。轻质油的荧光为淡蓝色，含胶质较多的石油呈绿和黄色，含沥青质多的石油或沥青质则为褐色荧光。所以，具蓝-白色荧光的包裹体中的原油的成熟度高，而具黄-橙色荧光的包裹体中的原油的成熟度较低（如刘德汉等，2007）。研究区西北部王庄台地区含油砂岩中的沥青除了黄色、黄白色的沥青外，多数以蓝白色的沥青为主（图 5.74a），而东部富县地区长 7 含油砂岩中沥青的荧光颜色多为褐色、褐黄色，少量呈蓝白色（图 5.74b），但在长石的解理缝、溶蚀孔，以及碳酸盐岩胶结物、石英裂纹的包裹体中可见蓝白色荧光沥青。由此可见，富县地区长

7 油藏可能遭受了一定的破坏作用。因此，该区长 7 油层组中的油藏顶部的盖层或侧向遮挡的致密层对于已富集石油的保存非常重要。研究区长 7 油层组试油结果为工业油流或低产油流的油层的顶部均发育厚层泥岩或致密层。如图 5.75 所示的富指 27 井 935～941 m 段砂体平均孔隙度 9.5%，渗透率平均 1.04 mD，具油迹显示，顶部发育一套厚约 15.5 m 的泥岩，泥岩顶部还发育一套厚约 2.3 m 的钙质胶结致密层，试油结果为日产 1.5 吨的工业油流。如图 5.76 所示的富南 14 井 753～761 m 段砂体具油迹和荧光显示，顶部发育一套厚约 13.5 m 的泥岩，试油结果为日产 0.12 吨的低产油流。上述两口井长 7 含油砂岩中的荧光颜色则以发蓝白色荧光的沥青为主。而富南 65 井的 917～928 m 井段和富指 76 井的 1 077～1 080 m 均具油迹显示，物性较好，但因盖层不发育，试油结果均为含油水层，含油砂岩中的荧光颜色则主要以褐黄色荧光为主（图 5.77 和图 5.78）。由此可见，直罗-富县地区长 7 油层组砂岩的顶部盖层和侧向遮挡能力是石油富集的关键因素。

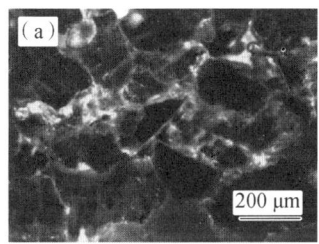 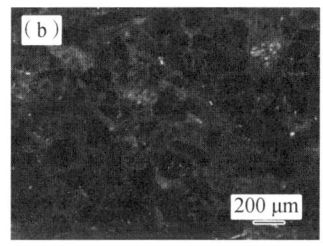 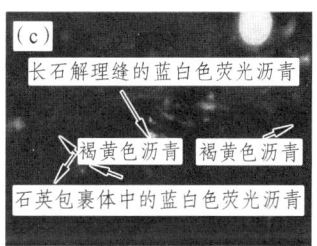

a. 芦 82，沥青多数为蓝白色，少量不发光的碳质沥青和黄白色沥青　b. 富指 32，孔隙中多为黑黄色、黄色沥青，长石节理缝中可见少量蓝白色荧光沥青　c. 富指 32 孔隙中为褐色、褐黄色沥青，长石溶蚀孔和解理缝、石英中的包裹体中沥青为蓝白色

图 5.74　富县-王庄台地区长 7 含油砂岩中的沥青的荧光特征

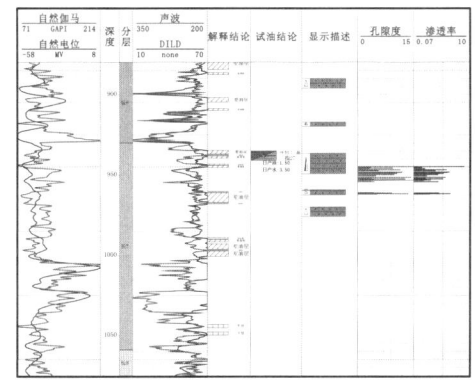 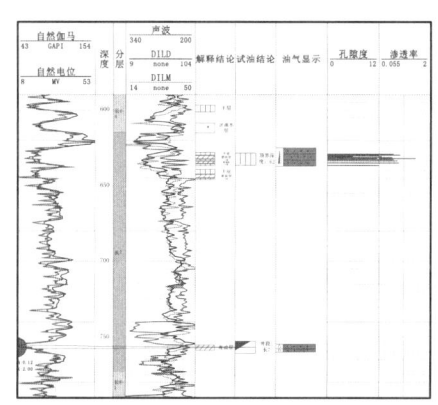

图 5.75　富县地区富指 27 井长 7 综合柱状图　　图 5.76　富县地区富南 14 井长 7 综合柱状图

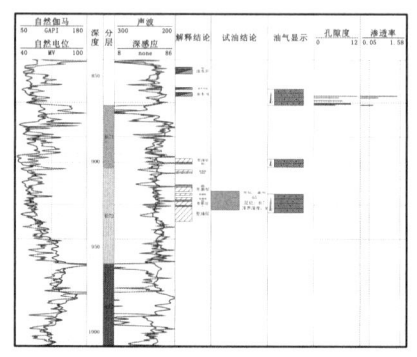
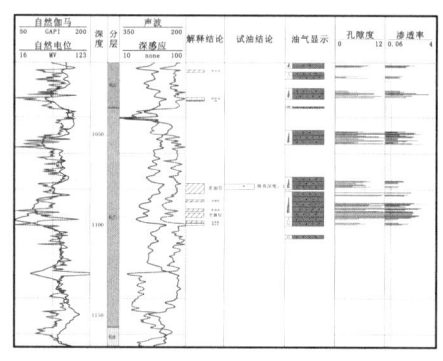

图 5.77 富县地区富南 65 井长 7 综合柱状图　　图 5.78 富县地区富指 76 井长 7 综合柱状图

槐树庄-黄陵地区长 7 油层组北邻王庄台-张家湾长 7 黑色页岩厚度中心，位于流线从王庄台-张家湾往南汇聚的主要路径上；下伏长 7 下部厚 40～70 m 的黑色页岩，油源充足。槐树庄-黄陵地区长 7 油层组砂岩厚度大，长 7 顶部常常发育一套黑色泥页岩，砂体顶部或内部发育多层钙质隔夹层和泥岩隔夹层，非常有利于石油保存（图 5.79 和图 5.80）。此外，槐树庄-黄陵地区长 7 油层组的砂体自槐 23 井-双龙镇一带向南逐渐变薄，且该砂体与南部物源的砂体并未叠置，砂体连通性和石油输导能力变差，因此，由研究区长 7 下部烃源岩和北部王庄台-张家湾一带运移来的石油难以继续往南运移，该区非常有利于石油富集。试油结果为：油层的孔隙度主要为 6%～13%，峰值为 8%～11%，平均为 9.9；渗透率多数为 0.1～0.45 mD，平均为 0.25 mD。槐树庄地区长 7 水层/干层的孔隙度主要为 4%～13%，平均为 7.5%；渗透率主要为 0.03～0.26 mD，平均为 0.13 mD，水层物性明显比油层的物性要差（图 5.72 和图 5.73）。槐树庄-黄陵地区长 7 油层组石油富集的关键控制因素是砂体的发育程度、内部隔夹层的发育程度和砂体的物性。

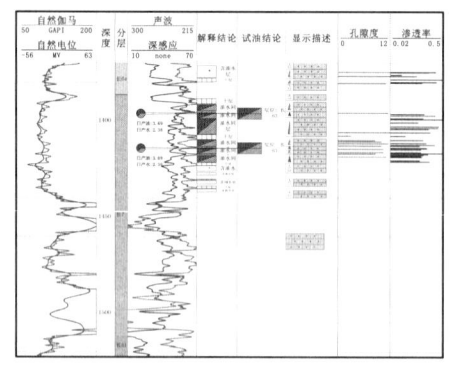
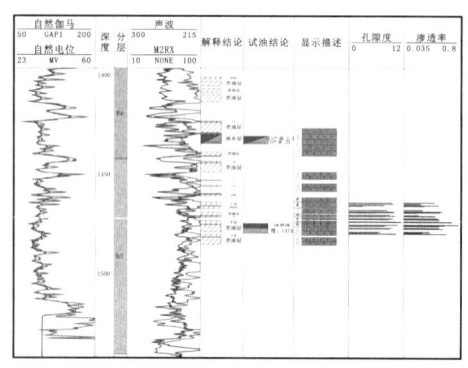

图 5.79 槐树庄-黄陵地区槐 168 井长 7 综合柱状图　图 5.80 槐树庄-黄陵地区上 1316 井长 7 综合柱状图

旬邑地区长 7 油层组位于盆地南缘，下伏长 7 下部的黑色泥页岩，位于流线往南汇聚的主要部位，油源充足。旬邑地区长 7 油层组砂岩的孔隙度主要为 6%～14%，峰值为 9.0%～11.0%，平均为 9.6%；渗透率多数为 0.10～1.50 mD，平均为 0.4 mD，储层条件较好（图 5.72 和图 5.73）。但旬邑地区位于盆地南缘，白垩世晚期的构造抬升强烈，延长组顶部的长 1～长 3 的部分地层被剥蚀，旬邑地区南边发育断层，研究区内延长组长 7 油层组中裂缝发育，多数裂缝表面常被原油浸染（图 5.81），表明这些裂缝是石油运移的通道。早白垩世及侏罗纪末期在长 7 储层中富集的石油在晚白垩世的构造抬升过程中容易遭受破坏、调整。旬 66 井长 7 油层组的 1 229～1 233 m 段砂岩孔隙度为 10%～15%，渗透率一般大于 2 mD，最高达 15 mD，该段砂岩中发育裂缝，但因局部盖层不发育，试油结果为水层（图 5.82）；旬 64 井长 7 油层组 1 058～1 063 m 也是如此（图 5.83）。因此，旬邑地区长 7 油层组的盖层和侧向遮挡层是石油富集的关键因素。

图 5.81　旬邑地区旬 84 井长 7 油层组中裂缝表面被石油浸染

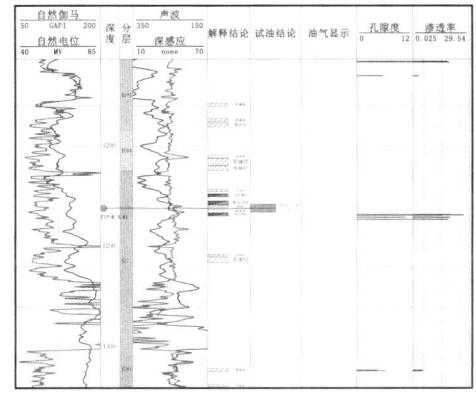 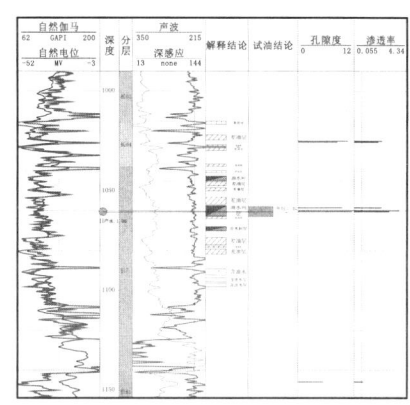

图 5.82　旬邑地区旬 66 井长 7 综合柱状图　　图 5.83　旬邑地区旬 64 井长 7 综合柱状图

5.3.3 长6油层组石油富集主控因素

由长6_1、长6_2和长6_3的砂体厚度分布图可见，研究区西北部的王庄台地区、东北部的富县地区和中部的槐树庄地区以及南部的旬邑地区长6的砂体均较发育，但从试油结果来看，长6的工业油流井主要分布在槐树庄地区，研究区东北部和西北部以及南部的旬邑地区主要以水层为主，少量低产井。

研究区西北部的王庄台地区下伏长7厚层黑色泥页岩，油源充足。长6油层组砂体相对不发育，砂岩多以砂泥岩薄互层为主，砂岩中杂基含量较高。砂体孔隙度主要在3%~14%之间，峰值8%~10%，平均为8.9%，渗透率一般为0.05~1.0 mD，平均为0.37 mD。王庄台地区长6油层组的试油井数较少，有少量工业油流井和低产井，部分试油结果为水层。但镜下观察表明，该区长6的部分砂层中，残余粒间孔、各类溶蚀孔和裂缝均较发育，孔隙间连通性较好（图5.84）。芦58井长6油层组1 203~1 209 m段砂体的孔隙度在8.5%~15%之间，平均为11.3%；渗透率一般大于0.4 mD，最高达1.73 mD，上覆由泥岩和钙质胶结砂岩组成的致密层（图5.85）；芦60井长6油层组1 229~1 352 m和1 246~1 352 m，孔隙度一般大于10%，平均孔隙度为12.1%，渗透率一般大于0.5 mD，最高达4.82 mD，上覆由泥岩和钙质胶结砂岩组成的致密层（图5.86）。上述两井长6油层组的砂岩物性好，均有利于石油富集，其石油显示级别分别为油迹和油斑。影响该处长6石油富集的关键因素是长6砂岩储层的发育程度和物性特征，若砂体发育，物性好，则可能富集成藏。

 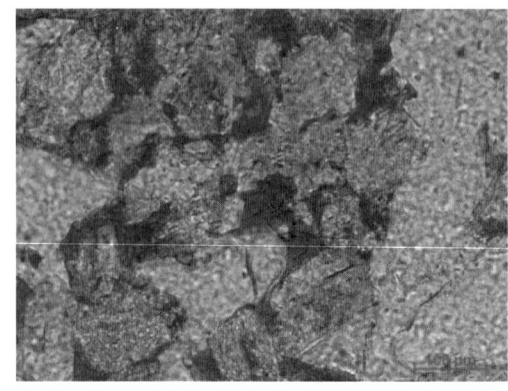

图5.84　芦131井长6孔隙特征（1 653.35 m）

第 5 章 油藏富集规律及主控因素

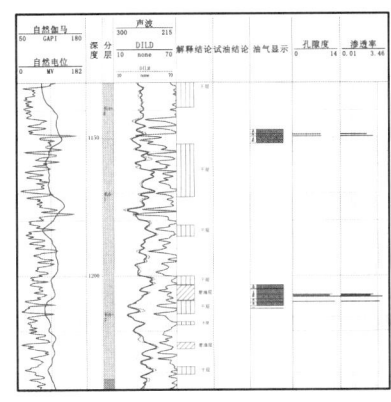

图 5.85 芦 58 井长 6 试油结果

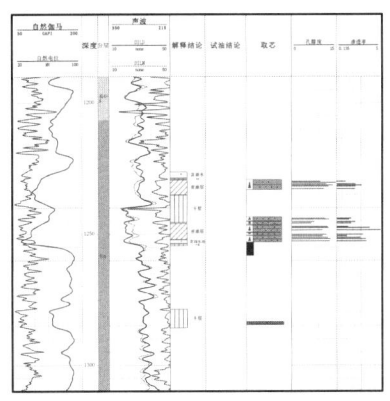

图 5.86 芦 60 井长 6 试油结果

研究区东北部张村驿、富县地区西邻长 7 下部黑色页岩的厚度中心，北邻长 9 页岩厚度中心，下有长 7 黑色页岩，且在侏罗纪末和早白垩世时期，均位于流线的汇聚部位，油源充足。长 6 油层组试油结果为：水层的砂岩的孔隙度一般大于 6%，平均为 10.5%，渗透率一般大于 0.4 mD，平均为 0.63 mD（图 5.87 和图 5.88）。研究区东北部的富县地区长 6 油层组试油结果为：工业或低产油流的钻井岩心物性的孔隙度一般大于 6%，平均为 10.3%，渗透率一般大于 0.5 mD，平均为 0.98 mD（图 5.87 和图 5.88）。油层和水层的物性差别较小。因此，油源和储层物性不是富县地区长 6 油层组石油富集的关键因素。

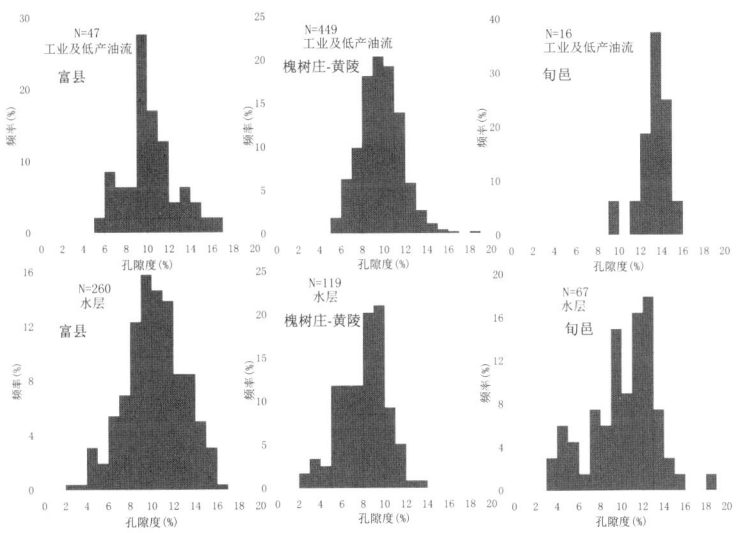

图 5.87 研究区长 6 油层组试油段油层和水层/干层孔隙度统计图

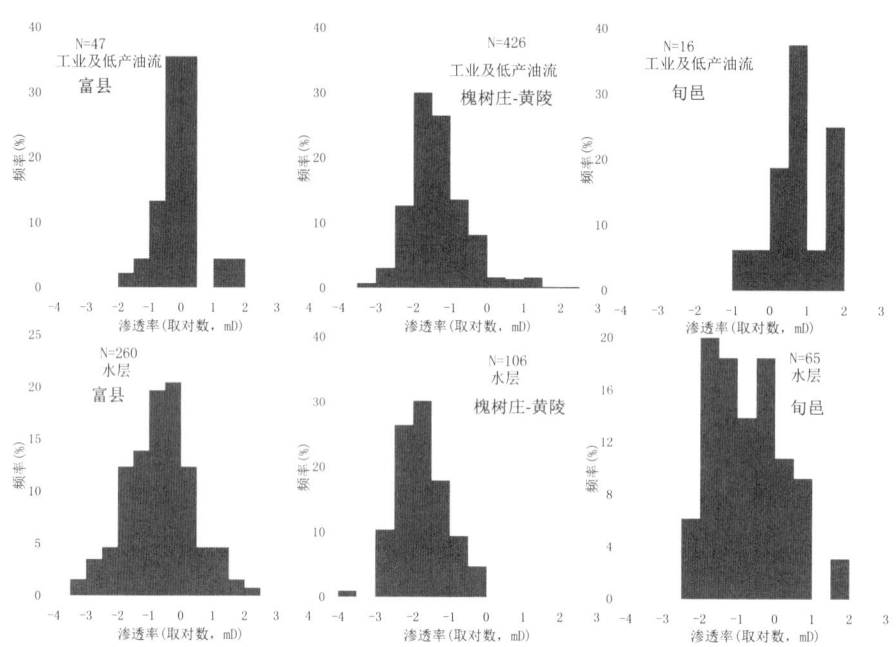

图 5.88 研究区长 6 油层组试油段油层和水层/干层渗透率统计图

研究区东北部张村驿、富县地区长 6 油层组砂体累计厚度大，砂地比高，砂体连通性好；砂体孔隙发育（图 5.89），物性好，输导能力较强。但另一方面，与长 7 油层组类似，长 6 油层组也邻近长 1 和长 2 地层尖灭线；与长 7 油层组相比，长 6 油层组顶面埋深更浅，白垩纪末研究区抬升到最高时埋深仅 240~540 m，该处延长组中裂缝发育（图 5.89），且长 6 上部或内部无区域性的厚层泥岩，内部砂体上部泥岩和钙质隔夹层较薄或相对不发育（图 5.90 和图 5.91），直罗-富县地区长 6 油层组圈闭中富集的石油在晚白垩世的构造抬升过程中更容易被破坏而发生调整。如图 5.92、图 5.93 所示，富县地区长 6 含油砂岩孔隙发育，物性好，试油结果均为含油水层或水层（图 5.90 和图 5.91），显微观察发现其孔隙中可见较多黑色沥青充填于孔隙中（图 5.92），在荧光镜下这些黑色沥青呈橙色、褐黄色和黄色，这表明富县地区长 6 油藏可能经历了调整破坏作用。因此，该区长 6 油层组中的油藏顶部的盖层或侧向遮挡的致密层对于已富集石油的保存非常重要，它是长 6 油层组石油富集的关键控制因素。

第 5 章 油藏富集规律及主控因素

（a）富南 17 井，长 6，667.31 m

（b）富西 89 井，长 6，1 062.97 m

图 5.89 富县地区长 6 含油储层孔隙及裂缝发育特征

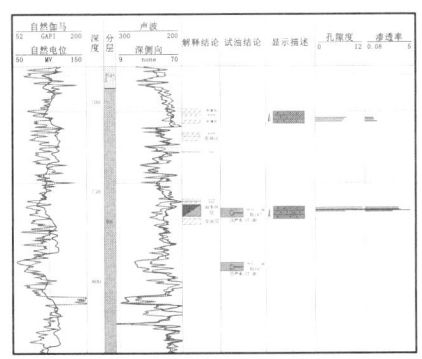

图 5.90 富指 187 井长 6 试油结果

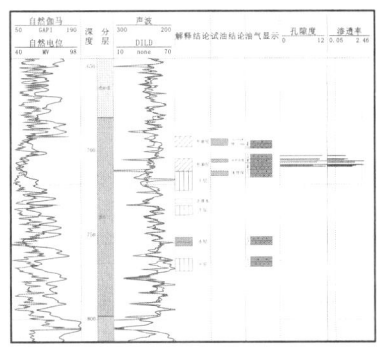

图 5.91 富南 41 井长 6 试油结果

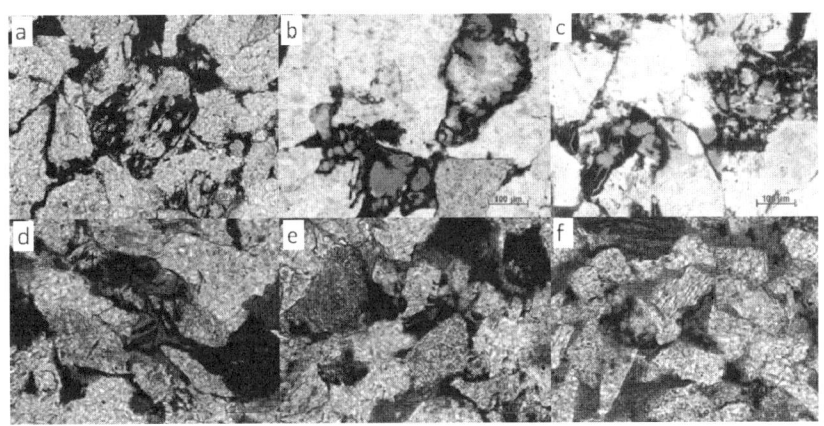

a，b，c：上 27，长 6，540.27 m；d，e：富南 86，长 6，618.36 m；f：鄜 58，长 6，777 m

图 5.92 富县地区长 6 含油砂岩中的沥青

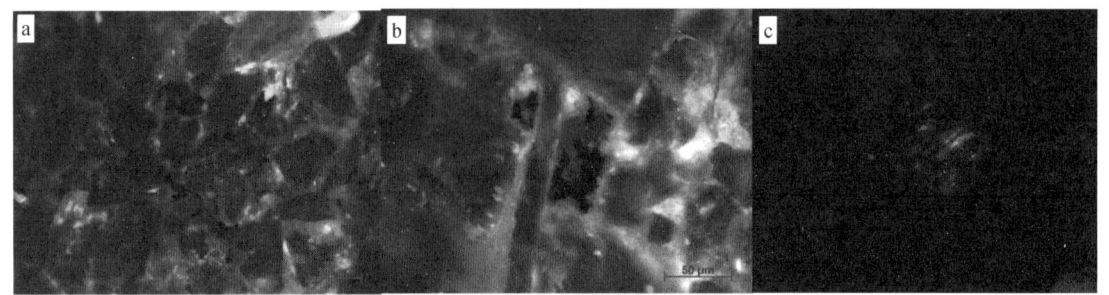

a: 芦评 8，1 284.48 m；b，c：鄜 58，777 m

图 5.93 富县地区长 6 含油砂岩中沥青的荧光特征

与长 7 油层组类似，槐树庄-黄陵地区长 6 油层组北邻王庄台-张家湾长 7 黑色页岩厚度中心，位于流线从王庄台-张家湾往南汇聚的主要路径上；下伏长 7 下部较厚的黑色页岩，油源充足。槐树庄-黄陵地区长 6 油层组砂岩厚度大，砂体顶部或内部也发育多层钙质隔夹层和泥岩隔夹层，非常有利于石油保存。同样地，槐树庄-黄陵地区长 6 油层组的砂体也自槐 23 井-双龙镇一带向南逐渐变薄，石油输导能力变差，且该砂体与南部物源的长 6 砂体接触或叠置，因此，由研究区长 7 下部烃源岩和北部王庄台-张家湾一带运移来的石油也难以继续往南运移，该区非常有利于石油富集。槐树庄地区长 6 油层组试油结果为：油层的孔隙度主要变化在 6%～14%之间，平均孔隙度为 9.7%；渗透率主要变化在 0.08～1 mD 之间，平均为 0.27 mD（图 5.87 和图 5.88）；水层孔隙度主要为 5%～12%，平均孔隙度为 7.8%；渗透率主要变化在 0.05～0.6 mD 之间，平均为 0.17 mD（图 5.87 和图 5.88）。与富县和旬邑地区相比，油层孔隙度稍小，但渗透率远远低于富县和旬邑地区油层的渗透率，也有利于石油保存。由上述分析可见，槐树庄-黄陵地区长 6 油层组石油富集的主控因素为砂体的发育程度和物性。

与长 7 油层组类似，旬邑地区长 6 油层组下伏长 7 下部的黑色泥页岩，北部槐树庄地区长 7 黑色页岩供烃量也较充足，旬邑地区长 6 油层组位于流线往南汇聚的主要部位，油源较充足。由第二章分析可知，研究区南部的旬邑地区长 6 油层组中溶蚀孔隙和裂缝比长 7 油层组更发育（图 5.94 和图 5.95），试油结果为：油层的孔隙度主要变化在 9%～16%之间，平均孔隙度为 13.3%；渗透率一般大于 1 mD，平均为 2.3 mD（数据点较少，仅供参考）；水层孔隙度主要为 3%～16%，平均孔隙度为 10.4%；渗透率主要变化在 0.12～2.0 mD 之间，平均为 0.55 mD（图 5.87 和图 5.88）。因此，砂体和物性也不是影响旬邑地区石油富集的关键因素。

第 5 章 油藏富集规律及主控因素

图 5.94　旬 94，长 6，溶蚀孔、粒间孔隙发育　　　　图 5.95　旬 94，长 6，裂缝

　　旬邑地区位于盆地南缘，在白垩世晚期的构造抬升强烈，延长组顶部的长 1~长 3 的部分地层被剥蚀，旬邑地区南边发育断层，裂缝非常发育（图 5.96）。在延长组地层被抬升到最高处时，长 6 油层组比长 7 油层组埋藏更浅，早白垩世及侏罗纪末期在长 6 储层中富集的石油在晚白垩世的构造抬升过程中更容易遭受破坏、调整。岩心观察发现，长 6 油层组中裂缝发育，裂缝表面多数被石油浸染（图 5.96）。显微观察表明，旬邑地区含油砂岩的孔隙中可见较多黑色沥青充填于孔隙中（图 5.92），在荧光镜下这些黑色沥青呈橙褐色、橙色、褐黄色（图 5.97），孔隙中蓝白色荧光的沥青较少，但石英、碳酸盐岩包裹体和长石的溶蚀孔可见蓝白色荧光的沥青（图 5.97），这表明富县地区长 6 油藏在形成之后可能经历了调整破坏作用。这也可以从旬邑地区的原油密度、地层水的特征得到证实，如本章第一节所述，旬邑地区及槐树庄东南部的长 6 原油密度大于 0.87 g/cm^3，部分旬邑地区原油密度大于 0.9 g/cm^3，地层水的 pH 值小于 7，为酸性环境，这些均表明旬邑地区的长 6 油藏在形成后因晚期构造抬升遭受了一定程度的调整破坏。因此，保存条件是旬邑地区长 6 油藏富集的关键因素。

（a）旬 109，长 6　　　　　　　　　（b）旬 43 井，长 6

图 5.96　旬邑地区井长 6 油层组裂缝表面被油浸染

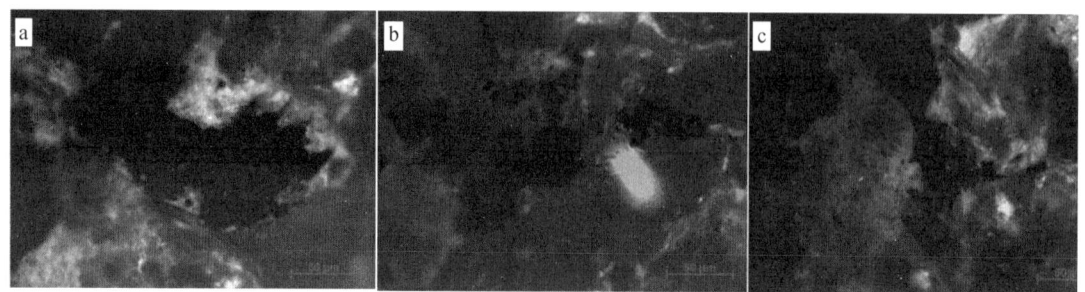

图 5.97　旬邑地区井长 6 砂岩沥青镜下照片

5.3.4　长 2+3 油层组石油富集主控因素

研究区长 2+3 油层组石油主要分布在研究区西北部的张家湾和王庄台一带，在研究区东北部的富县地区和中部的槐树庄一带也有少量低产油流井。研究区长 2+3 油层组砂岩中孔隙非常发育，孔隙间连通性较好（图 5.98）。王庄台地区长 2+3 油层的孔隙度主要为 11%~19%，峰值为 14%~18%，平均为 15.2%；渗透率多数为 0.37~10 mD，平均为 1.5 mD。王庄台地区长 2+3 水层的孔隙度一般为 8%~19%，峰值为 15%~19%，平均为 15.3%；渗透率多数为 0.22~12 mD，平均为 2.66 mD，王庄台地区油层和水层的物性均较好（图 5.99 和图 5.100）。富县地区长 2+3 油层的孔隙度主要为 10%~17%，峰值为 10%~13%，平均为 12.0%；渗透率多数为 0.10~1.5 mD，平均为 0.56 mD。富县地区长 2+3 水层的孔隙度一般为 9%~16%，平均为 12.3%；渗透率多数为 0.10~2.0 mD，平均为 0.69 mD（图 5.99 和图 5.100）。槐树庄-黄陵地区长 2+3 油层的孔隙度主要为 7%~16%，平均为 12.4%；渗透率一般大于 0.20 mD，平均为 1.01 mD。槐树庄-黄陵地区长 2+3 水层的孔隙度一般变化在 4%~18% 之间，平均为 12.4%；渗透率多数一般大于 0.3 mD，平均为 1.07 mD（图 5.99 和图 5.100）。旬邑地区长 2+3 砂岩储层物性也较好，孔隙度一般大于 5%，峰值为 9%~11%，平均为 9.4%；渗透率一般为 0.10~1.0 mD，平均为 0.51 mD（图 5.99 和图 5.100）。总体来看，长 2+3 油层组砂岩物性均较好，储层物性不是长 2+3 石油富集的关键因素。

第 5 章　油藏富集规律及主控因素

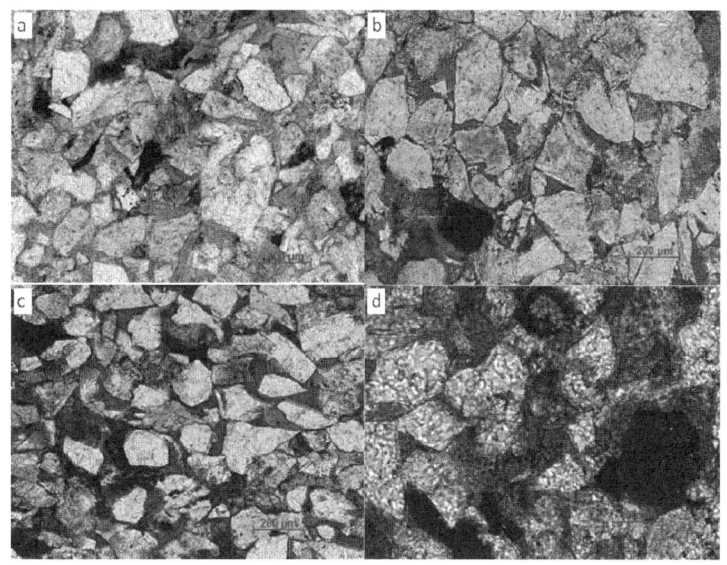

a. 芦 101，920 m；b. 芦 205，1 160.5 m；c. 富南 25，665.2 m；d. 富南 38，598 m

图 5.98　研究区长 2+3 油层组含油砂岩孔隙发育特征

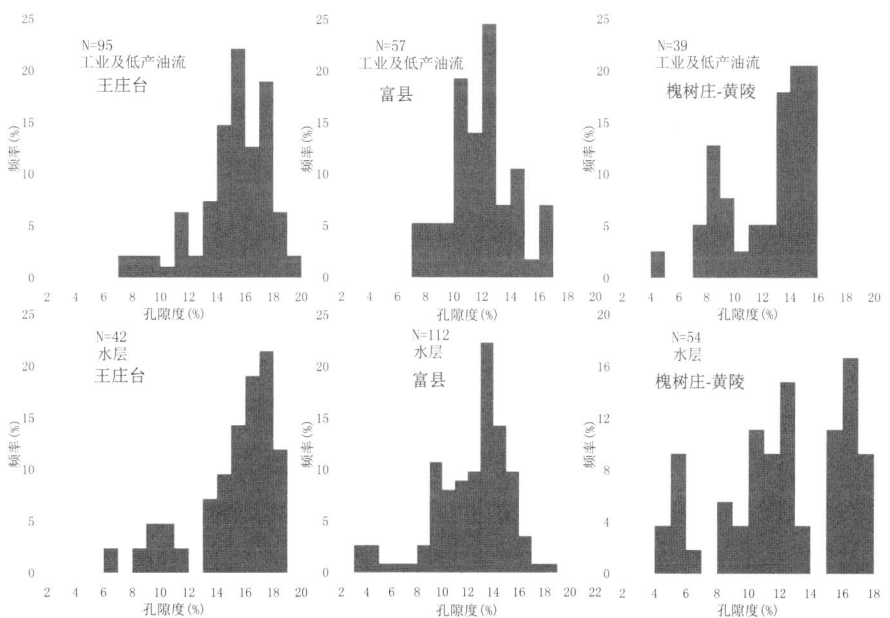

图 5.99　研究区长 2+3 油层组试油段油层和水层/干层孔隙度统计图

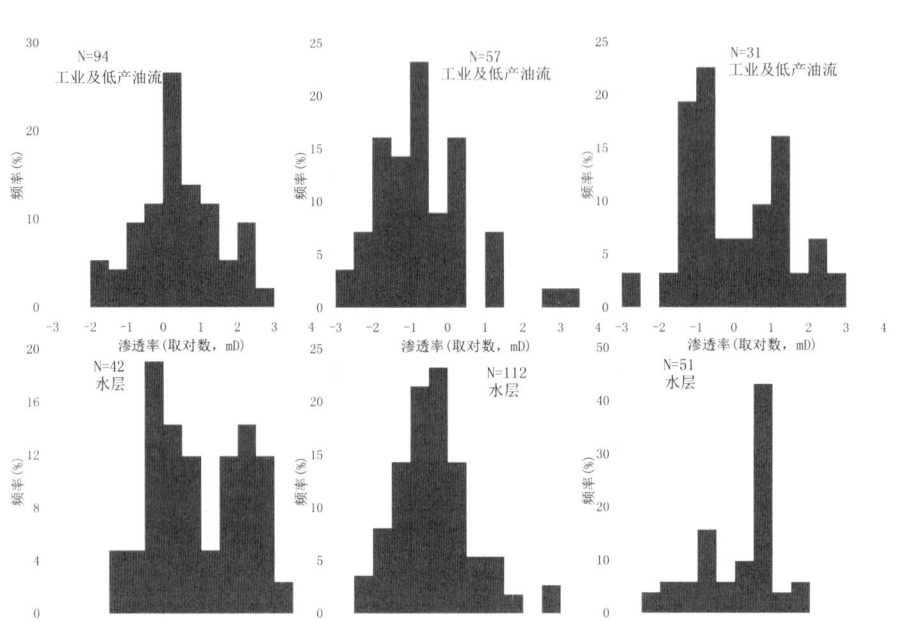

图 5.100　研究区长 2+3 油层组试油段油层和水层/干层渗透率统计图

由长 2 油层组各小层砂体厚度与试油结果叠合图可知，长 2+3 油藏明显受河道砂体的控制（图 5.101）。由于研究区处于陕北斜坡中南部，地层倾角较小，一般小于 2°；长 2+3 储层类型主要为河道砂体，因此，长 2+3 石油圈闭的形成主要取决于河道砂体及上倾方向及侧向岩性的遮挡条件。河道砂体的盖层、上倾方向及侧向遮挡层主要为河湾或河漫滩泥质岩，可对运移来的石油起到良好的遮挡作用；透镜状河道砂体向两侧有变薄并逐渐相变为河道间泥岩；此外，砂体边缘也常因地层水停滞成为胶结致密带，形成致密岩性隔挡层，可对石油的聚集起遮挡作用。因此，河道砂体的主河道方向和河道边缘常是长 2+3 油层组油藏分布的有利位置，河道砂体对长 2+3 油藏的分布与富集起着重要的控制作用。

研究区长 2+3 储层主要为河道砂体，其在空间上的分布具有不均一性，主砂体带可因后期的不均一压实作用形成局部的鼻状构造，形成构造-岩性圈闭（图 5.102 和图 5.103）。因此，长 2+3 油藏除受主河道砂体的控制外，部分还受局部鼻状构造的影响。研究区长 2+3 油层组的试油及初步开发结果表明，鼻状构造带上是长 2+3 油藏富集的有利部位（图 5.102 和图 5.103）。

第 5 章 油藏富集规律及主控因素

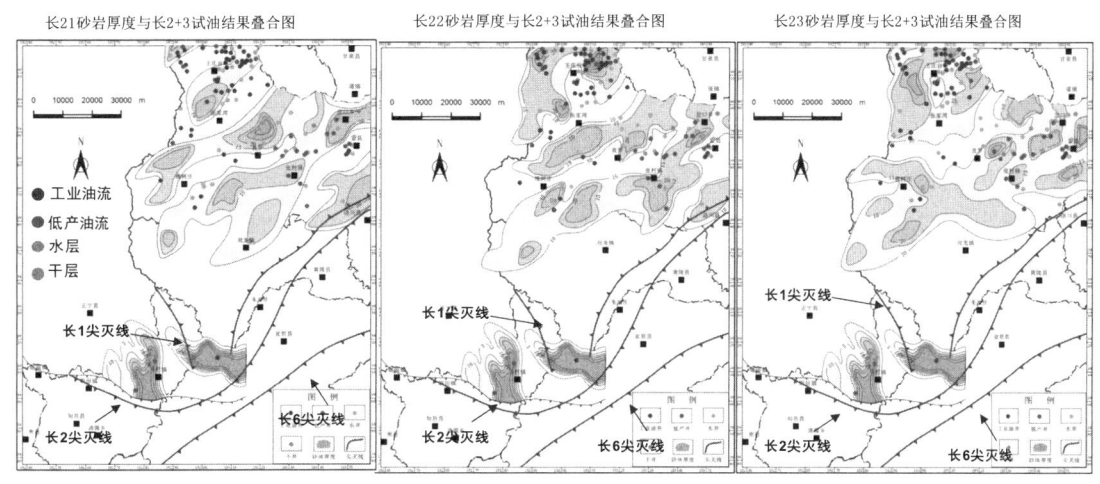

图 5.101 长 2 各小层砂岩厚度与长 2+3 试油结果叠合图

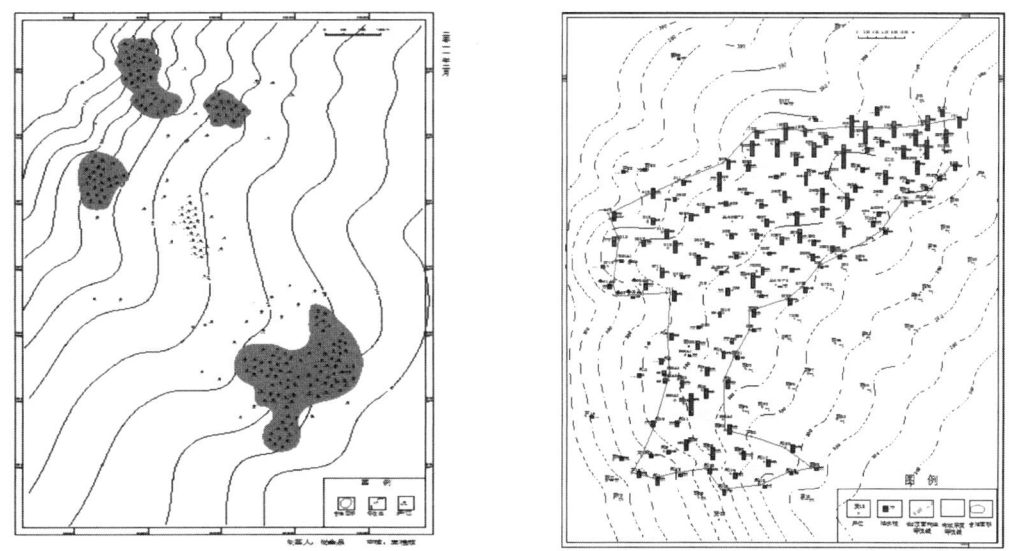

图 5.102 八卦寺长 2 油藏与顶面构造叠合图　图 5.103 和尚塬长 2_1 油藏与长 2_1 顶面构造叠合图

然而，研究区东北部的富县、直罗和张村驿一带河道砂体也比较发育，储层物性也较好，而且油迹、油斑级别的显示丰度，但试油结果主要以水层为主，少量为低产油井。对该区地层剥蚀厚度的分析结果表明，该区延长组长 1 油层组大部分均被不同程度的剥蚀，长 1 地层的尖灭线在朱家庄至洛川县一带。由长 2+3 油层组试油结果和长 1 油层组的砂地比及沉积相叠合图（图 5.104）可见，研究区西北部的王庄台地区长 1 油层组沉积相主要为河流间湾沉积，在研究区东北部的张村驿一带的低产油流井区长 1 的沉积相也主要为河流间湾沉积；试油结果为：水层或干井的地区长 1 油层组的砂地比一般都大于 40%。富县、张村驿一带长 2+3 油层组含油砂岩的孔隙中也可见较多沥青充填于孔隙中，在荧光镜下这些沥青呈橙褐色、橙色、褐黄色、黄色（图 5.105a），但部分小孔隙、解理缝、石英加大边和包裹体里可见大量发蓝白、白色荧光的油（图 5.105b）；而王庄台地区的长 2+3 储层中的油则主要以发蓝白、白色荧光为主，少量为黄色、黄白色荧光的油（图 5.105 c 和图 5.105d）。这也表明富县、张村驿地区其可能因埋藏浅且靠近剥蚀线，在晚期的调整过程中也遭受了一定程度的破坏；而王庄台地区则因埋藏较深，且远离剥蚀线，封闭条件好，油藏遭受破坏的程度较低。由此可见，该地区长 2+3 油层组油藏的聚集与分布还与盖层、封闭条件具有较大的关系，尽管研究区东北部砂体发育，储层物性好，石油显示丰富，但由于盖层条件较差，且在后期的构造抬升过程中遭受了剥蚀。

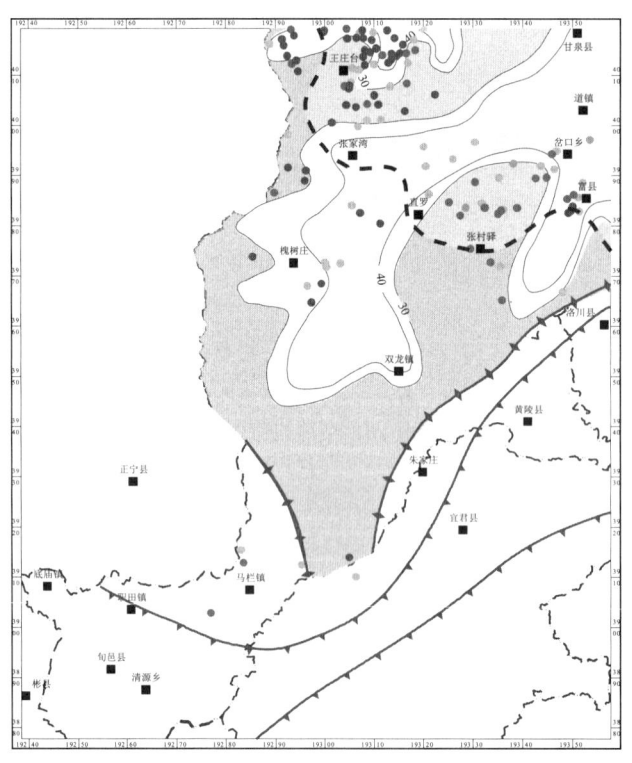

图 5.104 研究区长 2+3 试油结果与长 1 砂地比和沉积相叠合图

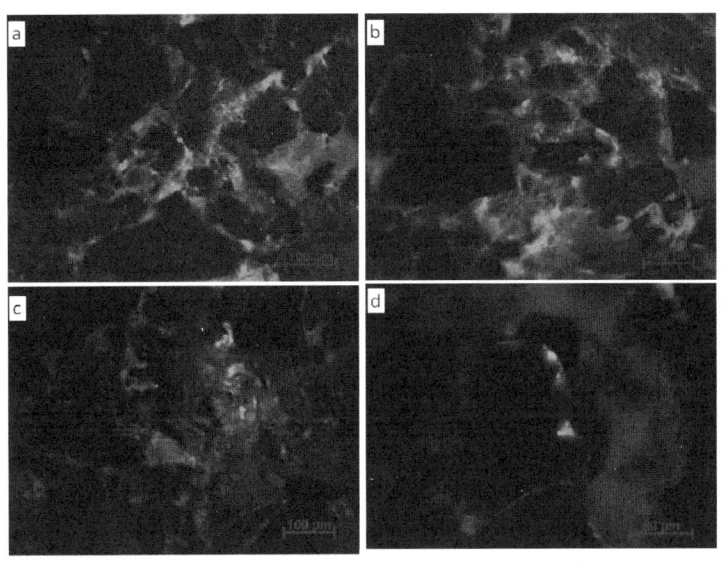

a，b：芦 205，1 160.5 m；c：富南 38，598 m；d：富南 25，652.8 m

图 5.105　长 2+3 油层组含油砂岩中沥青的荧光特征

综上所述，研究区各区域的石油富集主控因素可概括如下：

（1）研究区中北部富县-黄陵地区延长组原油整体具有中-低密度、低黏度、低含硫量、中-低凝固点等特点；旬邑地区延长组原油物性与研究区北部原油相比存在一定差异，旬邑地区原油的密度、黏度和凝固点整体均较高，油性普遍相对较黏稠，多数原油样品的物性具有中、重质油的特点。

（2）研究区延长组的地层水的水型主要为 $CaCl_2$ 型（约占 83.2%），其次是 $MgCl_2$ 型（约占 6.48%）和 $NaHCO_3$ 型（约占 6.14%），少量 Na_2SO_4 型（约占 3.75%）。研究区北部和南部旬邑地区延长组地层水特征存在一定差别，南部地层水的 pH 小于 7，部分小于 6.5，地层水呈酸性；北部王庄台的多数大于 7，地层水偏碱性。旬邑地区地层水中的钙和镁离子明显高于北边王庄台和富县地区。

（3）研究区延长组油藏在纵向和平面上分布具有较强不均一性。研究区西北部的张家湾北-王庄台地区发育长 2+3、长 7、长 8_1 和长 8_2 油藏，以长 8_2 和长 2+3 油藏为主，垂向上油藏主要分布于长 8_1、长 8_2、长 7 的上部或顶部。东北部的直罗、张村驿、富县、岔口乡一带发育长 7、长 8_1、长 8_2 油藏，以长 7、长 8_2 油藏为主，此外还分布有少量长 2+3 油层组的油藏。张家湾南、槐树庄、双龙镇西北一带主要发育长 6、长 7 油藏，旬邑地区主要以长 8_1 油藏为主，在职田镇一带发育少量长 6 油藏。

（4）有效烃源岩和砂体物性是控制长8石油成藏的关键因素，封盖条件也是富县东部、黄陵东北部、旬邑地区石油富集的重要控制因素；旬邑地区和富县东部和黄陵东北部地区长2+3、长6、长7油藏遭受早白垩世晚期至第三纪构造抬升作用的破坏发生调整，封盖条件是该地区长2+3、长6、长7油层组油藏富集的关键；砂体发育程度和物性是影响王庄台、槐树庄-黄陵西北部长6、长7油层组石油成藏的主控因素。早期（侏罗纪末期）烃类充注对长6~长8油层组晚期石油运移和成藏有着重要的影响。

5.4 石油成藏模式

根据前述石油分布规律、富集主控因素、石油运聚机理等分析的基础，本节总结了延长组的成藏模式的类型，在此基础上，提出了研究区不同地区延长组的成藏模式。

5.4.1 成藏模式的类型

1. 成藏模式一：上生下储成藏模式

该类成藏模式主要分布在研究区南部旬邑地区和槐树庄、黄陵中南部的长8油层组中（图5.106）。在该模式中，长7下部黑色页岩为主要烃源岩，下伏长8储层，长8和长9烃源岩不发育。侏罗纪晚期和早白垩世早期，长8储层物性相对较好，埋藏较深的长7烃源岩生成的石油在源储压差的作用下向下排入长8_1储层。由于石油是从上面排入长8_1储层，当石油进入储层后继续往更深的长8_1下部和长8_2排替时，需要克服浮力的作用，因此石油在进入长8_1储层后一般沿输导层顶部发生侧向运移，遇到圈闭后富集成藏。侏罗纪末期随着构造抬升，烃源岩生烃作用停止。早白垩世时期，随着延长组快速沉降，长7烃源岩全部进入生油门限，长8_1储层变致密。尽管储层已较致密，但由于有早期石油的充注，对储层中部分颗粒的润湿性有所改变，且部分碳酸盐胶结物、长石、岩屑等易溶物质被溶蚀，对物性有所改善，毛管阻力减小，因此烃源岩生成的石油又往下排入长8_1的曾经有石油运移和聚集过的储层中，并沿输导层顶部发生侧向运移，遇到圈闭后富集成藏。由于长8_1储层上覆长7下部厚度黑色页岩，因此，晚白垩世因构造抬升时长8_1储层中形成的油藏能够保存下来，而长8_2石油较少。

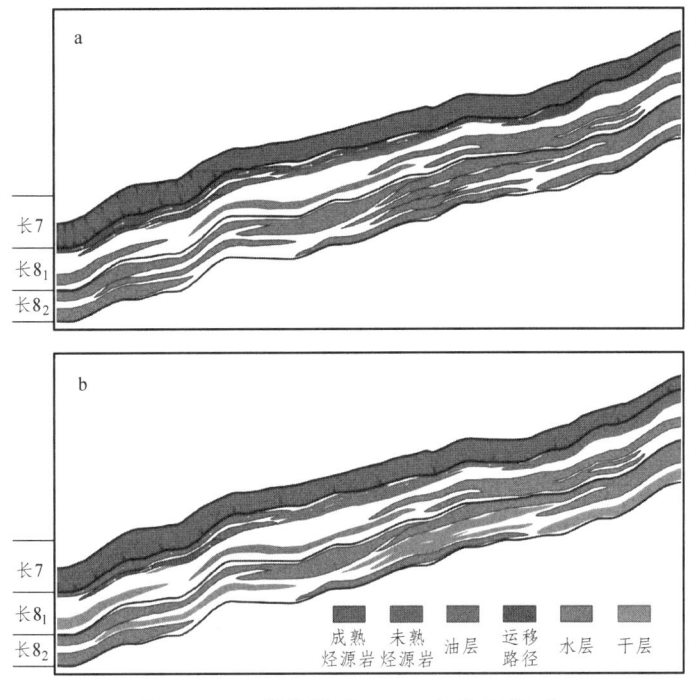

图 5.106 成藏模式一——上生下储式

2. 成藏模式二：三明治式

该模式主要分布在研究区北部富县、王庄台地区的长 8 储层中。在该模式中，长 8 储层上覆长 7 下部黑色页岩，下伏长 9 黑色页岩，长 8 储层中局部还发育长 8_1 下部或长 8_2 内部的黑色页岩（图 5.107）。长 8 的部分砂体与长 7 烃源岩、长 8 油层组的部分砂体和长 8、长 9 的烃源岩呈指状、舌状接触关系（图 5.107 和图 5.108），非常有利于石油排入运移。侏罗纪晚期和早白垩世早期，长 8 储层物性还相对较好，埋藏较深的长 7 下部烃源岩生成石油往下排入长 8_1 上部砂岩储层中后就近富集成藏或侧向运移后富集成藏，这些油主要富集在长 8_1 上部。长 8_1 下部的烃源岩往上排入长 8_2 上部的砂岩后就近富集成藏或侧向运移后富集成藏，这些油主要富集在长 8_2 上部。长 8_1 下部的烃源岩往上排入长 8_1 储层后往上垂向或侧向运移，在长 8_1 储层中富集成藏，部分石油运移到长 8_1 上部与长 7 下部烃源岩的石油混合后富集成藏。长 9 下部烃源岩生成的石油往上发生垂向或侧向运移，在长 8_1、长 8_2 砂岩储层中富集成藏（图 5.107a）。长 8_1 油藏中可能既有来自长 7 下部烃源岩的石油，也有来自长 8_1 下部烃源岩或长 9 烃源岩的石油；长 8_2 油藏中的石油可能既有来自长 8_1 烃源岩的石油，也有来自长 9 烃源岩的石油。

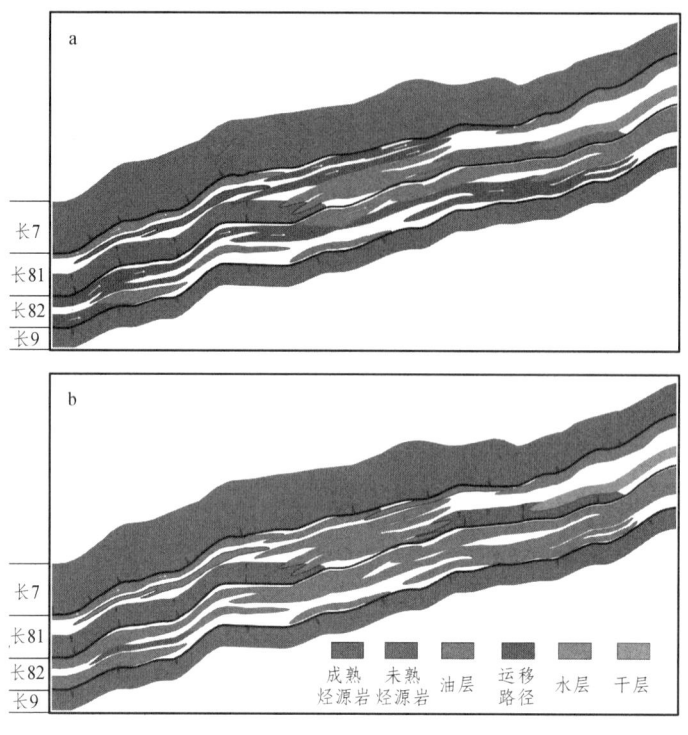

图 5.107 成藏模式二——三明治式

早白垩世时期,随着延长组快速沉降,长 8 储层变致密。同样地,由于有早期石油的充注,对储层中部分颗粒的润湿性有所改变,毛管阻力减小;此外,由于岩石中广泛发育绿泥石膜,在储层致密化过程中保存了一些原生孔隙;部分碳酸盐胶结物、长石、岩屑等易溶物质被溶蚀,对物性也有所改善。因此烃源岩生成的石油在储层相对变致密的情况下仍然可以排入长 8 的曾经有石油运移和聚集过的储层,并发生二次运移后富集成藏(图 5.107b)。

3. 成藏模式三:下生上储式

研究区长 4+5、长 6、长 7 油藏主要为该成藏模式。在该模式中,下伏的长 9、长 8、长 7 黑色页岩是烃源岩,上覆的长 4+5、长 6、长 7 砂岩为储层。长 7、长 6 的部分砂体与长 7 烃源岩呈指状、舌状接触关系(图 5.108),非常有利于石油排入运移。侏罗纪晚期和早白垩世早期,长 7、长 6 储层物性还相对较好,长 9、长 8、长 7 烃源岩生成的石油往上排入砂岩储层,石油经历垂向运移和侧向运移后在圈闭中聚集成藏(图 5.109a)。早白垩世时期,随着延长组快速沉降,储层变致密。但对于曾经充注过早期石油的储层,由于部分颗粒的润湿性的改变及溶蚀孔隙的形成,毛管阻力减小。因此烃源岩生成的石油在储层相对变致密的情况下仍然可以排入曾经历石油充注的储层，并发生垂向和侧向运移后富集成藏（图5.109b）。

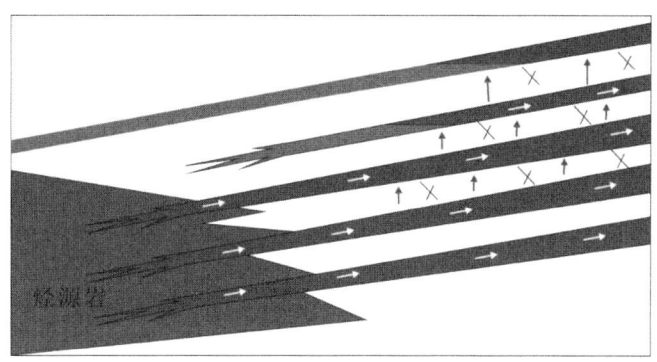

图 5.108　砂体与烃源岩呈指状接触

晚白垩世时期至第三系时期，研究区延长组发生大规模构造抬升，延长组顶部地层遭受剥蚀，且裂缝发育。研究区东北部的富县地区、南部的旬邑地区的长6、长2+3油层组中已经形成的盖层条件相对较差的部分油藏遭受调整、破坏（图5.109c）。

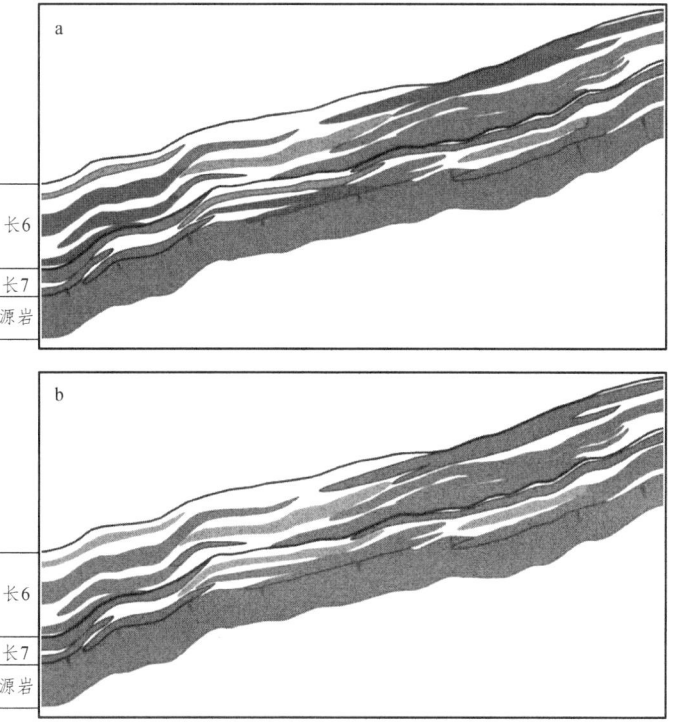

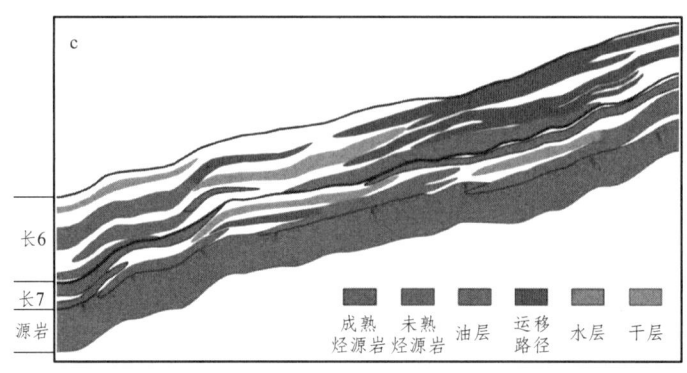

图 5.109 成藏模式三——下生上储式

4. 成藏模式四：透镜体式或夹层式

该类成藏模式主要发育在长 7 烃源岩和长 8 烃源岩中的砂岩夹层中（图 5.110）。在该类模式中，砂体顶部、底部均发育烃源岩，烃源岩中发育的透镜体油藏也属于此类。在该种成藏模式中，当石油发生初次运移和聚集时，如果砂体此时为因钙质胶结、压实作用（砂岩暗色物质含量较高）变致密，石油往往难以进入，形成干层。如早期物性条件还较好，且裂缝较发育，此时烃源岩因生烃、压实等各类作用形成超压，裂缝开启，透镜体中的原先充注的水可以通过裂缝排出，四周的石油尤其是位于砂层或透镜体下方石油在浮力、源储压差等作用下进入砂体成藏。后期随着地层在早白垩世时期快速沉积，油藏的储层有所致密，但因充注的石油抑制了成岩作用，储层物性相对较好（图 5.110）。富指 197 井 757～761 m 段、芦 102 井、富南 10 长 7 中砂体即属该类成藏模式（图 5.111）。那些早期就因胶结作用或压实作用致密的砂岩透镜体成为致密层不能成藏。部分裂缝不发育的砂体透镜体，如果其在石油充注时物性相对较好，在源储压差和浮力等作用下，石油可以驱替部分砂体中的水形成石油藏。这类成藏模式在研究区西部和东部的长 7_3、长 7_2 小层中广泛发育，在后期的勘探和开发中尤其要关注发育于烃源岩内部的砂体。

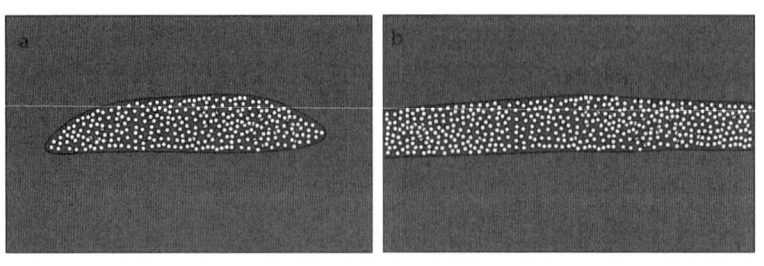

图 5.110 成藏模式四——透镜体式或夹层式

第 5 章　油藏富集规律及主控因素

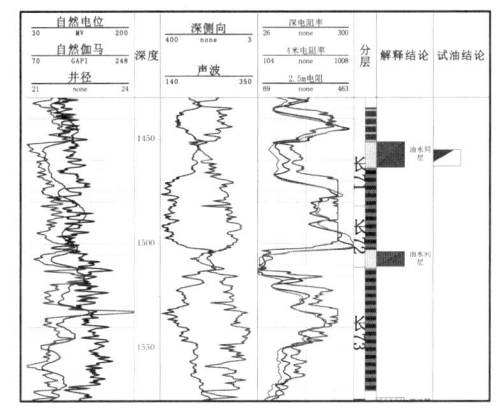 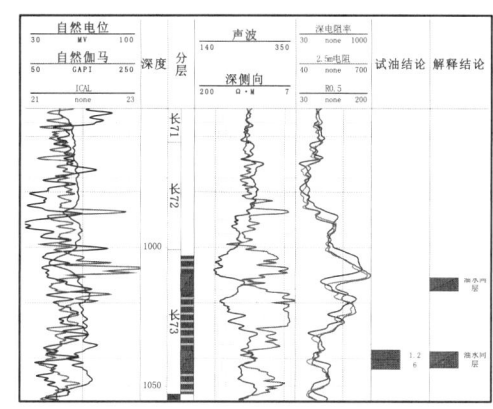

图 5.111　研究区试油井含油层位分布图（左图为芦 102 井，右图为富南 10 井）

5. 成藏模式五：破坏调整式

研究区长 1 至长 4+5 的油藏多为该类成藏模式。早白垩世时期，研究区内长 9 至长 7 烃源岩均进入生油高峰，地层压力增加，部分裂缝重新活动或形成新的裂隙，石油排入长 8、长 7、长 6 储层中经二次运移后聚集成藏。少量石油经裂隙运移至长 4+5、长 1~长 3 储层中聚集成藏（图 5.112a）。晚白垩世时期至第三系时期，研究区延长组发生大规模构造抬升，延长组顶部地层遭受剥蚀，且裂缝发育，部分盖层被破坏。部分早前在长 8、长 7、长 6 圈闭中业已形成的油藏遭受破坏，石油经裂隙垂向运移至长 1 至长 3 的圈闭中聚集成藏。若长 1 至长 3 的圈闭因构造抬升剥蚀被破坏，或已经形成的油藏继续因构造抬升遭受破坏，则成为含油水层，如露出地表则形成油苗（图 5.112b）。

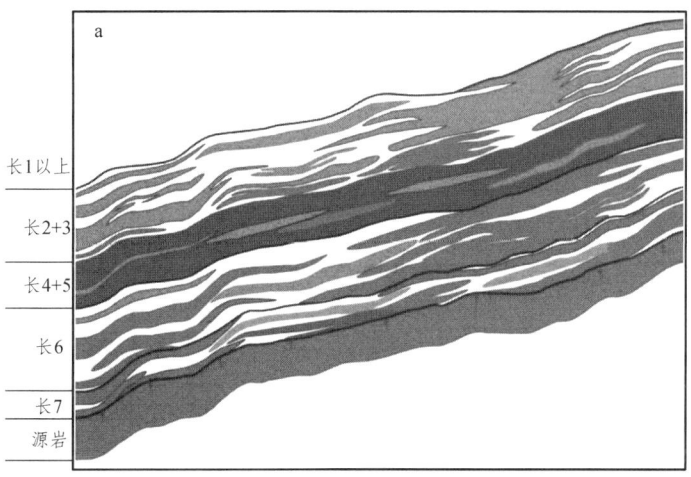

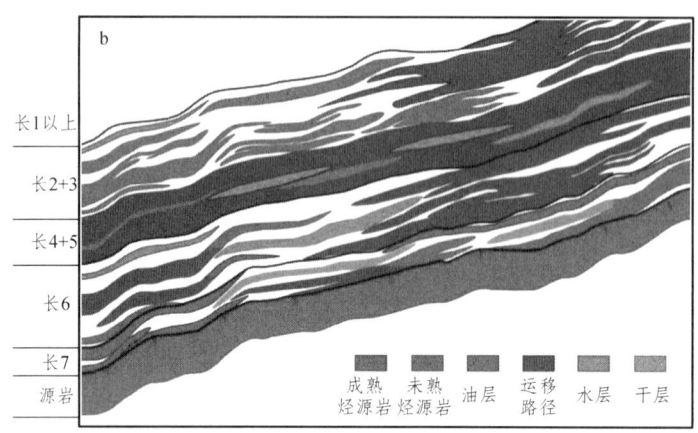

图 5.112 成藏模式五——破坏调整式

5.4.2 不同区域的成藏过程

在延长组的成藏模式类型的基础上，根据不同地区延长组石油分布规律和富集主控因素，结合石油运聚机理，本小节分析了研究区不同区域的成藏过程。

1. 王庄台地区延长组石油成藏过程

研究区西北部王庄台地区延长组发育的长 9 顶部的李家畔页岩、长 7 的黑色页岩、长 8_1 下部及长 8_2 内部的黑色页岩是优质的烃源岩，该区处于生排烃的中心。长 8_2 和长 2+3 的砂体最为发育，其次为长 8_1 中上部的砂体，长 7 和长 6 油层组砂体相对不发育。侏罗纪晚期（安定组沉积晚期）以前，研究区西北部王庄台地区延长组各主要输导层具有良好的孔渗，长 8、长 2+3 油层组砂体间的连通性较好，长 6 和长 7 砂体的连通性相对较差（图 5.113a）。由于西北部王庄台地区埋藏较深，侏罗纪晚期延长组长 7、长 8 和长 9 烃源岩均已进入生油门限，长 7 烃源岩生成石油往下排入长 8_1 上部砂岩储层，往上排入长 7 或长 6 储层；长 8_1 下部烃源岩生成石油往上排入长 8_1 上部砂岩储层，往下排入长 8_2 储层；长 9 烃源岩生成石油往上排入长 8_2 砂岩储层。早期形成的低熟石油排入储层后在浮力作用下沿输导层中的优势通道发生垂向和侧向运移，并在有利的岩性圈闭中小规模聚集（图 5.113a）。在石油运移过或被石油占据的圈闭中，部分岩石颗粒的表面润湿性发生了明显的改变，一部分颗粒表面呈现亲油的润湿性特征，宏观上表现为弱亲水、中性或弱亲油性润湿特征。

早白垩世时期，延长组长 6 至长 8 储层因大幅度快速沉降逐渐变成低渗、特低渗储层，与此同时，各烃源岩也再次生排烃，并在早白垩世晚期进入生排烃高峰。在此过程中，曾经有石油运移过的输导层因部分颗粒表面呈现亲油的润湿性特征，从而使输导层中的毛细管力降低甚至不再是石油运移的阻力，晚期运移的石油利用先前运聚过程中形成的残留路径网络，在一些优势输导通道内发生垂向或侧向运移（图 5.113b）。而未曾发生过石油运移的砂岩输导层因压实作用、胶结作用变成低渗、特低渗储层，且具有亲水的润湿性特征，毛细管力巨大，石油难以驱替孔隙中的水而发生运移。由于王庄台地区长 6、长 7 的砂体不太发育，且连通性较差；而下伏烃源岩厚度大，成熟度高，生排烃量巨大。在因快速沉降形成欠压实和生烃增压的双重作用下，部分裂缝重新开启或形成新的裂缝，烃源岩排出的石油经裂隙运移至长 4+5、长 2+3 储层中聚集成藏（图 5.113b）。

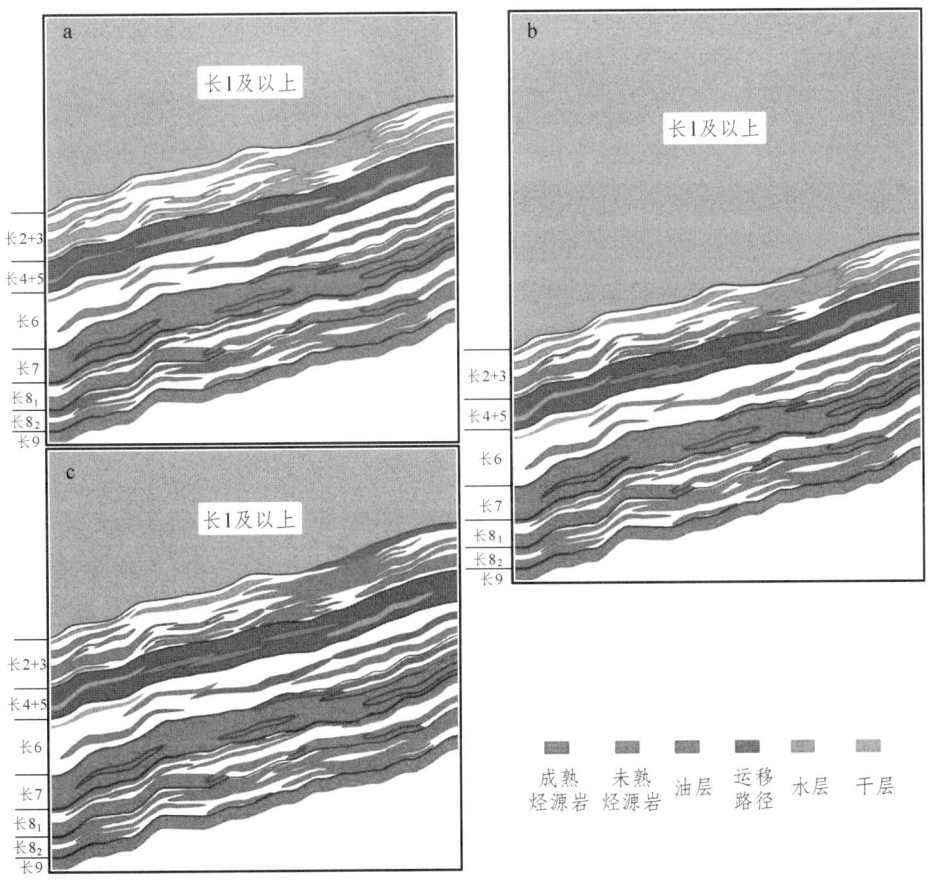

图 5.113　王庄台地区延长组石油成藏模式

晚白垩世早期，由于受印度板块向欧亚板块俯冲产生的构造应力的影响，鄂尔多斯中生界产生大量北东-南西向和北西西-南东东向的裂缝，早期形成的裂缝也重新活动，破坏部分已经形成的油藏，导致其发生调整（图5.113c）。部分长8至长6油层组的油藏中的石油沿裂隙向上运移至长2+3储层中聚集成藏。部分长2+3的油藏也可能发生破坏和调整，但由于长2+3油层组上覆地层被剥蚀得有限，即使抬升到最高时期埋深也较大，因此，油藏被破坏的程度和数量有限（图5.113c）。

2. 富县及黄陵东北地区延长组石油成藏过程

研究区东北部富县及黄陵东北部地区延长组也发育长9顶部的李家畔页岩、长7的黑色页岩、长8_1下部的黑色页岩，但与王庄台地区相比，长7、长8_1的烃源岩厚度相对变薄，而长8_2和长9的烃源岩厚度变厚。长8、长7和长6油层组的砂体均较发育，几何连通性较好。侏罗纪晚期（安定组沉积晚期）以前，富县及黄陵东北部地区延长组各主要输导层具有良好的孔渗，几何连通性和流体连通性均较好（图5.114a）。由于富县及黄陵东北部地区埋藏相对较浅，侏罗纪晚期仅部分埋深较大的烃源岩进入生油门限。长7烃源岩生成石油往下排入长8_1上部砂岩储层，往上排入长7或长6储层；长8_1下部烃源岩生成石油往上排入长8_1上部砂岩储层，往下排入长8_2储层；长9烃源岩生成石油往上排入长8_2砂岩储层。早期形成的低熟石油排入储层后在浮力作用下沿输导层中的优势通道发生垂向和侧向运移，并在有利的岩性圈闭中小规模聚集（图5.114a）。此时，有效烃源岩、流体势和输导层的优势通道共同控制了石油的运移。同样地，在石油运移过或被石油占据的圈闭中，因部分岩石颗粒的表面润湿性发生了明显的改变，经历了石油运移的输导层宏观上表现为弱亲水、中性或弱亲油性润湿特征。

在早白垩世时期大幅度快速、持久的沉降中，各烃源岩也再次生排烃，砂岩中的成岩作用持续进行，压实作用使得原先砂岩的孔隙空间及相应的渗透能力急剧降低，使得大部分输导层变为低渗。刚性颗粒含量较高、绿泥石膜发育、经历过石油运移的砂岩输导层中，由于刚性颗粒相互支撑减缓了压实的减孔作用，且绿泥石膜和充注的石油在一定程度上抑制了胶结物的沉淀，部分残余粒间孔和早期溶蚀孔被保存下来，孔渗相对较好。另一方面，由于经历了石油运移的输导层宏观上表现为弱亲水、中性或弱亲油性润湿特征，毛细管力变小或不再成为石油运移的阻力，晚期的石油利用先前运聚过程中形成的残留路径网络，在一些优势输导通道内发生垂向或侧向运移（图5.114b），并在圈闭中聚集成藏。而未曾发生过石油运移的砂岩输导层因压实作用、胶结作用变致密，且具有亲水的润湿性特征，毛细管力巨大，石油难以充注。晚白垩世至第三纪，富县及黄陵东北部地区因构造抬升而产生大量裂隙并使已有裂隙重新活动，同时使地层遭受大规模剥蚀，部分地区连长2+3油层组也遭受剥蚀。富县-张村驿-黄陵一带的长6油藏因埋藏浅、封闭条件差而遭受破坏，部分长7油藏也遭受调整（图5.114 c）。长6、长7油藏中调整的石油沿裂隙向上运移至长2+3储层中后，因长1或长2+3油层组也遭受一定程度的剥蚀，盖层条件总体不好，石油难以在长2+3储层中大规模聚集，仅在部分局部封闭条件较好的圈闭中聚集成藏（图5.114 c）。

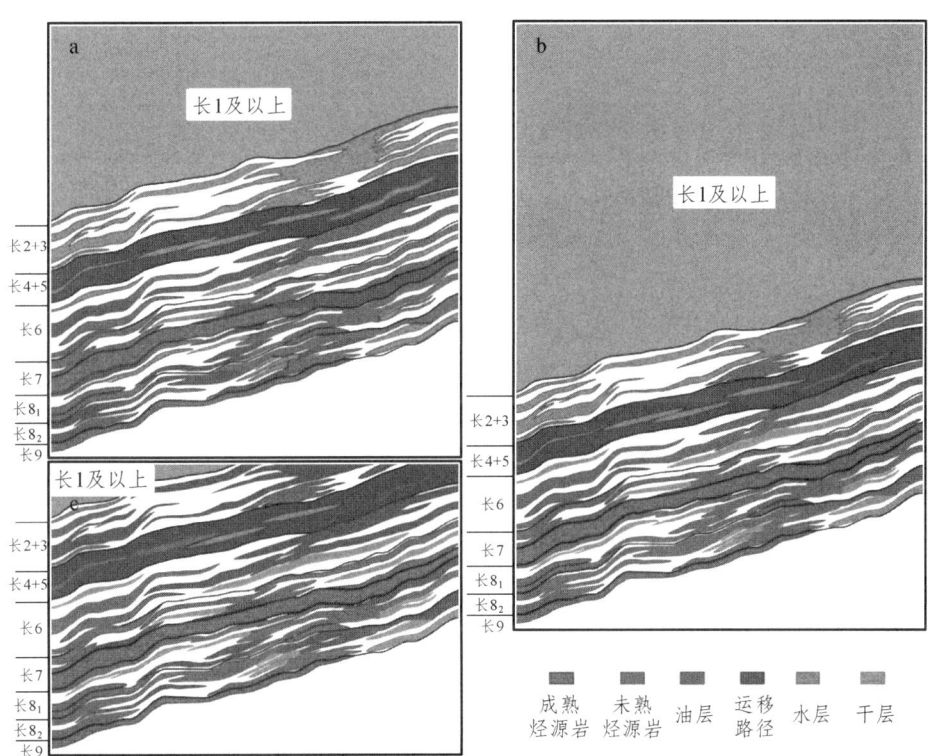

图 5.114 富县及黄陵东北地区延长组石油成藏模式

3. 槐树庄-黄陵西北地区延长组石油成藏过程

研究区中部槐树庄-黄陵西北地区延长组的长9顶部的李家畔页岩、长8内部的黑色页岩均不太发育，仅发育长7下部的黑色页岩，且位于流线的主要汇聚部位。槐树庄-黄陵西北地区长7和长6油层组的砂体均较发育，单层和累计厚度大；长8_1上部和长2+3油层组的砂体相对不发育。侏罗纪晚期（安定组沉积晚期），槐树庄-黄陵西北地区延长组各主要输导层具有良好的孔渗，几何连通性和流体连通性均较好（图 5.115a）。由于富县及黄陵东北部地区埋藏相对较深，侏罗纪晚期长 7 烃源岩均进入生油门限。长 7 烃源岩生成石油往上排入长 7 砂岩输导层，经侧向和垂向运移后运移至长 6 输导层。由于长 8_1 上部砂岩不太发育，上覆的长 7 烃源岩生成的石油往下排入长 8_1 砂岩储层时，需要克服浮力的作用，因此石油在进入长 8_1 储层后一般就近富集成藏或沿输导层顶部发生侧向运移后聚集成藏。由于长 8_1 上部砂岩不太发育，长 7 烃源岩往下排出的石油难以克服浮力和毛细管力而排入长 8_1 下部和长 8_2 砂岩储层。

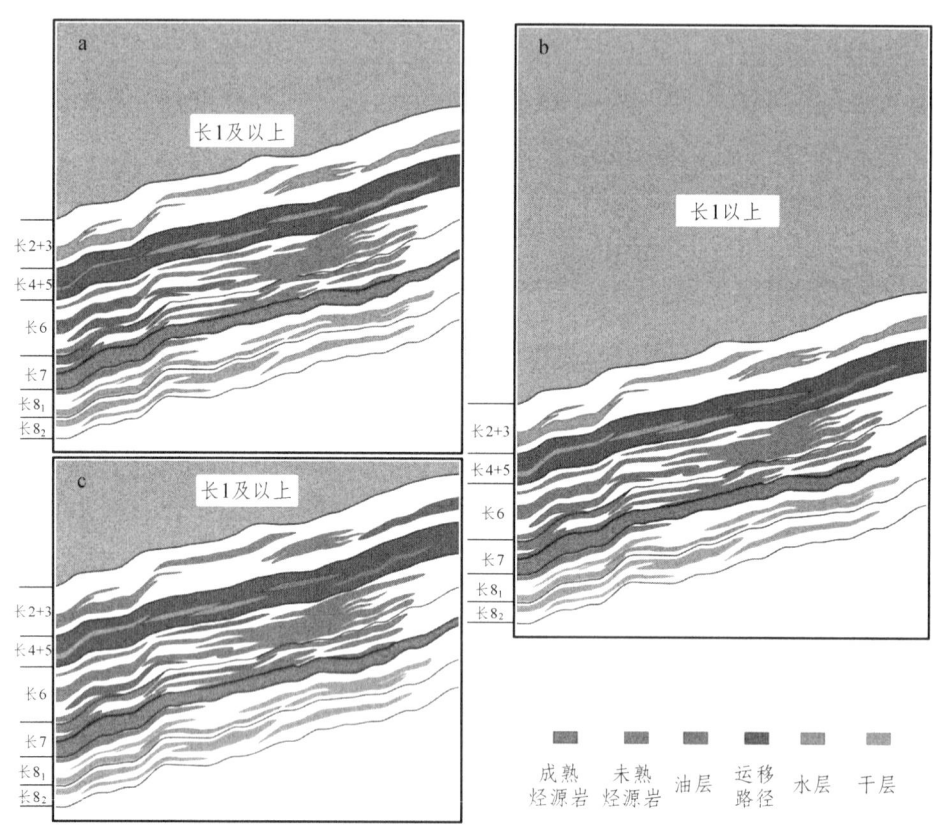

图 5.115　槐树庄-黄陵西北地区延长组石油成藏模式

早白垩世时期长 6 至长 8 砂岩因压实作用、胶结作用变为低渗。经历了石油运移的输导层宏观上表现为弱亲水、中性或弱亲油性润湿特征，毛细管力变小或不再成为石油运移的阻力，晚期的石油可以沿着先前的残留路径网络发生垂向或侧向运移，并在圈闭中聚集成藏（图 5.115b）。而未曾发生过石油运移的砂岩输导层因压实作用、胶结作用变致密，且具有亲水的润湿性特征，毛细管力巨大，石油难以充注（图 5.115b）。晚白垩世至第三纪构造抬升时，由于槐树庄-黄陵西北地区延长组顶部遭受剥蚀的程度较低，长 6、长 7 的油藏调整程度较低（图 5.115 c）。

4. 旬邑-黄陵南部地区延长组石油成藏过程

研究区南部旬邑-黄陵南部延长组的长 9 顶部的李家畔页岩、长 8 内部的黑色页岩也均不太发育，仅发育长 7 下部的黑色页岩，厚度与王庄台、富县和黄树庄地区相比较薄，且位于北部烃源岩排出石油往南运移的路径的主要汇聚部位。

南部旬邑-黄陵南部长 8、长 7、长 6 和长 2+3 油层组的砂体均较发育，几何连通性较好。侏罗纪晚期（安定组沉积晚期）以前，南部旬邑-黄陵南部延长组各主要输导层具有良好的孔渗，几何连通性和流体连通性均较好（图 5.116a）。由于南部旬邑-黄陵南部延长组埋藏相对较浅，侏罗纪晚期正宁县-朱家庄镇一线以南的长 7 烃源岩还未进入排油门限。但槐树庄南部的槐 155、黄参 36 井一带的烃源岩已经进行生排烃门限，该地区长 7 烃源岩生成石油往上排入长 7、长 6 砂岩输导层后，沿着优势通道往南运移；由于上覆的长 7 烃源岩生成的石油往下排入长 8_1 砂岩储层时，需要克服浮力的作用，因此石油在进入长 8_1 储层后沿输导层顶部往上发生侧向运移（图 5.116a）。

早白垩世时期的快速沉降使旬邑地区的长 7 烃源岩也进入生排烃门限，同时也使得大部分长 6 至长 8 输导层变为低渗，但另一方面大规模的溶蚀作用又会在一定程度上改善储层的储集性能。在层间经历过早期石油运移的砂岩输导层中，因部分岩石颗粒的表面润湿性发生了明显的改变，呈现亲油的润湿性特征，从而使毛细管力降低。晚期长 7 烃源岩生成石油往上排入长 7 砂岩输导层后可以沿着早期石油运移的残余路径发生二次运移，并通过裂隙垂向运移至长 6 输导层后沿着早期的残余运移路径发生二次运移，遇到合适的圈闭则聚集成藏（图 5.116b）。晚期长 7 烃源岩生成石油往下排入长 8_1 砂岩储层时，需要克服浮力的作用，因此石油在进入长 8_1 储层后沿输导层顶部在早期残余运移路径的优势通道中发生侧向运移。长 8_1 下部和长 8_2 砂岩输导层因长 7 生成的石油因需克服浮力和毛细管力的作用而难以排入从而成为水层或干层（图 5.116b）。

晚白垩世至第三纪的构造抬升时期，处于盆地南缘的旬邑-黄陵南部地区裂隙和断层发育，且延长组顶部遭受大规模剥蚀，长 6、长 7、长 2+3 甚至部分长 8 油层组的油藏遭受破坏，部分局部封闭条件较好的长 6、长 7 油藏得以保存（图 5.116 c）。

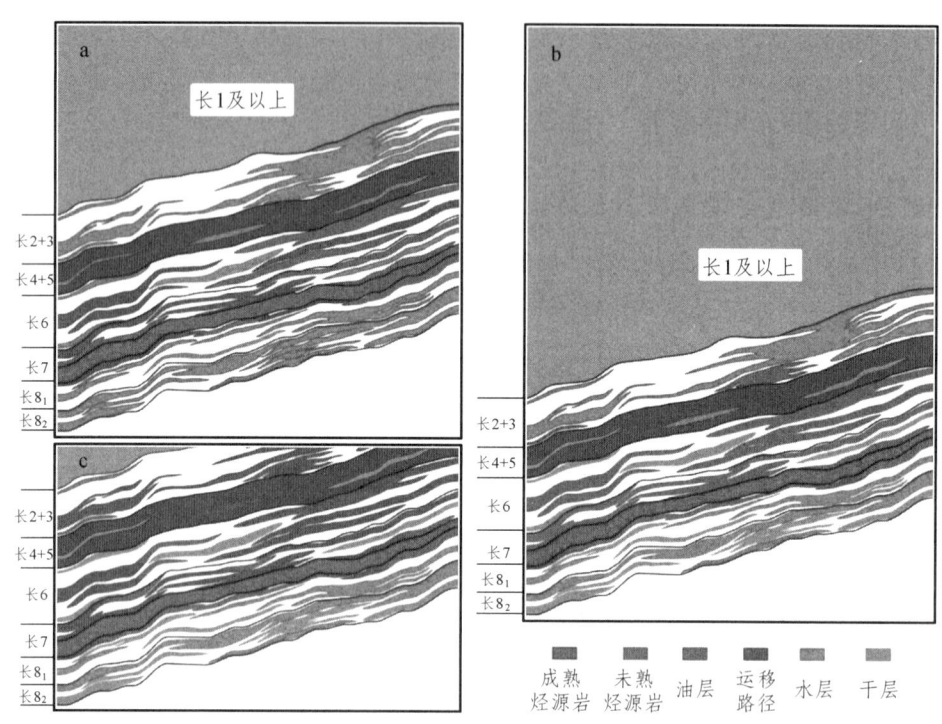

图 5.116　旬邑地区延长组石油成藏模式

综上所述，研究区延长组低渗油藏的成藏模式可以总结为"早期原油充注、相势共控运聚、多期成岩改造、后期低渗成藏、晚期构造调整"的综合成藏模式。侏罗纪沉积晚期，各烃源岩开始大面积排油，此时输导层还未致密，石油在相势共控作用下沿输导层运移和聚集，并改变输导层润湿性，使之具有弱亲油或中性；早白垩世晚期，储层变致密，形成低孔、特低渗储层，但由于被早期油润湿的颗粒或胶结物具有亲油性，毛细管力降低甚至成为运移动力，且储层中刚性颗粒、早期绿泥石膜和充注的烃类有利于保存孔隙，溶蚀作用改善储层物性，其与残余运移网络共同形成优势运移通道，晚期烃源岩排出的石油沿优势运移通道运移，安定组沉积晚期充注的石油影响着晚期石油运移路径的分布和范围。早白垩世晚期至第三纪构造抬升作用使已形成油藏遭受调整，长6、长7、长2+3甚至部分长8油层组的油藏遭受破坏，部分局部封闭条件较好的长6、长7油藏得以保存，调整后石油运移至封盖条件较好的长6~长8、长2+3圈闭中再次聚集成藏。

第6章　低渗-致密油层测井识别与评价方法研究

三叠系延长组沉积期，鄂尔多斯盆地南部整体位于深湖-半深湖区，经历了多期次沉降抬升与水进水退，沉积砂体包括水下分流河道、河口坝、前缘席状砂、远砂坝、滩坝等多种类型，发育长9、长8、长7多套烃源岩，源储配置关系复杂，形成了以长8为代表的非常规致密油藏及以长6为代表的常规低渗油藏。长8储层物性致密，非均质性强，并与长7、长9烃源岩紧邻，同时长8中部发育2~8 m烃源岩，具有多源多储特征，生储盖配置优越，资源潜力大，但隔夹层发育，油藏充注不充分，属典型低丰度致密油藏。长6低渗储层，以下长7张家滩油页岩为烃源岩，属下生上储式成藏配置，但隔夹层较为发育，油藏充注不充分，属典型低丰度低渗油藏。

针对研究区典型油藏类型，综合利用岩心、测井及试油试采数据，确定了低渗致密储层有效厚度下限标准；并利用岩心数据约束测井数据，建立了孔隙度、渗透率及饱和度参数评价模型。以此指导，提高了鄂尔多斯盆地南部低渗致密油层测井识别与评价精度。

6.1　低渗-致密油层测井解释难点与对策

6.1.1　长8致密油层测井解释难点与对策

1. 长8致密油层测井解释难点

延长组长8致密储层以三角洲沉积体系为主，相较于低渗储层及延安组中、高孔渗储层，长8致密储层具有孔隙结构复杂、岩性复杂、油水关系复杂等特征。

（1）孔隙结构复杂。

储集空间非均质性强，其中宏观非均质性主要表现为：砂体结构与构造、岩石组分及砂体平面上的连通情况差异较大；微观非均质性主要表现为：第一储层孔隙中原生孔和次生孔共存，粒间孔、粒内孔、粒缘孔与部分裂隙混杂；第二孔隙喉道细，结构复杂；第三储层成岩黏土矿物发育，颗粒胶结方式和填隙物类型多样，不同黏土矿物及其状态对孔隙改造作用差异明显。

因此,由于各种孔隙相对大小及其构建差别较大,导致致密储层孔隙结构复杂,储层储集特征和渗流特征差异明显。

(2) 岩性复杂。

致密储层基本上为石英、长石相伴生,其相对含量变化较大,大多数储层的岩屑类型复杂且含量较高,其储层类型可分为石英砂岩、长石砂岩、岩屑砂岩或其组合。储层胶结一般为泥质胶结、钙质胶结或其组合。

(3) 油水关系复杂。

鄂尔多斯盆地南部长 8 以发育致密油藏为主,储、夹层空间配置关系复杂,孔隙结构复杂,油气成藏受储层岩性、物性、油源条件等多重因素控制,构造幅度低、油水分异作用弱、含油饱和度低,储层通常含有自由水。油水过渡带较宽,油水同出,以发育油水同层、差油层为主。

2. 长 8 致密油层测井解释对策

致密储层以细-极细砂岩为主,物性致密、孔喉狭小、杂基含量高,成岩作用强,导致空间非均值性强。致密储层孔隙连通性与可动流体分布特征评价是致密储层质量评价的关键,影响着致密油勘探开发。目前实验室主要通过岩心样品离心、恒速压汞测定孔隙可动流体,或利用核磁共振测井 T2 谱资料进行孔隙可动流体评价。由于致密储层的强空间非均值性,甚至同一储层由于岩性变化导致孔隙连通性差异明显,岩心样品不具有普遍代表性,应用受到制约;核磁共振测井 T2 谱可根据油、水弛豫信号特征进行孔隙可动流体评价,但由于测井费用高昂、采集率极低、代表性差,同时需要专业化软件进行处理,解释周期较长,应用受到限制。现有斯伦贝谢 FMI、阿特拉斯 STAR、哈里伯顿 EMI 及国产 EILOG、ERMI 等电成像测井设备通过井周密集电阻率采集数据,评价井周界面孔隙及构造特征,由于趋肤效应的影响,采集数据密度越大,导致探测深度越小(现有成像设备探测深度均 5 cm),难以反映地层深部连通孔隙及可动流体分布特征。

6.1.2 长 6 低渗油层测井解释难点与对策

1. 长 6 低渗油层测井解释难点

延长组长 6 沉积期,南部探区以三角洲-重力流沉积体系为主,相较于西部及东部地区,岩石粒度细、空间非均质性强,钻井泥浆侵入深度大,油藏分布复杂,测井识别难度大。

(1) 储层非均质性强。

鄂尔多斯盆地南部长 6 低渗储集空间非均质性强，其中宏观非均质性主要表现为：砂体结构与构造、岩石组分及砂体平面上的连通情况差异较大；微观非均质性主要表现为：储层孔隙中原生孔和次生孔共存，粒间孔、粒内孔、粒缘孔与部分裂隙混杂；储层成岩黏土矿物发育，颗粒胶结方式和填隙物类型多样，不同黏土矿物及其状态对孔隙改造作用差异明显。

因此，由于各种孔隙相对大小及其构建差别较大，导致致密储层孔隙结构复杂，储层储集特征和渗流特征差异明显。

(2) 侵入作用强。

由于致密储层微渗流作用，泥饼不易形成，泥浆侵入作用强，一般侵入半径较大（通常侵入深度超过 2 m，大于深感应测井探测深度）。泥浆的侵入作用改变了井眼周围地层的原始流体性质。

(3) 油藏分布复杂。

鄂尔多斯盆地东南部长 6 以发育致密油藏为主，储、夹层空间配置关系复杂，孔隙结构复杂，油气成藏受储层岩性、物性、油源条件等多重因素控制，构造幅度低、油水分异作用弱、含油饱和度低，储层通常含有自由水。油水过渡带较宽，油水同出，以发育油水同层、含油水层为主。

2. 长 6 低渗油层测井解释对策

低渗储层流体性质识别是测井储层评价的重要内容，流体性质识别一般针对研究区域的储层特征，根据不同流体的测井响应特征，采用多信息综合的方法进行判别。李云省等（2003 年）把灰色模式识别法和人工神经网络法用于川西北地区的低渗砂岩油气层识别，研究表明，人工神经网络法正确率比灰色模式识别法略高；陈洪斌（2003 年）采用多参数逐步判别分析法及神经网络法对储层流体性质进行识别。杨双定（2005 年）利用基于核磁共振测井的差谱法、移谱法和基于交叉偶极声波测井的纵波差值法建立了适合于鄂尔多斯盆地上古生界的气层识别新方法。范宜仁（2006 年）提出了用测井双 TW 观测数据识别储层流体性质的方法。李勇等（2012 年）优选深侧向电阻率识别法、三孔隙度差比值法以及纵横波速度比值法 3 种流体性质判别方法在川中广安地区须家河组气层识别中取得了良好的效果。

6.2 低渗-致密油层测井解释方法

6.2.1 测井数据预处理

1. 声波时差数据标准化

在进行测井解释研究前,首先对测井数据进行了标准化处理。方法流程如图 6.1 所示,首先对测井数据进行检查、编辑及预处理,并选择合适的标准层,利用直方图法对声波时差数据进行预处理,利用乘法因子法对自然伽马进行预处理,并对校正效果进行检验。

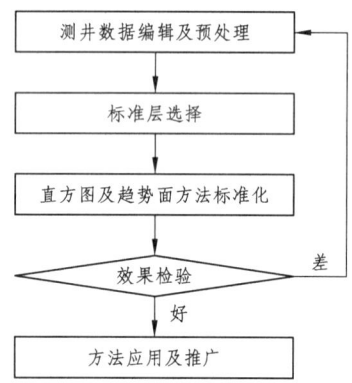

图 6.1 标准化方法流程

如图 6.2 所示,本次研究选择长 6-4 油层亚组一段岩性稳定的泥质砂岩作为标准层,从图中对比来看,标准层声波时差平稳,自然伽马中、低值,变化较小。因此,该套泥质粉砂岩物性、岩性、井况相对稳定,地球物理响应特征明显,厚度较大,各井均有分布,易于识别。如图 6.3 所示为顺物源方向标准层连井对比图,从图中对比来看,各井标准层分布稳定,厚度 20~40 m,易于识别。

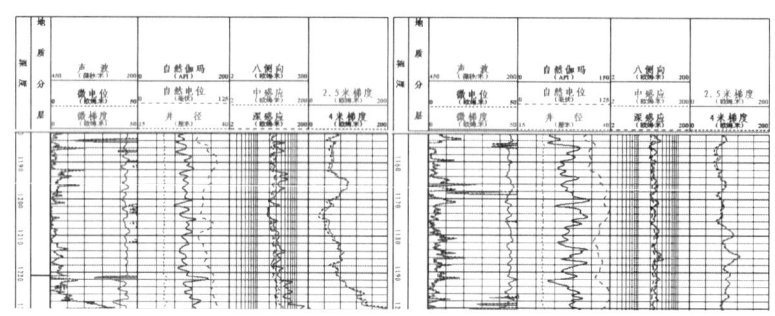

图 6.2 标准层对比图

提取各井标准层声波时差数值,分别利用直方图法标准化处理,如图 6.3、图 6.4 所示。

第6章 低渗-致密油层测井识别与评价方法研究

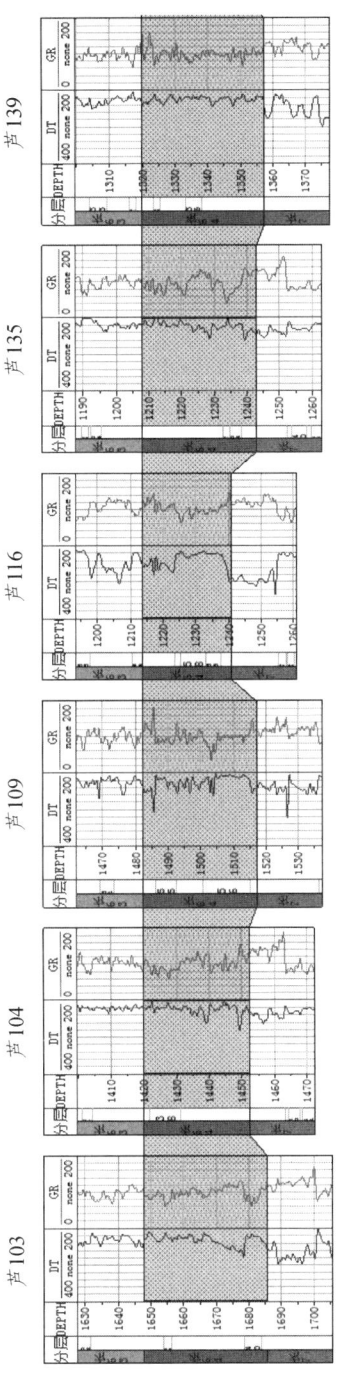

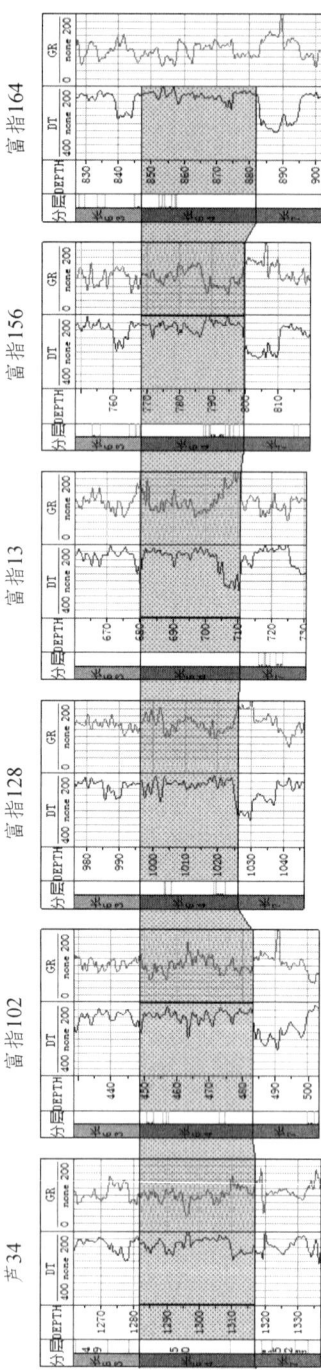

图 6.3 标准层连井对比图

第6章 低渗−致密油层测井识别与评价方法研究

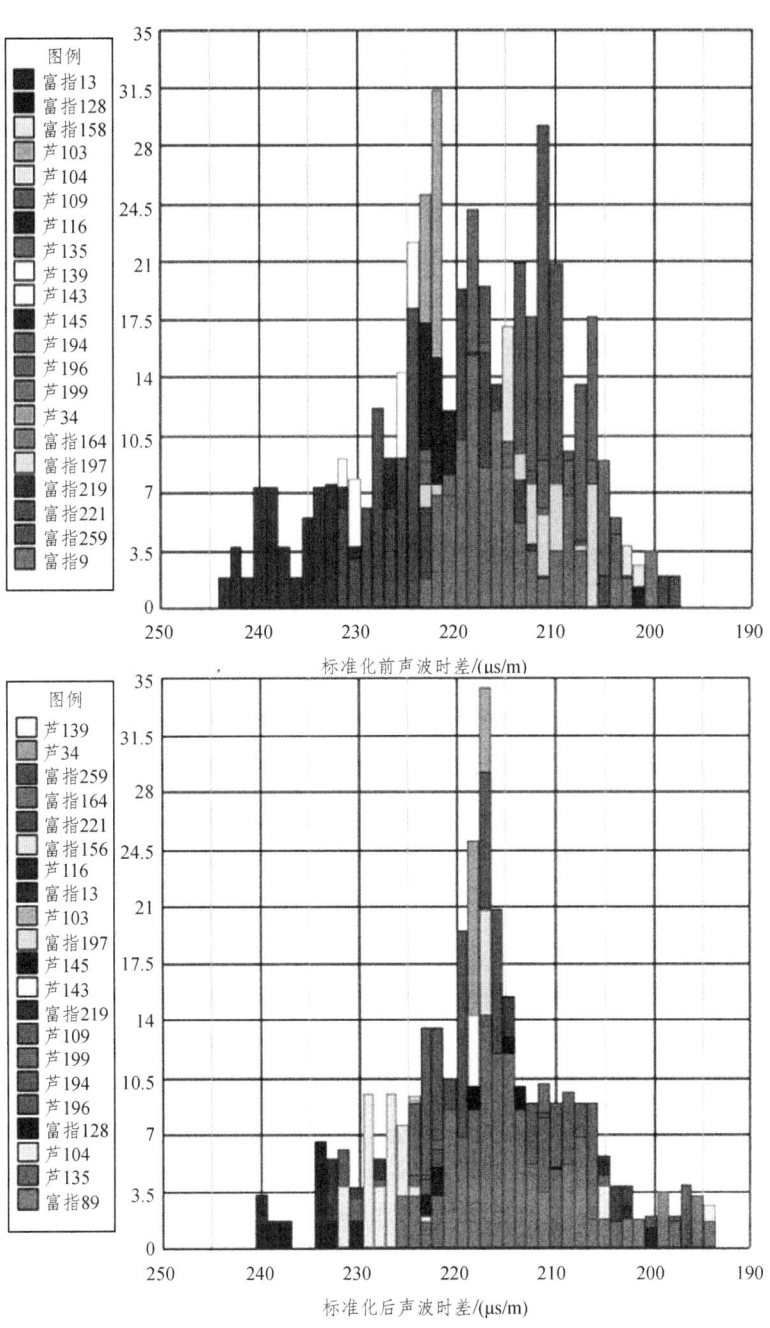

图6.4 直方图法标准化对比图

2. 自然伽马数据标准化

自然伽马测井是基于地层放射性元素自然衰变放射出伽马射线所做的测量，由于地层铀系、钍系、钾系元素在自然条件下衰变，放射出伽马射线，而泥岩比表面积大，颗粒细，吸附能力强，吸附的放射性物质含量高于砂岩，导致泥岩自然伽马高于砂岩地层。同时，由于各井测井时间、速度及仪器刻度差异等因素影响，自然伽马数据进行定量计算前通常需要做标准化处理。

通过对目标区多井自然伽马分布直方图统计（图6.5），多数井自然伽马数据均分布于50~150 API 之间，主体分布范围在 80~120 API 之间，芦63、芦46、芦70、芦69、芦评6、芦81、芦79、芦78、芦77井数据偏离主趋势较大，需进行校正处理。

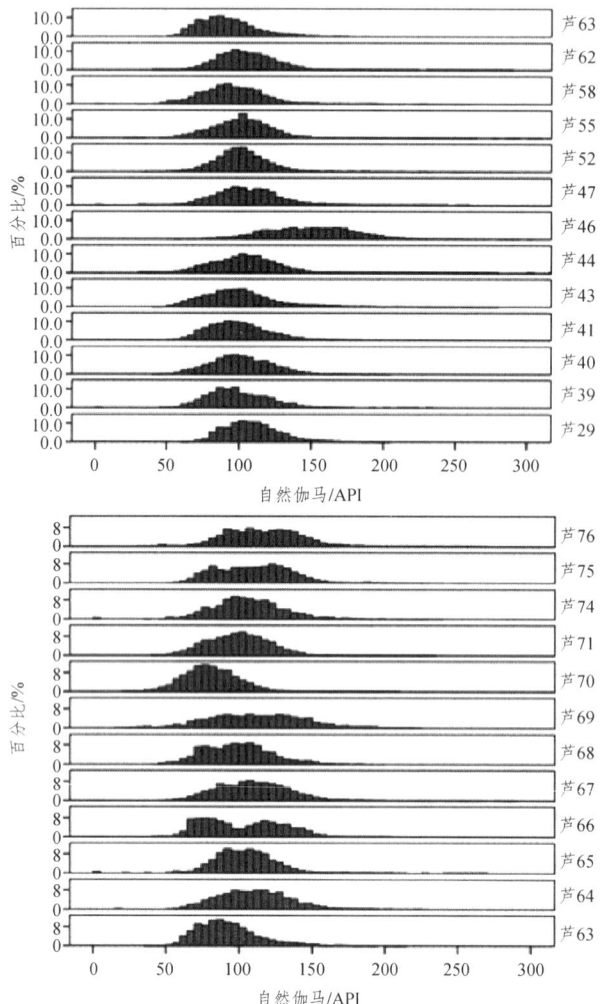

第 6 章 低渗-致密油层测井识别与评价方法研究

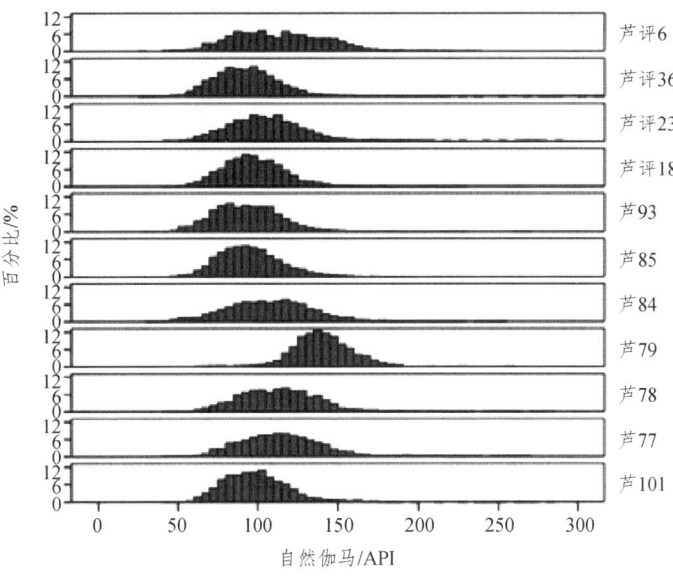

图 6.5 自然伽马分布统计直方图

目前普遍利用乘法因子法对自然伽马数据标准化，绘制工区多井自然伽马分布直方图（图 6.6），分别取分布频率 5%、95%处数值 69.59API 及 142.00API；$GR_{j\max}$ 为校正井自然伽马最大值，$GR_{j\min}$ 为校正井自然伽马最小值，绘制单井自然伽马分布直方图，取分布频率 5%及 95%处数值。

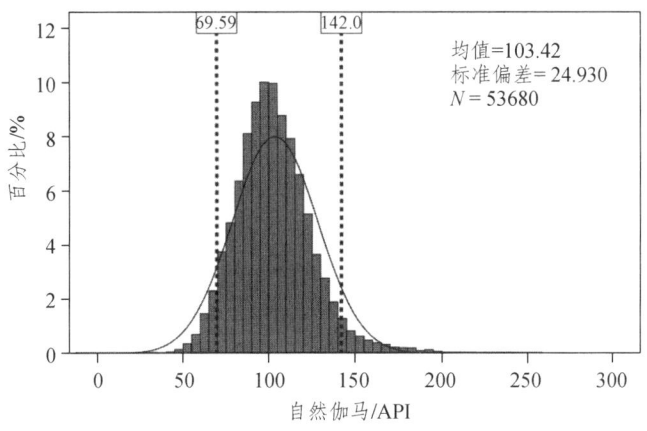

图 6.6 自然伽马标准化参数统计图

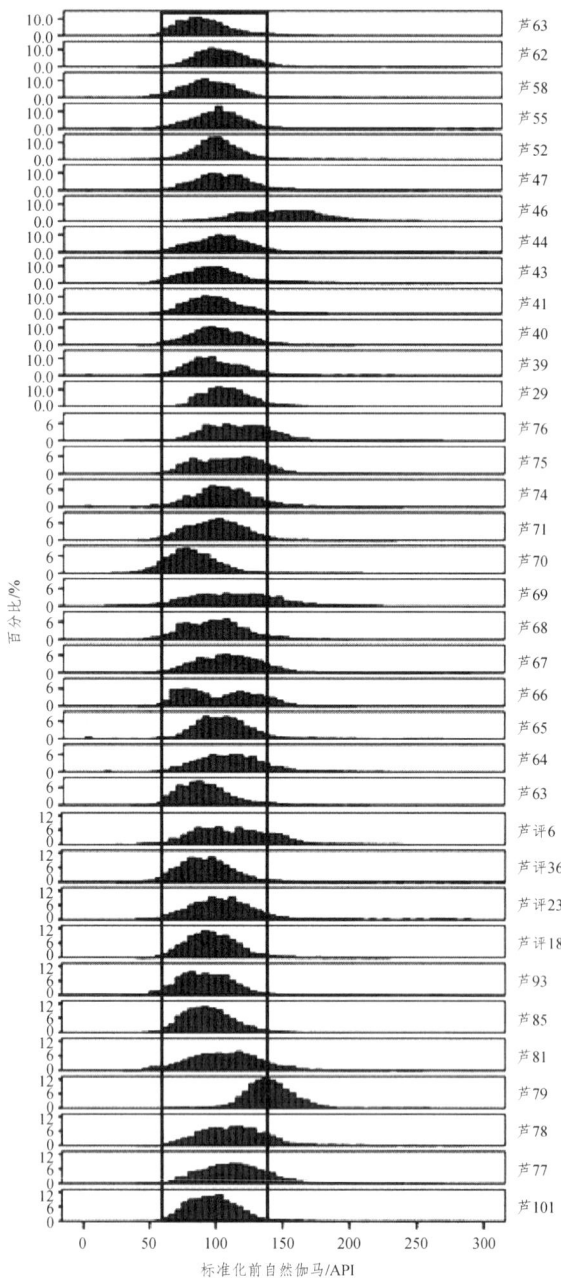

图 6.7 校正前自然伽马分布直方图

第 6 章 低渗-致密油层测井识别与评价方法研究

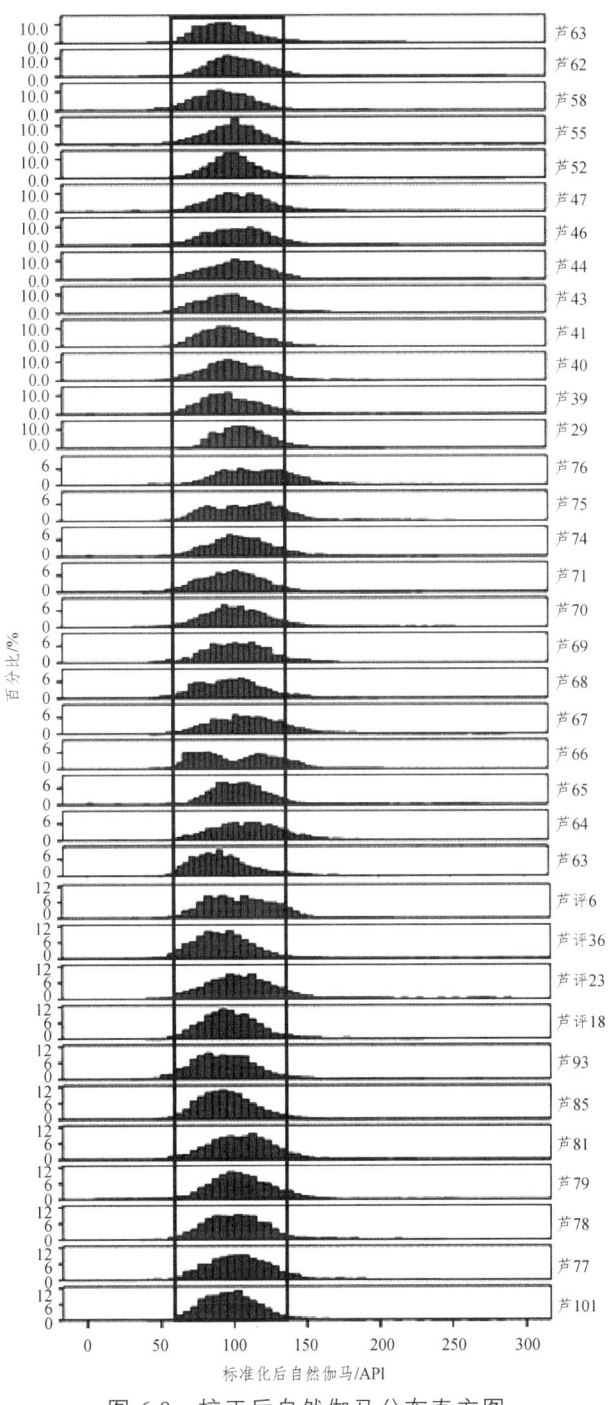

图 6.8 校正后自然伽马分布直方图

分别绘制各单井自然伽马分布直方图，提取对应 GR_{min}、GR_{max} 数据，带入公式（6-1）、（6-2）、（6-3），得出各单井自然伽马校正模型，如表 6.1 所示。

$$K = \frac{GR_{q\max} - GR_{q\min}}{GR_{j\max} - GR_{j\min}} \qquad (6\text{-}1)$$

式中：$GR_{q\max}$ 为工区自然伽马最大值，$GR_{q\min}$ 为工区自然伽马最小值，绘制工区多井自然伽马分布直方图，分别取频率分布 5%及 95%处数值；$GR_{j\max}$ 为校正井自然伽马最大值，$GR_{j\min}$ 为校正井自然伽马最小值，绘制校正井自然伽马分布直方图，取频率分布 5%及 95%处数值。

$$A = GR_{q\min} - K \cdot GR_{j\min} \qquad (6\text{-}2)$$

$$GR_j = GR \cdot K + A \qquad (6\text{-}3)$$

式中：GR 为标准化前自然电位；GR_j 为标准化后自然伽马。

表 6.1　自然伽马校正模型系数

	自然伽马最小值	自然伽马最大值	K	A	校正模型
工区	69.59	142.0	—	—	—
芦 63	64.1	135	1.02	4.13	$GR_j=1.02GR+4.13$
芦 46	101.7	202.4	0.72	−3.54	$GR_j=0.72G-3.54$
芦 70	52.3	114.1	1.17	8.31	$GR_j=1.17GR+8.31$
芦 69	57.9	173.8	0.62	33.42	$GR_j=0.62GR+33.42$
芦评 6	70.3	159.7	0.81	12.65	$GR_j=0.81GR+12.65$
芦 81	64.0	153.2	0.81	17.64	$GR_j=0.81GR+17.64$
芦 79	112.7	170.6	1.25	−71.35	$GR_j=1.25GR-71.35$
芦 78	75.7	161.7	0.84	5.85	$GR_j=0.84GR+5.85$
芦 77	75.4	158.8	0.87	4.13	$GR_j=0.87GR+4.13$

如图 6.7 所示为校正前多井自然伽马分布直方图，从图中对比来看，芦 63、芦 46、芦 70、芦 69、芦评 6、芦 81、芦 79、芦 78、芦 77 井数据偏离主趋势较大，利用表 2 模型进

行校正处理。图 6.8 为校正后多井自然伽马分布直方图，通过对比，可以看出校正后各井自然伽马分布趋于一致，校正效果明显。

6.2.2 长 8 致密储层参数评价与油层识别研究

储层参数计算的技术流程为：通过岩芯刻度测井，对有取芯资料的各单井进行处理，建立各种解释模型及选取相关参数，进而建立区域构造上的解释模型及参数特征值，以保证无取芯资料的井段储层参数计算结果的可靠性，为最终油层评价提供客观依据。

建立合适的测井解释模型是储层参数计算的关键。建立测井解释模型通常用岩芯分析资料来刻度测井资料，进而确定测井解释模型及解释参数。同时，充分利用直方图或交会图方法，研究给定井段内测井值或地层参数的统计分布特征，结合测井曲线特征来选取最合适的解释参数。

1. 孔隙度计算

孔隙度是最重要的储层物性参数，常用的孔隙度测井方法有中子、密度、声波三种。在典型的孔隙型地层，中子、密度、声波三种测井方法的地层孔隙度没有本质的区别，但与井实际情况有关。

根据岩心物性分析结果得到，甘泉地区长 8 储层的孔隙度最大值为 19.0%，最小值为 0.8%，平均值为 7.5%；渗透率最大值为 $1.81 \times 10^{-3} \mu m^2$，最小值为 $0.12 \times 10^{-3} \mu m^2$，平均值为 $0.36 \times 10^{-3} \mu m^2$。富县地区储层长 8 储层孔隙度平均为 8.48%，渗透率平均为 $0.207 \times 10^{-3} \mu m^2$，油层孔隙度平均为 11.85%，渗透率平均为 $0.243 \times 10^{-3} \mu m^2$，长 8 油层为低孔特低渗储集层。

在测井曲线中，能够反映孔隙度的测井曲线有中子、密度和声波，而南部探区多数井孔隙度测井曲线只有一条声波时差曲线。因此，为了对全区进行多井解释，建立孔隙度模型只能利用声波时差曲线，本研究对长 8 建立模型，声波时差测井曲线经过标准化、归一化后与岩心分析孔隙度建立关系。

（1）甘泉地区孔隙度模型建立。

本研究对甘泉地区长 8 储层建立孔隙度模型，声波时差测井曲线经过标准化、归一化后与岩心分析孔隙度建立关系，利用 49 块岩心物性分析资料回归出岩心分析孔隙度与声波时差的关系式（图 6.9）。

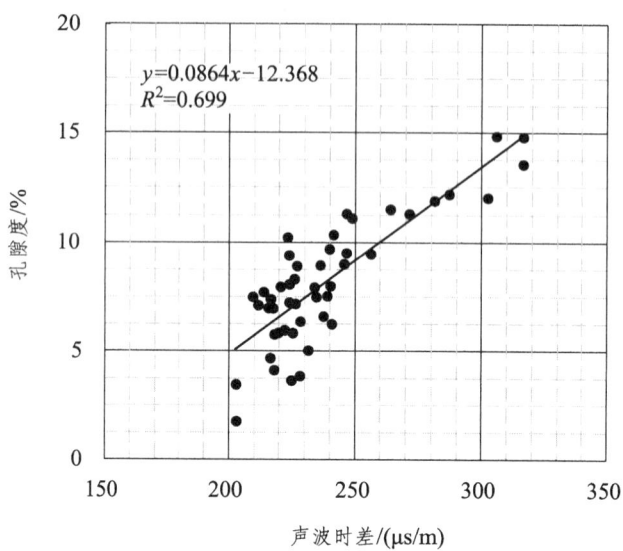

图 6.9 下寺湾孔隙度计算模型

长 8 孔隙度计算公式为：

$$\varphi = 0.0864\Delta t - 12.368 \qquad R^2 = 0.699 \qquad N = 49 \qquad (6\text{-}4)$$

式中　φ——岩心分析孔隙度，%；

　　　Δt——声波时差测井值，μs/m。

（2）富县地区孔隙度模型建立。

本研究对富县地区长 8 储层建立孔隙度模型，声波时差测井曲线经过标准化、归一化后与岩心分析孔隙度建立关系，优选芦 80、芦 82、芦 96、芦 227、芦 233、芦 236、芦 237 等井点资料，回归出岩心分析孔隙度与声波时差的关系式（图 6.10）。

长 8 孔隙度计算公式为：

$$\varphi = 0.2065\Delta t - 37.231 \qquad R^2 = 0.7994 \qquad N = 120 \qquad (6\text{-}5)$$

式中　φ——岩心分析孔隙度，%；

　　　Δt——声波时差测井值，μs/m。

第 6 章 低渗-致密油层测井识别与评价方法研究

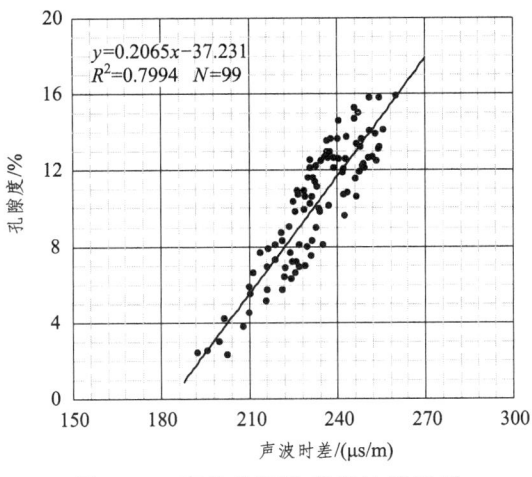

图 6.10 富县地区孔隙度计算模型

2. 渗透率计算

渗透率是储层定量评价的重要参数,是表征储层渗流能力大小的参数。储层的渗透率除了与岩石颗粒粗细、孔隙度大小、孔隙几何形状、含流体性质有直接关联外,还受微裂缝发育等诸多因素影响,是一个受多种因素控制的参数。

常规的渗透率建模的方法是根据实际资料建立岩块孔隙度与渗透率的关系,即用岩心孔隙度与岩心渗透率进行回归,拟合出一个关系式 $K=f(\varphi)$,然后建立测井计算储层渗透率模型。

（1）甘泉地区长 8 储层渗透率模型建立。

在统计分析甘泉地区 49 个岩心样品物性数据的基础上,分层位对岩心分析孔隙度与岩心分析渗透率做交会分析（图 6.11）。

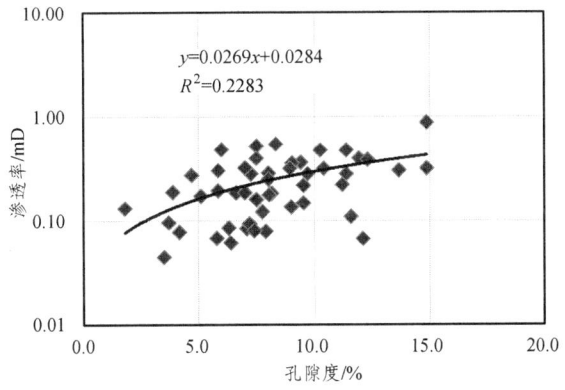

图 6.11 甘泉地区岩心分析总孔隙度与渗透率交会图

长 8 渗透率计算公式为：

$$Perm = 0.026\,9\varphi + 0.028\,4 \qquad R^2 = 0.228\,3 \qquad N = 49 \tag{6-6}$$

式中　$Perm$——岩心渗透率，mD；

φ——岩心分析孔隙度，%。

（2）富县地区长 8 储层渗透率模型建立。

在统计分析富县地区 120 个岩心样品物性数据的基础上，分层位对岩心分析孔隙度与岩心分析渗透率做交会分析（图 6.12）。

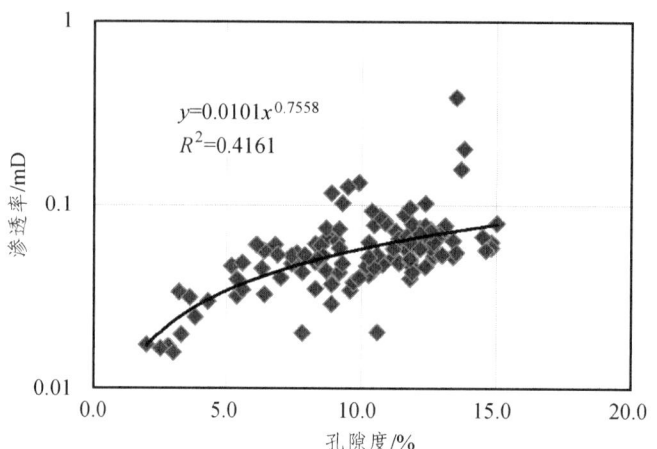

图 6.12　富县地区岩心分析总孔隙度与渗透率交会图

长 8 渗透率计算公式为：

$$Perm = 0.010\,1\varphi^{0.7558} \qquad R^2 = 0.416\,1 \qquad N = 120 \tag{6-11}$$

式中　$Perm$——岩心渗透率，mD；

φ——岩心分析孔隙度，%。

3. 含油饱和度计算

本次研究主要采用经典饱和度计算模型——阿尔奇公式进行含水饱和度的计算。岩石孔隙中总是含有地层水，其中被吸附在岩石颗粒表面的薄膜水和无效孔隙以及狭窄孔隙喉道中的毛细管滞留水，在自然条件下不能自由流动的，称之为束缚水；而离颗粒表面较远、在一定压差下可以流动的地层水，称之为可动水或自由水。岩石中含水饱和度高，则含气饱和度自然就低，即有 $S_g = 1 - S_w$。我们可以从测井解释理论和实际实验室分析的资料两方面入手来分析含水饱和度。

首先，根据阿尔奇理论，纯岩石的电阻率主要取决于岩石的孔隙度、孔隙中含水饱和度及孔隙中地层水电阻率的高低。

因此，对于泥质含量低的砂岩孔隙型储层，含水饱和度采用阿尔奇公式计算：

$$S_w = 1 - \sqrt[n]{\frac{abR_w}{R_t\varphi^m}} \tag{6-8}$$

式中　S_w——含水饱和度，小数；

　　　φ——储层有效孔隙度，小数；

　　　R_w——地层水电阻率；

　　　R_t——地层的真电阻率；

　　　m、a——岩石孔隙结构指数、比例系数；

　　　n、b——饱和度指数、系数。

通过收集研究区长 8_2、长 8_1 储层共 4 口井的地层水分析资料可知，该区地层水矿化度分布在 14 000 左右，据此，根据油藏中部的矿化度和温度查图版确定出油藏中部地层水电阻率为 $R_w = 0.21\ \Omega\cdot m$。

南部长 8 致密油储层共做岩电试验 38 块。本次岩电参数 a、b、m、n 的确定采用实测数据回归。

根据阿尔奇公式：$F = a/\varphi^m$，将各饱和岩样的 F 和 φ 值，在双对数坐标系中用最小二乘法回归得到 a 和 m 值，图 6.13 为长 8 地层 F-φ 关系图。

长 8 地层因素图版关系为：

$$F = 1.069/\varphi^{1.782} \quad a = 1.069 \quad m = 1.782 \tag{6-9}$$

做岩心饱和度指数分析样品，根据阿尔奇公式：$I = b/S_w^n$，将岩样测量的电阻率指数 I 和含水饱和度 S_w 在双对数坐标系建立图版，图 6.14 为长 8 地层 I-S_w 关系图。

长 8 电阻率增大率图版关系为：

$$I = 1.000\,6/S_w^{2.591} \quad b = 1.000\,6 \quad n = 2.591 \tag{6-10}$$

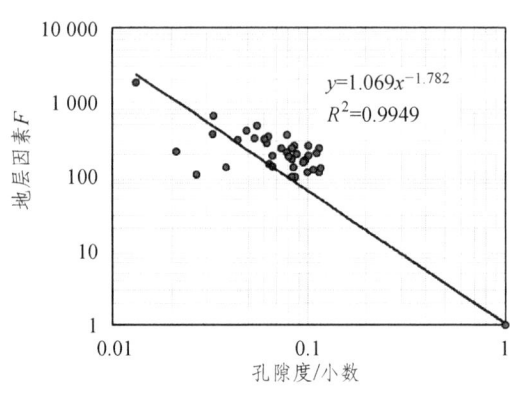
图 6.13　长 8 地层 F-φ 关系图

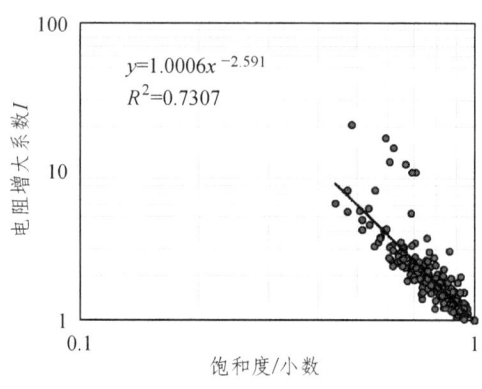
图 6.14　长 8 地层 I-S_w 关系图

6.2.3　长 6 低渗储层参数评价与油层识别研究

1. 孔隙度计算

根据储量计算区实际情况，利用研究区 5 口取心井共 161 个样品的分析化验资料，建立声波时差与岩心分析孔隙度之间的相应关系，并制作了分析孔隙与声波时差交会图（图 6.15）。经回归分析处理，得到分析孔隙度与声波时差之间的关系式为：

$$\varphi = 0.450\ 1 \times \Delta t - 91.998 \tag{6-11}$$

通过计算得到的孔隙度的平均值与岩心分析孔隙度二者十分接近（图 6.16 和图 6.17）。由此可见，采用了能控制该区范围的较多井的岩心分析孔隙度与声波时差建立的孔隙度解释模型精度较高，适合本地区储层孔隙度计算。

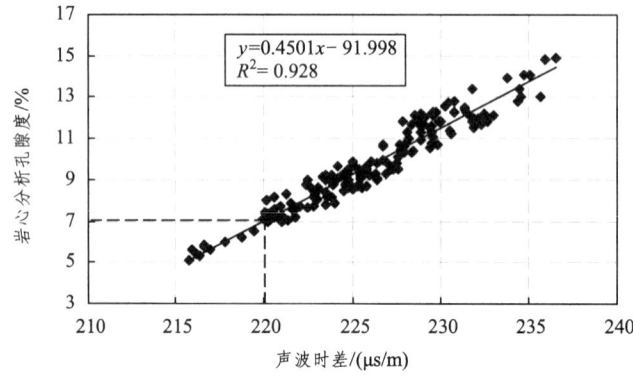

图 6.15　甘泉柴窑区长 6 储层分析孔隙度与声波时差交会图

第 6 章　低渗–致密油层测井识别与评价方法研究

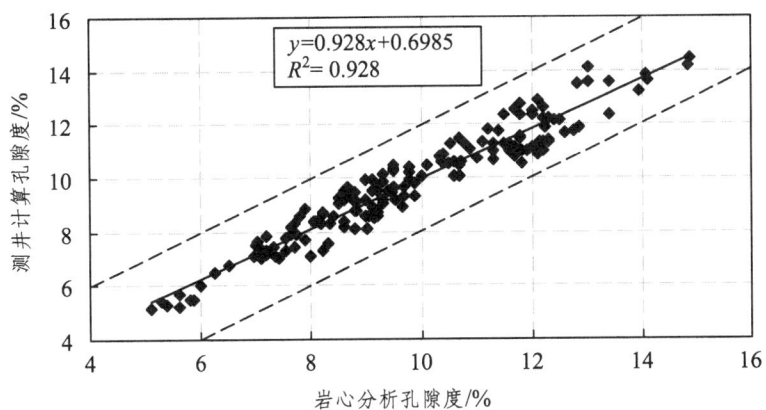

图 6.16　甘泉柴窑区长 6 储层计算孔隙度与分析孔隙度对比图

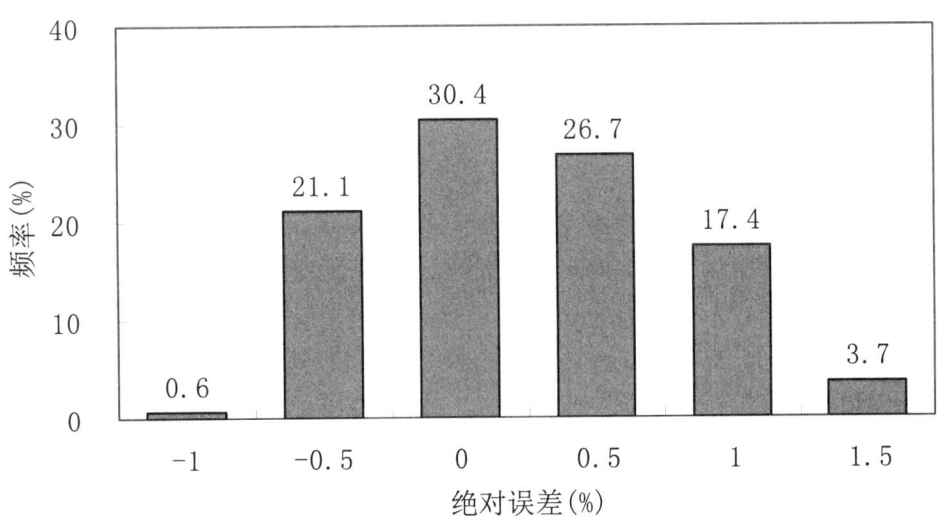

图 6.17　甘泉柴窑区长 6 储层分析孔隙度与计算孔隙度绝对误差直方图

2. 渗透率计算

选取研究区内长 6 储层 161 个孔隙度与渗透率的岩心样品资料，建立孔隙度与渗透率关系式为（图 6.18）：

$$K = 0.005\,6e^{0.414\,4\varphi} \quad (R^2 = 0.763\,3) \tag{6-12}$$

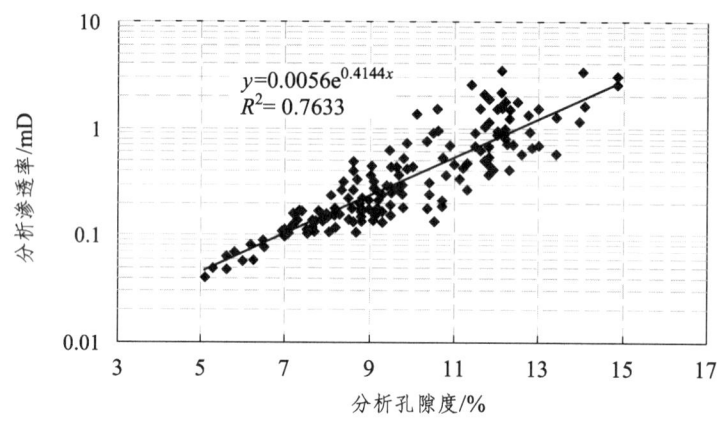

图 6.18　长 6 储层孔隙度与渗透率关系

3. 含油饱和度计算

（1）密闭取心法解释含油饱和度。

为了求准原始含油饱和度，本次储量采用本研究区柴 110 井密闭取心资料求得原始含油饱和度。该井 2014 年 4 月在钻探过程中，对长 6 油层组分别进行了密闭取心。对长 6 油层组 754.78～788.21 m 密闭取心，进尺 33.43 m，心长 32.69 m，收获率 97.8%，取得油水饱和度样品分析数据 118 组。密闭取心过程符合规范要求，分析数据的可靠性良好。

确定含油饱和度的具体方法是：将密闭取心油层段测定的孔隙度与含水饱和度作散点图，并拟合成 $\varphi \sim S_w$ 关系曲线（图 6.19）。

由于该井现场未做原油脱气失水试验，参考长庆油田三叠系延长组油层的现场失水试验结果，损失含水为 3%～5%。柴 110 井取心时在春季，失水率不是特别大，确定失水率为 3%，对计算的含水饱和度进行校正。根据图 6.19 得到长 6 油层组含水饱和度为 47.3%，经失水校正后得到含水饱和度为 50.3%，由此得到长 6 油层组含油饱和度为 49.7%。

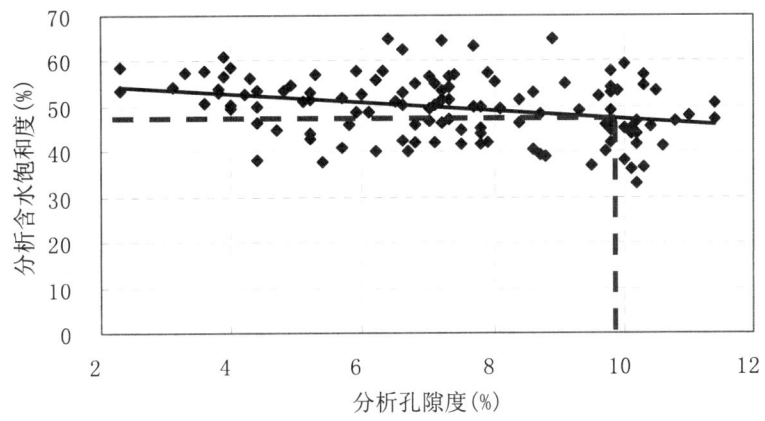

图 6.19　长 6 油层组密闭取心孔隙度与含水饱和度关系

（2）压汞法解释含油饱和度。

本研究区长 6 储层岩性为长石砂岩，通过研究区内 4 口井 138 块岩样的压汞资料，经 J 函数换算后得到长 6 储层 $J \sim S_o$ 关系图（图 6.20），据此拟合出一条有代表性的平均 J 函数曲线。根据 J 函数和毛管压力 P_c 的关系式：

$$J = 31.62 P_c \times \sqrt{\frac{K}{\varphi}} / \left(\delta_{Hg} \times \cos\theta_{Hg} \right) \tag{6-13}$$

式中：汞-空气系统界面张力（δ_{Hg}）为 480 mN/m，汞-空气系统接触角（θ_{Hg}）为 140°，毛管压力（P_c）单位为 MPa，渗透率（K）单位为 mD，孔隙度（φ）取小数时，31.62/($\delta_{Hg} \times \cos\theta_{Hg}$) 为 0.086，压汞岩样孔隙度和渗透率平均值分别为 0.064 和 0.215 mD，得 $\sqrt{K/\varphi} =$ 1.833，故上式中：

$$31.62\sqrt{\frac{K}{\varphi}} / \left(\delta_{Hg} \times \cos\theta_{Hg} \right) = 0.158 = C \tag{6-14}$$

由平均 J 函数曲线通过 $P_c = J/C$ 换算获得平均毛管压力曲线（图 6.21）。根据孔隙度、渗透率与喉道中值半径（r_{50}）关系（图 6.22），取孔隙度下限值 7.0%，对应 r_{50} 值均为 0.05 μm，其相应的 P_a 值为 15 MPa（图 6.23），在平均毛管压力曲线上对应的 S_o 值为 49.0%，该值减去表皮系数 4%（根据长庆油田试验数据），得到本研究区长 6 油藏的原始含油饱和度为 45.0%。

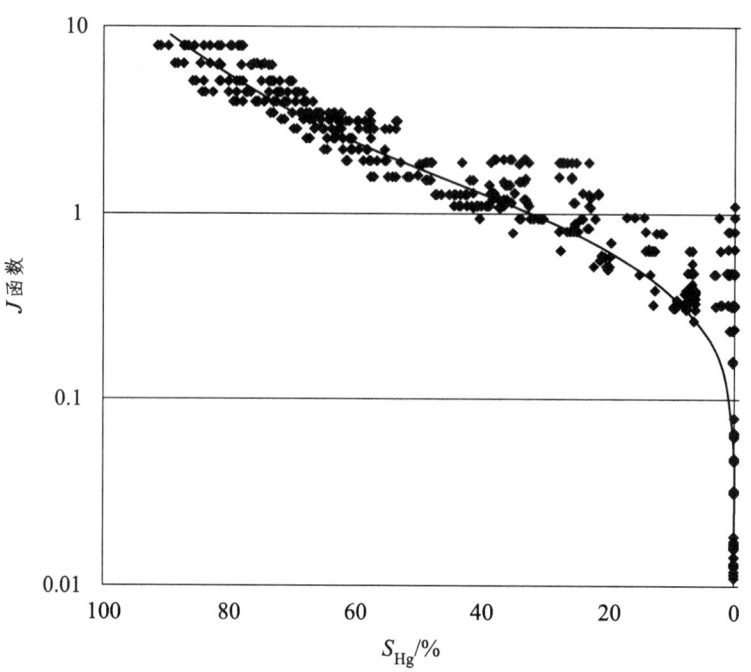

图 6.20 甘泉柴窑区长 6 储层平均 J 函数曲线

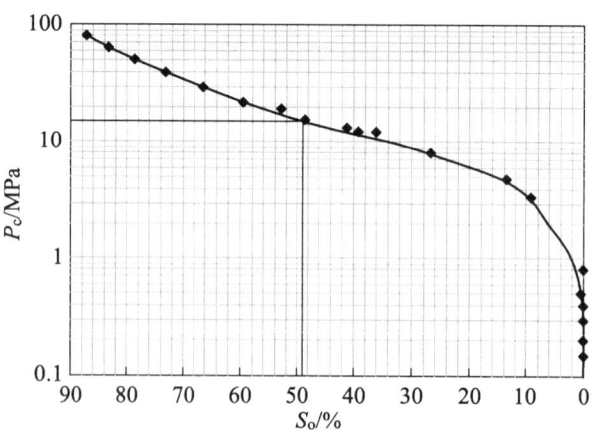

图 6.21 甘泉柴窑区长 6 储层平均毛管压力曲线

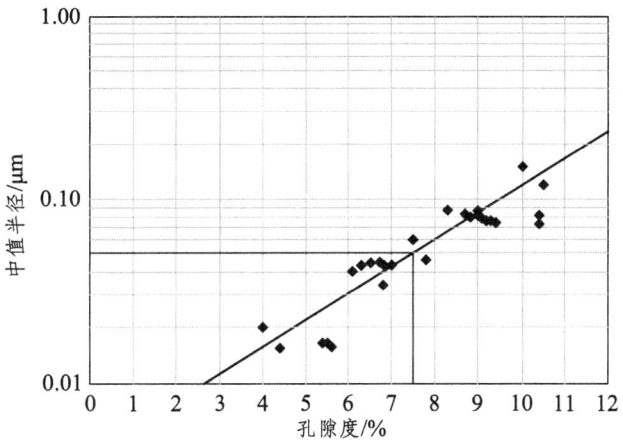

图 6.22 甘泉柴窑区长 6 储层喉道中值半径与孔隙度关系

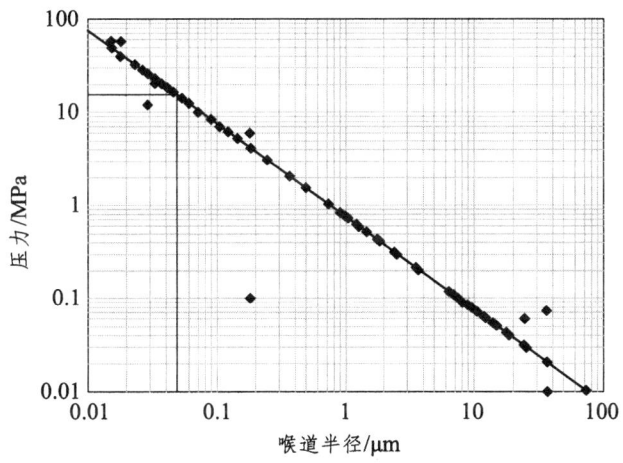

图 6.23 甘泉柴窑区长 6 储层喉道中值半径与毛管压力关系

（3）测井解释含水（油）饱和度。

饱和度的计算利用阿尔奇公式：

$$s_w = \sqrt[n]{\frac{abR_w}{\varphi^m R_t}}$$

式中 R_w——地层水电阻率（Ω·m）；

m——胶结指数；

n——饱和度指数；

a、b——岩性系数；

φ——有效孔隙度（f）。

利用研究区内柴 110 井共 59 个岩样测试出地层因素（F）和孔隙度（φ）对应的实验数据。经回归分析，其回归关系为幂函数曲线（图 6.24），方程为：

$$F = \frac{\alpha}{\varphi^m} = \frac{1.486\,2}{\varphi^{1.897\,5}} \qquad R^2 = 0.975\,5 \qquad (6\text{-}15)$$

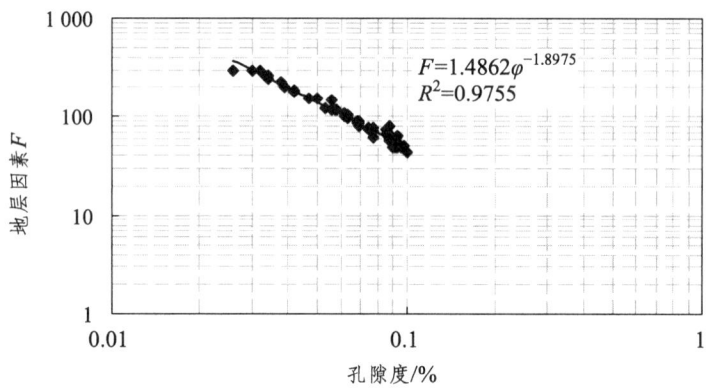

图 6.24　甘泉柴窑区长 6 地层因素与孔隙度关系

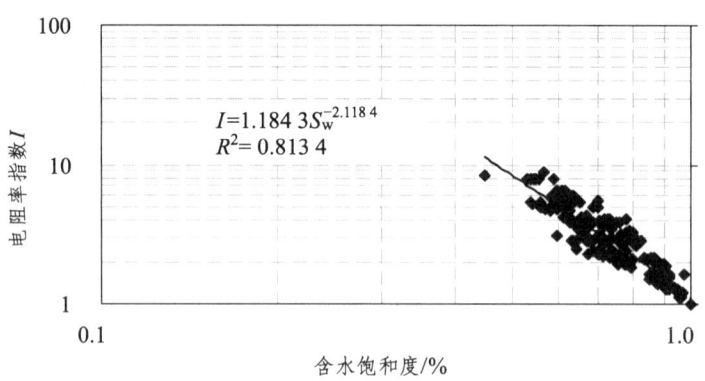

图 6.25　甘泉柴窑区长 6 电阻率指数与含水饱和度关系图

同时利用这些样品，采用失水法试验测得 226 组电阻增大率（I）和含水饱和度（S_w）数据，经回归分析，其回归关系为幂函数曲线（图 6.25），方程为：

$$I = \frac{b}{S_w^n} = \frac{1.184\ 3}{S_w^{2.118\ 4}} \quad R^2 = 0.813\ 4 \tag{6-16}$$

通过上述实验，确定的岩电参数为 $a = 1.486\ 2$，$b = 1.184\ 3$，$m = 1.897\ 5$，$n = 2.118\ 4$。根据本研究区长 6 油层组地层水总矿化度和地层温度，实验测得地层水电阻率为 $0.067\ \Omega \cdot m$。油层电阻率（R_t）取深感应电阻率；孔隙度（φ）采用声波时差计算值。

根据以上实验结果得到长 6 油层组含油饱和度测井解释模型：

$$S_w = \left(\frac{abR_w}{\varphi^m R_t}\right)^{(1/n)} = \left(\frac{1.486\ 2 \times 1.184\ 3 \times 0.067}{\varphi^{1.897\ 5} \times R_t}\right)^{(1/2.118\ 4)} \tag{6-17}$$

参考文献

[1] 刘春燕，郑和荣，胡宗全，等. 碎屑岩中的碳酸盐胶结特征——以鄂尔多斯盆地南部富县地区延长组长 6 砂体为例[J]. 中国科学：地球科学，2012（11）：1681-1689.

[2] 吴胜和. 储层表征与建模[M]. 北京：石油工业出版社，2010.

[3] 孙海涛，钟大康，刘洛夫，等. 沾化凹陷沙河街组砂岩透镜体表面与内部碳酸盐胶结作用的差异及其成因[J]. 石油学报，2010（02）：246-252.

[4] 王琪，郝乐伟，陈国俊，等. 白云凹陷珠海组砂岩中碳酸盐胶结物的形成机理[J]. 石油学报，2010（04）：553-558.

[5] 张立强，罗晓容. 准噶尔盆地高压带碳酸盐胶结层的分布及特征[J]. 石油实验地质，2011（04）：388-391.

[6] 孙致学，孙治雷，鲁洪江，等. 砂岩储集层中碳酸盐胶结物特征——以鄂尔多斯盆地中南部延长组为例[J]. 石油勘探与开发，2010（05）：543-551.

[7] 姚泾利，王琪，张瑞，等. 鄂尔多斯盆地中部延长组砂岩中碳酸盐胶结物成因与分布规律研究[J]. 天然气地球科学，2011（06）：943-950.

[8] Abdel-Wahab A, McBride E F. Origin of Giant Calcite-Cemented Concretions, Temple Member, Qasr El Sagha Formation (Eocene), Faiyum Depression, Egypt[J]. Journal of Sedimentary Research, 2001, 71 (1)：70-81.

[9] Bjorkum P A, Walderhaug O. Isotopic composition of a calcite-cemented layer in the Lower Jurassic Birdport Sands, southern England; implications for formation of laterally extensive calcite-cemented layers[J]. Journal of Sedimentary Research, 1993, 63 (4)：678-682.

[10] Chowdhury A H, Noble J P A. Origin, distribution and significance of carbonate cements in the Albert Formation reservoir sandstones, New Brunswick, Canada[J]. 1996, 13(7)：837-846.

[11] Lynch F L, Land L S. Diagenesis of calcite cement in Frio Formation sandstones and its relationship to formation water chemistry[J]. Journal of Sedimentary Research, 1996, 66 (3): 439-446.

[12] 曾联波, 李忠兴, 史成恩, 等. 鄂尔多斯盆地上三叠统延长组特低渗透砂岩储层裂缝特征及成因[J]. 地质学报, 2007 (02): 174-180.

[13] 林承焰, 侯连华, 董春梅, 等. 辽河西部凹陷沙三段浊积岩储层中钙质夹层研究[J]. 沉积学报, 1996 (03): 74-82.

[14] 赵希刚, 吴汉宁, 王震, 等. 利用综合测井资料研究碎屑岩储集层的非均质性——以CH油田长6油层组为例[J]. 天然气地球科学, 2004 (05): 477-481.

[15] 周国文, 谭成仟, 郑小武, 等. H油田隔夹层测井识别方法研究[J]. 石油物探, 2006 (05): 542-545.

[16] 严耀祖, 段天向. 厚油层中隔夹层识别及井间预测技术[J]. 岩性油气藏, 2008 (02): 127-131.

[17] 钟广法, 马在田. 砂岩早期核心式碳酸盐胶结作用的成像测井证据[J]. 沉积学报, 2001 (02): 239-244.

[18] 余成林, 国殿斌, 熊运斌, 等. 厚油层内部夹层特征及在剩余油挖潜中的应用[J]. 地球科学与环境学报, 2012 (01): 35-39.

[19] 吴素娟, 黄思静, 孙治雷, 等. 鄂尔多斯盆地三叠系延长组砂岩中的白云石胶结物及形成机制[J]. 成都理工大学学报（自然科学版）, 2005 (06): 569-575.

[20] 罗晓容, 雷裕红, 张立宽, 等. 油气运移输导层研究及量化表征方法[J]. 石油学报, 2012 (3): 428-436.

[21] 罗晓容, 张立宽, 雷裕红. 油气成藏动力学研究方法与应用: 中国科学院地质与地球物理研究所2012年度（第12届）学术年会, 中国北京, 2013[C].

[22] 周杰, 庞雄奇. 一种生、排烃量计算方法探讨与应用[J]. 石油勘探与开发. 2002, 29 (1): 24-27.

[23] 张发强, 罗晓容, 苗盛, 等. 石油二次运移优势路径形成过程实验及机理分析[J]. 地质科学. 2004, 39 (2): 159-167.

[24] 张发强. 石油二次运移的物理与数值模拟实验及其应用, 2002, 中国科学院研究生院, 博士学位论文.

[25] 张照录,王华,杨红. 含油气盆地的输导体系研究. 石油与天然气地质[J]. 2000,21(2):133-135.

[26] 罗晓容,喻健,张刘平,等. 二次运移数学模型及其在鄂尔多斯盆地陇东地区长8段石油运移研究中的应用[J]. 中国科学. 2007,37(增I):73-82.

[27] 罗晓容. 构造应力超压机制的定量分析,地球物理学报,2004,卷47(6),P.1086-1093.

[28] 罗晓容. 数值盆地模拟方法在地质研究中的应用. 石油勘探与开发,2000,卷27(2),P.6-10.

[29] 罗晓容. 沉积盆地数值模型的概念、设计及检验. 石油与天然气地质,1998,卷19(3),P.196-204.

[30] 罗晓容. 油气初次运移的动力学背景与条件,石油学报,2001,卷22(6),P.24-29.

[31] 罗晓容. 油气成藏动力学研究之我见[J]. 天然气地球科学. 2008,19(2):149-156,170.

[32] 罗晓容. 油气运聚动力学研究进展及存在问题[J]. 天然气地球科学. 2003,14(5):337-347.

[33] 胡济世. 异常高压、流体压裂与油气运移（上）[J]. 石油勘探与开发,1989,16(3):16-23.

[34] 胡济世.异常高压、流体压裂与油气运移（下）[J]. 石油勘探与开发,1989,16(3):16-22.

[35] 裘怿楠. 储层沉积学研究工作流程[J]. 石油勘探与开发. 1990,17(1):85-90.

[36] 解习农,刘晓峰. 超压盆地流体动力系统与油气运聚关系[J]. 矿物岩石地球化学通报,2000,19(2):103-108.

[37] 谢泰俊,潘祖荫,杨学昌. 油气运移动力及通道体系[A]. 见：龚再升,李思田.南海北部大陆边缘盆地分析与油气聚集[C]. 北京：科学出版社.1997,385-405.

[38] 赵忠新,王华,郭齐军. 油气输导系统的类型及其输导性能在时空上的演化分析[J]. 石油实验地质,2002,24(6):527-534.

[39] 李新虎. 测井曲线最优特征值在层序界面识别中的应用[J]. 湖南科技大学学报,2006,21(3):26-30.

[40] 高胜利,任战利. 鄂尔多斯盆地剥蚀厚度恢复及其对上古生界烃源岩热演化程度的影响[J]. 石油与天然气地质,2006,27(2):180-186.

[41] 孙少华,刘顺生,汪集. 鄂尔多斯盆地地温场与烃源岩演化特点[J]. 大地构造与成矿

学，1996，20（3）：255-261.

[42] 黄志刚. 鄂尔多斯盆地东南缘上三叠统构造-热演化史研究[D]. 西安：西北大学，2011.

[43] 任战利，等. 鄂尔多斯盆地构造热演化史及其成藏成矿意义[J]. 中国科学，2007，37（Ⅰ）：23-32.

[44] 于强. 鄂尔多斯盆地南部中生界热演化史及其与多种能源关系研究[D]. 西安：西北大学，2009.

[45] 任战利，等. 鄂尔多斯盆地热演化程度异常分布区及形成时期探讨[J]. 地质学报，2006，80（5）：674-684.

[46] 黄志龙，等. 鄂尔多斯盆地陕北斜坡带三叠系延长组和侏罗系油气成藏期研究[J]. 西安石油大学学报，2009，24（1）：21-24.

[47] 王乃军，等. 利用流体包裹体法确定成藏年代——以鄂尔多斯盆地下寺湾地区三叠系延长组为例[J]. 兰州大学学报，2010，46（2）：22-25.

[48] 任战利. 中国北方沉积盆地构造热演化史恢复及其对比研究[D]. 西安：西北大学，1998.

[49] 梁宇，等. 鄂尔多斯盆地富县-正宁地区延长组油气成藏期次[J]. 石油学报，2011，32（5）：741-748.

[50] 赵卫卫，等. 鄂尔多斯盆地下寺湾地区长 2 段储层流体包裹体特征及油气成藏[J]. 兰州大学学报，2011，47（5）：30-35.

[51] 刘超，等. 鄂尔多斯盆地延长矿区延长组流体包裹体特征[J]. 地球学报，2009，30（2）：215-220.

[52] 梁宇，等. 鄂尔多斯盆地子长地区延长组流体包裹体特征与油气成藏期次[J]. 石油与天然气地质，2011，32（2）：182-190.

[53] 高为超. 塔河地区西南部志留系-石炭系油气运聚及成藏特征研究[J]. 成都理工大学，2005.

[54] 张守春，张林晔，查明. 湖相烃源岩排烃差异性模拟研究——以东营凹陷古近系沙三段为例[J]. 油气地质与采收率，2009，16（6）：32-35.

[55] 李琼，刘池阳，张蓉蓉，等. 鄂尔多斯盆地中深部放射性异常及其与围岩演化的关系[A]：第九届全国古地理学及沉积学学术会议论文集[C]：2006.

[56] 戴金星，裴锡古，戚厚发. 中国天然气地质学（卷二）[M]. 北京：石油工业出版社，

1996.

[57] 马素萍,漆亚玲,张晓宝,等.西峰油田延长组烃源岩生烃潜力评价[J].石油勘探与开发,2005,32(3):51-53.

[58] 曾联波,李忠兴,史成恩,等.鄂尔多斯盆地上三叠统延长组特低渗透砂岩储层裂缝特征及成因[J].地质学报,2007,81(2):174-180.

[59] 惠宽洋.鄂尔多斯盆地煤成气和油型气成因类型鉴别模式研究[J].岩石矿物,2000,20(2):43-48.

[60] 傅国友,宋岩,赵孟军,等.烃源岩对大中型气田形成的控制作用——以塔里木盆地喀什凹陷为例[J].天然气地球科学,2007,18(1):62-66.